GAOZHI GAOZHUAN

YUANYI ZHUANYE XILIE GUIHUA JIAOCAI 高职高专园艺专业系列规划教材

蔬菜生产（北方本）

SHUCAI SHENGCHAN（BEIFANGBEN）

主　编　曹宗波

副主编　张志轩　李　涵　杜保伟

重庆大学出版社

内 容 提 要

　　《蔬菜生产》(北方本)以北方地域蔬菜生产为依托,以培养蔬菜生产高级应用型技术人才为指导,以职业能力为体系,以项目(任务)为载体,按照工作过程导向,以工学结合为模式进行编写。内容包括蔬菜生产基础、蔬菜生产过程和蔬菜生产实践3个模块,共17个项目。各项目典型工作任务的编写体例,是按照基于职业要求的工作过程6步骤:资讯、决策、计划、实施、检查、评估组织教材内容,充分体现以学生为主体、教师为主导的地位,实现了理论和实践教学一体化,让学生在干中学、在学中干,是一本具有地域特点、特色鲜明、内容适用、工学结合、充分满足高职教育人才培养需求的教材。本书适合园艺和种植类专业师生使用。

图书在版编目(CIP)数据

蔬菜生产:北方本 / 曹宗波主编. 一重庆:重庆
大学出版社,2013.10
高职高专园艺专业系列规划教材
ISBN 978-7-5624-7434-0

Ⅰ.①蔬… Ⅱ.①曹… Ⅲ.①蔬菜园艺—高等职业教
育—教材 Ⅳ.①S63

中国版本图书馆 CIP 数据核字(2013)第 120791 号

高职高专园艺专业系列规划教材
蔬菜生产
(北方本)
主 编 曹宗波
策划编辑:屈腾龙
责任编辑:蒋昌奉 邹 忌 版式设计:屈腾龙
责任校对:任卓惠 责任印制:赵 晟
*
重庆大学出版社出版发行
出版人:邓晓益
社址:重庆市沙坪坝区大学城西路 21 号
邮编:401331
电话:(023)88617190 88617185(中小学)
传真:(023)88617186 88617166
网址:http://www.cqup.com.cn
邮箱:fxk@cqup.com.cn(营销中心)
全国新华书店经销
重庆升光电力印务有限公司印刷
*
开本:787×1092 1/16 印张:25.75 字数:643 千
2013 年 10 月第 1 版 2013 年 10 月第 1 次印刷
印数:1—3 000
ISBN 978-7-5624-7434-0 定价:49.00 元

GAOZHI GAOZHUAN
YUANYI ZHUANYE XILIE GUIHUA JIAOCAI

高职高专园艺专业系列规划教材
编委会

（排名不分先后，以姓氏拼音为序）

蔬菜生产是园艺和种植类专业的一□□□□□□□根据教育部【2006】16 号文件《关于全面提高高等职业教育教学质量□□□□□□□和要求,为满足蔬菜生产对人才培养的要求,依据"高等教育面向 21 世□□□□□□□体系改革"教学研究成果,针对北方地域的气候特点和蔬菜生产状况,以□□□□□□理、服务第一线需要的"下得去、留得住、用得上"的高素质技能型人才为□□□□□关高职院校教师和蔬菜研究机构的专业人员进行编写。教材适合高职高专园艺□□专业及种植类专业师生使用。

本书编写的指导思想是根据蔬菜生产职业岗位群对知识、能力、素质的要求,依据理论知识"必须、够用",专业技能"先进、实用"的原则,重视素质教育和团队意识,突出职业能力的培养,按照工作过程导向,以工学结合的形式进行编写。本书有以下特色:

1. 贯穿工作过程导向 本教材是按照以工作过程为导向进行教材内容的体例设计。即将蔬菜生产的实际工作过程归纳为若干"任务"组成"项目",各项目典型工作任务的编写,遵循基于职业要求的工作过程六步骤:资讯、决策、计划、实施、检查、评估实施教学内容,使教和学的过程,最大限度地趋近实际的工作过程,满足市场对人才的需要。

2. 充分体现学生为主体,教师为主导的地位 在教材内容的组织和编写体例上,围绕学生开展教学设计,改变传统的教学方式,采用教师引出问题、学生获取信息,教师提供帮助、学生制订解决方案,教师说明原理解答疑难、学生实施,教师制订评估标准、学生独立确定评估计划的方式,充分发挥学生的主体地位。

3. 重视职业能力培养 教学过程设计与评估等都围绕学生职业能力的培养,使学生不仅掌握必备的专业技能,还锻炼了学生独立思考和团结协作的精神,培养职业能力和创新意识。

4. 理论和实践有机结合 本教材改变传统的理论和实践教学分离的状况,实现了理论和实践教学一体化,让学生在干中学、在学中干。

5. 行动体系引领 教材在课程体系的安排上,改变传统的知识传授型的学科体系模式,采用现代知识认知型的行动体系模式,让学生在动手的过程中学习知识,获得技能,培养能力。

6. 突出适用实用 本书紧密结合高职高专学生特点、师资状况和教学条件,理论知识的叙述通俗、易懂、可操作性强,注重学生动手能力的培养,对高职高专院校的适用性、实用性、针对性强。

本书内容包括:模块 1 蔬菜生产基础,主要介绍蔬菜生产的基本理论、北方蔬菜生产的主要设施、无公害蔬菜生产和蔬菜无土栽培等方面的知识,共 4 个学习项目,13 个工作任务;模块 2 蔬菜生产过程,主要介绍蔬菜生产前的准备、蔬菜生产过程中的基本技能以及蔬菜采后处理和营销基础等整个蔬菜生产过程,共 3 个学习项目,12 个工作任务;模块 3

蔬菜生产实践,主要介绍北方地区常见蔬菜的生产技术、主要病虫害的识别与防治技术,包括芽苗菜生产技术等,共 10 个学习项目,46 个工作任务。内容范围广泛,重点突出,编写中最大限度地吸收当前蔬菜生产领域中的新品种、新技术和新成果,力求反映当前最先进的蔬菜生产水平。

本书编写具体分工如下:曹宗波(商丘职业技术学院)编写绪论、项目 1、项目 4、项目 5、项目 6;杜保伟(商丘职业技术学院)编写项目 2、项目 11、项目 12、项目 17;张志轩(濮阳职业技术学院)编写项目 8;李涵(濮阳职业技术学院)编写项目 9、项目 16;妙晓丽(杨凌职业技术学院)编写项目 7、项目 10、项目 15;别志伟(郑州市蔬菜研究所)编写项目 3、项目 13、项目 14。

根据蔬菜生产季节性强的特点,蔬菜生产教学宜安排在春、秋两学期完成。各学校在使用该教材时,可根据专业特点及教学条件等情况,适当调整教学顺序和增减教学内容。

在本书编写过程中,得到了各参编院校和郑州市蔬菜研究所等有关部门的大力支持,并提出不少意见和建议,对此深表感谢。鉴于本书的编写体例尚属初次尝试,再加上蔬菜生产发展迅速,编者水平所限,编写时间仓促,书中不够完善和错误之处,恳请各院校师生通过教学实践,提出宝贵意见。

编 者

2013 年 5 月

模块 1 蔬菜生产基础

模块 2　蔬菜生产过程

模块 3　蔬菜生产实践

绪 论

学习目标 重点掌握蔬菜和蔬菜生产的定义与特点,了解蔬菜产业的现状和发展方向,明确蔬菜生产课程的学习任务和学习方法。

素质目标 培养学生热爱蔬菜行业的兴趣及勤奋好学、遵纪守法、规范操作、独立思考、团结协作、创新吃苦的职业道德和行业精神。

0.1 蔬菜的定义及营养保健作用

0.1.1 蔬菜的定义

现代蔬菜及食品专家认为:凡是栽培的一二年生或多年生草本植物,也包括部分木本植物和菌类、藻类,具有柔嫩多汁的产品器官,可以佐餐的所有食物均可列入蔬菜的范畴。

0.1.2 蔬菜的营养保健作用

《中国居民膳食营养指南》建议,一个健康的成年人每天食用蔬菜的量为 500 g 左右,在保证每天蔬菜摄入量的前提下,建议每天最好能吃 3 种以上的蔬菜,满足人体对维生素、矿物质、膳食纤维和抗氧化剂等营养素的需要,同时要求各类食品合理搭配,提供人体所需要的各种营养物质,维持人体的正常功能,保证身体的健康。

1)维生素的来源

维生素是人体正常生长发育所必需的营养物质,可维持人体正常的新陈代谢,增强抗逆性和免疫力。蔬菜中含有人体所需的多种维生素,其中最为重要的是维生素 C(抗坏血酸)和胡萝卜素(维生素 A 源)。这两种维生素是其他食物中少有的,特别是维生素 C,人体需要量大,且在人体中不能贮存,因此每天都要补充。新鲜蔬菜中都含有维生素 C,特别是辣椒、番茄、青菜、芥菜、黄瓜、甘蓝等蔬菜中含量较多。在绿色和橙色蔬菜中,含有丰富的胡萝卜素,如韭菜、胡萝卜、菠菜、白菜、甘蓝等。此外,蔬菜中还含有丰富的维生素 E(生育酸)、维生素 K(凝血醌)、叶酸等人体生理活动所必需的营养物质。

2）矿物质的来源

蔬菜中含有钙、铁、磷、钾、镁、铜、锰、铬、镍等矿物质。矿物质是人体的重要组成部分，并具有调节生理活动的功能，是维持正常生理活动不可或缺的元素。如钙是骨骼和牙齿的主要成分，并参与血液凝固，维持心肌的正常工作；铁是血红蛋白的重要元素，缺铁时易发生缺铁性贫血。

3）纤维素的来源

膳食纤维大量存在于蔬菜中。现代医学和营养学研究证明，膳食纤维虽不能被人体消化吸收，但可促进肠道蠕动，减少有害物质与肠壁的接触时间，可防便秘、直肠癌、痔疮及下肢静脉曲张；同时可促进胆汁酸排泄，减少胆固醇吸收，可预防动脉粥样硬化和冠心病等心血管疾病发生。

4）维持体内酸碱平衡

蔬菜是一种盐基性食物，消化后形成盐基，可以中和由于吃米麦类、肉类食物产生的酸性物质，对维持人体的酸碱平衡起着重要作用。人体内酸过剩时，容易得胃病、神经衰弱、动脉硬化、脑溢血等。

5）人体热能的补充来源

蔬菜中含有一些碳水化合物、脂肪及蛋白质等，可以成为人体热能的补充来源。如马铃薯、山药、芋、藕等含淀粉较多，可以代粮；西瓜、甜瓜、南瓜含有 8% ~ 14% 的糖；菜豆、毛豆、豇豆中含有 3% ~ 7% 的蛋白质。

6）抗氧化、增加食欲

蔬菜中含有丰富的叶绿素、花青素和维生素、酶等，既可以增添蔬菜产品的色彩，又对人体的健康具有重要作用。如番茄红素具有高效抗氧化性，能有效地阻止自由基对组织细胞的损伤；它们具有抑制脂质过氧化作用，阻断致癌物亚硝胺的合成。许多蔬菜中还含有柠檬酸、苹果酸、琥珀酸等有机酸和辛辣味的挥发性物质，这些物质从色、香、味等方面丰富了蔬菜品质，并可增加食欲。

7）医疗保健作用

蔬菜产品中含有大量对人体有益的物质，经常食用对人体具有一定的医疗保健作用。如大蒜可杀菌止痢，防止心血管病的发生；萝卜能消食顺气，化痰止咳；山药可健脾胃、补气；辣椒、生姜能散寒、健胃；黄瓜可瘦身美容；等等。

0.2　蔬菜生产及其特点

蔬菜生产是根据蔬菜市场供需关系和当地的生产条件，通过合理的茬口安排、品种选择、栽培管理等措施，获得适销对路、优质高产蔬菜产品的过程。

蔬菜生产不是简单的蔬菜栽培,完整的生产过程包括产前、产中和产后 3 个阶段,要经过市场考察、生产计划制订、生产资料准备、栽培管理、采后处理等一系列环节。蔬菜生产主要有以下特点:

0.2.1　季节性比较强

不同蔬菜对生长发育的环境有不同要求,其适宜的栽培季节也不同,特别是露地生产,如果不在其适宜的季节里栽培或完成其主要的栽培过程,轻者降低产量和品质,严重时造成绝收。

0.2.2　技术性比较强

蔬菜主要以鲜菜上市供应,其产品的大小、形状、色泽、风味等对其价格和销量影响很大,要求产品优质高产。因此,生产的整个过程要求按照一定的技术规范进行操作,栽培管理过程要求精耕细作,如做畦、定植、蹲苗、培土、支架、绑蔓、摘心、整枝、打杈、水肥管理、保花保果等,且用工较多。

0.2.3　生产方式多种多样

如依栽培手段的不同可分为促成栽培、露地栽培、设施栽培、无土栽培等方式。

0.2.4　生产规模和生产水平受当地蔬菜生产条件的限制

生产条件包括人力资源(数量和技术水平)、生产物资供应、设施条件、农业机械化水平等。这些条件直接影响当地蔬菜的生产规模和生产水平。

0.2.5　蔬菜生产必须符合国家及地方的有关规定和行业标准

蔬菜作为人们生活的主要副食品,其产品质量与人们身体健康的关系十分密切。因此,蔬菜的生产过程和产品质量必须符合国家和地方的有关规定和标准,如《无公害蔬菜安全要求》《绿色食品标准》《有机产品国家标准》《农田灌溉水质标准》等。

0.3 蔬菜产业的现状、存在问题与发展方向

0.3.1 蔬菜产业的现状

蔬菜是城乡居民生活必不可少的重要农产品,保障蔬菜供给是重大的民生问题。近几年,受市场拉动、出口带动、政府推动等多种因素的作用,我国蔬菜生产保持了稳定发展,蔬菜产业素质明显提升。目前,蔬菜生产已由规模扩张阶段向质量效益提升阶段转变,全国蔬菜优势区域布局,以及大生产大市场大流通的格局基本形成。具体体现在以下几个方面:

1)生产规模稳步增长

我国是世界上最大的蔬菜生产国和消费国。20世纪80年代中期蔬菜产销体制改革以来,随着种植业结构调整步伐的加快,全国蔬菜生产快速发展,产量大幅增长,供应状况发生了根本性改变。

全国蔬菜生产情况

年 份	播种面积/万 hm²	总产量/万 t
1990 年	633.80	19 500.00
2000 年	1 523.70	42 399.68
2005 年	1 772.10	56 451.49
2007 年	1 732.86	56 452.00
2008 年	1 787.59	59 240.40
2009 年	1 841.43	61 823.80
2010 年	1 899.99	65 099.40
2011 年	1 966.67	67 900.00

总体上看,20世纪90年代,我国蔬菜播种面积增长较快,进入21世纪速度明显放缓。我国蔬菜产业已基本完成量的扩张,已迈入提高产量质量、增加单位产量、调整品种结构、优化区域布局、扩大国际贸易的新阶段。

2)科技水平不断提高

我国蔬菜品种、生产技术不断创新与转化,显著提高了产业科技含量和生产技术水平。全国选育各类蔬菜优良品种3 000多个,良种覆盖率达90%以上;设施蔬菜达到300多万hm²,特别是日光温室蔬菜高效节能栽培技术研发成功,实现了在室外零下20 ℃严寒条件下不用加温生产黄瓜、番茄等喜温蔬菜,其节能效果居世界领先水平;蔬菜集约化育苗技术

快速发展,年产商品苗达 800 多亿株以上。此外,蔬菜病虫害综合防治、无土栽培、节水灌溉等技术也取得明显进步。

3）供应状况明显改善

随着蔬菜种植规模扩大、产区相对集中、布局日益合理、交通运输鲜活农产品“绿色通道”的开通,全国大生产、大市场、大流通的格局基本形成;通过蔬菜产业布局的进一步调整,生产基地逐步向优势区域集中,形成华南与西南热区冬春蔬菜、长江流域冬春蔬菜、黄土高原夏秋蔬菜、云贵高原夏秋蔬菜、北部高纬度夏秋蔬菜、黄淮海与环渤海设施蔬菜六大优势区域,呈现栽培品种互补、上市档期不同、区域协调发展的格局,有效缓解了淡季蔬菜供求矛盾,为保障全国蔬菜均衡供应发挥了重要作用。

4）产品质量明显提高

自 2001 年“全国无公害食品行动计划”实施以来,农产品质量安全工作得到全面加强,蔬菜质量安全水平明显提高,总体上是安全、放心的。在蔬菜质量安全水平提高的同时,商品质量也明显提高,净菜整理、分级、包装、预冷等商品化处理数量逐年增加,商品化处理率由“十五”末的 25％提高到 40％,提升了 15 个百分点。

5）加工业快速发展

我国蔬菜加工业发展迅速,特色优势明显,促进了出口贸易。据农业部不完全统计,2009 年全国蔬菜加工规模企业 10 000 多家,年产量 4 500 万 t,消耗鲜菜原料 9 200 万 t,加工率达到 14.9％。另据统计,2010 年,我国番茄酱产量 150 多万 t、占世界总产量的近40％;脱水食用菌 57 万 t、占世界总产量的 95％,均居世界第一位。

6）产业地位十分突出

蔬菜产业已经从昔日的“家庭菜园”逐步发展成为主产区农业农村经济发展的支柱产业,具有较强国际竞争力的优势产业,保供、增收、促就业的地位日益突出。

①增加农民收入　蔬菜商品率高,比较效益高,是农民收入的重要来源之一。据国家统计局统计,2010 年全国蔬菜播种面积占农作物播种面积的 11.9％,总产值 1.2 万亿元,占种植业总产值的 33％。另据农业部测算,2010 年蔬菜对全国农民人均纯收入贡献 830多元,占农民人均收入的 14％。

②促进城乡居民就业　蔬菜产业属劳动密集型产业,转化了数量众多的城乡劳动力。据不完全统计,2010 年,与蔬菜种植相关的劳动力 1 亿多人,与蔬菜加工、贮运、保鲜和销售等相关的劳动力 8 000 多万人。

③平衡农产品国际贸易　加入世界贸易组织后,我国蔬菜比较优势逐步显现,出口增长势头强劲,在平衡农产品国际贸易方面发挥了重要作用。据中国海关统计,2010 年我国出口蔬菜 836.37 万 t,比 2000 年增长 1.61 倍;出口额 96.91 亿美元,比 2000 年增长 3.7倍;贸易顺差 94.14 亿美元,居农产品之首,比 2000 年增长 3.69 倍,而同期农产品贸易逆差达 231 亿美元。

0.3.2　蔬菜产业存在的问题

蔬菜具有鲜活易腐、不耐贮运,生产季节性强、消费弹性系数小,高投入、自然风险与市场风险大等特点。当前,在新的形势下,还存在一些突出问题。

1)蔬菜价格波动加剧

一是受成本增加等因素影响,蔬菜价格涨幅呈加大趋势。二是受极端天气等因素影响,年际间蔬菜价格波动加大。三是受信息不对称影响,时常发生不同区域同一种蔬菜价格"贵贱两重天"的情况。四是受市场环境等多种因素影响,品种间蔬菜价格差距拉大。受大城市近郊蔬菜生产萎缩的影响,一旦出现运输困难等突发情况,难以及时保障蔬菜供应,容易引发市场和价格大幅波动,产区"卖难"和销区"买贵"同时显现。再加上,目前还缺乏足够的政策调控,在生产、流通、安全、信息监测等方面资金投入不够;在蔬菜保险、税收、补贴、支持性价格、批发市场用地等方面政策不完善、不配套;支持政策不均衡、不稳定,加剧了蔬菜市场价格的波动。

2)质量安全隐患仍然突出

我国蔬菜质量总体是安全的、食用是放心的,但局部地区、个别品种农药残留超标问题时有发生。杀虫灯、防虫网、粘虫色板、膜下滴灌等生态栽培技术控制农残效果明显,但普及率较低;蔬菜标准体系初步建立,但标准化生产推进力度不大,生产采标率低,农药使用不够科学,容易引起农残超标;监管手段弱,监测与追溯体系不健全,产地环境、农药、化肥、地膜等投入品和产品质量等关键环节监管不足,蔬菜生产经营规模小、环节多、产业链长也加大了监管难度,致使部分农残超标蔬菜流入市场。

3)基础设施建设滞后

蔬菜基础设施脆弱,严重影响生产和流通发展,极易造成市场供应和价格波动。近些年,大量菜地由城郊向农区转移,农区新建菜地水利设施建设跟不上,排灌设施不足,致使露地蔬菜单产不稳;温室、大棚设施建设标准低、不规范,抗灾能力弱,容易受雨雪冰冻灾害影响。在蔬菜的生产、流通环节存在采后处理不及时,田头预冷、冷链设施不健全,贮运设施设备落后、运距拉长等问题,难以适应蔬菜新鲜易腐的特点;产销信息体系不完善,农民种菜带有一定的盲目性,造成部分蔬菜结构性、区域性、季节性过剩,损耗量大幅增加,给农民造成很大损失。根据有关部门测算,果蔬流通腐损率高达20%~30%,每年损失1 000多亿元。

4)科技创新与转化能力不强

由于投入少、研究资源分散、力量薄弱等原因,蔬菜品种研发、技术创新与成果转化能力不强,难以适应生产发展的需要。据不完全统计,我国每年进口蔬菜种子8 000多吨,销售额占全国蔬菜种子销售总额的25%。与此同时,良种良法不配套,栽培技术创新不够、储备不足,基层蔬菜技术推广服务人才短缺、手段落后、经费不足,技术进村入户难,生产中存在的问题越来越突出。如烟粉虱、根结线虫、番茄黄花曲叶病毒、十字花科根肿病等蔬菜病虫害发生面积越来越大、危害越来越重;过量施用化肥,有机肥施用不足,加上连作引起的土壤盐渍化、酸化不断加重,影响蔬菜产业的持续发展;农村青壮年劳动力大量转移,劳动成本大幅上涨,轻简栽培技术集成创新也亟待加强。

0.3.3　蔬菜产业的发展方向

今后我国蔬菜产业的发展应以市场需求为导向,以科技创新为支撑,以体制机制创新为保障,加快转变蔬菜产业发展方式,着力完善城市郊区与优势产区基地布局,着力加强蔬菜基地基础设施建设,着力加强市场流通体系建设,着力加强质量安全体系建设,不断提高蔬菜生产经营专业化、规模化、标准化、集约化和信息化水平,努力构建生产稳定发展、产销衔接顺畅、质量安全可靠、市场波动可控的现代蔬菜产业体系,更好地满足城乡居民生活水平日益提高的需要。专家预测,今后我国蔬菜产业将呈以下发展趋势:

1)新品种不断涌现,新技术、新材料得到普及

随着蔬菜消费市场的多元化发展,适应不同消费群体、不同季节、不同熟性的蔬菜新品种将不断涌现;以设施栽培技术、无土栽培技术、节水灌溉技术、病虫害综合防治技术为代表的新技术,将在蔬菜生产中得到普及;以无滴膜、防虫网和遮阳网为代表的新材料,将在蔬菜生产中得到普遍应用。

2)蔬菜生产的产业布局将呈现差异性发展特点

根据我国不同地区的生态气候特点和资源优势,形成适应不同蔬菜生长的优势区域,目前已经划定了出口蔬菜加工区、冬季蔬菜优势区、夏秋延时菜和水生蔬菜优势区。

3)高效安全标准化生产技术将在蔬菜生产上得到普遍应用

国家将制定更为严格的蔬菜质量认证体系,无公害蔬菜将成为我国蔬菜产品的主体,农户在避免使用高毒农药的同时,应注意防止蔬菜生产中出现的硝酸盐污染和重金属污染。绿色蔬菜将是未来我国蔬菜发展的方向。

4)蔬菜贮藏和加工技术将在生产中得到进一步应用

由于我国蔬菜贮藏和加工技术比较薄弱,导致蔬菜产品腐烂比例较高,由于加工能力弱,绝大多数蔬菜只能以鲜菜形式销售,产品附加值低,这些因素制约了我国蔬菜产业的健康发展,预计今后蔬菜贮藏和加工能力将得到显著提高。

5)蔬菜出口将稳定增长

蔬菜产业是典型的劳动密集型产业,而我国劳动力众多,低成本的蔬菜产品在国际市场上极具竞争力,再加上卫生安全工作的加强,以及加入WTO给蔬菜产业发展带来的机遇,我国蔬菜产品将全面打入国际市场,蔬菜出口将稳定增长。

0.4 蔬菜生产课程的学习任务和学习方法

蔬菜生产是园艺和种植专业的重要课程之一。学习本课程的主要任务,是掌握蔬菜生产的基本理论和基本技能,并掌握当前蔬菜生产上推广应用的优良品种、高新技术和高效栽培模式,为以后从事蔬菜生产和科学研究奠定坚实的基础。

蔬菜生产是一门实践性比较强的应用课程。首先,必须学好基本理论,掌握主要蔬菜的生长发育规律、环境要求以及茬口安排和高产高效栽培模式等;其次,要加强联系当地生产实际,掌握必要的生产管理技能,"工学结合",提高分析解决蔬菜生产实际问题的能力。

项目小结)))

蔬菜通常指狭义蔬菜,有丰富的营养价值,是保证身体健康的需要;蔬菜生产有明显的特点,是制订生产计划的基础;目前,我国蔬菜生产已由规模扩张阶段向质量效益提升阶段转变,设施蔬菜发展仍保持高速增长的态势;全国蔬菜优势区域布局,以及大生产大市场大流通的格局基本形成。

复习思考题)))

1.什么是蔬菜? 蔬菜在人们生活中有什么意义?
2.什么是蔬菜生产? 它有哪些特点?
3.简述蔬菜生产的发展趋势。

模块 1

蔬菜生产基础

蔬菜生产的基础理论

项目描述 我国蔬菜种类繁多,各种蔬菜的产量与质量表现各不相同。为了便于学习和利于生产,必须正确地识别各种蔬菜作物,掌握其类型和特性,了解影响蔬菜产量和质量的因素,掌握提高蔬菜产量和质量的基本方法。本项目主要学习蔬菜的识别与分类方法、蔬菜产量与质量的影响因素与提高措施。学习的重点是蔬菜的生态分类法和提高蔬菜产量及质量的措施。

学习目标 掌握蔬菜分类的几种基本方法;了解影响蔬菜产量和质量的主要因素;掌握提高蔬菜产量和质量的方法。

技能目标 能正确地识别各种常见蔬菜并分类。

📖 项目任务

专业领域:园艺技术　　　　　　　　　　　　　　　　　　学习领域:蔬菜生产

项目名称	项目1　蔬菜生产的基础理论
工作任务	任务1.1　蔬菜的识别与分类
	任务1.2　蔬菜的产量与质量
项目任务要求	能正确地识别各种常见蔬菜,掌握提高蔬菜产量和质量的基本方法

任务1.1　蔬菜的识别与分类

活动情景 在日常生活、学习和生产的过程中,经常会看到和接触各种蔬菜的植株、产品及图片。正确识别和系统的分类是学习与生产的基础。本工作任务是通过观察生产田植株、蔬菜产品器官、图片等识别常见蔬菜并进行系统的分类。

工作过程设计

工作任务	任务1.1　蔬菜的识别与分类		教学时间	
任务要求	能正确识别常见蔬菜,熟悉其类型和基本特性			
工作学习内容	1.植物学分类法 2.食用器官分类法 3.农业生物学分类法 4.生态分类法			
学习方法	以课堂讲授和自学完成相关理论知识的学习,以项目教学和任务驱动法使学生学会识别常见蔬菜并正确分类			
学习条件	多媒体设备、资料室、互联网、各种蔬菜的图片、标本及蔬菜植株等			
工作步骤	资讯:教师由蔬菜生产和消费引入任务内容,并进行相关知识点的讲解,下达工作任务 计划:学生在熟悉相关知识点的基础上,查阅资料收集信息,划分工作小组,进行工作任务构思,设计工作计划方案 决策:各小组汇报工作计划方案,师生进行问题答疑、交流讨论、审查修改、确定方案,并准备完成任务所需的工具与材料 实施:学生在教师辅导下,按照计划分步实施,对常见蔬菜进行识别和分类 检查:为保证工作任务正确顺利地完成,在任务的实施过程中要进行学生自查、学生互查、教师检查 评估:对任务完成情况进行学生自评、小组互评和教师点评			
考核评价	课堂表现、学习态度、任务完成情况、作业报告完成情况			

工作任务单

工作任务单							
课程名称	蔬菜生产技术		学习项目	项目1　蔬菜生产基础理论			
工作任务	任务1.1　蔬菜的识别与分类		学时				
班　级		姓　名		工作日期			
工作内容与目标	正确识别常见蔬菜,熟悉其类型和基本特性						
技能训练	仔细观察和识别20种以上常见蔬菜并系统分类						
工作成果	完成工作任务、作业、报告						
考核要点 (知识、能力、素质)	掌握蔬菜几种常见的分类方法 能正确地识别常见蔬菜并系统分类 独立思考,团结协作,创新吃苦,按时完成作业报告						
工作评价	自我评价		本人签名:		年　　月　　日		
	小组评价		组长签名:		年　　月　　日		
	教师评价		教师签名:		年　　月　　日		

任务相关知识

我国蔬菜资源丰富,食用蔬菜大约有229种,其中普遍栽培的蔬菜有50~60种。在同一种类中有许多变种,每一变种中又有许多品种,为了便于研究、学习和利用蔬菜,科学的分类十分必要。蔬菜的分类方法通常有植物学分类、食用器官分类、农业生物学分类和生态分类法。

1.1.1　植物学分类法

植物学分类法是根据蔬菜植物的自然进化系统,按照界、门、纲、目、科、属、种、变种进行分类。我国北方地区常栽培的蔬菜主要分属以下22个科。

1)真菌门

（1）木耳科　　　　　　　　　Auriculariaceae

　　黑木耳　　　　　　　　　*Auricularia auricula*（L. ex Hook.）Underw.

（2）银耳科　　　　　　　　　Tremellaceae

　　银耳　　　　　　　　　　*Tremella fuciformis* Berk.

（3）蘑菇科　　　　　　　　　Agaricaceae

　　蘑菇　　　　　　　　　　*Agaricus campestris* L. ex Fr.

　　双孢蘑菇　　　　　　　　*A. bitorquis*（Iange.）Sing.

（4）口蘑科　　　　　　　　　Tricholomataceae

　　香菇　　　　　　　　　　*Lentinus edodes*（Berk.）Sing.

　　平菇　　　　　　　　　　*Pleurotus ostreatus*（Jacq. ex Fr.）Quel.

　　金针菇　　　　　　　　　*Flammulina velutipes*（Fr.）Sing.

（5）鬼伞科　　　　　　　　　Coprinaceae

　　鸡腿菇　　　　　　　　　*Coprinus comatus*（Mull. Ex Fr.）S. F. Gray.

2)种子植物门

单子叶植物纲

（1）百合科　　　　　　　　　Liliaceae

　　韭菜　　　　　　　　　　*Allium tuberosum* Rottl. ex Spr.

　　大葱　　　　　　　　　　*A. fistulosum* L. var. *giganteum* Makino

　　分葱　　　　　　　　　　*A. fistulosum* L. var. *caespitosum* Makino

　　洋葱　　　　　　　　　　*Allium cepa* L.

　　大蒜　　　　　　　　　　*Allium sativum* L.

　　石刁柏（芦笋）　　　　　*Asparagus officinalis* L.

　　黄花菜（金针菜）　　　　*H. citrina* Baroni

（2）薯芋科　　　　　　　　　　　Dioscoreaceae

　　山药　　　　　　　　　　　　　*Dioscoeea batatas* Decne.

（3）姜科　　　　　　　　　　　　Zingiberaceae

　　姜　　　　　　　　　　　　　　*Zingiber officinale* Rosc.

（4）禾本科　　　　　　　　　　　Gramineceae

　　毛竹　　　　　　　　　　　　　*Phyllostachys pubescens* Mazel. ex H. de Lehaie

　　甜玉米　　　　　　　　　　　　*Zea mays* L. var. *rugosa* Bonaf

　　茭白　　　　　　　　　　　　　*Zizania aguatica* L.

（5）天南星科　　　　　　　　　　Araceae

　　芋　　　　　　　　　　　　　　*Colocasia esculenta* Schott.

双子叶植物纲

（1）藜科　　　　　　　　　　　　Chenopodiaceae

　　菠菜　　　　　　　　　　　　　*Spinacia oleracea* L.

（2）苋科　　　　　　　　　　　　Amaranthaceac

　　苋菜　　　　　　　　　　　　　*Amaranthus mangostanus* L.

（3）豆科　　　　　　　　　　　　Leguminosae

　　菜豆　　　　　　　　　　　　　*Phaseolus vulgaris* L.

　　长豇豆　　　　　　　　　　　　*Vigna unguiculata* W. ssp. *Sesquipedalis*（L.）Verd

　　普通豇豆（矮豇豆）　　　　　　*Vigna unguiculata* W. ssp. *Sinensis* Endl.

　　蚕豆　　　　　　　　　　　　　*Vicia faba* L.

　　豌豆　　　　　　　　　　　　　*Pisum sativum* L.

　　扁豆　　　　　　　　　　　　　*Dolichos lablab* L.

（4）十字花科　　　　　　　　　　Cruciferae

①芸薹　　　　　　　　　　　　　　*Brassica campestris* L.（syn. *B. rapa*. L.）

　　小白菜（不结球白菜）　　　　　*B. Chinensis* L.

　　大白菜　　　　　　　　　　　　ssp. *pekinensis*（Lour）Olsson

　　芜菁　　　　　　　　　　　　　ssp. *rapifera* Matzg.（syn. *B. rapa*. L.）

②甘蓝　　　　　　　　　　　　　　*Brassica oleracea* L.

　　结球甘蓝　　　　　　　　　　　var. *capitata* L.

　　球茎甘蓝　　　　　　　　　　　var. *caulorapa* DC.

　　花椰菜　　　　　　　　　　　　var. *botrytis* L.

③芥菜　　　　　　　　　　　　　　*Brassica juncea* Coss.

　　分蘖芥（雪里蕻）　　　　　　　var. *multiceps* Tsen et Lee

　　榨菜（茎用芥菜）　　　　　　　var. *tumida* Tsen et Lee（syn. *tsatsai* Mao）

　　大头菜（根用芥菜）　　　　　　var. *megarrhiza* Tsen et Lee（syn. *napiformis* Pall et Bols.）

④萝卜　　　　　　　　　　　　　　*Raphanus sativus* Bailey

（5）葫芦科	Cucurbitaceae
黄瓜	*Cucumis sativus* L.
甜瓜	*C. melo* L.
南瓜	*Cucurbita moschata* Duch.
笋瓜	*C. maxima* Duch.
西葫芦	*C. pepo* L.
冬瓜	*Benincasa hispida* Cogn.
蛇瓜（长栝楼）	*Trichosanthes anguina* L.
佛手瓜	*Sechium edule* Sw.
西瓜	*Citrullus vulgaris* Schrad. ［syn. *C. lanatus*（Thunb）M.］
普通丝瓜	*Luffa cylindrica* Roem.
苦瓜	*Momordica charantia* L.
（6）伞形花科	Umbelliferae
胡萝卜	*Daucus carota* var. *sativa* DC.
芹菜	*Apium graveolens* L.
茴香	*Foeniculum vulgare* Mill
芫荽	*Coriandrum sativum* L.
（7）茄科	Solanaceae
茄子	*Solanum melongena* L.
番茄	*Lycopersicon esculentum* Mill
辣椒	*Capsicum annuum* L.
马铃薯	*Solanum tuberosum* L.
（8）楝科	Meliaceae
香椿	*Toona sinenis* Roem.
（9）旋花科	Convolvulaceae
蕹菜	*Ipomoea aquatica* Forsk.
（10）菊科	Compositae
莴苣	*Lactuca sativa* L.
茼蒿	*Chrysanthemum coronarium* L.
牛蒡	*Arctium lappa* L.
紫背天葵	*Gynura bicolor* L.
（11）睡莲科	Nymphaeaceae
莲藕	*Nelumbo nucifera* Gaertn.
（12）落葵科	Basellaceae
红花落葵	*Basella rubra* L.
白花落葵	*Basella alba* L.

1.1.2 食用器官分类法

根据食用器官的形态不同,将蔬菜分为根、茎、叶、花、果5类。

1)根菜类

以肥大的根部为产品。分为:

①直根类 以肥大主根为产品,如萝卜、胡萝卜、根用甜菜、根用芥菜等。

②块根类 以膨大成块状的侧根或不定根为产品器官,如甘薯、牛蒡等。

2)茎菜类

以肥大的茎部为产品。分为:

①地下茎类 又分为块茎类(马铃薯、菊芋、草石蚕、山药等)、根茎类(莲藕、生姜等)、球茎类(芋头、荸荠、慈姑等)。

②地上茎类 又分为肉质茎类(莴笋、茎用芥菜、茭白、球茎甘蓝等)、嫩茎类(竹笋、石刁柏等)。

3)叶菜类

以叶片、叶球、叶柄、变态叶为产品。分为:

①普通叶菜类 小白菜、菠菜、芹菜、苋菜、叶甜菜等。

②结球叶菜类 大白菜、结球甘蓝、结球莴苣、包心芥菜等。

③香辛叶菜类 葱、韭菜、芫荽、茴香等。

④鳞茎菜类 洋葱、大蒜、百合等。

4)花菜类

以花器或肥嫩的花枝为产品。分为:

①花器类 金针菜等。

②花枝类 花椰菜、青花菜、菜薹、芥蓝等。

5)果菜类

以幼嫩果实或成熟种子为产品。分为:

①浆果类 番茄、茄子、辣椒等。

②荚果类 菜豆、豇豆、毛豆、豌豆、刀豆等。

③瓠果类 黄瓜、南瓜、冬瓜、丝瓜、苦瓜等。

④杂果类 甜玉米、菱等。

1.1.3 农业生物学分类法

农业生物学分类法是从农业生产实际出发,根据蔬菜的生物学特性和栽培技术特点进行分类,比较适合生产上的要求,分为12类。

1）白菜类

白菜类是指十字花科蔬菜中,以柔嫩的叶片、叶球、花球、肉质茎等为产品的蔬菜。大多数起源于温带地区,为二年生植物,第一年形成产品器官,第二年抽薹开花。生长期间要求温和的气候条件,耐寒但不耐热;要求肥水充足的土壤。均用种子繁殖,可育苗移栽。包括大白菜、花椰菜、结球甘蓝、雪里蕻、榨菜等。

2）绿叶菜类

以幼嫩的绿叶、叶柄、嫩茎为产品的蔬菜。这类蔬菜大多生长迅速,植株矮小,对氮肥和水分要求高,适于间套作。种子繁殖,除芹菜外,一般不育苗移栽。包括要求冷凉气候的莴苣、芹菜、菠菜等和耐热的蕹菜、苋菜、落葵等。

3）根菜类

以肥大的肉质直根为产品的蔬菜。均为二年生植物,种子繁殖,不宜移栽。生长期间要求温和的气候,耐寒不耐热,由于产品器官在地下形成,要求土层轻松深厚。包括萝卜、胡萝卜、根用芥菜、根用甜菜、牛蒡等。

4）茄果类

以果实为产品的一年生茄科蔬菜。喜温不耐寒,只能在无霜期生长,根系较发达,对日照长短的要求不严格,种子繁殖。主要包括番茄、茄子、辣椒等。

5）葱蒜类

以鳞茎、叶片或花薹为食用器官,都属于百合科。生长要求温和气候,但耐寒性和抗热力都很强,对干燥空气的忍耐力强,要求湿润肥沃的土壤,鳞茎形成需长日照条件。一般为二年生植物,种子繁殖或无性繁殖。包括韭菜、洋葱、大葱、大蒜等。

6）瓜类

以瓠果为产品器官的葫芦科蔬菜。茎为蔓生,雌雄同株异花,要求温暖的气候,不耐寒,生育期要求较高的温度和充足的光照。一般采用种子繁殖。包括黄瓜、南瓜、冬瓜、苦瓜、西瓜、甜瓜、丝瓜、蛇瓜等。

7）豆类

以幼嫩豆荚或种子为产品的豆科蔬菜。其中除蚕豆和豌豆耐寒以外,其余都要求温暖的气候条件,一年生植物,根系发达,又有根瘤菌固氮,故需氮肥较少。种子繁殖,不耐移植,蔓生种需设支架。包括豇豆、菜豆、豌豆、蚕豆、扁豆、毛豆等。

8）薯芋类

以地下肥大的变态根和变态茎为产品的蔬菜。一般产品含淀粉丰富,除马铃薯不耐炎热外,其余的都喜温耐热。生产上多采用营养器官繁殖。包括马铃薯、生姜、芋、山药等。

9）水生蔬菜

生长在沼泽地或浅水中的蔬菜。每年在温暖和炎热季节生长,到气候寒冷时,地上部分枯萎。除菱和芡实外,其他都采用营养器官繁殖。包括莲藕、荸荠、茭白、慈姑、菱、水芹、芡实等。

10）多年生蔬菜

繁殖一次可连续收获多年的蔬菜。在温暖季节生长,冬季休眠。包括金针菜、石刁柏、香椿、竹笋、百合、枸杞等。

11）食用菌类

食用菌类是指人工栽培或野生的适宜食用的菌类蔬菜。包括蘑菇、平菇、香菇、金针菇、木耳、银耳、猴头等。

12）其他蔬菜类

其他蔬菜类包括芽苗菜类、甜玉米、朝鲜蓟、黄秋葵等及部分野生植物。它们分别属于不同的科,对环境条件的要求及食用器官均不相同,因此其栽培技术差别也较大。

1.1.4　生态分类法

生态分类法是根据蔬菜对温度、光照、湿度以及土壤等的不同要求进行的分类。应用较多的是温度分类法、光照分类法和湿度分类法。

1）温度分类法

根据各种蔬菜对温度"三基点"的要求不同,将蔬菜分为以下5类:

①耐寒而适应性广的蔬菜　主要包括葱蒜类和多年生蔬菜,如金针菜、石刁柏、韭菜等。地上部分能耐高温,但到了冬季,地上部枯死,而以地下的宿根越冬,能耐-15～-10 ℃的低温,生长适宜温度为12～24 ℃。

②耐寒性蔬菜　主要包括除大白菜、花椰菜以外的白菜类,除苋菜、蕹菜以外的绿叶菜类。它们耐寒性很强,能忍耐较长时间的-2～-1 ℃低温,短期内可以耐-10～-5 ℃的低温,但不耐热。生长适宜温度为15～20 ℃。

③半耐寒性蔬菜　主要包括根菜类、大白菜、花椰菜、马铃薯、蚕豆、豌豆等。它们的生长适宜温度为17～20 ℃,可以抗霜,不能忍耐长期-2～-1 ℃的低温,在产品器官形成期,温度超过20 ℃,同化机能减弱,生长不良。

④喜温性蔬菜　主要包括茄果类、黄瓜、大部分豆类、水生蔬菜及除马铃薯以外的薯芋类蔬菜等。这些蔬菜的生长适宜温度为20～30 ℃,当温度超过40 ℃,几乎停止生长;不耐寒,当温度为10～15 ℃时,授粉不良,引起落花落果。10 ℃以下停止生长,不能忍耐5 ℃以下的低温。

⑤耐热性蔬菜　主要包括冬瓜、西瓜、南瓜、甜瓜、苦瓜、丝瓜、豇豆等。在30 ℃左右时同化作用最旺盛。其中西瓜、甜瓜及豇豆等在40 ℃的高温下仍能生长。

温度分类法的意义在于指导蔬菜生产季节的确定、播种期的安排、设施蔬菜温度管理措施的制订等。

2）湿度分类法

根据蔬菜对土壤湿度的不同要求,分为以下5类:

①湿润性蔬菜 如白菜、芥菜、甘蓝、绿叶菜类、黄瓜等,这些蔬菜叶面积较大,组织柔嫩,蒸腾消耗水分多,但根系入土不深,吸水力弱,因此要求较高的土壤湿度。栽培时应选择保水能力强的土壤,主要生长期要经常灌溉,保持土壤湿润。

②半湿润性蔬菜 如葱、蒜、石刁柏等,这些蔬菜的叶面积很小,而且表皮被有蜡质,蒸腾作用很小。但它们根系分布范围小,入土浅而几乎没有根毛,因此吸收水分的能力弱,对土壤水分的要求也比较严格。

③耐旱性蔬菜 如西瓜、苦瓜、甜瓜等,这些蔬菜的叶子虽大,但其叶片有裂缺或表面有茸毛,能减少水分的蒸腾,并有强大的根系,能深入土中吸收水分,抗旱性很强。栽培时可适当少量灌溉。

④半耐旱性蔬菜 如茄果类、根菜类、豆类等,这些蔬菜的叶面积比白菜类、绿叶菜类小,组织较硬,且叶面常有茸毛,因此水分消耗量较少,其根系比白菜类等发达,但又不如西瓜、甜瓜等,故抗旱性不很强。栽培上要求中等程度的灌溉。

⑤水生蔬菜 植物的全部或大部都需浸在水中才能生活,如藕、荸荠、茭白、菱等。这些蔬菜的茎叶柔嫩,在高温下蒸腾作用旺盛,但它们的根系不发达,根毛退化,因此吸水的能力很弱,需在水田栽培。

湿度分类法的意义在于指导蔬菜生产地块的选择、栽培期间水分管理方法的制订等。

3)光照分类法

根据蔬菜对光照强度的要求不同,将蔬菜分为以下4类:

①强光性蔬菜 主要包括瓜类、茄果类、豆类和大部分薯芋类蔬菜。生长期间要求较强的光照,光照不足,其产品的产量及含糖量都会降低。适宜的光照强度为 50～60 klx。

②中光性蔬菜 主要包括葱蒜类、大白菜、结球甘蓝、花椰菜萝卜等。生长期间要求中等强度的光照,适宜的光照强度为 30～40 klx。

③弱光性蔬菜 主要包括生姜及绿叶菜类。对光强要求较弱,光照过强,植株生长缓慢,产品质地粗糙。适宜的光照强度为 20 klx 左右。

④喜阴性蔬菜 主要是各种食用菌类。生长期间要求阴暗的环境,光照强度一般要求低于 10 klx。

光照分类法的意义在于指导蔬菜生产间套作的安排、合理密植、植株调整等。

任务1.2 蔬菜的产量与质量

活动情景 蔬菜生产的目的是生产出高产优质的产品,满足市场和人们生活的需要。本工作任务主要通过学生自学、资料查询、教师讲授等方法,分析影响蔬菜产量和质量的主要因素,掌握提高蔬菜产量和质量的基本方法。学习的重点是掌握提高蔬菜产量和质量的措施。

任务相关知识

1.2.1 蔬菜产量

1）产量的含义

蔬菜的产量分为生物产量和经济产量。每一种蔬菜作物在整个生长发育过程中所形成的全部干物产量叫做生物产量，它包括可食用部分和不可食用部分，一般把可食用部分的产量叫做经济产量。

从生理角度看，蔬菜作物的干物重量中有90%~95%是通过光合作用形成的，而另外的5%~10%是由根吸收的矿物质营养所形成的，因此，产量形成的最基本的生理活动是光合作用。要提高产量，一方面是提高光合作用效率，形成更多的光合作用产物即碳水化合物；另一方面是使得更多的光合作用产物朝着我们需要的产品器官分配。一般来讲，生物产量高，经济产量也高；生物产量低，经济产量也低。因此，要获得根菜类肉质根高产，则必须使其地上部分莲座叶生长旺盛；要使果菜类的果实产量高，则茎叶的生长就要旺盛。只有在徒长的情况下，即茎叶生长过旺时，果实的产量才会受到影响，经济产量降低。

蔬菜产量中包含大量的水分，一般占产量的78%~98%。但种类和品种之间有一定差异，含水量高的鲜物产量也高，如大白菜；含淀粉多的则鲜物产量低些，如马铃薯；而脂肪及蛋白质含量高的，鲜物产量则更低些，如菜豆。需要指出的是，产量一般应该用干物质来表示，但在生产上计算产量的鲜物重则更方便些。就每一种蔬菜来讲，它们的干物质含量通常有一定的范围，所以知道鲜物重量以后，可以估算其干物产量（见表1.1）。

表1.1 几种蔬菜的经济产量与干物产量的比较

种 类	经济产量（鲜物重）/(t·hm^{-2})	含水量/%	干物产量/(t·hm^{-2})
大白菜	75.0~112.5	95	3.75~5.62
番茄	60.0~90	94	3.60~5.40
黄瓜	82.5~112.5	96	3.30~3.90
洋葱	45.0~52.5	92	3.60~4.20
菜豆	22.5~30.0	90	2.25~3.00
马铃薯	22.5~30.0	79	2.50~3.30

2）产量的形成特性

蔬菜作物产量计算的方法，可以用单株或单果重来计算，或以单体鳞茎、块茎或叶球重表示，但生产上常以单位面积来计算，即单位面积产量。

果菜类：单位面积产量=单位面积株数×平均单株果数×平均单果重

根菜类：单位面积产量=单位面积株数×平均单株肉质根重

叶菜类:要考虑单株叶数、单叶重或叶球重及结球率

在形成产量的过程中,构成这些产量的每一因素都是一个动态的变化过程,也就是说蔬菜作物的产量不是在播种时或栽植时就固定了的。如果株数增多,单株结果数可能会减少,而如果果数增多,单果重就会减少。因此,在生产上要有一个合理群体、合理的坐果数,才能获得较高的产量。许多用直播,尤其是用撒播的蔬菜,如胡萝卜、小白菜、菠菜、苋菜、茼蒿等,播种量虽然相差很大,但到收获时,单位面积有经济价值的产量都比较接近,因为作物群体在其形成过程中有自然稀疏现象。

许多果菜在同一时期同一株中可以着生许多花,结很多幼果,但能够膨大成为产品食用的,只有其中的一部分,在生产上,尤其对于采收幼果食用的种类,要等到把可食用的果实采收以后,其他的小果才膨大;采收生物学成熟的番茄果实的结果周期性,往往比采收嫩果的茄子更为明显。因此,及时采收是减少结果周期性的一个重要环节。

在蔬菜生产中,在最大限度地利用太阳辐射进行光合作用的同时,如何更有效地促进光合产物向产品器官运输与分配也显得很重要。

蔬菜植物的干物质产量有90%~95%是通过光合作用形成的。产量形成的最基本的生理活动是光合作用。植物的所有绿色部分,包括叶子、果实、茎等都可以进行光合作用,大多数蔬菜植物的茎及幼果都有叶绿素,白菜种株的结荚期,荚果的绿色面积也是这一时期的光合作用器官,但就大多数的情况下,叶片是最主要的。叶面积大,接受阳光的容量大;叶面积小,则表示物质的生产容量小。

此外,产量还决定于单位叶面积干物质重的增加率(亦称净同化率)。净同化率表示干物生产的"效率"。因此,叶面积与净同化率是蔬菜作物产量构成的两个最主要的生理因素。

3)产量形成的生理基础

(1)光能利用率

所谓光能利用率是指单位面积上,植物的光合作用积累的有机物占照射在同一地面上的日光能量的百分比。在实际大田条件下,并不是所有的太阳光均可被植物的叶片所吸收用于光合作用,据测定,到达地面的辐射能即使在夏日晴天中午也不会超过 $1 \ kJ/(m^2 \cdot s)$,并且只有其中的可见光部分的 $400 \sim 700 \ nm$ 能被植物用于光合作用。途中经过若干损失之后,最终转变为贮存在碳水化合物中的光能最多只有5%。但目前一般高产田的光能利用率不超过光合有效辐射能的2%~3%,一般的田块只有1%左右。

造成实际光能利用率远比理论光能利用率低的主要原因有:一是漏光损失,作物生长初期植株小,叶面积不足,日光的大部分直射地面而损失;二是叶片的反射和透射损失;三是受植物本身的碳同化等途径的限制。事实上,被植物吸收的光能中还有许多光能是通过热能、荧光散耗等途径散发的,且在生长期间,经常会遇到不适于作物生长与进行光合的逆境,如干旱、低温、高温、阴雨、强光、CO_2 不足、缺肥、病虫草害等。在逆境条件下,作物的光合生产率要比顺境条件下低得多,这会使光能利用率大为降低。

(2)提高光能利用率的途径和方法

①增加光合作用面积,提高叶面积指数 所谓叶面积指数是指单位土地面积上植物叶

片总面积占土地面积的倍数。在一定范围内,叶面积指数越大,光合作用产物也越多,产量也随之升高,但超过某一阈值时,则会因相互遮阴等而导致光能利用率的下降。

增加叶面积指数,可通过以下途径:

a.合理密植:例如,一般的果菜类在叶面积指数0~4,其产量大多随栽培密度的提高而提高,超过这个范围反而会下降。

b.改变株型:一些爬地生长的瓜类如西瓜,可以改成搭架式栽培,从而使叶面积指数从原来的1.5左右提高到4~5。

c.合理的间套作:在蔬菜植株尚小时,可以采用间套作的方式来提高叶面积指数。通过轮作、间作和套种等提高复种指数的措施,就能在一年中巧妙地搭配作物,从时间和空间上更好地利用光能。

②延长光合作用时间　在不影响耕作制度的前提下,适当延长生育期能提高产量。在设施栽培的覆盖物管理中,只要温度条件允许,尽量早揭保温被等覆盖材料,而在傍晚则尽量晚覆盖,从而增加光合作用时间,在经济条件允许的范围内,也可以采用人工补光的方式,以延长照光时间。在露地栽培中,适期播种、育苗移栽可延长蔬菜植物的生育期。

③提高光合作用的效率　影响光合作用的因素有内部因素和外部因素,内部因素有叶龄(寿命)、叶的受光角度、叶的生长方向、植株的吸水能力和物质转运的库源关系;而外部因素有光照的强弱、温度的高低、CO_2 浓度、水分和养分的供应水平等。

知识链接)))

蔬菜植物的库源关系

蔬菜植物的叶子是进行光合作用的主要器官,是物质生产的"源";而由叶子运转到贮藏器官,如块茎、球茎、果实、种子等是物质贮藏的"库"。由"源"运转到"库"的途径、速度及数量,与"源"和"库"的大小有关。在生产上,增加"源"的数量,往往是增加产量的主要因素。但"库"的大小也影响到"源"的强度,在一定范围内,"库"的增大会促进"源"光合作用的提高,一些未结果植株的叶片光合作用强度不及有果实植株的叶片光合作用强度。以番茄为例,在栽培上,摘除花序,也就是减少将来成为库(果实)的数量,会影响叶的净同化率。在自然状态下,摘除一部分的叶子以后,剩余的叶的净同化率可显著提高;相反,摘除全部花序,其净同化率则下降。即光合作用的大小也受到库的大小的影响。

1.2.2　蔬菜产品质量

1)质量的内容

①产品外观特征　一般指产品的色泽、大小、形状、表面特征、新鲜程度、群体整齐度、成熟一致性、有无斑痕和损伤、清洁程度和净菜百分率等,是蔬菜产品的外在质量。具体指标因蔬菜种类、地区、食用习惯、食用方法以及贮藏加工的不同要求而异。

②营养成分　蔬菜产品器官的主要营养成分包括维生素、矿物质、碳水化合物、蛋白

质、脂肪、纤维素等。不同种类蔬菜营养成分各有其特点,同一种类蔬菜不同品种间营养成分也有差异,环境条件和栽培技术对蔬菜营养成分也有影响。

③质地　即力学特性,包括产品的硬度、坚韧度、致密性、纤维感、粉质感、多汁性、黏度(果汁)、有无胶状物质等。这些质地变化与产品的化学组成有关。对于作酱菜原料的根菜及叶菜的品质还要求脆嫩。

④风味品质　不同种类、品质的蔬菜具有不同的食用风味,如酸、甜、苦、辣、鲜、香、清凉、涩等。食用风味与蔬菜所含可溶性营养物质的数量、特有气味的挥发性化合物种类和数量,以及产品器官的组织结构等密切相关。风味品质与果实成熟度等也有密切关系。如西瓜未熟则瓤白、肉硬、味淡,过熟则肉绵、下瘪、无汁,适度成熟才色正沙脆、味甜多汁。

⑤贮运及加工品质　产品采收后呼吸和衰老过程在继续进行,水分和维生素含量不断减少,蛋白质等不断降解,风味质地均发生变化,产品质量不断下降。但在贮运过程中,品质下降的速率因蔬菜种类、品种不同差异极大。

蔬菜的加工品质是指蔬菜需要进一步加工和作为工业原料应符合加工特殊需要的品质。蔬菜种类繁多,加工产品不同,对加工品质的要求也不相同。如制果酱和罐装用番茄品种,需要有较高的含酸量和番茄红素含量(每100 g鲜重 > 8 mg),制酱品种还要求有较高的出酱率,出酱率则取决于果实可溶性固形物和净干物质含量;整果罐装要求果实形状和大小一致,果皮坚韧而易于整果剥离,果肉致密而经热处理后不易离散,并且果肉厚、无绿肩、色泽鲜红且均匀一致。

⑥安全品质　主要指蔬菜中有无自然产生的毒素,栽培管理中农药、化肥、污水、废气、重金属、激素等物质污染,以及影响人体健康的微生物、异味等。这些物质的含量越低,蔬菜产品的安全品质越高。

2)质量的影响因素

影响产品质量的因素很多,包括遗传特性、环境条件、栽培方式、栽培技术以及产品采后处理等。

①蔬菜种类及品种　不同蔬菜种类甚至同一种类的不同品种,其产品器官的营养成分含量、形状、大小、颜色、风味、质地等均有较大的差异,这是蔬菜作物本身的遗传特性所决定的,因此,生产上要选择高产优质的蔬菜种类和品种。

②环境条件　生产生长发育过程中的各种生态环境因素,如温、光、水、气、营养、生物等都会影响产品质量,因此,生产中应创造适宜的栽培环境条件以获得高质量的蔬菜产品。

③栽培技术　运用合理的栽培技术调节生产植物的生长发育过程,采用科学的施肥灌溉技术,整地做畦,调控温、光、湿、气等环境条件,适时播种,培育壮苗,合理密植,适时植株调整,及时防治病虫草害,适时采收,加强采后处理,是提高蔬菜产品质量的重要手段。

④采收　蔬菜产品必须适时、及时采收才能获得良好的外观品质、营养品质、风味品质和加工品质。采收的时期决定于产品的成熟度,蔬菜产品的成熟有商品成熟和生理成熟之分。商品成熟是指产品器官生长到适于食用的成熟度,具有该品种的形状、大小、色泽及品质,如茄子、黄瓜、菜豆等采收嫩果,其种子并未成熟;而白菜、萝卜、花椰菜等采收的是叶子(叶球)、肉质根或花球。生理成熟指产品器官是生理上成熟的果实,其种子也已成熟,如

西瓜、甜瓜等。

对于一次性采收的蔬菜,如大白菜、结球甘蓝、马铃薯、萝卜等,只要气候适宜,采收的时间可以适当延迟;对于多次采收的蔬菜,如番茄、辣椒、黄瓜、菜豆等,在结果前期,采收次数勤些有利于后期果实的生长。

采收的迟早对品种也有很大影响,有的产品在成熟过程中碳水化合物的变化主要是由糖转变为淀粉,干物质增加。如豆类的种子、薯芋类的块茎或块根,越到成熟淀粉含量越多,也越耐贮藏。番茄等产品,在成熟过程中主要是由淀粉转化为糖,过于成熟则质地变软,耐贮性越差。

⑤采后处理与贮藏,分为以下两方面:

a.产品的采后处理、分级与包装　从采收后到进入市场以前,还要经过产品的产量、修整、分级机包装。第一个工序是对产品的修整与清洗,把枯萎、腐烂、有病的部分去除;包装前一般应进行清洗,洗去表面污物等;按照国家有关标准和要求进行分级,可以增加蔬菜的商品价值;按照产品的大小进行包装时,直接面向消费者的可做成小包装。

b.贮藏技术　由于多数蔬菜产品含水量较高,组织柔嫩,保护组织部发达,呼吸机蒸腾作用旺盛,因而品质的转变也很快。影响蔬菜贮藏寿命的主要因素是温度和湿度。温度高贮藏时间短,温度低则贮藏时间长,除了瓜类、茄果类要求较高的温度(7.2~10 ℃)外,多数蔬菜在0 ℃及90%~95%空气相对湿度下贮藏效果较好。

3)提高质量的技术措施

①选择优良品种　根据生产目的选择适宜的蔬菜品种是确保产品品质的首要因素。

②优化栽培技术措施　通过优化管理技术提高产品质量。如合理施肥及土壤耕作,设施生产先进的温、光、气、湿等环境调控,新的结构材料、覆盖材料的应用,微灌技术,无土栽培,病虫草害综合防治技术的应用等,将大大提高蔬菜品质。

③适时采收　适时采收,降低贮运消耗,保持和改进产品品质。

④强化采后处理　加强蔬菜采后处理,除正常整理外,有些蔬菜还要进行洗涤,改进产品的外观,然后进行分级。包装是蔬菜标准化、商品化、保证安全运输和贮藏的重要措施,适当包装,能保护产品的品质、降低损耗,同时还可以减少再次污染的机会,有利于保持清洁和便于出售。

项目小结 》》》

蔬菜分类主要有植物学分类法、食用器官分类法、农业生物学分类法及生态分类法,其中农业生物学分类法应用广泛,比较适合农业生产的要求;生态分类法对指导蔬菜生产有着重要意义。从生理基础上讲,提高蔬菜产量,主要依靠增加光合作用面积、提高叶面积指数、延长光合作用时间和提高光合作用的效率来实现;提高蔬菜质量的技术措施主要依靠优良品种、优化栽培技术、适时采收和强化采后处理等。

复习思考题 》》》

1.为什么说农业生物学分类法比较适合蔬菜生产的要求?

2.蔬菜各分类方法对蔬菜生产分别有哪些指导意义?

3. 如何从生理意义上促进蔬菜产量的形成?

4. 如何提高蔬菜产品的质量?

实训指导

实训　主要蔬菜种类的识别和分类

1）材料用具

各种常见蔬菜的产品、植株、图片、标本等。

2）方法步骤

（1）仔细观察各种蔬菜的图片、标本、植株、食用部分,了解其食用器官的形状、颜色、大小等。

（2）调查当地栽培和市场销售的各类蔬菜的生长状态及形态特征,确定其所属类型。

3）作业要求

根据观察和调查内容,列举至少 20 种常见蔬菜的名称,并将其各分类填入下表。

蔬菜名称	植物学分类	食用器官分类	农业生物学分类	温度分类	湿度分类	光照分类

项目2 蔬菜生产的主要设施

项目描述 我国北方地区露地蔬菜生产的季节性很强,在晚秋、冬季和早春的低温季节及夏季的炎热季节,蔬菜生产受气候限制无法生产或生长不良,导致蔬菜产品种类少、上市量不足、价格高,不能满足市场和人们生活的需要,必须利用设施的保护作用,在露地不适合蔬菜生产的季节安排蔬菜生产,并与露地蔬菜生产相配合,才能实现蔬菜的周年生产和供应。本项目主要学习北方地区主要设施的结构与类型、基本性能及生产应用等。学习的重点是主要设施的性能和生产应用。

学习目标 了解北方地区常见主要设施的结构类型;掌握主要设施的性能及在蔬菜生产中的应用。

技能目标 结合《园艺设施》学会蔬菜生产中主要设施的建造、维护、环境调控和生产应用。

📚 项目任务

专业领域:园艺技术 　　　　　　　　　　　　　　　　　　　　学习领域:蔬菜生产

项目名称	项目2　蔬菜生产的主要设施
工作任务	任务2.1　简易保护设施
	任务2.2　塑料薄膜拱棚
	任务2.3　日光温室
	任务2.4　夏季保护设施和防虫网
项目任务要求	掌握主要设施的性能及在生产上的应用

任务2.1　简易保护设施

活动情景 风障畦、阳畦、电热温床、塑料拱棚等简易保护设施,其建造成本较低,取材方便且容易保护,常用于露地栽培和设施栽培的育苗,也可以用于部分蔬菜生产。本任务是通过调查、观测和生产应用,了解蔬菜生产中常见简易设施的结构类型,掌握其性能及在蔬菜生产中的应用。学习的重点是主要简易设施的性能及生产应用。

25

任务相关知识

2.1.1　风障畦

1）风障畦的类型与结构

风障畦可以分为大风障畦和小风障畦两种（见图 2.1）。大风障畦，又叫完全风障，由篱笆、披风草、土背和栽培畦组成。篱笆由芦苇、高粱秆、竹子、玉米秆等夹制而成，高 2～2.5 m；披风由稻草、谷草、塑料薄膜围于篱笆的中下部；基部用土培成 30 cm 高的土背，一般冬季防风范围在 10 m 左右。小风障畦，又叫普通风障，高 1 m 左右，一般只用谷草和玉米秆做成，防风效果在 1 m 左右。

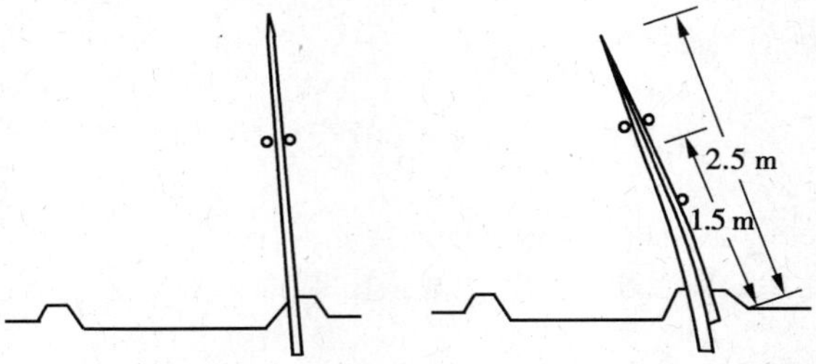

2.5 m

1.5 m

普通风障　　　　　　　完全风障

图 2.1　风障畦结构

2）风障畦的性能

①温度特点　风障畦主要是依靠风障的反射光和热辐射以及挡风保温作用，使栽培畦内的温度升高。由于风障畦是敞开的，无法阻止热量散失，因此，风障畦的增温和保温能力有限，并且离风障越远，温度增加越不明显。

风障畦的增温和保温效果受气候的影响也很大，一般规律是：晴天的增温和保温效果优于阴天；有风天优于无风天，并且风速越大，增温效果越明显。

②光照特点　风障能够将照射到其表面上的部分太阳光反射到风障畦内，增强栽培畦内的光照，一般晴天畦内的光照量可比露地增加 10%～30%，如果在风障的南侧缝贴一层反光膜，可较普通风障畦增加光照 1.3%～17.4%，并且提高温度 0.1～2.4 ℃。

3）风障畦的设置

①风障的倾斜角度　冬季栽培用风障畦，风障应向南倾斜 75°左右，以减少风害以及垂直方向上的对流散热量，加强风障的保温性能。春季用风障畦，风障应与地面垂直，或采用较小的倾斜角，避免遮光。

②风障畦的大小　风障畦的长度应适当大一些，一般要求不小于 10 m。风障畦越长，风障两端的风回流对风障畦的不良影响越小，畦内的温度越高，栽培效果也越好。

栽培畦不宜过宽，视风障的高度以及所栽培蔬菜的耐寒程度不同，以 1～2.5 m 为宜。栽培畦过宽，受"穿堂风"的影响也比较大。

③风障的间距 适宜的风障间距使防风保温效果好,不对后排栽培畦造成遮光,并且土地利用率要高。一般冬季栽培,风障间距以风障高度的3倍左右为宜,春季栽培以风障高度的4~6倍为宜。

④风障畦的排列 风障群的防风保温效果优于单排风障,应集中建造风障畦,成区成排分布。多风地区可在风障区的西面夹设一道风障,增强整个栽培区的防风能力。

4)风障畦的应用

①越冬蔬菜春季早熟栽培 用大风障畦保护秋播蔬菜或根茬蔬菜安全越冬,并于春季提早收获上市,一般可比露地提早上市15~20 d。

②春季提早播种或定植喜温性蔬菜 用小风障畦或简单覆盖,于早春定植一些瓜类、豆类或茄果类蔬菜,可提早上市15~20 d。

③冬春生产耐寒性蔬菜 在冬季不甚寒冷地区,用大风障畦,畦面覆盖薄膜和草苫,栽培韭菜、韭黄、蒜苗、芹菜等,一般于元旦前后开始收获上市。

2.1.2 阳畦

阳畦又称冷床,是在风障畦的基础上,将畦底加深、畦埂加高加宽,白天用玻璃窗或塑料棚覆盖,夜间覆盖草苫保温,利用太阳能来保持畦温的栽培方式。

1)阳畦的类型与结构

阳畦主要由风障、畦框和覆盖物组成,分为普通阳畦和改良阳畦两种。

①普通阳畦 即通常所说的阳畦,又分为抢阳畦和槽子畦两种(见图2.2)。

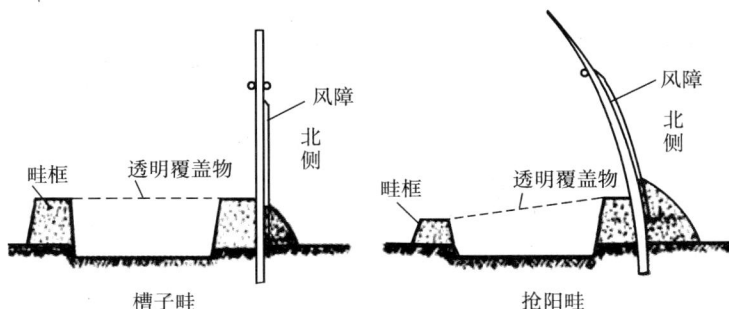

图2.2 普通阳畦

槽子畦南北畦框高度相近,或南框稍低于北框,一般高度40~60 cm,畦口较平,白天升温慢光照也比较差,但空间较大。抢阳畦的南框高20~40 cm,北畦框高35~60 cm,南低北高,畦口形成一自然斜面,采光较好,但空间较小。

②改良阳畦(见图2.3) 该类阳畦用土墙替代风障,栽培空间比较大,保温性能也比较好,比普通阳畦高4~7 ℃,低温持续时间也较短。

2)阳畦的性能

①温度特点 阳畦空间小,升温快,增温能力比较强。据原北京农业大学观察,北京地区12月至翌年1月,普通阳畦的旬增温幅度一般为6.6~15.9 ℃。阳畦低矮,适合进行多

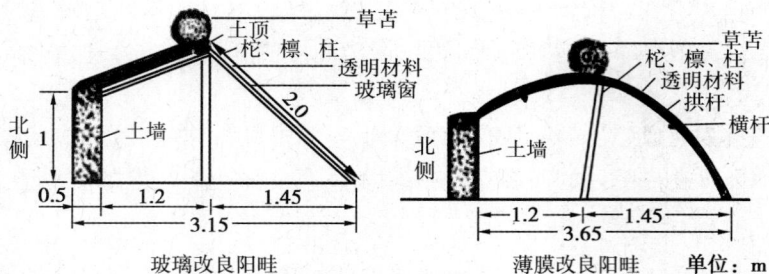

图 2.3　改良阳畦

层保温覆盖,保温性能好,北京地区 12 月至翌年 1 月,普通阳畦的旬保温能力一般可达 13 ~ 16.3 ℃。

阳畦的温度高低受天气变化的影响较大,一般晴天增温明显,夜温也比较高,阴天增温效果较差,夜温也相对较低。同时,阳畦内各部位因光照量以及受畦外温度的影响程度不同,温度高低有所差异,往往造成畦内蔬菜或幼苗生长不整齐,生产中要注意区分管理。

②光照特点　阳畦空间低矮,光照比较充足,特别是由于风障的反射光作用,阳畦内的光照一般要优于其他大型保护设施。

3)阳畦的设置

阳畦应设置在背风向阳处,育苗用阳畦要靠近栽培田。为方便管理以及增强阳畦的综合性能,阳畦数量较多时应集中成群建造。群内阳畦的前后间隔距离应不少于风障或土墙高度的 3 倍,避免前排阳畦对后排造成遮阴。

4)阳畦的应用

阳畦空间较小,一般不适合栽培蔬菜,主要用于冬春季育苗。槽子畦及改良阳畦的栽培空间稍大,一些地方也常于冬季和早春用来栽培一些低矮的茎菜类或果菜类。

2.1.3　电热温床

电热温床是利用电流通过电阻较大的导线时,将电能转变成热能,对土壤进行加温的原理制成的温床(用于土壤加温的电阻较大的导线称为电加温线)。这种温床目前应用最多,地热线一般用在播种床,也可以用在分苗床上。

1)电热温床的基本结构

完整电热温床由保温层、散热层、床土和覆盖物四部分组成(见图 2.4)。

①隔热层　是铺设在床坑底部的一层厚 10 ~ 15 cm 的秸秆或碎草,主要作用是阻止热量向下层土壤中传递散失。

②散热层　是一层厚约 5 cm 的细沙,内铺设有电热线。沙层的主要作用是均衡热量,使上层床土均匀受热。

③床土　床土厚度一般为 12 ~ 15 cm。若使用育苗钵育苗,将育苗钵直接排列到散热层上即可。

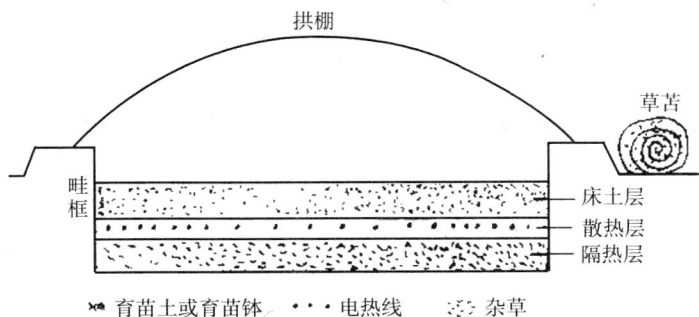

图2.4 电热温床基本结构

④覆盖物 分为透明覆盖物和不透明覆盖物两种。透明覆盖物的主要作用是白天利用光能使温床增温,不透明覆盖物用来保温,减少耗电量,降低育苗成本。

2)电热温床的应用

电热温床的床土浅,加温费用高,不适合栽培生产,主要用于冬春季蔬菜育苗。由于电热温床的温度较高、幼苗生长较快等原因,电热温床的育苗期一般较常规育苗法的短,故利用电热温床育苗时应适当推迟播种期。

3)电热温床管理要点

电热温床的土温较高,水分蒸发快,床土容易干旱,要注意勤浇水,但每次的浇水量不宜过多,避免床坑内积水发生漏电短路。另外,还要加强温床的保温措施,缩短通电时间,降低费用。

任务2.2 塑料薄膜拱棚

活动情景 北方地区春秋季节经常利用塑料小拱棚进行蔬菜的育苗或矮生蔬菜生产,利用塑料中拱棚和塑料大拱棚进行春提前或秋延后栽培,以延长蔬菜生长期、调节产品上市时间,同时取得较高的经济收益。本任务是通过调查、观测和生产应用,了解蔬菜生产中常见塑料薄膜拱棚的结构类型,掌握其性能及在蔬菜生产中的应用。学习的重点是塑料大棚的性能及应用。

任务相关知识

塑料薄膜拱棚主要指拱圆形或半拱圆形的塑料薄膜覆盖棚,简称为塑料拱棚。依棚的高度和跨度不同,一般分为塑料小拱棚、塑料中拱棚和塑料大棚三种类型。

2.2.1　塑料小拱棚

小拱棚的跨度一般为 1.5～3 m,高 1 m 左右,单棚面积 15～45 m²,它的结构简单、体积较小、负载轻、取材方便,一般多用轻型材料建成,如细竹竿、毛竹片、荆条、直径 6～8 mm 的钢筋等能弯成弓形的材料做骨架,有立柱或无立柱。

1)塑料小拱棚的类型

依棚形不同,一般将塑料小拱棚分为拱圆形、半拱圆形和双斜面形三种类型(见图 2.5),其中以拱圆形棚应用最为普遍,双斜面形棚用的相对比较少。

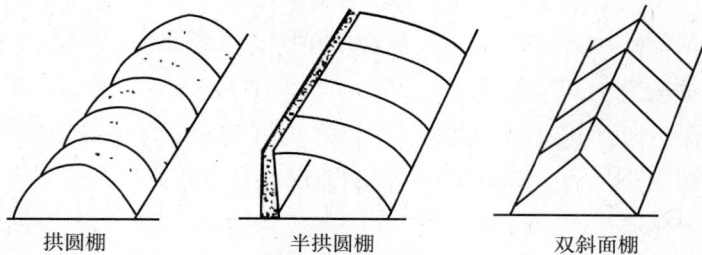

拱圆棚　　　　　　　半拱圆棚　　　　　　双斜面棚

图 2.5　塑料小拱棚的主要类型

2)塑料小拱棚的性能

①温度特点　塑料小供棚的空间比较小、蓄热量少,晴天增温比较快,一般增温能力达 15～20 ℃,高温期容易发生高温危害。但保温能力比较差,在不覆盖草苫的情况下,保温能力一般只有 1～3 ℃,加盖草苫后可提高到 4～8 ℃。棚内的最高温度一般出现在 13 时左右,日出前温度最低。

②光照特点　塑料小拱棚的棚体低矮,宽度小,棚内光照分布相对比较均匀,差距不大。据测定,东西延长的塑料小拱棚内,南北方向地面光照量的差异幅度一般只有 7% 左右。

③湿度特点　棚内空气湿度的日变化幅度比较大,一般白天相对湿度为 40%～60%,夜间 90% 以上。另外,小拱棚中部的温度比两侧的高,地面水分蒸发快、容易干旱,而蒸发的水汽在棚膜上聚集后,沿着棚膜流向两侧,常造成两侧的地面湿度过高,导致地面湿度分布不均匀。

3)塑料小拱棚的应用

塑料小拱棚的空间低矮,不适合栽培高架蔬菜,生产上主要用于蔬菜育苗、矮生蔬菜保护栽培以及高架蔬菜低温期保护定植等。

2.2.2　塑料中拱棚

通常把跨度在 4～6 m、棚高为 1.5～1.8 m 的塑料棚称为中拱棚,可在棚内作业,并可覆盖草苫。中拱棚有竹木结构、钢管或钢筋结构、钢竹混合结构,有设 1～2 排支柱的,也有无支柱的,面积多为 $66.7 \sim 133\ m^2$。

塑料中拱棚的棚体大小和结构的复杂程度以及综合性能等,均介于塑料小拱棚和大拱棚之间,可参考塑料大、小拱棚。

塑料中拱棚易于建造,建棚费用比较低,但栽培空间较小,也不利于实行机械化生产,应用规模不大。目前,塑料中拱棚主要用于温室和塑料大拱棚欠发达地区,进行临时性、低成本的蔬菜保护地栽培。主要用于春秋蔬菜早熟栽培和育苗,秋季的延后栽培,或加盖草苫进行耐寒蔬菜的越冬栽培。

2.2.3　塑料大棚

塑料大棚是指棚体顶高在 1.8 m 以上,跨度在 6 m 以上的大型塑料拱棚的总称。和温室相比,具有结构简单、建造和拆装方便,一次性投资较少等优点;与中小棚相比,又具有坚固耐用,使用寿命长,棚体空间大,作业方便及有利作物生长,便于环境调控等优点。

1)塑料大棚的基本结构

竹木结构塑料大棚主要由立柱、拱杆、拉杆、小吊柱、棚膜和压杆六部分组成(见图2.6)。

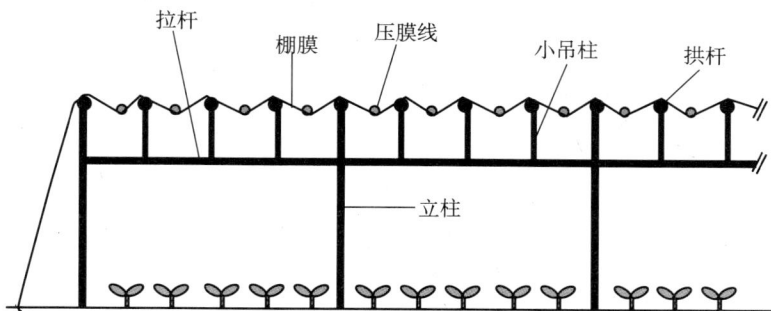

图2.6　竹木结构大棚骨架纵剖面示意图

①立柱　立柱的主要作用是稳固拱架,防止拱架上下浮动及变形。在竹拱结构的大棚中,立柱还兼有拱架造型的作用。立柱材料主要有水泥预制柱、竹竿、钠架等。

竹木结构塑料大棚中的立柱数量比较多,一般立柱间距 $2 \sim 3$ m,密度比较大,地面光照分布不均匀,也妨碍棚内作业。钢架结构塑料大棚内的立柱数量比较少,一般只有边柱甚至无立柱。

②拱杆　拱杆的主要作用,一是横向连接立柱和小吊柱;二是大棚的棚面造型;三是支撑棚膜。拱杆的主要材料有竹竿、钢梁、钢管、硬质塑料管等。

③拉杆　拉杆的主要作用是纵向连接立柱,与拱杆一起将整个大棚的立杆纵横连在一起,使整个大棚形成一个稳固的整体。竹木结构大棚的拉杆通常固定在立柱上部距离顶端 $20 \sim 30$ cm 处,钢架结构大棚的拉杆一般直接固定在拱架上。拉杆的主要材料有竹竿、钢梁、钢管等。

④小吊柱　竹木结构塑料大棚,为减少棚内立柱数量,有利于光照和便于作业,多采用

"悬梁吊柱式"结构。

⑤塑料薄膜　塑料薄膜的主要作用:一是低温期使大棚内增温和保持大棚内的温度;二是雨季防雨。塑料大棚使用的薄膜种类主要有聚乙烯无滴膜、聚乙烯长寿膜以及蓝色聚乙烯多功能复合膜等。

⑥压杆　压杆的主要作用是固定棚膜,使棚膜绷紧。压杆的主要材料有竹竿、专用压股线、粗铁丝以及尼龙绳等。

2)塑料大棚的类型

(1)按建造材料分类

①竹木结构大棚　该类大棚一般选用横截面8～12 cm的水泥预制挂或圆木作立柱,用径粗5 cm以上的粗竹竿作拱架,建造成本比较低,是目前农村应用最普遍的一类塑料大棚。主要缺点:一是竹竿拱架的使用寿命短,需要定期更换拱架;二是棚内立柱数量比较多,地面光照不良,也不利于棚内的整地作畦和机械化管理,见图2.7。

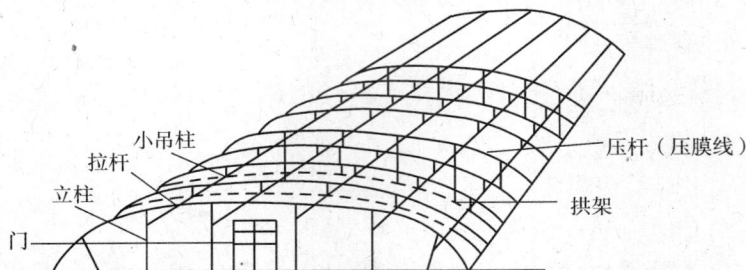

图2.7　竹木结构塑料大棚

②钢架结构塑料大棚　该类大棚主要使用直径8～16 mm的圆钢以及1.27 cm或2.54 cm的钢管等加工成双弦拱圆形钢梁拱架,见图2.8。

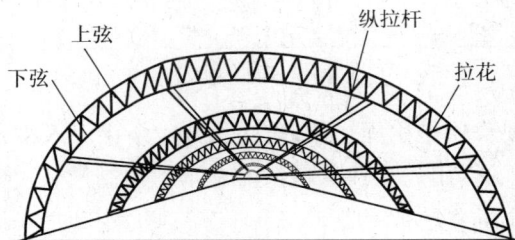

图2.8　钢架无柱塑料大棚

为节省钢材,一般钢梁的上弦用规格稍大的圆钢或钢管,下弦用规格小一些的圆钢或钢管。上、下弦之间距离20～30 cm,中间用直径8～10 mm的圆钢连接。钢梁多加工成平面梁,钢材规格偏小或大棚跨度比较大,单拱负荷较重时,应加工成三角形梁。

除拱形钢架外,也有一些塑料大棚选用角钢、小号扁钢、槽钢以及圆钢等加工成屋脊型钢梁作供架。由于屋脊型拱架的覆膜质量相对较差,也不适合建造大跨度大棚等原因,目前应用较少。

钢梁拱架间距一般1～1.5 m,架间用直径10～14 mm的圆钢相互连接。

钢架结构大棚的结构比较牢固,使用寿命长,并且棚内无立柱或少立柱,环境优良,也便于在棚架上安装自动化管理设备,是现代塑料大棚的发展方向。该类大棚的主要缺点是建造成本比较高,设计和建造要求也比较严格,钢架本身对塑料薄膜也容易造成损坏,缩短薄膜的使用寿命。

③管架结构塑料大棚 采用一定规格的薄壁镀锌钢管或硬质塑料管材,并用相应的配件,按照组装说明进行连接或固定而成。大棚的棚架由工厂生产,结构设计比较合理,易于搬运和安装。大棚的规格型号也比较多,选择余地较大,是未来大棚的发展主流,见图2.9。

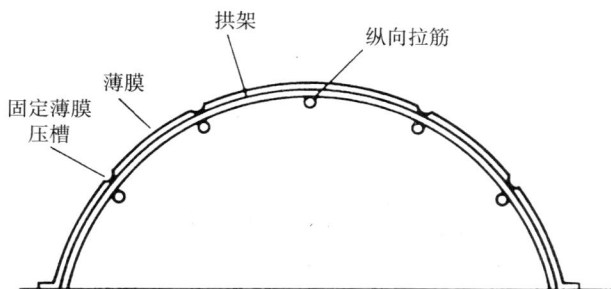

图2.9 管架结构塑料大棚

④钢竹混合结构塑料大棚 该类大棚的拱架通常以钢梁架为主,钢架间距 2 ~ 3 m,在钢梁上纵向固定直径 6 ~ 8 mm 的圆钢。钢架间采取悬梁吊柱结构或无柱结构形式,安放 1 ~ 2 根粗竹竿为副拱架,建成无立柱或少立柱结构大棚,见图2.10。

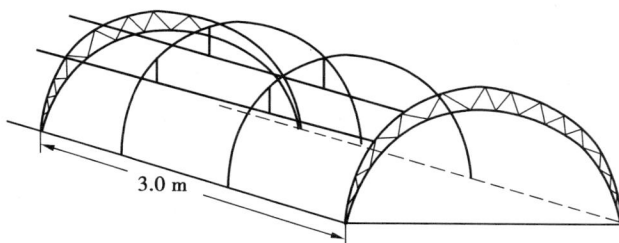

图2.10 钢竹混合结构塑料大棚

由于该类大棚的建造费用相对较低,抵抗自然灾害的能力较强,栽培环境改善比较明显等原因,较受广大菜农的欢迎。

(2)按棚顶数量分类

①单栋大棚 整座大棚只有一个拱圆形棚顶,有比较完整的棚边和棚头结构,占地面积一般 667 m² 左右。

②连栋大棚 该类大棚有 2 个或 2 个以上拱圆形或屋脊形的棚顶。主要优点是:大棚的跨度范围比较大,占地面积大,土地利用率比较高;棚内空间比较宽大,蓄热量大,低温期的保温性能好;适合机械化、自动化及工厂化生产管理,符合现代农业发展的要求。主要缺点是:对棚体建造材料的要求比较高,对棚体设计和施工要求比较严格,建造成本高;棚顶的排水和排雪性能比较差,高温期自然通风降温效果不好,容易发生高温危害。

3）塑料大拱棚的性能

（1）温度特点

①增、保温特点　塑料大棚的空间较大,蓄热能力强,增温能力不强,一般低温期的最大增温能力(1 天中大棚内外的最高温度差值)只有 15 ℃左右,一般天气下为 10 ℃左右,高温期达 20 ℃左右。

塑料大棚棚体宽大,不适合从外部覆盖单苫保温,故其保温能力较差,一般单栋大棚的保温能力(1 天中大棚内外的最低温度差值)为 3 ℃左右,连栋大棚的保温能力稍强于单栋大棚。

②日变化特点　通常日出前棚内的气温降到一天中的最低值,日出后棚温迅速升高。在大棚密闭情况下,晴天 10 时前,平均每小时上升 5 ~ 8 ℃,13 ~ 14 ℃时棚温升到最大值,之后开始下降,平均每小时下降 5 ℃左右,夜间温度下降速度变缓。一般 12 月至翌年 2 月的昼夜温差为 10 ~ 15 ℃,3 ~ 9 月份的昼夜温差为 20 ℃左右或更高。晴天棚内的昼夜温差比较大,阴天温差小。

③地温变化特点　大棚内的地温日变化幅度相对较小,一般 10 cm 土层的日最低温度较最低气温晚出现约 2 h。当气温低于地温前,地温升到最高。

（2）光照特点

①采光特点　塑料大棚的棚架材料粗大,遮光多,采光能力不如中小拱棚。不同大棚采光率一般为 50.0% ~ 72.0%。大棚方位对大棚的采光量也有影响。一般东西延长大棚的采光量较南北延长大棚的稍高些。

②光照分布特点　垂直方向,由上向下光照逐渐减弱,地面最低;水平方向,一般南部照度大于北部,四周高于中央,东西两侧差异较小。南北延长大棚的背光面较小,其内水平方向光照差异幅度也较小;东西延长大棚的背光面相对较大,棚内水平方向光照分布差异也相对较大,特别是南、北两侧的光照差异比较明显。

4）塑料大棚的应用

①春季早熟栽培　主要用于果菜类早熟栽培,如茄果类、瓜类、豆类蔬菜春季早熟栽培,也可以用于高产高效叶菜类春季早熟栽培。在河南、山东一般比露地栽培提早 30 ~ 45 d 上市。春季早熟栽培是我国北方塑料大棚生产的主要茬口,是经济效益最好的茬口。

②秋季延后栽培　主要用于果菜类延后栽培,如番茄、茄子、辣椒、黄瓜延迟栽培,在河南、山东一般比露地栽培延迟 30 d 左右,是我国北方塑料大棚生产的重要茬口。

③秋冬耐寒性蔬菜加茬栽培　主要用于蒜苗、香菜、菠菜等耐寒蔬菜加茬生产。

④春季育苗。

任务 2.3　日光温室

活动情景　日光温室以其较低的生产成本和良好的生产性能,在北方地区寒冷季节广泛应用,而且主要用于果菜类反季节生产,如茄果类、瓜类、豆类越冬栽培、果菜类早春早熟栽培、秋冬蔬菜栽培,还可用于各类蔬菜育苗。本工作任务是通过调查、观测和生产应用,了解日光温室的结构类型,掌握其性能及在蔬菜生产中的应用。学习的重点是日光温室的性能及生产应用。

任务相关知识

通常把温室内不专设加温设备,完全依靠自然光能进行生产,或只在严寒季节进行临时性加温的温室称为日光温室。其生产成本较低,适用于冬季最低温度-15 ℃以上或短时间-20 ℃左右的地区。

2.3.1 日光温室的基本结构

北方地区日光温室基本框架结构可以概括为:"高后墙,短后坡,拱圆形",即后墙在建筑和受力许可范围内,尽量高一些,后坡适当短一些,前坡面为拱圆形,见图2.11。

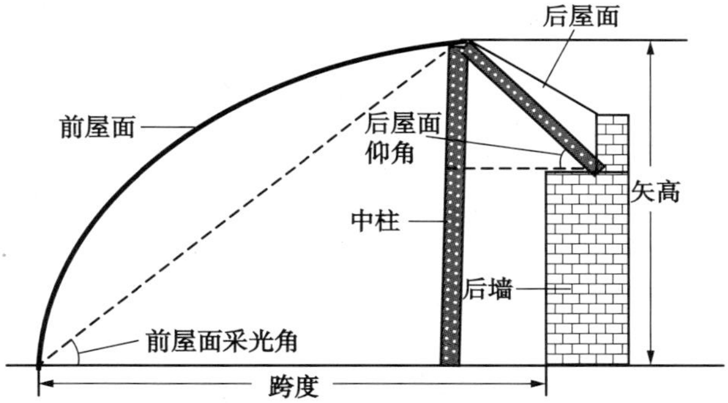

图 2.11 日光温室基本结构示意图

知识链接)))

日光温室主要技术参数

日光温室的结构参数包含"五度、四比、三材"。

(1)五度 指日光温室的跨度、高度、长度、角度和厚度。

①跨度 是指温室南侧底角起至后墙内侧之间的宽度。适宜的跨度配以适宜的脊高,可以保证屋面采光角度合理,保证作物有足够的生长空间和便于作业。目前一般为8 m左右。

②高度 包括脊高和后墙高。脊高又叫矢高,是指屋脊至房梁的高度,温室高度适当,前屋面采光角度合理,有利于采光,而且室内空间大,操作方便,热容量也大,室温也高,目前一般为3.2～3.4 m。后墙的高度决定着后坡仰角的大小和后坡的高度,过高和过低都会影响温室后墙的吸热和室内操作。适度的高度一般为2 m左右。

③长度 一般因地而异。过短(30 m以下)由于两墙轮替遮阴,室内间光面积小,温度升不上去,影响生长;过长(100 m左右)管理温室不便,维护也比较困难。一般以60~80 m为宜。

④角度 包括屋面角、后坡仰角和方位角。

屋面角是指前屋面与地平面的夹角,直接影响温室采光量的大小。屋面角越大,则采光量越大,但屋面角过大,会使温室的脊高过高,建造困难,保温性下降。河南省拱圆形日光温室理想的屋面角应为底角60°,前部25°,后部15°左右。

后坡仰角即后坡与地面的夹角,角度适中可使室内冬至前后中午得到光照,后墙能吸热储能和反光。仰角一般应大于当地冬至中午时的太阳高度角,河南省应为35°~40°。

日光温室的方位一般均为东西延长,坐北朝南,这样可以在冬春季接受较多的太阳辐射。因此,温室的方位一般为正南,方位角为0°,但也可根据本地区的气候特点和地形,向东或西偏斜5°,增加上午或下午的光照时间。

⑤厚度 包括墙体厚度和后坡厚度。

墙体和后坡既起承重作用,又起保温作用,因此,其厚薄直接影响温室的保温贮热性能,各地要根据当地气候特点设置墙体和后坡厚度。一般实心土墙的厚度要求达到1 m以上,空心砖墙的厚度要求达到0.8 m以上;后坡的厚度因覆盖材料不同而不同,一般最厚处要求达到0.4~0.5 m。

(2)四比 指温室的前后坡比、高跨比、保温比和遮阴比。

①前后坡比 指前屋面与后坡投影之比,两者比例适当,既可保证日光温室有良好的采光性能,又具有良好的保温性能。目前跨度为8 m的温室其前后坡比一般为7:1。

②高跨比 指温室高度与跨度之比,高跨比适度,采光角度就合理,一般为1:2.5。

③保温比 指前屋面面积与温室内净土地面积之比,保温比合理,温室保温效果就好。高效节能型日光温室保温比要求达到1:1为好。

④遮阴比 主要是指前排温室对后排温室的遮阴影响。前后两排温室如果相距太近,则前排温室就会挡住后排温室一部分光照,影响后排温室生产,太远又浪费土地。实践证明,河南地区为了在冬至季节前排温室不遮挡后排温室的光照,则前排温室中柱到后排温室前沿的间距应是前排温室脊高的2.5倍。

(3)三材 即建筑材料、采光材料和保温材料。

①建筑材料 包括骨架材料和墙体材料。墙体材料多为土墙,少数为砖墙或石砌墙。骨架材料多为竹木材料和无机复合材料,少数为钢管材料。

②采光材料 即温室前屋面上覆盖的塑料薄膜。常用的有聚乙烯长寿无滴膜、聚氯乙烯长寿无滴膜和醋酸乙烯长寿无滴膜等。另外,在夏季还使用遮阳网和防虫网等遮光降温防虫材料。

③保温材料 包括墙体中填充的珍珠岩、炉渣、锯末等隔热材料和覆盖后坡的秸秆、草泥、珍珠岩以及覆盖前屋面的草苫、纸被、保温被等。草苫一般用稻草或蒲草编织,其中以稻草草苫原料来源广泛,保温效果较好,一般可提高温度5~6 ℃。草苫要厚而紧密,才有良好的保温效果。草苫一般宽1.2 m,长8 m,重30 kg以上。好草苫要有7~8道筋,两头还要加上一根小竹竿,这样才能经久耐用。

2.3.2 日光温室的主要类型

按照骨架结构分为竹木结构日光温室(见图 2.12)、琴弦式结构日光温室(见图 2.13)、钢架无柱日光温室(见图 2.14)和高温型混合结构日光温室(见图 2.15 和图 2.16)4 种。前两种以前应用较多,随着经济发展和生产水平提高两者趋于淘汰,后两种是目前推广应用较多的类型。

图 2.12 竹木结构日光温室(长后坡矮后墙式)

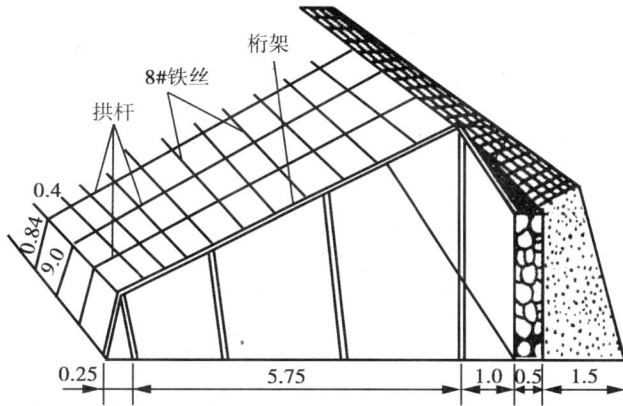

图 2.13 琴弦式结构日光温室

图 2.14 钢架无柱日光温室

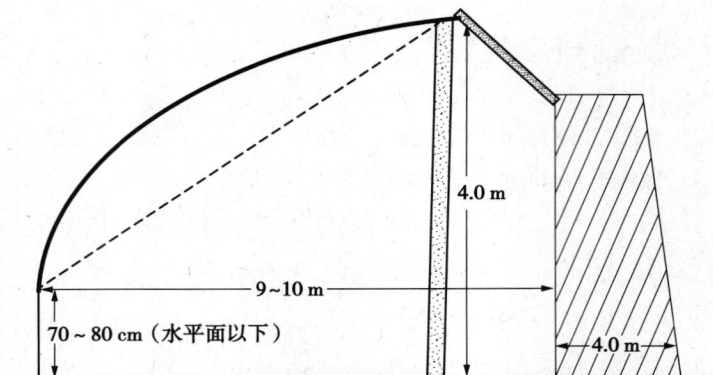

图 2.15　高温型混合结构日光温室

图 2.16　高温型无后坡混合结构日光温室

　　高温型混合结构日光温室特点：地上部分与基本框架相似，后墙一般用土砌成，后墙加厚，多为直角梯形，下底达到 4 ~ 4.5 m，上底 2.5 ~ 3 m。温室栽培床下沉 70 ~ 80 cm，矢高达到 4.0 m，跨度达到 9 ~ 10 m，前坡建设材料可以用钢筋水泥结构，也可钢架无柱结构，可以无后坡（见图 2.16），也可建后坡（见图 2.15），也可用土心砖墙。升温、保温效果更好，因此将此类温室称为高温型混合结构日光温室。

2.3.3　日光温室的性能

1）温度特点

　　日光温室的温度有季节变化和日变化。日光温室内的日变化状况决定于日照时间、光照强度、拉盖不透明物的早晚等。温室也具有局部温差。一般水平温差小于垂直温差，在一定范围内，温室越宽，水平温差越大，温室越高，垂直温差越小。纵向的水平温差小于横向。

　　冬季温室南部的土壤温度比北部高 2 ~ 3 ℃，而夜间北部比南部高 3 ~ 4 ℃，纵向水平温差为 1 ~ 3 ℃；温室南部植株生长较北部好。温室内土壤的高低与季节有关。总之，外界气温高，无冻土层影响时，室内的地温较高，气温与地温的温差小，如果外界的气温在 0 ℃

以下,外界的土壤结冻时,室内的低温升高难度增大,气温与地温的温差增大。

一天中,5 cm 深地温的最低温度出现在上午 8—9 时,最高温度出现在下午 3 时左右,15 cm 深的最低温度出现在上午 9—11 时,最高出现在下午 18 时左右。下午盖帘后到第二天揭帘之前,地温变化缓慢,变化幅度在 2.5 ~ 4 ℃,离地面越深,变化幅度越小。

2) 光照特点

春季和秋季太阳的高度角较大,进入温室的光量多,而冬季的太阳高度角小,进入温室的光量小,温室的光照条件差。温室内光照的分布,因季节的不同而不同,而且部位不同局部的光差也很大,在同一水平方向上,由前向后,光照强度逐渐减少,以温室的后墙内侧光强最低。温室垂直方向上的光照,以温室的上层最高,中层次之,下层最差。距离透明覆盖物的距离越远,光照强度越弱。

3) 湿度特点

气温升降是影响空气相对湿度变化的主要因素。温室内的空气湿度,随天气变化,通风浇水等措施而有变化。一般晴天白天空气相对湿度为 50% ~ 60%,而夜间可达到 90%,阴天白天可达到 70% ~ 80%,夜间可达到饱和状态。晴天的夜间,整个夜间相对湿度高,且变化小,最高值出现在揭开草苫后十几分钟内。日出后,最小值通常出现在 14—15 时,温室内的空气相对湿度变化较大,可达 20% ~ 40%,且与气温的变化规律相反,室内的气温越高,空气的相对湿度越低,气温越低,空气相对湿度越高。

由于温室的空气湿度大,温室内的土壤湿度也比同样条件下的露地土壤湿度大,温室内土壤的水分蒸发量与太阳辐射量成直线关系,太阳辐射量高,土壤蒸发量大。

4) 气体条件

寒冷季节的日光温室放风量小,放风时间短,造成温室内外的空气交换受阻,气体条件差异较大,这种差异主要表现在二氧化碳的浓度和有害气体上。

白天空气的二氧化碳的浓度一般在 340 ppm 左右,并没有达到蔬菜的光合作用饱和点,温室生产,夜间蔬菜呼吸放出二氧化碳积累在温室中,早晨揭草苫时,二氧化碳的浓度可达到 700 ~ 1 000 ppm。揭草苫后,随温度的提高,光照的增强,光合作用加剧,二氧化碳由于不断地被消耗,浓度很快下降,到中午放风之前,可降低到 200 ppm 以下,对蔬菜的生长发育极为不利,是对二氧化碳比较敏感的时期。

有害气体主要包括氨气、亚硝酸气体、二氧化硫等对农作物造成伤害的气体。北方地区日光温室主要进行冬季反季节蔬菜生产,多在完全覆盖的条件下进行生产,有害气体极易造成积累,达到一定浓度极易产生危害。如辣椒对氨气尤其敏感,氨气可使植株灼伤,甚至死亡。当氨气的浓度达到 5 ppm 时,蔬菜就会受害。辣椒对亚硝酸气体也比较敏感,当空气中的亚硝酸气体达到 5 ~ 10 ppm 时,蔬菜即开始受害。黄瓜对二氧化碳、亚硝酸气体比较敏感。冬春季节日光温室及时合理通风换气是十分必要的。

5) 土壤条件

日光温室是在完全覆盖的条件下进行生产,大量施用肥料,只靠人工灌溉,没有雨水淋洗,很容易积累盐分。因此,在夏季温室闲置季节,要除去前屋面的薄膜,让雨水淋洗土壤,或用清水冲洗,在再次定植前要深翻土壤,通过多施有机肥的方法,减少化肥的施用量。

2.3.4 日光温室的应用

日光温室主要用于果菜类反季节生产,如茄果类、瓜类、豆类越冬栽培;果菜类早春早熟栽培、秋冬蔬菜栽培;用于各类蔬菜育苗;还可作为食用菌冬季、春季栽培设施等。

任务 2.4 夏季保护设施和防虫网

活动情景 夏季高温多雨季节或虫害发生严重的地区,利用遮阳网、防雨棚或防虫网覆盖,可以降低环境温度,防止雨水冲刷,防止或减轻害虫危害,主要应用于蔬菜育苗或生产。本任务是通过调查、观测和生产应用,了解夏季保护设施和防虫网的结构类型,掌握其性能及在蔬菜生产中的应用。学习的重点是夏季保护设施的应用。

任务相关知识

2.4.1 夏季保护设施

1)遮阳网

遮阳网俗称遮阴网、凉爽纱,国内产品多以聚乙烯、聚丙烯等为原料,是经加工制作编织而成的一种轻量化、高强度、耐老化、网状的新型农用塑料覆盖材料。利用它覆盖作物具有一定的遮光、防暑、降温、防台风暴雨、防旱保墒和忌避病虫等功能。遮阳网一年内可重复使用4~5次,寿命长达3~5年。

①遮阳网的种类 依颜色分为黑色或银灰色,也有绿色、白色和黑白相间等品种。依遮光率分为35%~50%、50%~65%、65%~80%、≥80%四种规格,应用最多的是35%~65%的黑网和65%的银灰网。宽度有90、150、160、200、220 cm不等,每平方米重45~49 g。选购遮阳网时,要根据作物种类的需光特性、栽培季节和本地区的天气状况来选择颜色、规格和幅宽。

②遮阳网的覆盖形式 利用冬春塑料大棚栽培蔬菜之后,夏季闲置不用的大棚骨架,盖上遮阳网进行夏秋蔬菜栽培或育苗的方式,是夏秋遮阳网覆盖栽培的重要形式。根据覆盖的方式可分为棚内平盖法、大棚顶盖法和一网一膜三种。

棚内平盖法是利用大棚两侧纵向连杆为支点,将压膜线平行沿两纵向连杆之间拉紧连成一平行隔层带,再在上面平铺遮阳网,一般网离地面1~1.5 m;大棚顶盖法和一网一膜法覆盖,一般大棚两侧离地面1 m左右悬空不覆网。

根据各地经验,栽培绿叶菜最佳的覆盖方式是一网一膜法,其遮阳降温、防暴雨的性能较单一的遮阳网覆盖的效果要好得多,但要注意,遮阳网一定要盖在薄膜的上面,如果把遮阳网盖在薄膜的内侧,则大棚内是热积聚增温而不是降温,因此需特别注意。

③遮阳网的应用　遮阳网主要应用于高温强光照季节,对蔬菜进行遮光降温育苗或栽培。在南方一些地区,冬季也有利用闲置的遮阳网直接覆盖在秋冬蔬菜(如大白菜、花椰菜、结球莴苣等)上防寒防冻,延长采收期,或于早春为防蔬菜受霜冻侵袭,用遮阳网代替草苫、苇苫等,对早春菜保温覆盖,提早上市。

2)防雨棚

防雨棚是在多雨的夏、秋季,利用塑料薄膜等覆盖材料,扣在大棚或小棚的顶部,任其四周通风不扣膜或扣防虫网,使作物免受雨水直接淋洗。利用防雨棚进行夏季蔬菜和果品的避雨栽培或育苗。

2.4.2　防虫网

防虫网是以高密度聚乙烯等为主要原料,经拉丝编织而成的 20～30 目(每 2.54 cm 长度的孔数)等规格的网纱,具有耐拉强度大、优良的抗紫外线、抗热性、耐水性、耐腐蚀、耐老化、无毒、无味等特点。防虫网覆盖能简易、有效地防止害虫对夏季栽培蔬菜的危害。

项目小结 》》

蔬菜生产的主要设施包括风障、阳畦、温床等简易设施和塑料拱棚、日光温室、智能化温室等保温设施,以及遮阳网、防虫网、防雨棚等越夏栽培设施。温床、阳畦的空间低矮,不适合栽培一般的蔬菜,但温度和光照条件好,主要用于蔬菜育苗;塑料拱棚和日光温室建造成本较低,空间较大,温度条件好,经济效益高,应用广泛。生产中应掌握各种设施的性能,科学合理的应用于蔬菜生产,补充露地蔬菜生产产品供应的淡季,充分满足市场和人们生活的需要,同时取得较大的经济效益。

复习思考题 》》

1. 简述我国北方地区蔬菜生产主要设施的种类、性能及应用。
2. 日光温室"五度、四比、三材"的含义是什么?

实训指导

实训　蔬菜生产设施类型调查

1)材料用具

皮尺、量角器等。

2)方法步骤

①测　用皮尺和量角器实地测量温室"四比"和"五度";大中棚长度、跨度、各类立柱高度和间距等。

②看　不同温室、大中棚结构特点,并加以描述。

③问　访问不同温室、大中棚设施的主要性能情况,访问不同设施的种植茬次、种植蔬菜、种植季节、上市时间、产量表现及投资、效益等情况。

④思　评估温室、大中棚的利用及发展前景等。

3)作业要求

写出温室、大中棚类型实地调查评估报告。

蔬菜无土栽培基础

项目描述 蔬菜无土栽培可有效克服普通设施栽培中土壤泛盐、土传病害严重等连作障碍问题,还可以在不适宜种植蔬菜的地方(如盐碱地、沙漠、矿区、楼顶、阳台等)周年种植,有效地提高了单位面积产量和质量,生产出的蔬菜病害少、无污染,是实现蔬菜生产工厂化、现代化、高效化的重要途径。本项目主要学习蔬菜无土栽培的基础知识。学习的重点是无土栽培基质的选择与混合、营养液的配制与管理。

学习目标 了解蔬菜无土栽培的形式、基质与栽培槽的种类;掌握基质混合与消毒方法及营养液的配制与管理技术。

技能目标 学会基质的混合与消毒技术;学会营养液的配制与管理技术。

项目任务

专业领域:园艺技术   学习领域:蔬菜生产

项目名称	项目3　蔬菜无土栽培基础
工作任务	任务3.1　无土栽培基质
	任务3.2　无土栽培槽
	任务3.3　无土栽培营养液
项目任务要求	掌握蔬菜无土栽培有关的基础知识

项目相关知识

根据国际无土栽培学会的规定:凡是不用天然土壤而用基质或仅育苗时用基质,在定植以后不用基质而用营养液灌溉的栽培方法,统称为无土栽培。

无土栽培的主要优点是:栽培地点不受土壤条件的限制,避免土传病虫害及连作障碍;肥料利用率高,节约水和劳力;产量高,品质好;有利于自动化和现代化管理。无土栽培有多种类型:

1)根据蔬菜的营养来源不同分类

(1)无机营养无土栽培

蔬菜生长需要的营养主要来自各种无机盐的混合溶液。该类无土栽培历史悠久,大多数蔬菜已有较为确定的营养液配方,同时栽培方式多样化,栽培程序也规范化。

但也存在着如营养液配方、各种无机盐的用量要求较高,生产投资大,蔬菜产品中的硝酸盐含量较高等一系列问题。无机营养无土栽培在无土栽培中所占的比例越来越小。

（2）有机营养无土栽培

蔬菜生长需要的营养主要或全部来自有机肥,在栽培过程中,只需要定期施入有机肥和浇清水,管理比较简单。

有机营养无土栽培设备简单,肥料来源广泛,可就地取材,生产成本低,产品符合 AA级绿色食品的要求,市场前景广阔。

2）根据有无栽培基质分类

（1）无基质栽培

无基质栽培是指除了育苗时采用固体基质外,定植后不用固体基质的栽培方法。按营养液供给方式不同又分为以下两类：

①水培　定植后,蔬菜根系直接浸泡在营养液内,由流动着的营养液为蔬菜提供营养。主要分为：

a.营养液膜法（NFT）　将蔬菜种植在浅层流动的营养液中。营养液循环利用,营养液层深度不超过 1 cm。

b.深液流法（DFT）　将蔬菜定植于定植网筐或悬杯定植板的定植杯内,蔬菜悬挂在营养液面上方,根系浸入营养液中。营养液循环流动,深度 5～10 cm,见图 3.1。

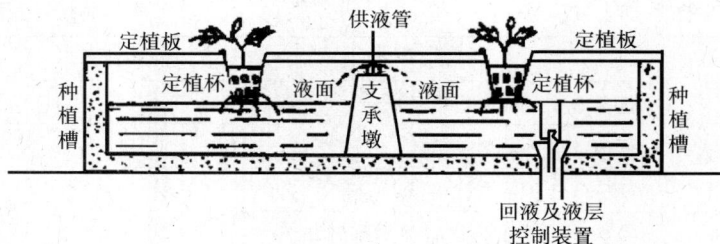

图 3.1　深液流法水培示意图

c.漂浮培法　是在深液流法的基础上,在栽培槽内的液面上,放置一块泡沫板,板上铺一层扎根布,植物的根系扎入扎根布内,营养液浇到扎根布上。该法氧气供应充足,不容易发生烂根现象。

②雾培　也叫气培,将蔬菜根系悬挂在栽培槽内,根系下方安装自动定时喷雾装置,每隔 3 min 喷 30 s 左右,间断地将营养液喷到蔬菜的根系上,营养液循环利用。

（2）基质栽培

将蔬菜栽种在固体基质上,用基质固定蔬菜并从基质中吸收营养和氧气。基质栽培的方法比较多,依基质的盛装方式不同分为：

①袋培法　用一定规格的专用袋盛装基质,蔬菜栽种在基质袋上,采用滴灌系统供营养液,见图 3.2。

②槽培法　用一定规格和形状的栽培槽盛装基质,在槽内栽种蔬菜。该法多用滴灌装置向基质提供营养液和水,部分采取微喷灌法。

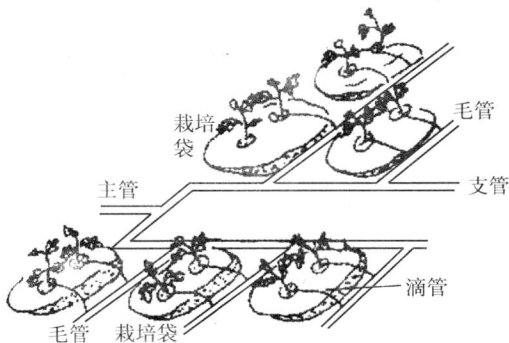

图 3.2 袋培示意图

③岩棉培法 岩棉是一种用多种岩石熔融在一起,喷成丝冷却后黏合而成的疏松多孔、可成型的固体基质。一般将岩棉切成一定大小的块状,外部用塑料薄膜包住,种植时,将薄膜切开一小穴,种带育苗块的小苗,并用滴灌系统供给营养液和水分,见图3.3。

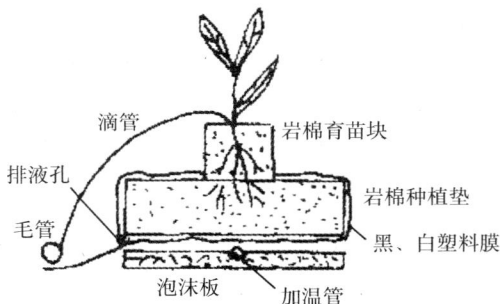

图 3.3 岩棉培示意图

任务 3.1　无土栽培基质

活动情景　蔬菜无土基质栽培首先要选择2~3种基质充分混合,使基质间优缺点互补,为蔬菜作物提供营养充足、水分适中、空气持有量大的生态环境。本任务是通过参观学习、教师讲解和任务驱动,熟悉基质的种类,学习基质的混合与消毒技术。

工作过程设计

工作任务	任务 3.1　无土栽培基质	教学时间	
任务要求	1.了解无土栽培对栽培基质的要求和基质的种类 2.掌握基质的混合与消毒技术		

续表

工作任务	任务 3.1　无土栽培基质	教学时间	
工作内容	1. 基质的种类 2. 基质的混合与消毒		
学习方法	以课堂讲授和自学完成相关知识的学习,以项目教学和任务驱动法使学生掌握基质的混合与消毒技术		
学习条件	多媒体设备、资料室、互联网、栽培基质、工具、设备等		
工作步骤	资讯:教师由蔬菜无土栽培引入任务内容,并进行相关知识点的讲解,下达工作任务 计划:学生在熟悉相关知识点的基础上,查阅资料收集信息,划分工作小组,进行工作任务构思,设计工作计划方案 决策:各小组汇报工作计划方案,师生进行问题答疑、交流讨论、审查修改、确定方案,并准备完成任务所需的工具与材料 实施:学生在教师辅导下,按照计划分步实施,进行知识学习和技能训练 检查:为保证工作任务顺利地完成,在任务的实施过程中要进行学生自查、互查、教师检查指导 评估:对任务完成情况进行学生自评、小组互评和教师点评		
考核评价	课堂表现、学习态度、任务完成情况、作业报告完成情况		

📚 工作任务单

工作任务单			
课程名称	蔬菜生产技术	学习项目	项目 3　蔬菜无土栽培基础
工作任务	任务 3.1　无土栽培基质	学　时	
班　级		姓　名	工作日期
工作内容 与目标	1. 了解无土栽培对栽培基质的要求和基质的种类 2. 掌握基质的混合与消毒技术		
技能训练	常用基质的混合与消毒技术		
工作成果	完成工作任务、作业、报告		
考核要点 (知识、能力、素质)	熟悉无土栽培基质的类型与要求,掌握常用基质的混合配方 能配制常用的栽培基质并掌握消毒技术 独立思考,团结协作,创新吃苦,按时完成作业报告		
工作评价	自我评价	本人签名:	年　　月　　日
	小组评价	组长签名:	年　　月　　日
	教师评价	教师签名:	年　　月　　日

任务相关知识

无土栽培一般要求基质容重为 $0.5\ g/cm^3$，大小空隙比为 $1:2$，化学稳定性强，pH 接近中性及无毒。

3.1.1　基质的种类

1)有机基质

有机基质主要包括草炭、锯末、树皮、炭化稻壳、食用菌生产的废料甘蔗渣和椰子壳纤维等，必须经过发酵后才可安全使用。

①草炭　富含有机质，保水力强，但透气性差，偏酸性，一般不单独使用，常与木屑、蛭石等混合。

②刨花、锯末　具高碳氮比。刨花在基质中以 50% 为宜。锯末可连续使用 2~6 茬，使用后应加以消毒。

③棉籽壳、菇渣　种菇后的废料，消毒后可使用。

④炭化稻壳　稻壳炭化后，用水或酸调节 pH 至中性，体积比例不超过 25%。

2)无机基质

无机基质主要包括岩棉、炉渣、珍珠岩、蛭石、陶粒等。

①岩棉　具有化学性质稳定，物理性状优良，pH 稳定及经高温消毒不带病菌等优点。岩棉在栽培初期呈微碱性反应，可在使用前经渍水或少量酸处理。

②珍珠岩　容重小且无缓冲作用，孔隙度可达 97%。珍珠岩较易破碎，使用中粉尘污染较大，应先用水喷湿。

③蛭石　透气性、保水性、缓冲性均好。

④炉渣　炉渣颗粒大小差异较大，且偏碱件，使用前要过筛、水洗，用直径 0.5~3 mm 的炉渣进行栽培。

⑤陶粒　能漂浮在水上，通气性好，可单独作基质，也可与其他基质混合使用。

3.1.2　基质的混合与消毒

1)基质混合

基质混合可以使各种基质间优缺点互补，为作物提供营养充足、水分适中、空气持有量大的生态环境。基质混合以 2~3 种混合为宜。常用的基质混合配方和比例见表3.1。

表 3.1　常用基质混合配方

序　号	配方及比例	序　号	配方及比例
1	蛭石∶珍珠岩=2∶1	6	蛭石∶锯末∶炉渣=1∶1∶1
2	蛭石∶沙=1∶1	7	蛭石∶草炭∶炉渣=1∶1∶1
3	草炭∶沙=3∶1	8	草炭∶蛭石∶珍珠岩=2∶1∶1
4	刨花∶炉渣=1∶1	9	草炭∶珍珠岩∶树皮=1∶1∶1
5	草炭∶树皮=1∶1	10	草炭∶珍珠岩=1∶1

干草炭一般不易弄湿,可加入非离子湿润剂,每 40 L 水中加 50 g 次氯酸钠,能湿润 1 m^3 的混合基质。

2)基质消毒

为降低生产成本,基质经消毒后可以连续使用。消毒方法主要有蒸气消毒、药剂消毒和太阳能消毒三种。

①蒸气消毒　将基质装入消毒柜或大箱内,通入蒸气,密封后消毒 0.5~1 h。

②药剂消毒　将 40% 甲醛原液稀释 50 倍,用喷壶将基质均匀喷湿,用无破损薄膜盖严,经 24~26 h 后揭膜,再风干 2 周后使用。

③太阳能消毒　夏季高温季节,在温室或大棚中把基质堆成 20~25 cm 高的堆,长、宽据具体情况而定。培堆的同时喷湿基质,使其含水量超过 80%,再用透光较好的塑料薄膜盖堆。槽培可直接在槽内基质上浇水并盖薄膜或密封温室,暴晒 10~15 d,消毒效果良好。

任务 3.2　无土栽培槽

活动情景　蔬菜无土基质或营养液需盛装在栽培槽中。蔬菜的种类、栽培的形式及栽培设施的大小等决定了栽培槽类型的选择、规格的大小、设置的要求等。本任务是通过参观学习、教师讲解和资料查询,了解无土栽培槽种类和规格,并利用所提供的无土栽培设施、栽培形式等,正确选择和设置栽培槽。

工作过程设计

工作任务	任务 3.2　无土栽培槽	教学时间	
任务要求	1.熟悉栽培槽的种类和规格 2.掌握栽培槽的设置方法		
工作内容	1.栽培槽的种类 2.栽培槽的规格 3.栽培槽的设置		

续表

工作任务	任务 3.2 无土栽培槽	教学时间	
学习方法	以课堂讲授和自学完成相关知识的学习,以项目教学和任务驱动法使学生掌握栽培槽的设置方法		
学习条件	多媒体设备、资料室、互联网、栽培槽、工具、设备、材料等		
工作步骤	资讯:教师由蔬菜无土栽培引入任务内容,并进行相关知识点的讲解,下达工作任务 计划:学生在熟悉相关知识点的基础上,查阅资料收集信息,划分工作小组,进行工作任务构思,设计工作计划方案 决策:各小组汇报工作计划方案,师生进行问题答疑、交流讨论、审查修改、确定方案,并准备完成任务所需的工具与材料 实施:学生在教师辅导下,按照计划分步实施,进行知识学习和技能训练 检查:为保证工作任务保质保量地完成,在任务的实施过程中要进行学生自查、学生互查、教师检查 评估:对任务完成情况进行学生自评、小组互评和教师点评		
考核评价	课堂表现、学习态度、任务完成情况、作业报告完成情况		

📚 工作任务单

工作任务单			
课程名称	蔬菜生产技术	学习项目	项目 3 蔬菜无土栽培基础
工作任务	任务 3.2 无土栽培槽	学 时	
班 级		姓 名	工作日期
工作内容与目标	1. 熟悉栽培槽的种类和规格 2. 掌握栽培槽的设置方法		
技能训练	无土栽培槽的设置		
工作成果	完成工作任务、作业、报告		
考核要点(知识、能力、素质)	熟悉栽培槽的种类、规格及适用范围 能正确设置无土栽培槽 独立思考,团结协作,创新吃苦,按时完成作业报告		
工作评价	自我评价	本人签名:	年 月 日
	小组评价	组长签名:	年 月 日
	教师评价	教师签名:	年 月 日

📚 任务相关知识

栽培槽内盛装栽培基质或营养液,在其内种植蔬菜。永久性栽培槽多用水泥预制,或用砖石作框,水泥抹面防渗漏,也有的是用铁片加工制成。临时性栽培槽多以砖石作框,内铺一层塑料薄膜防渗漏。也有一些临时性栽培槽使用木板、竹片、泡沫板等作框,或在地面用土培成槽或挖成槽,在其内铺垫一层塑料薄膜防渗漏。

3.2.1 栽培槽的种类

依栽培槽的形状不同,分为平底槽、V形底槽、W形底槽和⌒形底槽四种类型,见图3.4。

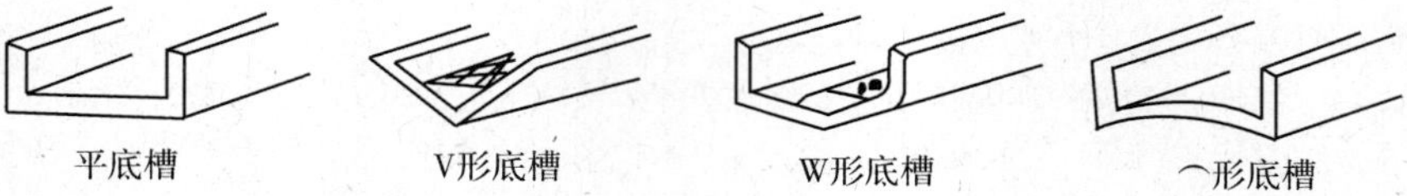

| 平底槽 | V形底槽 | W形底槽 | ⌒形底槽 |

图3.4 无土栽培槽的类型

平底槽的底部较平,营养液分布均匀,多用于水培。其他栽培槽主要用于固体基质栽培。W形底槽的槽底中央扣盖一多孔的半圆形瓦,槽内多余的营养液或水集中于内能够顺利排出槽外;⌒形底槽的底部中部较高,多余的营养液或水集中到槽的两边排出;V形底槽通常在槽的下部平盖一片带有许多细孔的铁片、竹片或木板等,上铺一层编织袋,将槽一分为二,上方盛装基质,下方为排水和通气的沟,根系生长环境较好。

3.2.2 栽培槽的规格

栽培槽的规格取决于蔬菜的栽培形式、槽的类型、蔬菜的种类以及栽培设施的大小等。根据栽种蔬菜的行数不同,栽培槽内宽20~80 cm。V形底槽一般宽20~30 cm;平底槽宽48~80 cm;⌒形底槽和W形底槽应较平底槽窄些,否则底部高度差达不到要求,排水效果差;立体栽培用槽宽度一般不超过20 cm。有机营养无土栽培法是靠施入的有机肥提供营养,为确保施肥量,一般要求用内宽40 cm以上的宽槽来栽培蔬菜。

栽培槽的有效深度为15~20 cm。水培槽一般深15 cm左右,固体基质用槽深20 cm左右。V形底槽的隔板以上高度15 cm,下方深5 cm。⌒形底槽和W形底槽的最浅部分应不小于15 cm。

栽培槽的长度应根据灌溉能力、温室结构及田间操作所需走道等因素而定。

3.2.3 栽培槽的设置

为避免栽培过程中受土壤的污染,栽培槽要与地面保持一定的高度,无法保持高度或在地面放置栽培槽时,要用塑料薄膜进行隔离。为保持槽底积液有一定的流动速度,槽的进液端要稍高一些,两端保持1/80~1/60的坡度。立体栽培槽,上、下层槽间距应根据栽培的蔬菜高度确定,一般为50~100 cm。

任务3.3 无土栽培营养液

活动情景 无土栽培依靠营养液提供蔬菜生长发育过程中所需要的各种营养元素。营养液有不同的配方,栽培过程中必须正确的配制营养液、合理使用并做好营养液的管理。本任务是通过参观学习、教师讲解和任务驱动等,学习营养液的配制技术、施肥技术和管理技术。

📚 工作过程设计

工作任务	任务3.3 无土栽培营养液	教学时间	
任务要求	1.熟悉无土栽培营养液的配方 2.掌握营养液的配制技术、施肥技术和管理技术		
工作内容	1.营养液配方 2.营养液配制技术 3.施肥技术 4.营养液的管理		
学习方法	以课堂讲授和自学完成相关知识的学习,以任务驱动法使学生学会营养液的配制和使用技术		
学习条件	多媒体设备、资料室、互联网、栽培基质、试剂、工具、设备等		
工作步骤	资讯:教师由蔬菜无土栽培引入任务内容,并进行相关知识点的讲解,下达工作任务 计划:学生在熟悉相关知识点的基础上,查阅资料收集信息,划分工作小组,进行工作任务构思,设计工作计划方案 决策:各小组汇报工作计划方案,师生进行问题答疑、交流讨论、审查修改、确定方案,并准备完成任务所需的工具与材料 实施:学生在教师辅导下,按照计划分步实施,进行知识学习和技能训练 检查:为保证工作任务顺利地完成,在任务的实施过程中要进行学生自查、学生互查、教师检查 评估:对任务完成情况进行学生自评、小组互评和教师点评		
考核评价	课堂表现、学习态度、任务完成情况、作业报告完成情况		

📚 工作任务单

工作任务单			
课程名称	蔬菜生产技术	学习项目	项目3 蔬菜无土栽培基础
工作任务	任务3.3 无土栽培营养液	学时	

续表

<table>
<tr><td colspan="6" align="center">工作任务单</td></tr>
<tr><td align="center">班　级</td><td colspan="2" align="center">姓　名</td><td></td><td align="center">工作日期</td><td></td></tr>
<tr><td>工作内容
与目标</td><td colspan="5">1.熟悉无土栽培营养液的配方
2.掌握营养液的配制技术、施肥技术和管理技术</td></tr>
<tr><td>技能训练</td><td colspan="5">营养液的配制和使用</td></tr>
<tr><td>工作成果</td><td colspan="5">完成工作任务、作业、报告</td></tr>
<tr><td>考核要点
（知识、能
力、素质）</td><td colspan="5">熟悉无土栽培营养液的配方，掌握营养液的配制方法、使用和管理要求
会配制无土栽培营养液并正确使用和管理
独立思考，团结协作，创新吃苦，按时完成作业报告</td></tr>
<tr><td rowspan="3">工作
评价</td><td colspan="2">自我评价</td><td colspan="2">本人签名：</td><td>年　月　日</td></tr>
<tr><td colspan="2">小组评价</td><td colspan="2">组长签名：</td><td>年　月　日</td></tr>
<tr><td colspan="2">教师评价</td><td colspan="2">教师签名：</td><td>年　月　日</td></tr>
</table>

任务相关知识

3.3.1 营养液配方

在一定体积的营养液中，规定含有各种营养元素或盐类的数量称营养液配方。目前，以日本园艺试验场提出的园试标准配方和日本山崎配方应用较为普遍。

1）日本园试通用营养液配方

此配方适合于多种蔬菜，见表3.2。

表3.2　日本园试通用营养液配方

化合物名称		分子式	用量/（mg·L^{-1}）	元素含量/（mg·L^{-1}）	
大量 元素	硝酸钙	$Ca(NO_3)_2 \cdot 4H_2O$	945	N-112	Ca-160
	硝酸钾	KNO_3	809	N-112	K-312
	磷酸二氢铵	$NH_4H_2PO_4$	153	N-18.7	P-41
	硫酸镁	$MgSO_4 \cdot 7H_2O$	493	Mg-48	S-64
微量 元素	螯合铁	$Na_2Fe\text{-}ERTA$	20	Fe-2.8	
	硫酸锰	$MnSO_4 \cdot 4H_2O$	2.13	Mn-0.5	
	硼酸	H_3BO_3	2.86	B-0.5	
	硫酸锌	$ZnSO_4 \cdot 7H_2O$	0.22	Zn-0.05	
	硫酸铜	$CuSO_4 \cdot 5H_2O$	0.05	Cu-0.02	
	钼酸铵	$(NH_4)_6Mo_7O_{12}$	0.02	Mo-0.01	

2）日本山崎营养液配方

此配方主要适用于无基质的水培,见表3.3。

表3.3 山崎营养液配方

无机盐类	分子式	用量/（mg·L^{-1}）						
		甜瓜	黄瓜	番茄	甜椒	茄子	草莓	莴苣
硝酸钙	$Ca(NO_3)_2 \cdot 4H_2O$	826	826	354	354	354	236	236
硝酸钾	KNO_3	606	606	404	606	707	303	404
磷酸二氢铵	$NH_4H_2PO_4$	152	152	76	95	114	57	57
硫酸镁	$MgSO_4 \cdot 7H_2O$	369	492	246	185	246	123	123
螯合铁	$Na_2Fe\text{-}ERTA$	16	16	16	16	16	16	16
硼酸	H_3BO_3	1.2	1.2	1.2	1.2	1.2	1.2	1.2
氯化锰	$MnCl_2 \cdot 4H_2O$	0.72	0.72	0.72	0.72	0.72	0.72	0.72
硫酸锌	$ZnSO_4 \cdot 7H_2O$	0.09	0.09	0.09	0.09	0.09	0.09	0.09
硫酸铜	$CuSO_4 \cdot 5H_2O$	0.04	0.04	0.04	0.04	0.04	0.04	0.04
钼酸铵	$(NH_4)_6Mo_7O_{12}$	0.01	0.01	0.01	0.01	0.01	0.01	0.01

＊用井水可不用锌、铜、钼等微量元素。

3.3.2 营养液配制技术

营养液一般配制成浓缩贮备液(母液)和工作营养液(栽培营养液)两种。

1）母液配制

（1）母液的类型

A母液:以钙盐为中心,将不与钙产生沉淀的肥料溶在一起而成。一般包括$Ca(NO_3)_2$、KNO_3,浓缩200倍。

B母液:以磷酸盐为中心,将不与磷酸根形成沉淀的盐溶在一起而成。一般包括$NH_4H_2PO_4$、$MgSO_4$,浓缩200倍。

C母液:由铁和微量元素配制而成,浓缩1 000倍。

（2）母液的配制方法

A或B母液配制步骤:

①按照要配制的浓缩母液的体积和浓缩倍数计算出配方中各种化合物的用量。

②依次正确称取A母液或B母液中的各种化合物,分别放在不同容器中。

③量取所需配制母液体积80%的清水,将称量好的肥料逐一加入,并充分搅拌,且要等前一种肥料充分溶解后再加入第二种肥料。

④待肥料全部溶解后加水至所需配制的体积,搅拌均匀即可。

C母液配制步骤:先称取所需配制体积2/3的清水,分为两份,分别放入两个塑料容器中;称取$FeSO_4 \cdot 7H_2O$和EDTA-2Na分别加入两个容器中,搅拌溶解后,将溶有$FeSO_4 \cdot 7H_2O$的溶液缓慢倒入EDTA-2Na溶液中,边加边搅拌;称取C母液所需的其他微量元素化合物,分别放在小的容器中溶解,再分别缓慢地倒入已溶解了$FeSO_4 \cdot 7H_2O$和EDTA-2Na

的溶液中,边加边搅拌,最后加清水至所需配制的体积,搅拌均匀即可。

2)工作营养液配制

①利用母液稀释为工作营养液 在储液池中放入大约需要配制体积的 1/2~2/3 的清水;倒入所需 A 母液,开启水泵循环流动或搅拌器使其扩散均匀;量取所需 B 母液,缓慢将其倒入贮液池中的清水入口处,让水源冲稀 B 母液后带入贮液池中,开启水泵将其循环或搅拌均匀,此过程所加的水量以达到总量的 80% 为度;量取 C 母液,按照 B 母液的加入方法加入贮液池中,经水泵循环流动或搅拌均匀即完成工作营养液的配制。

②直接称量配制工作营养液 微量元素可采用先配制成 C 母液再稀释为工作营养液的方法,A、B 母液采用直接称量法配制。

配制步骤:在种植系统的储液池中放入所要配制营养液总体积约 1/2~2/3 清水;称取 A 母液的各种化合物,放在容器中溶解后倒入储液池中,开启水泵循环流动;称取 B 母液的各种化合物,放入容器中分别溶解后,用大量清水稀释后,缓慢地加入贮液池的水源入口处,开动水泵循环流动;量取 C 母液,用大量清水稀释,在贮液池的水源入口处缓慢倒入,开启水泵循环流动至营养液均匀为止。

小贴士

配制营养液的注意事项

①为防止母液产生沉淀,在长时间贮存时,一般可加硝酸或硫酸将其酸化至 pH3~4,同时将配制好的浓缩母液置于阴凉避光处保存,C 母液最好用深色容器贮存。

②在直接称量营养元素化合物配制工作营养液时,在贮液池中加入钙盐及不与钙盐产生沉淀的盐类之后,不要立即加入磷酸盐及不与磷酸盐产生沉淀的其他化合物,而应在水泵循环大约 30 min 或更长时间之后再加入。加入微量元素化合物时也要注意,不应在加入大量营养元素之后立即加入。

③在配制工作营养液时,如果发现有少量的沉淀产生,就应延长水泵循环流动的时间以使产生的沉淀溶解。如果发现由于配制过程中加入化合物的速度过快,产生局部浓度过高而出现大量沉淀,并且通过较长时间开启水泵循环之后仍不能使这些沉淀溶解时,应重新配制营养液。

3.3.3 施肥技术

刚定植蔬菜的营养液浓度宜低,以控制蔬菜长势,使株型小一些。盛果期的供液浓度要高,防止营养不足而引起早衰。如番茄,高温期从定植到第三花序开放前的供液浓度为标准配方浓度的 0.5 倍,到摘心前为 0.7 倍,再后为 0.8 倍浓度。低温期根系的吸收能力弱,应提高浓度,一般为高温期的 1~2 倍。

3.3.4　营养液的管理

1）营养液浓度的调整和管理

营养液在使用过程中,应随着浓度的变化,及时补充水分或无机盐。方法如下:

(1)根据硝态氮的浓度变化进行调整　测定营养液中硝态氮的含量,并根据其减少量,按配方比例推算出其他元素的减少量,然后计算补充肥料用量并加以补充,保持营养液应有的浓度和营养水平,见表3.4。

表 3.4　营养液中可接受的营养元素的浓度

元　　素	浓度/$(mg \cdot L^{-1})$		元　　素	浓度/$(mg \cdot L^{-1})$	
	范围	平均		范围	平均
氮(N)	150 ~ 1 000	300	铁(Fe)	2 ~ 10	5
钙(Ca)	300 ~ 500	400	锰(Mn)	0.5 ~ 5	1
钾(K)	100 ~ 400	250	硼(B)	0.5 ~ 5	1
硫(S)	200 ~ 1 000	400	锌(Zn)	0.5 ~ 1	0.5
镁(Mg)	50 ~ 100	75	铜(Cu)	0.1 ~ 0.5	0.5
磷(P)	50 ~ 100	80	钼(Mo)	0.001 ~ 0.002	0.001

(2)根据营养液的水分消耗量进行调整　根据作物水分消耗量和养分吸收量之间的关系,以水分消耗量推算出养分补充量,对营养液进行调整。

(3)根据营养液的电导率变化进行调整　测定标准营养液和一系列不同浓度营养液的电导率(EC 值),并根据不同浓度值计算达到标准浓度时需追加的母液量,画出电导率值、营养液浓度和母液追加量三者关系曲线,再由每次测定使用营养液的电导率值,查出相对应的母液追加量,对营养液进行调整。

生产上也可采用较简单的方法来管理营养液。具体做法是:第一周使用新配制的营养液,第一周末添加原始配方营养液的一半,第二周末把营养液罐中所剩余的营养液全部倒入,从第三周开始重新配制营养液,并重复以上过程。

2）营养液的 pH 调整

营养液 pH 的适宜范围为 5.5 ~ 6.5。每吨营养液从 pH7.0 调到 6.0 所需酸量为:98% 硫酸(H_2SO_4)100 mL,63% 硝酸(HNO_3)250 mL,85% 磷酸(H_3PO_4)300 mL,63% 硝酸(HNO_3)与 85% 磷酸(H_3PO_4)体积比为 1:1 的混合酸 245 mL。

3）营养液温度管理

夏季温度不超过 28 ℃,冬季不低于 15 ℃。冬季温度偏低时,可用电热器或电热线配上控温仪对营养液进行加温。

4）营养液含氧量调整

夏季因温度高,营养液往往供氧不足,可通过搅拌、营养液循环流动、化学试剂制氧、降低营养液浓度等措施提高含氧量。

项目小结)))

　　无土栽培的形式多样,分类方法也比较多,主要有营养来源分类法和有无基质分类法两种。有机营养无土栽培法符合绿色食品生产要求,并且技术简单,易推广,发展潜力巨大。无土栽培基质主要分为有机基质与无机基质两种,混合使用的效果优于单独使用。无土栽培槽有多种形状和规格,使用中要注意设置方法。营养液的配方有多种,各有优缺点,应根据需要进行选择;营养液的配制与管理比较复杂,栽培过程中应根据蔬菜的栽培进程以及温度等及时调节浓度,满足需要,同时要注意配制的注意事项。

复习思考题)))

　　1.什么是无土栽培?有哪些优缺点?
　　2.为什么有机营养无土栽培是无土栽培的发展方向?
　　3.蔬菜无土栽培有哪些基质种类?各有何优、缺点?
　　4.怎样进行基质消毒和基质混合?
　　5.配置营养液应注意哪些问题?

实训指导

实训　营养液配制技术

　　1)材料用具
　　配制营养液配方的各种无机盐化合物、天平、营养液配制所需的各种量筒、容器等。
　　2)方法步骤
　　①根据选定要配制的营养液配方及要配制营养液的量,计算出 A、B、C 三种不同母液所需各种无机盐的重量。
　　②精确称取 A 母液所需的各种无机盐重量,并分别放置。根据营养液配制方法配制 A 母液,然后依次配制 B 母液和 C 母液。
　　③根据要配制工作营养液的数量,计算出 A、B、C 三种母液的用量。按比例量取 A、B、C 三种母液,并按操作顺序进行混合配制。观察配制后的营养液混合情况。
　　3)作业要求
　　①记录选定营养液配方各种肥源的计算过程。
　　②记录定量配制工作营养液所需 A、B、C 三种母液体积的计算方法。

项目4 无公害蔬菜生产

项目描述 无公害蔬菜是蔬菜生产的发展方向。随着人民生活水平的提高,人们对蔬菜产品质量的要求越来越高,特别是安全质量水平,它关系到人体的健康水平。本项目主要学习无公害蔬菜、绿色食品蔬菜和有机蔬菜的分级标准及区别;无公害蔬菜产品安全质量标准;无公害蔬菜生产的主要措施。学习的重点是无公害蔬菜生产的主要措施。

学习目标 了解无公害蔬菜、绿色食品蔬菜及有机蔬菜的区别,熟悉无公害蔬菜产品的安全质量标准,掌握无公害蔬菜生产的主要措施。

技能目标 能制订无公害蔬菜生产管理计划;学会有机磷农药残留量的定性检验和定量检测方法。

项目任务

专业领域:园艺技术   学习领域:蔬菜生产

项目名称	项目4　无公害蔬菜生产
工作任务	任务4.1　无公害蔬菜和绿色食品蔬菜
	任务4.2　无公害蔬菜产品安全质量标准
	任务4.3　无公害蔬菜生产的主要措施
项目任务要求	掌握蔬菜无公害生产技术

任务4.1　无公害蔬菜和绿色食品蔬菜

活动情景 目前我国食品安全质量的三个质量等级:无公害食品、绿色食品和有机食品同时存在,它们之间既有联系又有区别。本任务是通过资料查询和教师的讲解,明确三者的定义及区别。学习的重点是明确绿色食品蔬菜的分级标准和三种食品标志的识别。

任务相关知识

4.1.1 无公害蔬菜和蔬菜的无公害生产

无公害蔬菜是指产于良好生态环境,按特定技术操作规程生产,有害物质含量控制在安全允许范围内,并经政府指定机构检验,认定符合规定标准,允许使用无公害农产品标志(见图4.1)的安全、优质、营养型蔬菜及其加工产品。

图4.1 无公害食品标志

蔬菜无公害生产是指蔬菜生产过程中防止或避免有害物质污染,按照技术规程因地制宜采取相应措施,进行安全、营养、优质蔬菜的生产经营活动。

一般来讲,无公害蔬菜应选择在无"三废"污染的田块进行生产,选用优质抗病品种,提倡使用有机肥,严禁使用剧毒、高残留农药,控制化肥施用量,大力开展生物方法防病治虫、严格产品的监督和检测等措施。无公害蔬菜注重产品的安全质量,其标准要求不是很高,涉及的内容也不是很多,适合我国当前的农业生产发展水平和国内消费者的需求,对于多数生产者来说,达到这一要求并不是很难。当代农产品生产需要由普通农产品发展到无公害农产品,再发展至绿色食品或有机食品,绿色食品跨接在无公害食品和有机食品之间,无公害食品是绿色食品发展的初级阶段,有机食品是质量更高的绿色食品。

4.1.2 绿色食品蔬菜

按照绿色食品的定义,绿色蔬菜是无污染的安全、优质、营养类蔬菜的总称。"安全"主要是指蔬菜内不含对人体有毒、有害物质,或将其控制在安全标准以下,对人体健康不产生任何危害。"优质"主要是指蔬菜的商品质量,即个体整齐均匀、发育正常,成熟良好,质地及口味好,新鲜度高;商品规格整齐,在外观标准上符合销地市场的要求。"营养"主要是指蔬菜的内含品质,如维生素、矿物盐的含量等。

根据中国绿色食品发展中心规定,绿色食品蔬菜分为 AA 级和 A 级两个级别。

1)AA 级绿色食品蔬菜

AA 级绿色食品蔬菜指在生态环境质量符合规定标准的产地,生产过程中不使用化学合成的肥料、农药、激素和其他有害于环境和健康的物质,按特定的生产操作规程生产、加工,产品质量及包装经检测,符合特定标准,并经专门机构认定,许可使用 AA 级绿色食品标志(见图4.2)的蔬菜。AA 级绿色食品标准已经达到国际有机农业运动联盟的有机食品的基本要求。

2)A 级绿色食品蔬菜

A 级绿色食品蔬菜指在生态环境质量符合规定标准的产地,生产过程中允许限量使用限定合成物质,按特定的生产操作规程生产、加工,产品质量及包装经检测,符合特定标准,并经专门机构认定,许可使用A级绿色食品标志(见图4.2)的蔬菜。

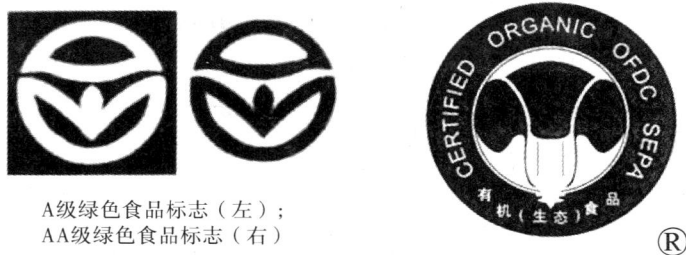

A级绿色食品标志（左）；
AA级绿色食品标志（右）

图4.2 绿色食品、有机食品标志

3)无公害蔬菜、绿色蔬菜、有机蔬菜的区别

无公害蔬菜、绿色食品蔬菜和有机食品蔬菜三个安全食品体系同时在我国存在,无公害蔬菜和绿色食品蔬菜是我国国内标准,有机蔬菜是国际标准。从广义上讲,无公害蔬菜包括有机食品蔬菜和绿色食品蔬菜,在我国,AA级绿色食品蔬菜基本等同于有机食品蔬菜。三个安全食品体系的区别见表4.1。

表4.1 无公害食品、绿色食品、有机食品的区别

安全体系	无公害食品	绿色食品	有机食品
开发时间	1982年	1990年	1994年
认证管理机构	农业部农产品质量安全中心	农业部国家绿色食品发展中心	国家认证认可监督管理委员会
生产环境和质控体系	允许限量使用化学合成生产资料	A级:限量使用化学合成生产资料 AA级:不使用化学合成生产资料	绝对禁止使用农药、化肥、激素及转基技术等,土地在生产前需要三年转换期
生产加工依据	依据《无公害食品管理办法》	参照国际标准,结合中国国情,依据《绿色食品管理办法》	根据国际有机农业联合会(IFOAM)标准,具有国际性
追求目标	保护人类健康,兼顾经济和生态效益	生态环境和经济效应协同发展	维护生态环境可持续利用前提下发展农业生产
产品消费市场	大众消费	工薪和中等收入群体	高收人,高消费群体

任务4.2 无公害蔬菜产品安全质量标准

活动情景 蔬菜产品能否被认定为无公害产品?必须检测其产品中影响身体健康的有害物质的含量是否超过规定标准。本任务是通过自学、资料查询和教师讲解,了解

影响无公害蔬菜产品安全质量的主要因素及无公害蔬菜产品安全质量标准。学习的重点是明确无公害蔬菜产品安全质量的指标和标准。

任务相关知识

4.2.1　影响无公害蔬菜产品安全质量的主要因素

根据对全国各地主要蔬菜种类安全质量的监测及分析,影响无公害蔬菜产品安全质量的主要因素有:有害的重金属、非金属物污染、硝酸盐和亚硝酸盐污染、农药残留污染。

1)有害的金属及非金属物污染

有害的金属及非金属物主要包括:铬、镉、铅、汞、砷、氟。

铬:对人类是致癌物。

镉:为人体的非必需元素,是毒性很强的重金属,可以在人体内潜伏累积,引起急慢性中毒。

铅:对人体是一种累积性毒物。铅中毒可由血液中铅浓度进行诊断。可造成人体红细胞生命周期缩短,肾损伤及中枢神经紊乱。

汞:一种累积性毒物,对人体危害性很大。有机汞比金属汞的毒性更大,在人体中排泄缓慢,可侵害神经系统。

砷:砷化物属于高毒物质。蔬菜能吸收被污染大气中的砷,空气中的砷主要来源于金属熔炼、煤的燃烧和使用含砷的杀虫剂。

氟:是累积性毒物。

2)硝酸盐和亚硝酸盐污染

自然界中的氮化合物硝酸盐和亚硝酸盐广泛分布于人类生存的环境中。硝酸盐能在动物体内外,经过硝酸盐还原菌作用还原成亚硝酸盐。亚硝酸盐人体胃中的次级胺形成亚硝酸胺。实验已经证实亚硝酸胺具有强烈的致癌物。人体摄入的硝酸盐有80%来自蔬菜。

3)农药残留污染

(1)农药残留　农药残留是农药使用后残存于生物体、农副产品和环境中的微量农药原体、毒代谢物、降解物和杂质的总称,残存的数量称残留量,一般以 mg/kg 表示。农药残留量是施药后的必然现象,但如果超过最大残留量,对人畜产生不良影响或通过食物链对生态系统中的生物造成毒害,则称为农药残留毒性(简称残毒)。

(2)蔬菜产品农药残留现状　目前,影响无公害蔬菜产品安全质量的农药主要为杀虫剂类农药,在此类农药中又以有机磷类杀虫剂为甚。即三个70%:使用的农药中70%为杀虫剂,杀虫剂中70%为有机磷类杀虫剂,有机磷类杀虫剂中70%为高毒、高残留农药。有机磷农药残留量超标是影响蔬菜质量的主要原因。目前,用于蔬菜生产中使用的有机磷杀虫剂有敌百虫、倍硫磷、杀螟硫磷、水胺硫磷、毒死蜱、辛硫磷。蔬菜生产中严禁使用的有机磷杀虫剂有:马拉硫磷、对硫磷、甲拌磷、甲胺磷、久效磷、氧化乐果等。

4.2.2　无公害蔬菜产品安全质量标准

为确保蔬菜食用安全,必须对蔬菜产品残留有害物质的最大量作出限定,即无公害蔬菜产品安全质量标准。目前主要参照 GB 18406.1—2001(国家质量监督检验检疫总局发布)标准,见表4.2。

表4.2　无公害蔬菜产品安全质量标准(GB 18406.1—2001)

项　目		最大残留限量/(mg · kg^{-1})
重金属及有害物质		铬≤0.5;镉≤0.05;汞≤0.01;砷≤0.5;铅≤0.2;氟≤1.0
硝酸盐和亚硝酸盐		硝酸盐≤600(瓜果类),≤1 200(根茎类),≤3 000(叶菜类);亚硝酸盐≤4.0
农药残留	不得检出	马拉硫磷、对硫磷、甲拌磷、甲胺磷、久效磷、氧化乐果、克百威、涕灭威
	最大残留限量	六六六0.2;滴滴涕0.1;敌敌畏0.2;乐果1.0;杀螟硫磷0.5;倍硫磷0.05;辛硫磷0.05;乙酰甲胺磷0.2;二嗪磷0.5;喹硫磷0.2;敌百虫0.1;亚胺硫磷0.5;毒死蜱1.0;抗蚜威1.0;甲萘威2.0;二氯苯醚菊酯1.0;溴氰菊酯0.5;果类菜0.2;氯氰菊酯叶类菜1.0,番茄0.5;氟氰戊菊酯0.2;顺式氯氰菊酯黄瓜0.2;叶类菜1.0;联苯菊酯番茄0.5;三氟氯氰菊酯叶类菜0.2;顺式氰戊菊酯叶类菜2.0;甲氰菊酯叶类菜0.5;氟胺氰菊酯1.0;三唑酮0.2;多菌灵0.5;百菌清1.0;噻嗪酮0.3;五氯硝基苯0.2;除虫脲叶类菜20.0;灭幼脲3.0

任务4.3　无公害蔬菜生产的主要措施

活动情景　要生产出符合标准要求的无公害蔬菜产品,必须首先选择空气质量、土壤质量、灌溉用水质量符合要求标准的生产基地,同时在生产过程中,综合防治病虫害,合理施肥,把有害物质含量控制在规定范围之内。本任务是通过资料查询和教师讲解,学习无公害蔬菜生产的主要措施。重点是学会制订无公害蔬菜生产管理计划。

任务相关知识

4.3.1　选择环境质量符合标准的生产基地

对于工业"三废"、城市排污和放射性带来的面源污染,农业生产部门无力治理,只能通过严格按照无公害蔬菜产地环境质量标准选建生产基地来加以规避。

无公害蔬菜生产,必须严格选择产地。在选择的过程中应注意:远离有大量工业"三废"的地方,并有良好的灌排条件。土壤重金属含量高的地区,或由土壤水源环境条件引起的人畜地方病高发区不能作为无公害蔬菜生产基地。同时,还应考虑到生产过程中的经济效益原则问题,即蔬菜产量和品质的提高、生产与消费、生产条件与技术之间以及国民经济的发展水平等的关系。

1)无公害蔬菜生产灌溉用水质量指标

农田灌溉水质标准适用于全国地面水、地下水和工业用水、城市污水作灌溉水源的农业用水。无公害蔬菜生产应尽量使用地下水(因为地表水和工业废水的水质很不稳定),并应符合加工用水标准见表4.3。

表4.3 无公害蔬菜生产灌溉水环境质量指标(NY 5010—2002)

项目	浓度限制	
pH 值	5.5~8.5	
化学需氧量/(mg·L^{-1})	40a	150
总汞/(mg·L^{-1})	0.001	
总镉/(mg·L^{-1})	0.005b	0.01
总砷/(mg·L^{-1})	0.05	
总铅/(mg·L^{-1})	0.05c	0.10
铬(六价)/(mg·L^{-1})	0.10	
氰化物/(mg·L^{-1})	0.50	
石油类/(mg·L^{-1})	1.0	
粪大肠杆菌/(个/L^{-1})	40 000 d	

注:a. 采用喷灌方式灌溉的菜地应满足此要求。

b. 白菜、莴苣、茄子、芥菜、芜菁、菠菜的产地应满足此要求。

c. 萝卜、水芹的产地应满足此要求。

d. 采用喷灌方式的菜地及浇灌、沟灌方式灌溉的叶菜类应满足此要求。

2)无公害蔬菜生产土壤环境质量指标

生产无公害蔬菜的土壤,不仅应满足蔬菜生长发育对土壤生态环境的基本要求,而且还应达到允许生产无公害蔬菜的标准(见表4.4)。同时要求有较高的土壤肥力,富含有机质,土壤结构良好,活土层深厚,供水、保水、供氧能力强,土壤稳温性好,酸碱度适宜。

表4.4 无公害蔬菜生产土壤环境质量指标(NY 5010—2002)

重金属	含量限值			
	pH<6.5	pH 7.5~6.5	pH>7.5	
Cd 镉/(mg·kg^{-1})≤	0.30	0.30	0.40a	0.60

续表

重金属	含量限值					
	pH<6.5		pH 7.5 ~ 6.5		pH>7.5	
Hg 汞/(mg·kg⁻¹) ≤	0.25b	0.30	0.30b	0.50	0.35b	1.0
As 砷/(mg·kg⁻¹) ≤	30c	40	25	30	20c	25
Pb 铅/(mg·kg⁻¹) ≤	50b	250	50b	300	50b	350
Cr 铬/(mg·kg⁻¹) ≤	150		200		250	

注:本表所列含量限值适用于阳离子交换量>5 coml/kg 的土壤若≤此值,其标准值为表内数值的半数。

　a.白菜、莴苣、茄子、芥菜、芜菁、菠菜的产地应满足此要求。

　b.菠菜、韭菜、胡萝卜、白菜、菜豆、青椒的产地应满足此要求。

　c.菠菜、胡萝卜的产地应满足此要求。

　d.萝卜、水芹的产地应满足此要求。

3)无公害蔬菜生产大气环境质量指标

大气状况主要包括颗粒物、有害气体等有机物,这些物质可通过气孔进入蔬菜作物体内,有些成分对蔬菜作物的生长发育有不良影响,间接地影响到蔬菜产品的品质,而另一类成分则非蔬菜生长发育所必须,它们可以在蔬菜植株体内积累与运输,从而直接地影响着蔬菜产品的品质。符合国家标准的环境下所生产的蔬菜产品,才有可能是无公害产品(表4.5)。

表4.5　无公害蔬菜生产大气环境质量指标(NY 5010—2002)

项目	浓度限制			
	日平均		1 h 平均	
总悬浮颗粒物(标准状态)/(mg·m⁻³) ≤	0.30		—	
二氧化硫(标准状态)/(mg·m⁻³) ≤	0.15a	0.25	0.50a	0.70
氟化物(标准状态) ≤	1.5b	7	—	

注:1.日平均指任何一日的平均浓度。

　2.1 h 平均指任何 1 h 的平均浓度。

　a.菠菜、青菜、白菜、黄瓜、莴苣、南瓜、西葫芦的产地应满足此要求。

　b.甘蓝、菜豆的产地应满足此要求。

4.3.2　综合防治病虫害

无公害蔬菜生产病虫害防治,应贯彻"预防为主,综合防治"的植保工作方针,坚持以农业措施为基础,健康栽培为主线,通过栽培技术措施,改善和优化菜田生态系统;充分发挥菜地生态的自然控制因素的作用,增强蔬菜对有害生物的抵抗能力;优化农业防治、物理防治;强化生物防治、生态防治,弱化化学防治,增加营养防治。使农业防治、生物防治、物理防治、化学防治综合利用。在化学防治过程中必须做到合理使用农药,遵循"严格、准确、适量"的原则,选择高效、低毒、低残留的农药品种,严禁使用低效、高毒、高残留以及具有三致(致癌、致畸、致突变)的农药。要适期防治,对症下药,并要严格执行农药安全间隔期,保证上市时产品中农药残留符合卫生标准。

1)农业综合防治

①做好植物检疫、病虫预测预报工作　对于蔬菜种苗要加强检疫,防止危害性病虫及其他有害生物随着蔬菜的种苗在菜田传播和蔓延。根据蔬菜病虫害发生的特点和所处的环境,结合田间定点调查和天气预报情况,科学分析病虫害的发生趋势,及时做好防治工作,减少病虫害发生的几率。

②选用抗病虫品种　选择适合于当地保护地或露地栽培的抗逆性强、抗病、抗虫、商品性好的高产优质蔬菜品种,是防治病虫危害,夺取蔬菜优质高产的有效途径。如西红柿毛粉802有避蚜虫和防病毒病能力;西红柿佳粉10较耐抗病毒病、早疫病和晚疫病;丰抗70大白菜,较抗病毒病、霜霉病、软腐病等。

③培育无病壮苗　育苗床土应富含有机质,营养元素全,保肥保水透气,无病菌、无虫卵、无杂草种子,配制床土所用的有机肥应充分腐熟并经无害化处理后方可使用。播种前对种子进行严格的筛选和处理,最好采取物理方法消毒,若用化学处理一定要合理用药,以控制传播病害,促使苗齐、苗全、苗壮。

④有计划地轮作倒茬　同种蔬菜甚至同科蔬菜易发生相同病害,为防止病原的传播和蔓延,无公害蔬菜生产必须做到合理安排茬口,实行轮作2~3年以上非本科作物,最好是与葱、蒜等辣茬作物轮作。

⑤优化农田生态栽培　采取调整播期,嫁接换根,深沟高畦,地面覆盖、微灌或暗灌,合理配置株行距,改良土壤等手段,优化菜园生态,促进蔬菜作物健壮生长,及时清理田园,最大限度减少蔬菜病虫害的发生与蔓延,从而减少农药用量。

2)正确生物防治

①积极保护利用瓢虫、草蛉等捕食性天敌和赤眼蜂、丽蚜小蜂等寄生性天敌及苏云菌杆菌等致病微生物防治害虫;利用穿刺巴氏菌防治根结线虫等。

②利用阿维菌素、浏阳霉素等抗生素防治病虫害。

③利用藜芦碱、苦参碱等易降解的植物原农药防治害虫。

④利用米螨、卡死克、抑太保等昆虫激素防治害虫。

3)合理物理防治

防治蔬菜病虫害应用的物理措施主要有:利用热来对种子和土壤消毒。目前对种子消毒有干热和湿热两种。干热处理:即将含水量低于10%的种子(番茄、黄瓜等)放在70%的温度下处理72 h,对病毒、细菌、真菌都有效。但是处理时需要恒温箱,严格操作,以免伤害种子。湿热处理:主要指温烫浸种,关键是要在指定温度下保证足够的处理时间。还可利用光、色诱杀害虫或驱避害虫,利用防虫网阻隔防虫等。

4)科学化学防治

在化学防治过程中,蔬菜生产中禁止使用的化学农药见表4.6,同时做到以下几点:

①选用高效低毒农药,优先选用粉尘剂和烟剂,尽可能少用水剂,禁止使用高毒、高残留农药。

②选用雾化度高的药械,提高防治效果,减少用药量;选用高质量药械,杜绝跑、冒、滴、漏现象。

③应在做好病虫害预测预报和正确诊断的基础上,适时对症用药防治。

④应严格按照农药使用说明要求的安全使用间隔期用药,并严格按照安全间隔期采收产品。

⑤坚持按计量要求施药和多种药剂交替使用,克服长期使用单一药剂、盲目加大施用计量和将同类药剂混合使用的倾向。

表 4.6 蔬菜生产禁止使用的化学农药

种 类	农药名称
有机磷类	甲基1605、1605、1059甲胺磷、乙酰甲胺磷、久效磷、磷胺、异丙磷、三硫磷、高效磷、氧化乐果、蝇毒磷、甲基异柳磷、高渗氧乐果、增效甲胺磷、硅硫磷、高渗硅硫磷、马甲磷、乐胺磷、速胺磷、水胺硫磷、甲拌磷(3911)大风雷、治螟磷、叶胺磷、克线丹、克线磷、磷化锌、氟乙酰胺、达甲、敌甲畏、久敌、敌甲治、敌甲
有机氯类	六六六、DDT、氯丹、毒杀酚、五氯酚钠、三氯杀螨醇、杀螟威、赛丹
氨基甲酸脂类	速灭威、呋喃丹、速扑杀、铁灭克、灭多威
熏蒸剂	磷化铝、氯化苦、二溴氯丙烷、二溴乙烷、砒霜、苏化203、杀虫眯、西力生、赛力散
其他杀虫剂	益舒宝、速蚜克、氧乐氰、氧乐铜、杀螟灭、氰化物、狄氏剂、溃疡净、401(抗菌素)、敌枯霜、普特丹、培福朗、汞制剂

4.3.3 合理施肥

施肥过量,特别是施化肥过量是目前蔬菜污染的主要原因之一。因此,应大力推广科学施肥技术。要坚持平衡施肥、测土配方施肥、施配方肥,有条件的应实施推荐施肥,发展有机复合肥,防止超量偏施氮素化肥,严格氮肥施用安全间隔期。禁止施用未经无害化处理的有机肥和其他有毒肥料。

1)增施有机肥

蔬菜易富集硝酸盐,化肥特别是氮肥的高用量又会引起蔬菜体内硝酸盐含量的升高。大量试验证明,单施化学肥料,蔬菜体内硝酸盐含量明显提高;而配合施用有机肥料时,硝酸盐含量则较低。为了保证蔬菜的优质高产和减少污染,提倡使用腐熟有机肥,禁止使用未腐熟的人畜粪肥、饼肥。提倡施用酵素菌沤制的堆肥和生物肥料,速生叶菜类中后期严禁使用人畜粪肥作追肥。

2)平衡施肥

平衡施肥是根据蔬菜作物的需肥规律、土壤养分情况和供肥性能与肥产效应,在施用有机肥的条件下,提出氮、铜、钙、硼等中微量元素的适宜量和配比,采用相应的施肥技术。

平衡施肥不仅体现在降低蔬菜体内硝酸盐含量方面,而且还表现在提高蔬菜作物的抗病性,减少农药的使用次数和用量,降低农药残留量。

无公害蔬菜生产施肥应注意:不施硝酸铵、硝酸钙、硝酸钾及硝态氮的复合化肥;低温期容易积累硝酸盐,应不施或少施氮肥;氮素化肥要早施、深施;叶菜类严禁叶面施用氮肥。

3)增施生物肥

合理施用生物肥料,有助于土壤中营养元素肥效的提高,可减少化肥的施用量。如 CM 复合菌剂(益生菌)、EM 生物有机肥,一方面,在蔬菜根系周围形成优势菌落,抑制病原菌繁殖,使病虫害不易发生;另一方面,在其活动过程中产生的激素类、腐殖酸类以及抗生素类物质,能刺激作物健壮生长,抑制病害发生。长期施用可起到用地养地相结合,增加有机质含量,改善土壤理化性状的综合作用,是一种可持续的良性循环,同时又是一项既能降低蔬菜体内硝酸盐含量,又能保持蔬菜高产的技术措施。

4)二氧化碳施肥

设施生产条件下往往二氧化碳的供给不足,造成光合作用不足,合成的碳水化合物相对减少;造成碳氮代谢不平衡,蔬菜作物吸收的氮素不能及时转化为氨基酸和蛋白质;造成蔬菜作物体内氮素积累,减缓了硝酸盐的还原速度;造成了硝酸盐积累过量。为提高产量,改善品质,应加强保护地栽培蔬菜的二氧化碳施肥。

总之,在施肥过程中,应尽量避免施用有毒的工业废渣、生活垃圾等,施用化肥时,提倡施用最新发明生产的长效碳铵,控制缓施肥料、根瘤菌肥等高效、弊少的高科技化肥。

项目小结)))

无公害蔬菜生产是蔬菜生产的发展方向。绿色食品蔬菜分为 A 级和 AA 级两个级别,A 级绿色食品蔬菜是国内标准,无公害蔬菜相当于 A 级绿色蔬菜,AA 级绿色食品蔬菜与国际上的有机食品蔬菜是一致的。影响无公害蔬菜产品安全质量的主要因素是:有害的重金属、非金属物污染、硝酸盐和亚硝酸盐污染、农药残留污染。生产无公害蔬菜的主要措施有:选择环境质量符合标准的生产基地:要求基地灌溉用水质量、土壤环境质量及大气环境质量达到无公害蔬菜生产的要求标准;综合防治病虫害:要优化农业防治、物理防治,强化生物防治、生态防治,弱化化学防治,增加营养防治;合理施肥:要大量施用有机肥料,提倡配方施肥,应用天然肥料和生物肥料,积极推广符合标准的蔬菜专用复合肥。

复习思考题)))

1. 什么是无公害蔬菜和蔬菜的无公害生产?
2. 绿色食品蔬菜分为哪两个级别? 划分标准有什么不同?
3. 影响无公害蔬菜产品安全质量的主要因素有哪些?
4. 生产无公害蔬菜主要采取哪些措施?

实训指导

实训　有机磷农药残留量的测定

1）定性检验——刚果红法和纸上斑点法

（1）材料用具

各种蔬菜、组织捣碎机，粉碎机、苯、甘油甲醇、溴、刚果红、2,6—二溴苯醌氯酰亚胺、乙醇。

（2）刚果红法

①操作原理　利用样液中的有机磷农药经溴氧化后，与刚果红作用，生成蓝色化合物，鉴别样品是否存在有机磷农药。

②操作步骤　取经粉碎的样品，用苯浸泡、振摇，用滤纸过滤，取滤液于蒸发皿上，加入100 g/L甘油甲醇溶液1滴，沥干，加1 mL水混匀。将样液滴于定性滤纸上，挥发干。将滤纸置于溴蒸气上熏5 min，取出，在通气处将溴挥发尽。滴入5 g/L刚果红乙醇溶液，置于滤纸的点样处，如果滤纸显示出蓝紫色则表示样品中有有机磷存在。呈粉红色者则为溴的色泽。

（3）纸上斑点法

①操作原理　样液中的硫代磷酸酯类有机磷与2,6—二溴苯醌氯酰亚胺，在溴蒸气作用下，形成各种有颜色的化合物，用以鉴定是否存在有机磷及是哪一种有机磷。

②操作步骤

a.2,6—二溴苯醌氯酰亚胺试纸　称取0.05 g 2,6—二溴苯醌氯酰亚胺，溶于10 mL 95%（体积分数）乙醇中，将定性滤纸浸湿，晾干备用。

b.检验　吸取按刚果红法制备的样液，滴于2,6—二溴苯醌氯酰亚胺试纸上，稍干，置于溴蒸气上蒸熏片刻，呈现出不同颜色的斑点，根据所显示斑点的颜色鉴别属于哪种有机磷农药。试验时，为防止色素干扰，试纸要临时配制。有机磷农药呈色反应如下表所示。

有机磷农药的呈色反应

农药种类	反应颜色	反应时间
3911	鲜黄,周围较深	5 s ~ 3 min
1605	淡黄→紫红	30 s ~ 3 min
1059	鲜黄→暗黄	30 s ~ 3 min
4049	黄→黄棕	30 s ~ 5 min
乐果	黄→橙黄	20 s ~ 5 min
M-74	淡土黄→暗紫红	30 s ~ 5 min
三硫磷	土黄→杏红	15 s ~ 5 min
1240	鲜黄→暗黄	30 s ~ 3 min

2）有机磷农药残留量的定量检测

（1）材料用具

组织捣碎机，粉碎机，旋转蒸发器，气相色谱仪。附有火焰光度检测器（FPD）；丙酮，二氯甲烷，助滤剂 Celite545；农药标准品：敌敌畏99%，速灭磷顺式60%，久效磷99%，甲拌磷98%，巴胺磷99%，二嗪农98%。

（2）操作原理

气相色谱法将样品的峰高或峰面积与标准品相比较做定量分析。最低检出量为0.1~0.25 μg。

（3）操作步骤

①标准溶液配制　分别称取标准品以二氯甲烷为溶剂，分别配制成1.0 mg/mL的标准储备液，储于冰箱（4 ℃）中。使用时用二氯甲烷分别稀释成1.0 μg/mL的标准使用液。

②试样制备　取蔬菜样品洗净，晾干，去掉非可食部分后制成待测试样。

③提取　称取50.00 g 蔬菜试样，置于300 mL 烧杯中，加入50 mL 水和100 mL 丙酮（总体积150 mL）。用组织捣碎机捣1~2 min。匀浆液经铺有两层滤纸和约10 g Celite545 的布氏漏斗，减压抽滤。从滤液中分取100 mL，移至500 mL 分液漏斗中。

④净化　向以上滤液中，加入10~15 g 氯化钠，使呈饱和状态。猛烈振摇2~3 min，静置10 min，使丙酮从水相中盐析出来，水相用50 mL 二氯甲烷振摇2 min，再静置分层。将丙酮与二氯甲烷提取液合并，并经装有20~30 g 无水硫酸钠的玻璃漏斗脱水，滤入250 mL 圆底烧瓶中。再以约40 mL 二氯甲烷分数次洗涤容器和无水硫酸钠，洗涤液也并入烧瓶中。用旋转蒸发器浓缩至约2 mL，浓缩液定量转移至5~25 mL 容量瓶中，加二氯甲烷定容至刻度。

⑤测定有机磷农药的残留量

气相色谱条件

色谱柱：a. 玻璃柱2.6 m×3 mm，填装涂有4.5%（质量分数）DC200+2.5%（质量分数）OV-17 的 Chromosorb WAW DMCS（80~100 目）的担体。b. 玻璃柱2.6 m×3 mm（i.d.），填装涂有1.5%（质量分数）DCOE-1 的 Chromosorb WAW DMCS（60~80 目）。

气体速度：氮气（N_2）50 mL/min、氢气（H_2）100 mL/min、空气50 mL/min。

温度：柱温240 ℃，汽化室260 ℃，检测器270 ℃。

测定：吸取2~5 μL 混合标准液及样品净化液，色谱仪中，以保留时间定性。以试样的峰高或峰面积与标准比较定量。

结果计算

$$X_i = \frac{A_i \times V_1 \times V_3 \times E_{si} \times 1\,000}{A_{si} \times V_2 \times V_4 \times m \times 1\,000}$$

式中　X_i——i 组分有机磷农药的含量，mg/kg；

A_i——试样中 i 组分的峰面积，积分单位；

A_{si}——混合标准液中 i 组分的峰面积，积分单位；

V_1——试样提取液的总体积，mL；

V_2——净化用提取液的总体积,mL;

V_3——浓缩后的定容体积,mL;

V_4——进样体积,mL;

E_{si}——进入色谱仪中的 i 标准组分的质量,μg;

m——样品的质量,g。

3)作业要求

掌握有机磷农药残留量的定性检验和定量检测方法。

模块 2
蔬菜生产过程

蔬菜生产前的准备

项目描述　蔬菜生产前首先要根据当地气候特点确定蔬菜的种植季节和栽培茬口,制订出科学的生产计划,选择菜田并合理规划,为蔬菜生产做好准备。本项目主要学习露地生产和设施生产栽培季节确定的基本原则和基本方法、蔬菜生产的主要茬口、蔬菜生产计划的制订、菜田选择和菜田规划等。学习的重点是蔬菜栽培季节的确定、茬口的安排及蔬菜生产计划的制订。

学习目标　掌握蔬菜栽培季节确定的基本原则和基本方法,熟悉蔬菜生产的主要茬口;掌握蔬菜生产计划制订的原则和方法;了解菜田选择和规划的要求。

技能目标　学会制订基层单位的蔬菜生产计划。

项目任务

专业领域:园艺技术　　　　　　　　　　　　　　　　学习领域:蔬菜生产

项目名称	项目5　蔬菜生产前的准备
工作任务	任务5.1　蔬菜生产的合理安排
	任务5.2　菜田选择与菜田规划
项目任务要求	能及时正确的做好蔬菜生产前的各项准备工作

任务5.1　蔬菜生产的合理安排

活动情景　蔬菜生产前首先要制订科学的生产计划,根据当地气候特点确定在什么季节种植?种植什么蔬菜?什么时期种植?采用什么种植方式种植?如何接茬?本任务是通过资料查询、教师讲解等,学习怎样确定蔬菜的栽培季节、蔬菜的茬口安排和蔬菜生产计划的制订。学习的重点是蔬菜栽培季节的确定和生产计划的制订。

任务相关知识

5.1.1 蔬菜栽培季节的确定

蔬菜栽培季节是指蔬菜从田间直播或幼苗定植开始,到产品收获完毕所经历的时间。因育苗一般不占用生产田,故育苗期不计入栽培季节。

1)蔬菜栽培季节确定的基本原则

①露地蔬菜栽培季节确定的基本原则　露地蔬菜生产是以高产优质为主要目的,应将所种植蔬菜的整个栽培期安排在其能适应的温度季节里,而将产品器官形成期安排在温度条件最为适宜的月份里。

②设施蔬菜栽培季节确定的基本原则　设施蔬菜生产成本高,栽培难度大,以高效益为主要目的,应将所种植蔬菜的整个栽培期安排在其能适应的温度季节里,而将产品器官形成期安排在该种蔬菜露地生产淡季或产品供应的淡季里。

2)蔬菜栽培季节确定的基本方法

（1）露地蔬菜栽培季节的确定方法

①根据蔬菜的类型确定栽培季节　耐热以及喜温性蔬菜的产品器官形成期要求高温,故一年当中,以春夏季的栽培效果为最好。喜冷凉的耐寒性蔬菜以及半耐寒性蔬菜的栽培前期,对高温的适应能力相对较强,而产品器官形成期却喜欢冷凉,故该类蔬菜的最适宜栽培季节为夏秋季;北方地区春季栽培时,往往因生产时间短,产量较低,品质也较差;另外品种选择不当或栽培时间不当时,还容易出现提早抽薹问题。

②根据市场供应情况确定栽培季节　要本着有利于缩小市场供应的淡旺季差异、延长供应期的原则,在确保主要栽培季节里蔬菜生产的同时,通过选择合适的蔬菜品种以及栽培方式,在其他季节里,也安排一定面积的该类蔬菜生产。

③根据生产条件和生产管理水平确定栽培季节　如果当地的生产条件较差、管理水平不高,应以主要栽培季节里的蔬菜生产为主,确保产量;如果当地的生产条件好、管理水平较高,就应适当加大非主要栽培季节里的蔬菜生产规模,增加淡季蔬菜的供应,提高栽培效益。

（2）设施蔬菜栽培季节的确定方法

①根据设施类型确定栽培季节　不同设施类型综合性能不同,其适宜生产蔬菜的时间不同。对于温度条件好,可周年进行蔬菜生产的加温温室以及改良型日光温室(有区域限制),其栽培季节确定比较灵活,可根据生产和供应需要,随时安排生产;温度条件稍差的普通日光温室、塑料拱棚、风障畦等,其栽培期一般仅较露地提早和延后 15～40 d,栽培季节安排受限制比较大。

②根据市场需求确定栽培季节　设施蔬菜栽培应避免其主要产品的上市期与露地蔬菜发生重叠,尽可能地把蔬菜的主要上市时间安排在"十一"至来年的"五一"期间。

5.1.2　蔬菜的茬口安排

蔬菜茬口分为季节利用茬口(季节茬口)和土地利用茬口(土地茬口)。季节茬口是根据蔬菜的栽培季节安排的蔬菜生产茬次;土地茬口是指在同一地块上,全年或连续几年内连续安排蔬菜生产的茬次。

1)茬口安排的原则

①有利于蔬菜生产　要以当地蔬菜生产的主要茬口为主,充分利用有利的自然环境,创造蔬菜产品的高产和优质,降低生产成本。

②有利于蔬菜的均衡供应　同一种蔬菜或同一类蔬菜应通过排开播种,将全年的种植任务分配到不同的栽培季节,以利用周年生产,保证全年均衡供应,要避免栽培茬口过于单调,生产和供应过于集中。

③有利于提高种植效益　应根据当地的蔬菜市场供应情况,适当增加一些高效蔬菜茬口以及淡季供应茬口,提高种植效益。有条件的地区应逐渐加大蔬菜设施栽培的比例,使设施蔬菜与露地蔬菜保持比较合理的生产比例,改变目前露地蔬菜生产规模过大、设施蔬菜生产规模偏小的低效益状况。

④有利于提高土地利用率　蔬菜生产过程中的接茬,应通过合理的间、套作及育苗移栽等措施,尽量缩短空闲时间。

⑤有利于控制蔬菜的病虫害　应制订合理的栽培制度,根据当地蔬菜病虫发生情况,对蔬菜进行一定年限的轮作。

2)主要蔬菜茬口

(1)露地蔬菜茬口

①季节茬口　除了主要依据温度外,也要参照光照、雨量、病虫情况等其他外界因素。

a.越冬茬　又称过冬菜,通常选用耐寒和半耐寒性蔬菜,如菠菜、莴苣、小白菜、大蒜、洋葱等。一般秋季露地直播或育苗移栽,以幼苗露地过冬,翌年春季或初夏上市,成为供应春淡的主要茬口。

b.早春茬　通常选用耐寒性较强,生长期短的绿叶菜。如小白菜、茼蒿、菠菜、芹菜等,也可种植春马铃薯和冬季设施育苗、早春定植的耐寒或半耐寒的春白菜、春甘蓝、春花椰菜等。一般在早春土壤化冻后即可播种定植,生长期40~60 d,采收时正值夏季茄果类、瓜类、豆类大量上市前,过冬菜大量下市后的"小淡季"上市。

c.春茬　即春夏菜、夏菜,指春季终霜后才能露地定植的喜温蔬菜,是北方各地的主要季节茬口,以果菜类为主,一般6—7月份大量上市,形成旺季。因此,最好将早、中、晚熟品种排开播种,分期分批上市。

d.夏茬　又称伏菜,是主要补充秋淡季的一茬耐热蔬菜。一般于6—7月份播种或定植,8—9月份供应市场,如夏秋白菜、夏秋萝卜、蕹菜、苋菜、豇豆、夏黄瓜、夏甘蓝等。华北地区把晚茄子、辣椒、冬瓜延至9月份腾地的称为恋秋菜、晚夏菜。

e. 秋茬　又称秋冬菜,以喜冷凉耐贮存的白菜类、根菜类、茎菜类和绿叶菜为主,也有少量的果菜类栽培,一般是北方地区全年各茬种植面积最大的季节茬口。一般于立秋前后播种或定植,10—12 月份供应上市。

②土地茬口　根据各地自然资源和生产条件等方面的差异,土地茬口的基本规律是:东北、西北、蒙新、青藏高原属于一年一主作菜区;华北属于一年二主作菜区;华中为一年三主作菜区;华南、西南则为一年多主作菜区。北方地区比较有代表性的土地茬口为:

a. 一年二熟　一年内只安排春茬和秋茬,均于当年收获。蔬菜生产和供应比较集中,淡旺季矛盾也比较突出。

b. 一年三熟　在一年二熟茬口的基础上,增加一个夏茬,均于当年收获。种植的蔬菜种类丰富,蔬菜生产和供应的淡旺季矛盾减少,种植效益较好,但栽培要求比较高,生产投入也比较大,生产中应合理安排前后季节茬口,不误农时,并增加施肥和其他生产投入。

c. 二年五熟　在一年二熟的基础上,增加一个越冬茬,主要目的是解决北方地区早春淡季的蔬菜供应。

(2)设施蔬菜主要茬口

①季节茬口

a. 冬春茬　一般中秋播种或定植,入冬开始收获,翌年春末结束生产,是温室蔬菜主要栽培茬口,主要栽培结果期比较长、产量较高的果菜类。也可以利用日光温室、阳畦等栽培耐寒性强的叶菜类,主要供应 1—4 月份。

b. 春茬　一般冬末早春播种或定植,4 月份前后开始收获,盛夏拉秧,是温室、大棚、阳畦等设施的主要栽培茬口,主要栽培效益较高的果菜类及部分高效绿叶蔬菜。温室一般 2—3 月定植,3—4 月开始收获;大棚一般 3—4 月定植,5—6 月开始收获。

c. 夏秋茬　一般春末夏初播种或定植,7—8 月收获,遮阳栽培,冬前拉秧,是温室和大棚的主要栽培茬口,主要栽培夏季露地栽培难度较大的果菜及高档叶菜等,在露地蔬菜的供应淡季收获上市,投资少收益高,较受欢迎。

d. 秋茬　一般 7—8 月播种或定植,8—9 月开始收获,供应 11—12 月份蔬菜市场,收益较好,是普通日光温室和大棚的主要栽培茬口,主要栽培果菜类蔬菜,但存在着栽培期较短,产量偏低等问题。

e. 秋冬茬　一般 8 月前后育苗或直播,9 月定植,10 月开始收获,翌年 2 月前后拉秧,是温室蔬菜的主要茬口之一,主要栽培果菜类蔬菜,但栽培前期温度高,栽培后期温度低,栽培的难度比较大。

f. 越冬茬　一般晚秋播种或定植,冬季进行简单保护,翌年春季提早生长,早春供应市场,是风障畦的主要栽培茬口,主要栽培大型设施不适合种植的根菜、茎菜及叶菜等,是设施蔬菜生产的补充。

②土地茬口

a. 一年一茬　主要是风障畦、阳畦及大棚的茬口,一般在温度升高后转为露地生产。

b. 一年二茬　主要是大棚和温室的茬口,大棚(包括普通日光温室)主要为"春茬→秋茬"模式,适于无霜期比较长的地区。温室主要分为"冬春茬→夏秋茬"和"秋冬茬→春茬"两种模式。该茬口中的前一季节茬口通常为主要茬口,在栽培时间和品种选择上,后一茬口要服从前一茬口。

5.1.3　蔬菜生产计划的制订

1)生产计划的种类

(1)根据计划来源分类

①上级下达的生产计划　包括国家下达计划和地方生产计划,属于指导性生产计划。

②基层单位生产计划　属于实施性生产计划,也称执行计划。

(2)根据计划时间长短分类

①年度计划　一般从春播开始到冬播结束为止。

②季节计划　主要是季节性蔬菜的生产计划。

2)生产计划的主要内容

(1)上级下达的生产计划　一般分两大部分:

①正文　简述上年度计划生产的实绩和存在问题;本年度计划制订的指导思想和具体任务,包括种植面积、上市指标、品种茬口布局的重大调整以及实现本年度计划将采取的重大措施等。

②生产计划总任务表　一般应包括:

a.蔬菜分月上市计划　根据消费要求,参考历年资料,提出本地分月上市计划任务。

b.常年菜田生产计划　是计划的核心内容,包括菜田的面积、复种指数、茬口、品种。面积、上市量、上市时期与质量要求。

c.季节性菜田生产计划表　要分品种分别落实面积、上市任务。

d.设施蔬菜生产计划　包括主要设施的蔬菜品种、茬口、面积、上市期和上市量。

e.蔬菜贮存计划任务

f.蔬菜小品种生产任务表　包括一定数量的花色品种和香辛调味品种的生产面积、上市任务,以满足人们的传统习惯、节日需要以及特需。

g.其他生产计划　主要有种子生产计划。

(2)基层单位生产计划　主要是根据上级下达的生产计划,围绕落实各项生产指标而制订的执行计划,一般应包括:

①蔬菜生产计划总表　主要包括:

a.蔬菜种植面积和产量计划　根据上级分配的蔬菜品种、面积及产量指标,结合本单位的气候、土壤、生产条件、历年产量水平,估算出下年度的蔬菜品种、面积、产量和预订产值,并与上年度作增减对比。如表5.1所示,是确定其他各项生产指标及核算的基础。

表 5.1　×××合作社 2010 年蔬菜种植面积及产量计划

序号	品种名称	播种面积			产量指标				预订产值	
		2009 年/（hm²）	2010 年/（hm²）	增减（%）	2009 年/（t·hm⁻²）	2010 年/（t·hm⁻²）	增减/%	2010 年总产量/t	单价/（元·t⁻¹）	总计（元）
1	番茄	8	7	-12.5	45	48	6.7	336	1 000	336 000
2	黄瓜	10	11	10	37.5	40	6.7	440	1 200	528 000
合计										

b. 蔬菜品种种植计划及产品逐月上市计划　根据蔬菜种植面积和产量计划,结合茬口安排,制订出品种、播种面积、计划产量及分月上市量等。

c. 茬口安排　根据本单位蔬菜田的分布、面积、土质、地势、前后茬及蔬菜品种特性等情况,将计划种植的蔬菜,按地块安排茬口,保证计划品种面积的落实(见表5.2)。

表 5.2　×××合作社 2010 年度蔬菜茬口安排

田块序号	茬口安排	耕地面积/（hm²）	播种面积/（hm²）	茬次	1月	2月	3月	4月	5月	6月	7月	8月	9月	10月	11月	12月
1	青菜-番茄-冬瓜-小白菜	5	20	4	—	→	←	0	→	→	→	←	←			
									0				→	←		
													0	—	→	←
2																

注:番茄套种青皮冬瓜;0 播种(定植);—生长期;→←收获期。

②技术作业计划　技术作业计划能使生产人员了解各种蔬菜在整个生长时期的农业技术活动和各项技术指标,便于组织劳力完成作业项目和为生产提供生产资料,还有利于提出合理化建议。

a. 单项蔬菜逐月技术作业及效率定额,见表5.3。

表 5.3　单项蔬菜逐月技术作业及效率定额

作物种类:番茄;面积:0.27 hm²;产量:75 t/hm²;总产量:20.25 t

作业项目	日期				单位	面积/m²	效率定额			计划用工					计划用材料		
	起		止				机	农	畜	数量	机	农人工	畜	总计	名称	单位面积用量	总计
	月	日	月	日													
制作保温苗床	11	下			畦	13		1		3		4.3		4.3	稻草	25 kg/m²	325 /kg

注:做苗床时,选向阳便于管理的地块,长 6.7 m,宽 1.7 m。

b. 育苗计划　按照《单项蔬菜逐月技术作业及效率定额》,按育苗需要逐项按质按量、不违农时地提供生产需要的各项秧苗(见表5.4)。

表5.4　每公顷蔬菜育苗计划

蔬菜种类	育苗时间/(旬·月⁻¹)	育苗方式	用苗(株)	苗床/(个·hm⁻²)		育苗用工数/(人·hm⁻²)				
				播种床	移植床	做床	苗床管理	播种	移植	合计
甜椒……	上、中/12	阳畦	90 000							

注:阳畦规格6.7 m×1.7 m;分苗距离8 cm×8 cm,每床栽苗1 600丛(双株),成苗45 000丛。

③生产成本核算及财务收支计划

a. 生产成本核算　生产成本是指生产单位生产一定种类和数量产品时所需的原料、固定资产折旧和工资等货币的支出。

生产成本核算费用一般规定为直接费用和间接费用(经营管理费)。直接费用是用在直接为生产所发生的各项费用的支出,即作业成本;间接费用是属于非生产的费用支出。为了便于归集生产费用和计划成本,必须将各项生产费用支出,按其用别制定出《单位面积生产成本核算》。

b. 财会收支计划　是反映生产单位各项蔬菜生产的产品生产计划和经济活动的总情况。产品产值减去单位成本,得出赢或亏。

④其他计划　如蔬菜栽培技术措施,蔬菜单位面积分项作业用工计划,蔬菜种子计划,蔬菜生产用料购置计划,蔬菜产品供应计划等,根据具体需要而定。

3)生产计划制定的原则与方法

制订生产计划应遵循"以需定产,产大于销"的原则,根据当地的吃菜人口数量、消费习惯、消费量、生产水平等制订生产计划。

(1)蔬菜供应人口数量　指本地吃商品蔬菜的常住非农业人口和流动人口。现阶段,大多数城市是按照人均0.6 kg/d的标准(包括安全系数)来计划蔬菜年上市量,并作为建立常年蔬菜生产基地面积的依据。

(2)消费情况　主要依据各地的消费习惯和消费水平。生产蔬菜的种类和品种要符合当地的消费习惯,以免出现"蔬菜难卖"现象。生产方式要与当地的蔬菜消费水平相适应,既要避免蔬菜的生产成本过高,出现"优质不优价"现象,也要避免蔬菜的档次偏低,卖不出高价现象。

(3)生产水平　指各地单位面积菜田商品蔬菜平均单产和各种蔬菜的单季平均产量。

(4)安全系数　按照上述条件制订的生产(产量)计划,还要加上一定的安全系数,以防因不可抗拒的自然灾害所造成的减产。适宜的安全系数为20%～30%,具体因地区和季节而异,例如北方比南方要高,蔬菜生产淡季较旺季的高。

(5)外贸出口　我国蔬菜的外贸出口量增加较快,一些地方已经形成了外贸出口蔬菜生产基地,制订计划时,应根据外贸出口合同要求,将出口部分的蔬菜生产列入计划。

(6)外来蔬菜　我国大中城市的蔬菜供应中,外来蔬菜所占比重呈逐渐加大趋势,制订计划时,应根据最近几年主要外来蔬菜的供应情况,对本地蔬菜的生产计划进行适当调整。

(7)其他　包括军工需菜、特需蔬菜、支援外地蔬菜等,均应列入生产计划。

任务 5.2　菜田选择与菜田规划

活动情景　规模化、专业化的蔬菜生产必须注重菜田基地的选择,并进行合理的菜田规划,以利于生产、管理和销售,同时为蔬菜生长提供良好的生长环境。本任务主要通过参观学习、教师讲解和资料查询,了解蔬菜对菜田选择的要求,掌握菜田规划的基本要求和规划方法。

📖 任务相关知识

5.2.1　菜田选择

菜田选择必须考虑蔬菜产量和品质的提高、生产与销售的关系、生产成本与经济效益状况、菜田的内外环境条件等因素。因此,菜田选择应区分以下层次:

1)对菜田经济地理区带的选择

第一,要考虑一定地域内生产资源、设施资源的合理有效配置,降低生产成本,使经济效益最大化;第二,应考虑到菜田在地域内分布相对集中,以形成规模型和产业化,有利于形成"大生产、大市场、大流通"的格局;第三,要使所选择地区的自然气候特点与蔬菜生产基地产品类型的特点相吻合;第四,考虑菜田区域内的道路建设、产品运输及排灌条件等。

2)对菜田环境的选择

随着人们生活水平的提高和国际竞争力的增强,无公害蔬菜、绿色食品蔬菜、有机蔬菜备受青睐,这就要求我们在选择菜田时,应充分考虑菜田环境状况。菜田的选择原则是:远离有大量工业废气、废水的排放点,具备良好的排灌条件,灌溉水尽可能使用地下水,并达到饮用水最低标准等。

5.2.2　菜田规划

菜田规划是指蔬菜的领域地面区划。其目的在于便于田间作业、轮作倒茬、对菜田灌溉与排水统一安排、合理配置田间道路和农田防护林带,便于就地批发与运销等。菜田规划的主要内容有:正确划分田区、田块;规划排灌和道路系统;设置田间保护系统等。

按照菜田的总体布局与规划方案,首先应根据地形、地势和地下水位状况,对土地进行平整,使每一田区内基本平整,田块形状尽量规则;菜田排灌系统规划应根据灌溉方式,如沟灌、喷灌、滴灌和地下渗灌等而有所不同。排水系统必须与当地的地形、地貌、水文地质相适应,应充分考虑地面的坡度,地下水的径流情况,以及地下水的矿化程度和土壤改良等因素。菜田道路规划应尽量利用现有的交通干线,有利于田间产品和生产资料的运输。在风沙较大的地区,可设置护林带,以保持良好的菜田小气候,减少灾害天气的影响。

项目小结)))

蔬菜栽培季节因蔬菜种类、栽培方式、市场需求及生产条件而异;露地和设施蔬菜栽培季节应根据不同的生产目的而掌握不同的原则;蔬菜的茬口分为季节茬口和土地茬口,应本着有利于蔬菜生产、市场均衡供应、提高土地利用率、提高栽培效益和预防蔬菜病虫害的原则合理安排蔬菜茬口;蔬菜生产计划分上级单位、基层单位生产计划及年度和季节生产计划,制订蔬菜生产计划应遵循"以需定产,产大于销"的原则,根据当地的吃菜人口数量、消费习惯、消费量、生产水平等制订生产计划。菜田选择应考虑经济地理区带和栽培环境。菜田规划要正确划分田区、田块;规划排灌和道路系统;设置田间保护系统等。

复习思考题)))

1. 什么是蔬菜栽培季节? 怎样确定蔬菜栽培季节?
2. 比较露地蔬菜和设施蔬菜在栽培季节确定原则上的异同点。
3. 露地蔬菜主要有哪些季节茬口? 各茬口在生产安排和供应方面分别有哪些优点?
4. 怎样安排蔬菜茬口?
5. 蔬菜生产一般制订哪些计划? 怎样制订生产计划?

项目6 蔬菜生产中的基本技能

项目描述 蔬菜生产从土壤耕作开始,然后购买适合当地种植的蔬菜优良品种,做好种子的播前处理工作,正确掌握播种技术,培育出壮苗;再根据当地气候特点和蔬菜要求适时定植、合理密植,并根据蔬菜生长发育特点,做好田间的各项管理工作,生产出高产优质的产品,适时采收。本项目主要学习蔬菜生产中所需要的基本技能,学习的重点是:种子处理与播种技术、育苗土配制与常用育苗技术、蔬菜田间肥水管理技术与植株调整技术等。

学习目标 掌握土壤耕作技术,熟悉蔬菜种子类型及质量检验指标,掌握种子处理方法和播种技术;掌握育苗土配制技术和蔬菜常用育苗技术;掌握幼苗定植和田间管理技术;掌握不同蔬菜的采收适期和采收方法。

技能目标 学会土壤耕作方法,会配制育苗基质;能正确识别常见蔬菜种子,能进行种子的浸种、催芽等处理;能正确掌握蔬菜播种技术;学会常用的设施育苗技术、容器育苗技术和嫁接育苗技术;能正确确定移栽日期、定植密度和定植方法;学会施肥、浇水、植株调整等田间管理的农事操作方法;能掌握不同蔬菜产品采收适期和采收方法。

📖 项目任务

专业领域:园艺技术　　　　　　　　　　　　　　　　**学习领域:蔬菜生产技术**

项目名称	项目6　蔬菜生产中的基本技能
项目6 蔬菜生产中的基本技能	任务6.1　土壤耕作技术
	任务6.2　蔬菜种子处理技术
	任务6.3　蔬菜播种技术
	任务6.4　蔬菜育苗技术
	任务6.5　蔬菜定植技术
	任务6.6　蔬菜田间管理技术
	任务6.7　蔬菜再生技术
	任务6.8　蔬菜采收技术
项目任务要求	能熟练掌握蔬菜生产过程所需要的各项基本技能

任务6.1 土壤耕作技术

活动情景 常规蔬菜生产必须先进行土壤耕作,为下一步的播种或定值做好准备。本任务是通过资料查询、教师讲解和任务驱动等,学习土壤耕作和菜畦的制作方法,学习的重点是菜畦的制作。

工作过程设计

工作任务	任务6.1 土壤耕作技术	教学时间	
任务要求	1.了解土壤耕翻的作用和要求 2.学会常见菜畦的制作方法		
工作内容	1.土壤耕翻 2.做畦		
学习方法	以课堂讲授和自学完成相关理论知识学习,以田间项目教学法和任务驱动法使学生学会常用菜畦的制作方法		
学习条件	多媒体设备、资料室、互联网、生产田、生产工具等		
工作步骤	资讯:教师由常规蔬菜生产引入任务内容,进行相关知识点的讲解,并下达工作任务 计划:学生在熟悉相关知识点的基础上,查阅资料收集信息,划分工作小组,进行工作任务构思,设计工作计划方案 决策:各小组汇报工作计划方案,师生进行问题答疑、交流讨论、审查修改、确定方案,并准备完成任务所需的工具与材料 实施:学生在教师辅导下,按照计划分步实施,进行知识学习和技能训练 检查:为保证任务顺利地完成,在任务的实施过程中要进行学生自查、学生互查、教师指导检查 评估:对任务完成情况进行学生自评、小组互评和教师点评		
考核评价	课堂表现、学习态度、任务完成情况、作业报告完成情况		

工作任务单

工作任务单			
课程名称	蔬菜生产	学习项目	项目6 蔬菜生产中的基本技能
工作任务	任务6.1 土壤耕作技术	学 时	
班 级		姓 名	工作日期
工作内容 与目标	1.了解土壤耕翻的作用和要求 2.学会常见菜畦的制作方法		

续表

工作任务单					
技能训练	制作生产中常见的菜畦： 1. 平畦 2. 低畦 3. 高畦 4. 垄				
工作成果	完成工作任务、作业、报告				
考核要点 （知识、能 力、素质）	了解土壤耕翻的作用和要求 能正确熟练地制作生产中常见的菜畦 独立思考，团结协作，创新吃苦，按时完成作业报告				
工作 评价	自我评价		本人签名：	年	月 日
	小组评价		组长签名：	年	月 日
	教师评价		教师签名：	年	月 日

📚 任务相关知识

土壤耕作是通过农具的物理机械作用，改善土壤的耕层构造和地面状况，协调土壤中水、肥、气、热等因素，为蔬菜播种出苗、根系生长、获得丰产所采取的改善土壤环境的技术措施。耕作的主要内容包括：耕翻、耙、松、镇压、混匀、整地、作畦、中耕、培土等。

6.1.1　耕翻

我国传统的耕作体系中，深耕非常重要，深耕不仅可以加厚活土层，增强蓄水蓄肥能力和抗旱抗涝能力，而且有利于消灭杂草和病虫害。耕翻分人工耕翻和机械耕翻，人工一般用铁锹翻地，根据工具和人力大小不等，耕翻的深度在 25 cm 以下，而机耕可达 30 cm 左右。

在深耕时需注意：不要将大量生土翻上来，应遵循"熟土在上，生土在下，不乱土层"的原则；深耕不必每年进行，可深浅结合，既可减轻劳动强度，又可使耕层土壤得以持续利用；深耕应结合施用有机肥；深耕的深度应结合具体茬口和土壤特性，如土层深时可适当深耕；根菜类、果菜类宜深耕，叶菜类可稍浅些。

6.1.2　作畦

土壤耕翻后，要整地作畦，目的主要是调节土壤含水量，便于排灌，改善土壤温度与通气条件。

1）菜畦的主要类型

依当地雨量、地下水位及蔬菜种类等而不同。常见的主要类型有：平畦、低畦、高畦、垄等,见图6.1。

①平畦　畦面与畦间通道相平,地面平整后不需要筑成畦沟和畦埂,适宜于排水良好、雨量均匀、不需经常灌溉的地区。采用喷灌、滴灌、渗灌等现代灌溉方式时也可采用平畦。平畦的主要优点是土地利用率比较高。

②低畦　畦面低于畦间通道,有利于蓄水和灌溉。适宜于地下水位低、排水良好、气候干燥的地区或季节。栽培密度大且需经常灌溉的绿叶蔬菜、小型根菜、蔬菜育苗畦等,也基本都用低畦。低畦的缺点是灌水后地面容易板结,影响土壤透气而阻碍蔬菜生长,也容易通过流水传播病害。

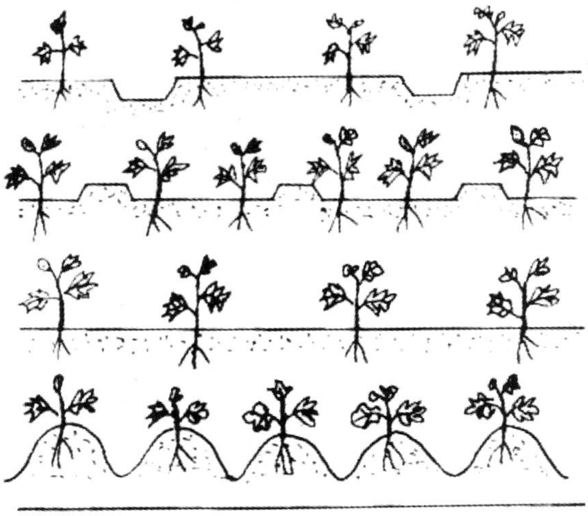

图6.1　菜畦主要类型

③高畦　畦面高于畦间通道。北方雨水少,浇水多,一般畦面高10~15 cm、宽60~80 cm。畦面过高过宽,灌水时不易渗到畦中心,易造成畦内干旱。高畦的主要优点:一是加厚耕层;二是排水方便,土壤透气性好,有利于根系发育;三是地温高,有利于早春蔬菜生长;四是灌水不超过畦面,可减轻通过流水传播的病害蔓延。

④垄　垄似较窄的高畦,一般垄底宽60~70 cm,顶部稍窄,垄面呈圆弧形,高15~20 cm,垄间距离根据蔬菜种植的行距而定。用于春季栽培时,地温容易升高,利于蔬菜生长;用于秋季栽培时,有利于雨季排水,且灌水时不直接浸泡植株,可减轻病害传播。灌水时,水从垄的两侧渗入,土壤湿度较高,畦充足而均匀。北方地区多用垄栽培行距较大又适于单行种植的蔬菜,如大白菜、大型萝卜、结球甘蓝等。

2)作畦要求

①畦向　露地栽培蔬菜,冬春季栽培应采用东西向,有利于提高畦内温度,促进植株生长;夏季南北向作畦有利于田间的通风排热,降低温度;地势倾斜的地块,应以有利于保持土壤水分和防止土壤冲刷为原则来确定畦向。设施栽培蔬菜,温室一般采用南北畦向,以利于通风透光;大棚、拱棚、阳畦等多于棚长通向,以提高土地利用率。

②质量要求　畦面平坦,高度均匀一致;土壤细碎,保持畦内无坷垃、石砾、薄膜等影响土壤毛细管形成和根吸收的各种杂物;土壤松紧适度,疏松透气。

任务6.2 蔬菜种子处理技术

活动情景 蔬菜播种之前,首先要准备好种子,并做好选种和种子处理工作,使播种后出苗迅速、整齐,减轻病虫危害,以利于壮苗的培育。本任务主要通过资料查询、教师讲解和任务驱动等,正确识别常见蔬菜种子,进行浸种、催芽、种子消毒等播前处理学习的重点是蔬菜生产中常用的浸种和催芽处理。

工作过程设计

工作任务	任务6.2 蔬菜种子处理技术	教学时间	
任务要求	1.能识别常见蔬菜种子,鉴别种子质量。 2.掌握种子处理的方法。		
工作内容	1.蔬菜种子识别 2.种子处理技术		
学习方法	以课堂讲授和自学完成相关理论知识学习,以田间项目教学法和任务驱动法,使学生学会常用的种子处理方法		
学习条件	多媒体设备、资料室、互联网、实训室、生产用具、蔬菜种子等		
工作步骤	资讯:教师由蔬菜播种及播种效果引入任务内容,进行相关知识点的讲解,并下达工作任务 计划:学生在熟悉相关知识点的基础上,查阅资料收集信息,划分工作小组,进行工作任务构思,设计工作计划方案 决策:各小组汇报工作计划方案,师生进行问题答疑、交流讨论、审查修改、确定方案,并准备完成任务所需的工具与材料 实施:学生在教师辅导下,按照计划分步实施,进行知识学习和技能训练 检查:为保证工作任务顺利地完成,在任务的实施过程中要进行学生自查、学生互查、教师检查指导 评估:对任务完成情况进行学生自评、小组互评和教师点评		
考核评价	课堂表现、学习态度、任务完成情况、作业报告完成情况		

工作任务单

工作任务单			
课程名称	蔬菜生产	学习项目	项目6 蔬菜生产中的基本技能
工作任务	任务6.2 蔬菜种子处理技术	学时	

续表

工作任务单				
班　级		姓　名		工作日期	
工作内容 与目标	1.识别常见蔬菜种子,鉴别种子质量 2.掌握种子处理方法			
技能训练	常用种子处理技术: 1.浸种处理　　2.催芽处理　　3.种子消毒处理			
工作成果	完成工作任务、作业、报告			
考核要点 (知识、能 力、素质)	能正确识别常见蔬菜种子,鉴别种子质量 能正确进行常用种子处理方法的基本操作 独立思考,团结协作,创新吃苦,按时完成作业报告			
工作 评价	自我评价	本人签名:	年　　月　　日	
	小组评价	组长签名:	年　　月　　日	
	教师评价	教师签名:	年　　月　　日	

任务相关知识

6.2.1　蔬菜种子

1)蔬菜种子的定义

狭义蔬菜种子专指植物学上的种子。生产上所用种子泛指所有用来播种进行繁殖的植物器官或组织,主要包括四类:第一类:由受精的胚珠发育而成的真正的种子,如十字花科、豆科、茄科、葫芦科、百合科、苋科等蔬菜的种子。第二类:植物学上的果实,如伞形科、藜科、菊科等蔬菜种子。第三类:营养器官,如鳞茎(大蒜、洋葱)、球茎(芋、荸荠)、块茎(马铃薯、山药、菊芋等)、根状茎(藕、姜)、枝条和芽等。第四类:菌丝组织和孢子,如食用菌和蕨菜等的繁殖体。优良的种子是培育壮苗及获得高产的基础。

2)蔬菜种子的识别

种子的形状、大小、色彩、表面光洁度、种子表面特点等外部特征以及解剖结构特征,是鉴别蔬菜种类、判断种子质量的主要依据。主要蔬菜的种子形态见图6.2。

3)蔬菜种子的寿命

蔬菜种子的寿命是指在一定环境条件下种子保持发芽能力(生活力)的年数,又称发芽年限。种子寿命的长短取决于本身的遗传特性,以及种子个体生理成熟度、种子的结构、化学成分等因素,同时也受贮藏条件的影响。在自然条件下,不同蔬菜种子的寿命差异很大,见表6.1。

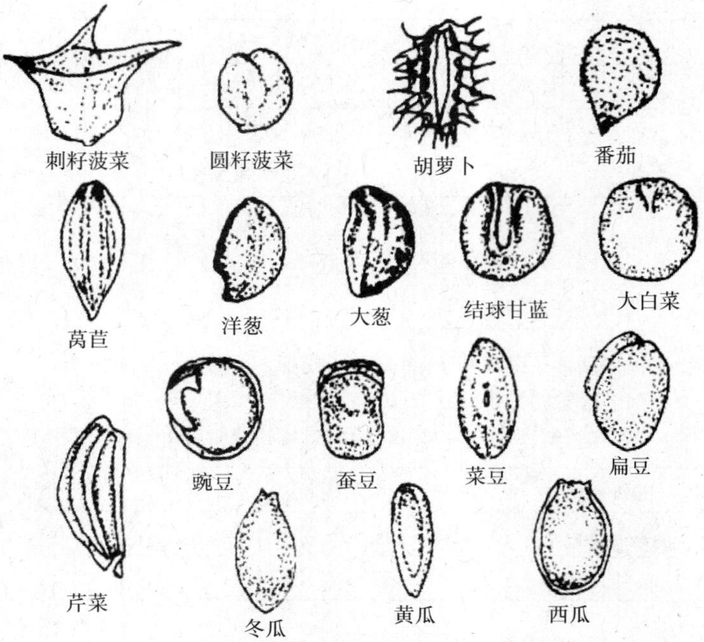

图 6.2　蔬菜种子的形态

表 6.1　一般贮藏条件下主要蔬菜种子寿命与使用年限

蔬菜名称	寿命/年	使用年限	蔬菜名称	寿命/年	使用年限
大白菜	4~5	1~2	番茄	4	2~3
结球甘蓝	5	1~2	辣椒	4	2~3
球茎甘蓝	5	1~2	茄子	5	2~3
花椰菜	5	1~2	南瓜	5	2~3
芥菜	4~5	2	黄瓜	4~5	2~3
萝卜	5	1~2	冬瓜	4	1~2
芜菁	3~4	1~2	瓠瓜	2	1~2
根用芥菜	4	1~2	丝瓜	5	2~3
菠菜	5~6	1~2	西瓜	5	2~3
芹菜	6	2~3	甜瓜	5	2~3
胡萝卜	5~6	2~3	菜豆	3	1~2
莴苣	5	2~3	豇豆	5	1~2
洋葱	2	1	豌豆	3	1~2
韭菜	2	1	蚕豆	3	2
大葱	1~2	1	扁豆	3	2

蔬菜新种子生活力强,播种后发芽快,幼苗生长旺盛易获高产;陈种子的发芽势和幼苗长势均较差。

小贴士

新陈种子的区别方法

看:一般新种子色泽鲜艳、种皮光滑发亮,陈种子种皮色暗、无光泽。

闻:一般新种子气味清香,陈种子有不同程度的霉味。

搓:将种子用手搓,新种子不易破裂,陈种子易脱皮和开裂。

浸:用水浸泡种子,新种子的浸种水色浅、较清,陈种子水色深、浑浊。

4)蔬菜种子的质量鉴别

广义的蔬菜种子质量包括品种品质和播种品质。品种品质主要指种子的真实性和纯度等,播种品质主要指种子饱满度和发芽特性。蔬菜种子的质量应在播种前确定,以便做到播种、育苗准确可靠。常用以下指标鉴定:

①纯度　种子纯度的计算公式:

$$种子纯度 = \frac{供检样品总重量 - (废种子重量 + 杂质重量)}{供检样品总重量} \times 100\%$$

优良种子的纯度应达到98%以上。

②饱满度　通常用"千粒重"表示。统一品种的种子,千粒重越大,种子就越饱满充实,播种质量就越高。千粒重也是估算播种量的重要依据。

③发芽率　是指在规定的实验条件下,在较长时间内,正常发芽种子粒数占供试种子粒数的百分率。计算公式:

$$种子发芽率 = \frac{发芽种子粒数}{供试种子粒数} \times 100\%$$

甲级种子的发芽率应达到90%~98%,乙级蔬菜种子地发芽率应达到85%左右。个别蔬菜种子的发芽率要求也有例外,如伞形科蔬菜种子为双悬果,在测定发芽率时1个果实按2粒种子计,但因2粒种子中常有1粒发育不良,发芽率只要求达到65%左右;又如甜菜种子为聚合果,俗称"种球",测定发芽率时聚合果按1粒种子计,而实际上其中包含多拉种子,因此其发芽率要求达到165%以上。

④发芽势　是指在规定时间内供试样本种子中发芽种子的百分数。它是反映种子发芽速度和发芽整齐度的指标。计算公式:

$$种子发芽势 = \frac{规定天数内的发芽种子粒数}{供试种子粒数} \times 100\%$$

统计发芽种子数量时,凡是无幼根、幼根畸形、有根无芽、有芽无根毛者,以及种子腐烂者都不算发芽种子。蔬菜种子发芽率和发芽势的测定条件和规定天数见表6.2。

表6.2　发芽率和发芽势的测定条件和规定天数

蔬菜种类	发芽温度/℃	光线	计算天数/d	
			发芽势	发芽率
番茄	25～30	黑暗	4	8
辣椒	20～30	黑暗	4	8
茄子	20～30	黑暗	6	10
黄瓜	30	黑暗	3	5
甘蓝	20～30	黑暗	3	5
花椰菜	20～25	黑暗	3	5
芹菜	21	黑暗	7	12
莴苣	15～20	黑暗、散射光	5	10
西瓜	35	黑暗	4	10
甜瓜	32	黑暗	3	8
菜豆	20～25	黑暗	4	8
白菜	20～30	黑暗	3	5
葱类	18～25	黑暗	5	10

6.2.2　种子播前处理

为了使种子播后出苗整齐、迅速、健壮,减少病害感染,增强种胚和幼苗的抗逆性,达到培育壮苗的目的,播前常进行种子处理。

1)浸种

浸种是将种子浸泡在一定温度的水中,使其在短时间内吸水膨胀,达到萌芽所需的基本水量。根据浸种水温可分为一般浸种、温汤浸种和热水烫种等。

①一般浸种　用常温水浸种,有使种子吸胀的作用,但无杀菌和促进吸水的作用,适用于种皮薄、吸水快、易发芽不易受病虫污染的种子,如白菜、甘蓝等。

②温汤浸种　水温55～60 ℃,这是一般病菌的致死温度,需保持10～15 min,并不断搅拌,使水温均匀,随后使水温自然下降至室温,按要求继续浸泡。温汤浸种具有灭菌作用,但促进吸水效果仍不明显,适用于瓜类、茄果类、甘蓝类等蔬菜种子。

③热水烫种　为了更好的杀菌,并使一些不易发芽的种子易于吸水。将充分干燥的种子投入75～85 ℃热水,快速烫种3～4 s,之后加入凉水,转入温汤浸种,或直接转入一般浸种。通过热水烫种,使干燥的种皮产生裂缝,有利于水分吸收,适用于种皮厚、透水困难的种子,如茄子、冬瓜、西瓜等。

注　意

浸种时的注意事项

①要把种子充分淘洗干净,除去果肉物质后再浸种。

②浸种过程中要勤换水,保持水质清新,一般每 12 h 换 1 次水为宜。

③浸种水量要适宜,以略大于种子量的 4~5 倍为宜。

④浸种时间要适宜。主要蔬菜的适宜浸种水温与时间见表 6.3。

一般浸种时,也可以在水中加入一定量的激素或微量元素,进行激素浸种或微肥浸种,有促进发芽、提早成熟、增加产量等效果。此外,为提高浸种效率,浸种前可对有些种子进行必要的处理。如对种皮坚硬而厚的西瓜、苦瓜、丝瓜等种子,可进行胚端破壳;对芹菜、芫荽等种子可用硬物搓擦,以使果皮破裂;对附着黏质多的茄子等种子可用 0.2%~0.5% 的碱液先清洗,然后在浸泡过程中不断搓洗换水,直到种皮洁净无黏感。

2)催芽

催芽是将吸水膨胀的种子置于适宜条件下,促使种子迅速而整齐一致的萌发。一般方法是:先将浸好的种子甩去多余的水分,薄层(2 cm 左右)摊放在铺有一两层潮湿洁净布或毛巾的种盘上,上面再盖一层潮湿布或毛巾,然后将种盘置于恒温箱中催芽,直至种子露白。在催芽期间,每天应用清水淘洗种子 1~2 次,并将种子上下翻倒,以使种子发芽整齐一致。主要蔬菜的催芽适温和时间见表 6.3。

表 6.3　主要蔬菜浸种催芽的适宜温度与时间

蔬菜种类	浸　种		催　芽		蔬菜种类	浸　种		催　芽	
	水温/℃	时间/h	温度/℃	天数/d		水温/℃	时间/h	温度/℃	天数/d
黄　瓜	25~30	8~12	25~30	1~1.5	甘　蓝	20	3~4	18~20	1.5
西葫芦	25~30	8~12	25~30	2	花椰菜	20	3~4	18~20	1.5
番　茄	25~30	10~12	25~28	2~3	芹　菜	20	24	20~22	2~3
辣　椒	25~30	10~12	25~30	4~5	菠　菜	20	24	15~20	2~3
茄　子	30	20~24	28~30	6~7	冬　瓜	25~30	12~12*	28~30	3~4

3)种子消毒

种子消毒有药剂拌种和药液浸种两种。药剂拌种常用的杀菌剂有克菌丹、多菌灵、敌克松、福美双等;杀虫剂有 90% 敌百虫等。拌种时药剂和种子都必须是干燥的,药量一般为种子重量的 0.2%~0.3%。药液浸种应严格掌握药液浓度与浸种时间,浸种后必须用清水多次冲洗种子,无药液残留后才能催芽或播种。如用 100 倍福尔马林(即 40% 甲醛溶液)浸种 15~20 min,捞出种子封闭熏蒸 2~3 h,最后用清水冲洗;用 10% 磷酸三钠或 2% 氢氧化钠水溶液浸种 15 min,捞出冲洗干净,有钝化番茄花叶病毒的作用。另外,采用种衣剂农药处理种子常可起到更好的效果,如"黄瓜种衣剂 1 号"有显著的防病和壮苗效果。

其他技术

①营养液浸种　主要是微量元素溶液浸种,在对种子提供水分的同时,又为种子补充微量元素,促进种子内一些酶的活动,增强种子的呼吸作用及其他生理作用,从而促进秧苗的生长发育。常用的微量元素有硼酸、硫酸锰、硫酸锌、钼酸铵等,用一种或几种元素混合进行浸种,营养液的浓度一般为0.01%~0.1%,浸种时间同温汤浸种。浸种后进行催芽处理。

②激素浸种　即用植物生长调节剂进行浸种。作用:一是能打破种子休眠,提高种子发芽率,如用0.5~1 mg/kg赤霉素溶液打破马铃薯的休眠。二是促进种子发芽,特别是提高高温期种子的发芽率和发芽势,如用100 mg/kg激动素溶液或500 mg/kg乙烯利溶液浸泡莴苣种子,可促进种子在高温季节发芽;用100 mmg/kg吲哚乙酸浸种大白菜种子,能提高夏季大白菜的出苗率和成苗率。三是防止幼苗徒长,培育壮苗,如用20 mg/kg烯效唑浸种黄瓜、番茄5 h,可使幼苗高度分别降低29.9%和44.2%。

③渗透剂浸种　即种子渗调处理。将种子用高渗溶液浸泡处理,通过调节吸水进程,达到促进种子萌发、齐苗以及增强幼苗生长势的效果。目前常用的有聚乙二醇和交联型聚丙烯酸钠。由于价格较高,目前仅用于小粒种子与名贵花卉种子的播前处理。

④激光处理　种子通过激光照射,能将适宜的光子摄入细胞,增加细胞生物能,促进种子发芽,提高光合作用,缩短成熟期,增强抗病性。

⑤静电处理　种子在静电场中可被极化,电荷水平高,从而提高种子内部脱氢酶、淀粉酶、酸性磷酸酶、过氧化氢酶等多种酶的活性。目前已研制出静电种子处理机。

⑥磁化处理　将种子放入种子磁化机内,在一定磁场强度中以自由落体速度通过磁场二被磁化。由于微弱磁场可促进种子酶活化,从而提高发芽势、秧苗吸水吸肥能力与光合能力。

任务6.3　蔬菜播种技术

活动情景　蔬菜生产要依据所种植蔬菜类型及种植面积购买一定数量的蔬菜种子,然后根据蔬菜特点和生产要求,选择适宜的播种方法适时播种,并掌握适宜的播种深度,保证播种质量。本任务主要通过资料查询、教师讲解、任务驱动等,学习蔬菜的播种技术。

工作过程设计

工作任务	任务6.3　蔬菜播种技术	教学时间	
任务要求	掌握蔬菜播种量的计算方法和播种技术		
工作内容	1.播种量计算 2.播种方式 3.播种深度		
学习方法	以课堂讲授和自学完成相关理论知识的学习,以田间项目教学法和任务驱动法,使学生学会生产上常用的播种技术		
学习条件	多媒体设备、资料室、互联网、生产田、生产工具、播种材料		
工作步骤	资讯:教师由蔬菜播种及播种质量引入任务内容,进行相关知识点的讲解,并下达工作任务 计划:学生在熟悉相关知识点的基础上,查阅资料收集信息,划分工作小组,进行工作任务构思,设计工作计划方案 决策:各小组汇报工作计划方案,师生进行问题答疑、交流讨论、审查修改、确定方案,并准备完成任务所需的工具与材料 实施:学生在教师辅导下,按照计划分步实施,进行知识学习和技能训练。 检查:为保证工作任务顺利地完成,在任务的实施过程中要进行学生自查、学生互查、教师检查指导。 评估:对任务完成情况进行学生自评、小组互评和教师点评。		
考核评价	课堂表现、学习态度、任务完成情况、作业报告完成情况		

工作任务单

工作任务单			
课程名称	蔬菜生产	学习项目	项目6　蔬菜生产中的基本技能
工作任务	任务6.3　蔬菜播种技术	学时	
班　级		姓　名	工作日期
工作内容与目标	1.能计算出蔬菜种植所需的播种量 2.学会生产上常用的播种方法		
技能训练	蔬菜播种技术:撒播、条播、点播		
工作成果	完成工作任务、作业、报告		
考核要点 (知识、能力、素质)	能正确计算蔬菜种植所需的播种量 能正确地进行撒播、条播、点播等播种操作 独立思考,团结协作,创新吃苦,按时完成作业报告		

续表

工作任务单					
工作评价	自我评价	本人签名：	年	月	日
	小组评价	组长签名：	年	月	日
	教师评价	教师签名：	年	月	日

任务相关知识

6.3.1 播种量

播种前首先应确定播种量,计算公式:

$$每亩播种量(g)= \frac{定植\ 667\ m^2\ 需苗数}{每克种子粒数 \times 种子使用价值} \times 安全系数$$

种子使用价值(%)= 种子纯度(%)×种子发芽率(%)

安全系数取值范围一般为 1.5～2。实际生产中应视土壤质地、直播或育苗、播种方式、气候冷暖、雨量多少、耕作水平、病虫害等情况而定。

6.3.2 播种方式

播种的方式主要有撒播、条播和点播三种。

1)撒播

在平整好的畦面上均匀地撒上种子,然后覆土。一般用于生长期短、营养面积小的速生菜类以及苗床播种。撒播根据播种前是否浇底水,可分为干播和湿播。

①干播法 一般用于湿润地区或干旱地区的湿润季节,趁雨后墒情合适,能满足发芽需要时播种。干播后应适当镇压,如果墒情不足或播后炎热干旱,则在播后需要连续浇水,始终保持地面湿润状态直到出苗。

②湿播法 用于干旱季节,催芽的种子也要用湿播法。

2)条播

在平整好的土地上按一定行距开沟播种,然后覆土。一般用于生长期较长而单株占地面积较小的蔬菜,如菠菜、芹菜、胡萝卜、洋葱等。

3)点播(穴播)

按一定株行距开穴点种,然后覆土。适用于生长期较长、营养面积大的蔬菜,如豆类、茄果类、瓜类等。如在干旱炎热时,可按穴浇水后点播,再加厚覆土,以保墒防热,待出苗时再扒去部分覆土,以保证出苗。穴播用种量最少,也便于机械化的耕作管理。

6.3.3　播种深度

播种深度即覆土的厚度,主要根据种子大小、土壤质地、土壤温度、土壤湿度及气候条件等因素而定。

1)种子大小

小粒种子一般覆土 1~1.5 cm,中粒种子 1.5~2.5 cm,大粒种子 3 cm 左右。

2)土壤质地

砂质土壤对种子的脱壳能力弱,保湿能力也差,应适当深播;黏质土壤脱壳能力强,透气性差,应适浅播。

3)播种季节

高温多雨季节(主要夏季)播种要深,以减少地面高温对种子的伤害,还可以防止种子落干或雨水冲出种子。但种子颗粒小,不宜深播时,生产上可以采取"浅播深盖法"播种,即按标准播深开沟或挖穴,播种后再在播种位置另培厚土,于种子出苗前一天傍晚,扒掉厚土,恢复实际播种深度;"浅播深盖法"播种后如果遇雨,可于雨后待表土稍干时,疏松表土,恢复播种层的通透性。

低温干燥季节(主要春季)为使播种层土壤温度尽快回升,通常要求浅播。而一些要求深播的蔬菜如马铃薯、生姜等,进行浅播时往往达不到标准播深要求,生产上可以采用"深播浅盖法"播种,即按照标准播种深度开沟或挖穴,播种后浅覆土,种子出苗后,分次培土,直至达到标准要求。

4)种子需光特性

种子发芽要求光照的蔬菜如芹菜等宜浅播,反之应深播。

任务6.4　蔬菜育苗技术

活动情景　俗话说"壮苗五成收"。培育壮苗,首先要配制优良的育苗土,根据所种植蔬菜的特点和育苗季节、育苗条件等选择适宜的育苗方式,做好苗期管理工作,培育出健壮的秧苗,为蔬菜的高产优质奠定基础。本任务是通过资料查询、教师讲解、任务驱动等,学习育苗土配制方法和生产中常用的育苗技术。

工作过程设计

工作任务	任务6.4　蔬菜育苗技术		教学时间	
任务要求	1. 学会优良育苗土的配制方法并正确使用 2. 掌握生产上常用的设施育苗、嫁接育苗、容器育苗等育苗技术			
工作内容	1. 育苗土配制技术 2. 设施育苗技术 3. 嫁接育苗技术 4. 容器育苗技术			
学习方法	以课堂讲授和自学完成相关理论知识的学习,以田间项目教学法和任务驱动法,使学生学会育苗土的配制方法和生产上常用的育苗技术			
学习条件	多媒体设备、资料室、互联网、育苗设施、生产工具、育苗材料等			
工作步骤	资讯:教师由蔬菜的产量、品质和上市时间等引入任务内容,进行相关知识点的讲解,并下达工作任务 计划:学生在熟悉相关知识点的基础上,查阅资料收集信息,划分工作小组,进行工作任务构思,设计工作计划方案 决策:各小组汇报工作计划方案,师生进行问题答疑、交流讨论、审查修改、确定方案,并准备完成任务所需的工具与材料 实施:学生在教师辅导下,按照计划分步实施,进行知识学习和技能训练 检查:为保证任务顺利地完成,在任务的实施过程中要进行学生自查、学生互查、教师检查指导 评估:对任务完成情况进行学生自评、小组互评和教师点评			
考核评价	课堂表现、学习态度、任务完成情况、作业报告完成情况			

工作任务单

工作任务单				
课程名称	蔬菜生产	学习项目	项目6蔬菜生产中的基本技能	
工作任务	任务6.4　蔬菜育苗技术	学时		
班　级		姓　名	工作日期	
工作内容与目标	1. 学会优良育苗土的配制方法并正确使用 2. 掌握生产上常用的设施育苗、嫁接育苗、容器育苗等育苗技术			
技能训练	育苗土配制技术　　　　设施育苗技术 瓜类蔬菜嫁接育苗技术　　容器育苗技术			
工作成果	完成工作任务、作业、报告			
考核要点(知识、能力、素质)	明确育苗的意义,掌握蔬菜育苗的有关技术要求 能配制优良的育苗土,会进行设施育苗、嫁接育苗、容器育苗等技术操作 独立思考,团结协作,创新吃苦,按时完成作业报告			

续表

工作任务单					
工作 评价	自我评价	本人签名：	年	月	日
	小组评价	组长签名：	年	月	日
	教师评价	教师签名：	年	月	日

任务相关知识

蔬菜育苗移栽栽培能够使蔬菜的生产期提前,提早成熟,并延长生长期,提高产量和品质,还能减少苗期用地和工作量,节约种子,在现代蔬菜生产中,育苗更具有其不可替代性,成为一项独立的产业。

6.4.1 育苗方式

蔬菜育苗的方式有多种,从不同角度可分为:

①依据育苗场所及育苗条件,可分为设施育苗和露地育苗。

②依据育苗基质,可分为床土育苗和无土育苗。

③依据幼苗根系保护方法,可分为容器育苗、营养土块育苗等。

④依育苗所用的繁殖材料,可分为一般(种子)育苗、扦插育苗、嫁接育苗、组织培养育苗等。

在实际育苗中,通常是几种育苗方式搭配应用。具体选用哪些育苗方式,关键在于这些方式是否符合育苗目的和条件,是否能获得良好的育苗效果。

6.4.2 育苗土(培养土)配制技术

1)优良育苗土的条件

含有丰富的有机质,有机质含量不少于30%;疏松通气,具有良好的保水、保肥性能;物理性状良好,浇水时不板结,干时不裂,总孔隙60% 左右;床土营养完全,要求含速效氮100 ~ 200 mg/kg、速效磷150 ~ 200 mg/kg、速效钾100 ~ 150 mg/kg,并含有钙、镁和多种微量元素;pH6.5 ~ 7;无病菌、虫卵。

2)配制育苗土的材料

配制育苗土的材料主要有田土、有机肥、细沙或细炉渣、速效化肥、农药等。细沙和炉渣的主要作用是调节育苗土的疏松度,增加育苗土的空隙;田土必须用3 ~ 4 年内未种过茄果类、瓜类及马铃薯等菜田的土或大田土;比较适合育苗的有机肥有马粪、猪粪等质地较为疏松、速效氮含量低的粪肥,鸡粪、鸽粪、兔粪、油渣等高含氮有机肥容易引起菜苗旺长,施肥不当时也容易发生肥害,应慎重使用;有机肥必须充分腐熟并捣碎后才能用于育苗。速效化肥主要使用优质复合肥、磷肥和钾肥,弥补有机肥中速效养分含量低、供应强度低的不足。速效化肥的用量应小,一般播种床土每立方米的总施肥量 1 kg 左右,分苗床土 2 kg 左右。农药主要是消毒,杀灭育苗土中的病菌和虫卵,常用的如多菌灵或甲基托布津、辛硫磷或敌百虫等,一般每立方米育苗土 150 ~ 200 g。

3)育苗土配制方法

①育苗土配方　播种床土和分苗床土配方稍有差异,具体为:

播种床土配方:田土 6 份,腐熟有机肥 4 份。土质偏粘时,应掺入适量的细沙或炉渣。

分苗床土配方:田土或园土 7 份,腐熟有机肥 3 份。分苗床土应具有一定的黏性,以利起苗或定植取苗时不散土。

②混拌　田土和有机肥过筛后,按要求比例掺入速效肥料和农药,并充分拌和均匀。

③堆放　育苗土混拌均匀后培成堆,并用薄膜封堆,让农药在土内充分扩散,杀灭病菌、虫卵,7 ~ 10 d 后再用来育苗。

④苗床填土　播种前将育苗土均匀铺在育苗床内。播种床铺土厚 10 cm,分苗床铺土厚 12 ~ 15 cm。

6.4.3　设施育苗技术

我国北方地区冬春季节外界温度较低,需借助设施增温,才能达到较好的育苗效果。根据蔬菜种类和幼苗生长发育特点,选用合适的设施、设备是育苗成败的关键。

1)苗床播种

播种日期的确定。一般是根据当地的适宜定植期和适龄苗的成苗期来确定,即从适宜定植期起按某种蔬菜的日历苗龄向前推算播种期。例如河南日光温室春茬番茄一般在 2 月上旬至 3 月上旬定植,育成适合定植的具有 8 ~ 9 片叶的秧苗需 60 ~ 80 d,一般应在 11 下旬至 12 月下旬播种。

播前先对种子进行处理。低温期选晴暖的上午播种。播前浇足底水,水渗下后,在床面薄薄撒盖一层育苗土,防止播种后种子直接沾到湿漉漉的畦土上,发生糊种。小粒种子用撒播法,大粒种子一般点播,瓜类、豆类种子多点播,如采用容器育苗应播于容器中央,瓜类种子应平放,不要立插种子,防止出苗时将种皮顶出土面并夹住子叶,即形成"戴帽"苗。催芽的种子表面潮湿,不易撒开,可用细沙或草木灰拌匀后再撒。播后覆土,并用薄膜平盖畦面。

2)苗期管理

(1)温度管理

苗期温度管理的重点是掌握好"三高三低",即"白天高,夜间低;晴天高,阴天低;出苗前、移苗后高,出苗后、移苗前和定植前低"。各阶段的具体管理要点如下:

①播种至第一片真叶展出　出苗前温度宜高,关键是维持适宜的土温。果菜类应保持 25 ~ 30 ℃,叶菜类 20 ℃左右。当 70%以上幼苗出土后,为促进子叶肥厚、避免徒长、利于

生长点分化,应撤除薄膜以适当降温。把白天和夜间的温度分别降低 3～5 ℃,防止幼苗的下胚轴旺长,形成高脚苗。若发现土面裂缝及出土"戴帽"时,可撒盖湿润细土,填补土缝,增加土表湿润度及压力,以助子叶脱壳。

②第一片真叶展出至分苗　第一片真叶展出后,白天应保持适温,夜间则适当降低温度,使昼夜温差达到 10 ℃ 以上,以提高果菜的花芽分化质量,增强抗寒性和坑病性。如果菜类白天 25 ℃ 左右、夜间 15 ℃ 左右,叶菜类白天 20～25 ℃、夜温 10～12 ℃。分苗前一周降低温度 3～5 ℃,对幼苗进行短时间的低温锻炼。

③分苗至定植　分苗后几天里为促进根系伤口愈合与新根生长,应提高苗床温度,促早缓苗,适宜温度是白天 25～30 ℃,夜间 20 ℃ 左右。缓苗后降低温度,以利于壮苗和花芽分化。果菜类白天 25～28 ℃,夜间 15～18 ℃;叶菜类白天 20～22 ℃,夜间 12～15 ℃。定植前 7～10 d,应逐渐降低温度,进行低温锻炼以增强幼苗耐寒及抗旱能力。果菜类白天降到 15～20 ℃,夜间 5～10 ℃;叶菜类白天 10～15 ℃,夜间 l～5 ℃。

培育早春露地用苗,应在定植前 35 d 夜间无霜冻时,进行全天露天锻炼,即"吃几夜露水",以增强育苗对露天环境的适应。

(2)湿度管理

育苗期间的水分管理,可按以下几个阶段进行:

①播种至分苗　播种前浇足底水后,到分苗前一般不再浇水。当大部分幼苗出土时,将苗床均匀撒盖一层育苗土,保湿并防止子叶"带帽"出土,形成"带帽"苗。齐苗时,再撒盖一次育苗土;此期,如果苗床缺水,可在晴天中午前后喷小水,并在叶面无水珠时撒土,压湿保墒,防板结;每次撒土厚度 0.5 cm 左右。

②分苗　分苗前 1 d 适量浇水,以利起苗,并可减少伤根。栽苗时要注意浇足稳苗水,缓苗后再浇一透水,促进新根生长。

③分苗至定植　此期适宜的土壤湿度以地面见干见湿为宜。对于秧苗生长迅速、根系比较发达、吸水能力强的蔬菜,如番茄、甘蓝等为防其徒长,应严格控制浇水。对秧苗生长比较缓慢、育苗期间需要保持较高温度和湿度的蔬菜,如茄子、辣椒等,水分控制不宜过严。

床面湿度过大时,可采取以下措施降低湿度:一是加强通风,促进地面水分蒸发;二是向畦面撒盖干土,用干土吸收地面多余的水分;三是勤松土。

(3)光照管理

蔬菜苗期对光照要求比较严格,光照不足不利于壮苗培育,容易形成"高脚苗"和"黄化苗"等。低温期改善光照条件可采用以下措施:

①经常保持采光面清洁　保持采光面清洁,可保持较高的透光率。

②做好草苫的揭盖工作　在满足保温需要的前提下,尽可能地早揭、晚盖草苫,延长苗床内的光照时间。

③搞好间苗和分苗　秧苗密集时,互相遮阴,会造成秧苗徒长,应及时进行间苗或分苗,以增加营养面积,改善光照条件。

(4)分苗

分苗是将幼苗从播种床移栽到分苗床的过程,也称为移植。

①分苗的作用 一是扩大苗间距离,保证幼苗有充足的营养面积和营养空间;二是有利于侧根发育,特别是增加上部根系的数量,增强吸收能力;三是结合分苗将幼苗进行分级或分类,分别栽苗,有利于调整幼苗大小,保证幼苗生长整齐。

②分苗的次数 毕竟分苗会对幼苗造成损伤,苗越大损伤就越大,因此,应尽量早分苗、少分苗,一般提倡分苗1次。

③分苗的时期 不耐移植的蔬菜,如瓜类,应在子叶期分苗;茄果类蔬菜可稍晚些,一般在花芽分化开始前(2~3叶期)进行。宜在晴天进行,地温高,易缓苗。

④分苗的方法 有开沟分苗、容器分苗和切块分苗。早春气温低时,应采用暗水法分苗,即先按行距开沟、浇水,并边浇水边按株距摆苗,水渗下后覆土封沟。高温期应采用明水法分苗,即先栽苗,全床栽完后浇水。

分苗后因秧苗根系损失较大,吸水量减少,应适当浇水,防止萎蔫,并提高温度,促发新根。光照强时,应适当遮阴。

(5)其他管理

在育苗过程中,当幼苗出现缺肥症状时,应及时追肥。追肥以施叶面肥为主,可用0.1%尿素或0.1%磷酸二氢钾等进行叶面喷肥。

苗期追施二氧化碳,不仅能提高苗的质量,而且能促进果菜类的花芽分化,提高花芽质量。适宜的二氧化碳施肥浓度为800~1 000 mL/m^3。

定植前的切块和囤苗能缩短缓苗期,促进早熟丰产。一般囤苗前2 d将苗床灌透水,第二天切方。切方后,将苗起出并适当加大苗距,放入原苗床内,以湿润细土弥缝保墒进行囤苗。囤苗时间不可过长(7 d左右),囤苗期间要防淋雨。

6.4.4　嫁接育苗技术

1)嫁接育苗的意义

蔬菜嫁接育苗,通过选用根系发达、抗病、抗寒、吸收力强的砧木,可有效地避免和减轻土传病害的发生和流行,并能提高蔬菜对肥水的利用率,增强蔬菜的耐寒、耐盐等方面的能力,从而达到增加产量,改善品质目的。

2)主要嫁接方法

蔬菜嫁接育苗技术主要应用于瓜类和茄果类蔬菜,嫁接方法比较多,常用的主要是靠接法、插接法和劈接法等几种。

靠接法主要采取离地嫁接法,操作方便,同时蔬菜和砧木均带自根,嫁接苗成活率也比较高。靠接法的主要缺点是嫁接部位偏低,防病效果较差,主要用于不以防病为主要目的的蔬菜嫁接,如黄瓜、丝瓜、西葫芦等。插接法的嫁接部位高,远离地面,防病效果好,但蔬菜采取断根嫁接,容易萎蔫,成活率不易保证,主要用于以防病为主要目的的蔬菜嫁接,如西瓜、甜瓜等。由于插接法插孔时,容易插破苗茎,因此苗茎细硬的蔬菜不适合采用插接法。劈接法的嫁接部位也比较高,防病效果好,但对蔬菜接穗的保护效果不及插接法的好,主要用于苗茎细硬的蔬菜防病嫁接,如茄果类蔬菜嫁接。

3）嫁接砧木

对嫁接砧木的基本要求是：与蔬菜的嫁接亲和性强并且稳定，以保证嫁接后伤口及时愈合；对蔬菜的土传病害抗性强或免疫，能弥补栽培品种的性状缺陷；能明显提高蔬菜的生长势，增强抗逆性；对蔬菜的品质无不良影响或不良影响小。

目前蔬菜上应用的砧木上要是一些蔬菜野生种、半栽培种或杂交种。主要蔬菜常用嫁接砧木与嫁接方法见表6.4。

表6.4　主要蔬菜常用嫁接砧木与嫁接方法

蔬菜名称	常用砧木	常用嫁接方法	主要嫁接目的
黄瓜、丝瓜、西葫芦、苦瓜等	黑籽南瓜、杂交南瓜	靠接法、插接法	低温期增强耐寒能力
西　瓜	瓠瓜、杂交南瓜	插接法、劈接法	防　病
甜　瓜	野生甜瓜、黑籽南瓜	插接法、劈接法	防　病
番　茄	野生番茄	劈接法、靠接法	防　病
茄　子	野生茄子	劈接法、靠接法	防　病

4）嫁接前准备

蔬菜嫁接应在温室或塑料大棚内进行，场地内的适宜温度为25～30 ℃、空气湿度90%以上，并用草苫或遮阳网将地面遮成花荫。

嫁接用具主要有刀片、竹签、托盘、干净的毛巾、嫁接夹或塑料薄膜细条、手持小型喷雾器和酒精（或1%高锰酸钾溶液）。

5）嫁接技术

（1）靠接技术要点

①瓜类蔬菜靠接技术要点。

a.嫁接用苗标准要求　要求接穗苗与砧木苗的茎粗相近，砧木苗茎高4 cm以上，接穗苗茎高5 cm以上，砧木苗两片子叶展开后、真叶展开前开始嫁接。应根据不同瓜类蔬菜接穗与砧木的茎粗差异情况，确定接穗与砧木的播种时间，一般黄瓜比黑籽南瓜早播5～7 d，黄瓜一叶一心期、砧木真叶展开前进行嫁接；西葫芦与黑籽南瓜同时播种或黑籽南瓜播种2～3 d后再播种西葫芦，接穗与砧木苗的真叶展开前嫁接。接穗与砧木均采用密集播种法培育小苗。

b.操作过程　先取砧木苗，用刀尖切去心叶，然后在苗茎细的一侧（与子叶着生方向垂直一侧）子叶下0.5 cm处，向下斜削一刀，深达茎粗的2/3左右，刀口长1 cm左右；再取接穗苗，在苗茎粗的一侧（子叶着生一侧）子叶下1.5 cm处，向上斜削一刀，深达茎粗的2/3左右，刀口长1 cm左右；将接穗苗与砧木苗切口对齐、嵌合好，用嫁接夹从接穗一侧入夹，将接合部位固定住；将接合好的嫁接苗两根部相距1 cm左右栽入育苗钵内（见图6.3）。

②茄果类蔬菜靠接技术要点

a.嫁接用苗标准要求　要求接穗苗与砧木苗的茎粗相近，砧木苗茎高12～15 cm以上，4～5片真叶展开；接穗苗茎高12 cm左右，2～3片真叶展开。砧木一般比接穗早播5～6 d。砧木直接播种于育苗容器内或2叶期移栽到育苗容器，接穗苗密集播种培育小苗。

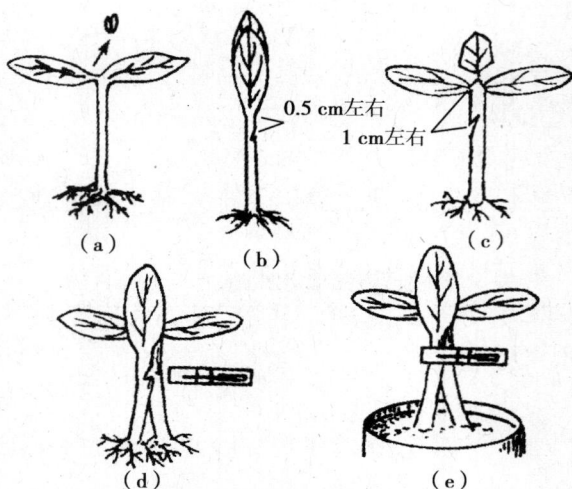

图 6.3　瓜类蔬菜靠接过程示意图

(a)砧木苗去心　(b)砧木雷茎削接口　(c)接穗苗茎削切

(d)接口嵌合、固定　(e)栽苗

　　b. 操作过程　先取砧木苗,用刀片在苗茎的 2～3 片叶间横切,去掉新叶和生长点,然后在第二片真叶下、苗茎无叶片的一侧,用刀片沿 40°左右的夹角向下斜削一刀,切口长 1 cm 左右,深达苗茎粗的 2/3 以上;再取接穗苗,用刀片在第一片真叶下、苗茎无叶片的一侧,紧靠子叶,沿 40°左右的夹角向上斜削一刀,切口长同砧木切口,深达苗茎粗的 2/3 以上;将接穗苗与砧木苗切口对齐、嵌合好,用嫁接夹从接穗一侧入夹,将接合部位固定住;将接合好的嫁接苗两根部相距 1 cm 左右栽入育苗钵内(见图 6.4)。

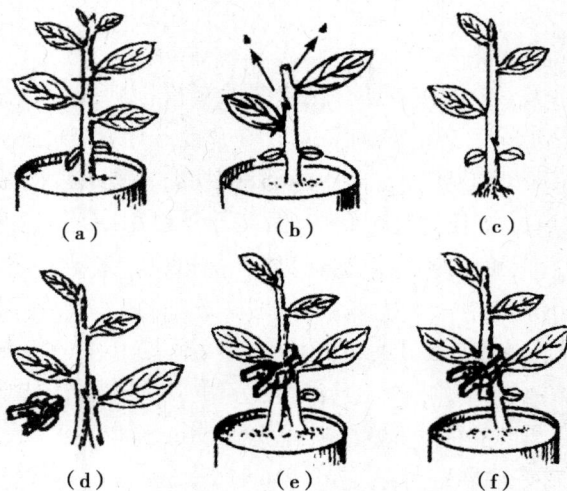

图 6.4　茄果类蔬菜靠接过程示意图

(a)砧木苗截短　(b)砧木苗茎去第一片叶和侧芽、削切接口　(c)接穗苗茎削切接口

(d)接口嵌合、固定　(e)接穗苗根系埋入土中　(f)切断接穗苗茎

（2）插接技术要点

①瓜类蔬菜插接技术要点。

a.嫁接用苗标准要求　为保证砧木苗茎能够顺利插入,要求接穗苗茎较砧木苗茎细一些。具体:砧木苗第一片真叶初展或约展至伍分硬币大小,幼茎高 4～5 cm;接穗苗两片子叶展开,心叶尚未露出或刚刚露尖,幼茎长 4～5 cm。砧木一般较接穗提前 3～5 d 播种。砧木直接播种在育苗容器内,接穗苗进行密集播种。

b.操作过程　带钵取砧木苗,用竹签挑去砧木苗的真叶和生长点,然后在苗茎的顶端紧贴一子叶,沿子叶连线的方向,与水平面呈 45°左右夹角,向另一子叶的下方斜插一孔,插孔长 0.8～1 cm,插孔深度以竹签尖刚好顶到苗茎对侧的表皮（不能刺破）为适宜;取接穗苗,用刀片在与子叶着生方向垂直一侧、距子叶节约 0.5 cm 处,向下斜削一刀,把苗茎削成单斜面,翻过苗茎,再从切面的背面斜削一刀,把苗茎削成楔子形,切面长度 0.8～1 cm;将接穗苗茎切面插入砧木苗茎的插孔内（见图6.5）。

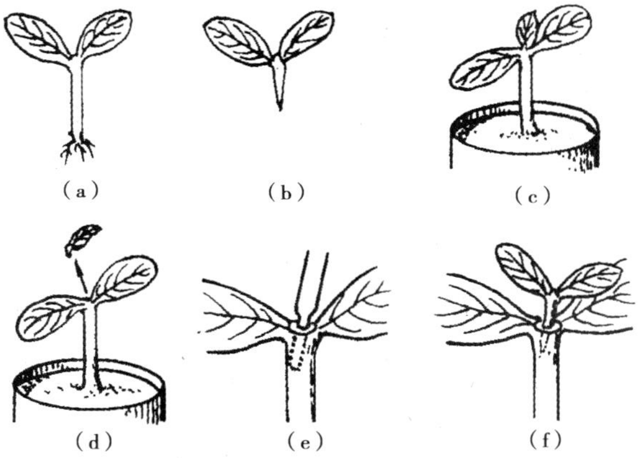

图6.5　瓜类蔬菜插接过程示意图
（a）接穗苗　（b）接穗苗茎削切　（c）砧木苗　（d）砧木苗去心
（e）砧木苗茎插孔　（f）接穗插入

②茄果类蔬菜插接技术要点

a.嫁接用苗标准要求　要求砧木苗大一些,即苗茎要粗一些,以便于插孔。具体:砧木苗茎高 12～15 cm,有叶 4.5～5 片;接穗苗茎高 12 cm 左右,有叶 2～2.5 片。砧木一般比接穗早播 7～10 d。砧木直接播种于育苗容器内,或 2 叶期移栽到育苗容器,接穗苗密集播种培育小苗。

b.操作过程　带钵取砧木苗,用刀片在苗茎的 1～2 片叶间横切,去掉新叶和生长点,然后用竹签或粗钢针在苗茎的顶端,与留叶相对应的一侧,沿 45°左右的夹角向下斜插孔,插孔深度以竹签尖刚好顶到苗茎对侧的表皮（不能刺破）为适宜,插孔长 1 cm 左右;从苗床中挖出接穗苗,从子叶节处用刀片把苗茎削成双斜面,切面长 1 cm 左右;将接穗苗的切面对准砧木苗茎的插孔插入（见图6.6）。

（3）劈接法嫁接技术要点

劈接法主要应用于实心的茄果类蔬菜嫁接。

①嫁接用苗标准要求　要求砧木苗茎与接穗苗茎的接口大小相近。具体:砧木苗茎高

图 6.6　茄果类蔬菜插接过程示意图

(a)接穗苗　(b)接穗苗茎削切　(c)砧木苗茎截短

(d)砧木苗茎去侧芽　(e)砧木苗茎插孔　(f)接穗插入

12～15 cm,有叶 3～4 片;接穗苗茎高 12 cm 左右,有叶 2～3 片。砧木一般比接穗早播 5～7 d。砧木直接播种于育苗容器内,或 2 叶期移栽到育苗容器,接穗苗密集播种培育小苗。

　　②操作过程　将砧木苗连育苗钵一起从苗床中取出,或直接在苗床内,用刀片在苗茎的 2～3 片叶之间横切断,并去掉第一片叶,然后在苗茎断面的中央,纵向向下劈切一长约 1.5 cm 的接口;从苗床中取接穗苗,用刀片在苗茎的第 2～3 片叶间,紧靠第二片叶把苗茎横切断,然后用刀片将苗茎的下部削成双斜面,切面长 1.5 cm 左右;将削好的接穗苗接口与砧木的接口对准形成层,插入砧木的苗茎内(见图6.7)。

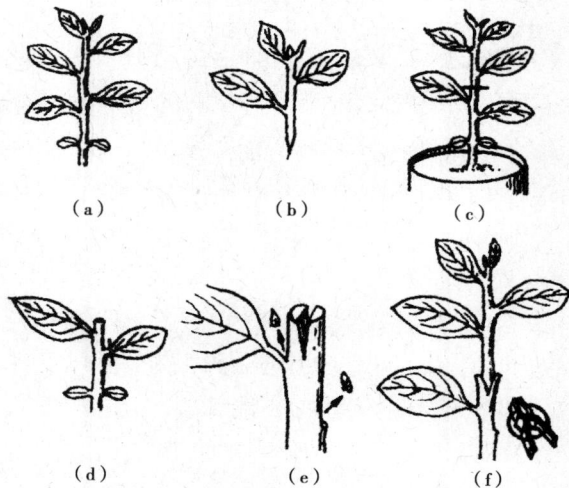

图 6.7　茄果类蔬菜劈接过程示意图

(a)接穗苗　(b)接穗苗茎削切　(c)砧木苗茎去顶　(d)砧木苗茎去叶

(e)砧木苗茎劈口、去侧芽　(f)接穗插入、固定接口

6)嫁接苗管理要点

嫁接后愈合期的管理直接影响嫁接苗成活率,应加强保温、保湿、遮光等管理。

（1）温度管理

一般嫁接后的前4~5 d,苗床内应保持较高温度,瓜类蔬菜白天25~30 ℃,夜间18~22 ℃;茄果类白天25~26 ℃,夜间20~22 ℃。嫁接后8~10 d为嫁接苗的成活期,对温度要求比较严格。此期的适宜温度是白天25~30 ℃,夜间20 ℃左右。嫁接苗成活后,对温度的要求不甚严格,按一般育苗法进行温度管理即可。

（2）湿度管理

嫁接结束后,要随即把嫁接苗放入苗床内,并用小拱棚覆盖保湿,使苗床内的空气湿度保持在90%以上,不足时要向畦内地面洒水,但不要向苗上洒水或喷水,避免污水流入接口内,引起接口染病腐烂。3 d后适量放风,降低空气湿度,并逐渐延长苗床的通风时间,加大通风量。嫁接苗成活后,撤掉小拱棚。

（3）光照管理

嫁接当天以及嫁接后头3 d内,要用草苫或遮阳网把嫁接场所和苗床遮成花荫防晒。从第四天开始,每天的早晚让苗床接受短时间的太阳直射光照,并随着嫁接苗的成活生长,逐天延长光照的时间。嫁接苗完全成活后,撤掉遮阴物,可开始通风、降温、降湿。

（4）嫁接苗自身管理

①分床管理　一般嫁接后第7~10 d,把嫁接质量好、接穗苗恢复生长较快的苗集中到一起,在培育壮苗的条件下进行管理;把嫁接质量较差、接穗苗恢复生长也较差的苗集中到一起,继续在原来的条件下进行管理,促其生长,待生长转旺后再转入培育壮苗的条件下进行管理。对已发生枯萎或染病致死的苗要从苗床中剔出。

②断根　靠接法嫁接苗在嫁接后的第9~10 d,当嫁接苗完全恢复正常生长后,选阴天或晴天傍晚,用刀片或剪刀从嫁接部位下把接穗苗茎紧靠嫁接部位切断或剪断,使接穗苗与砧木苗相互依赖进行共生。嫁接苗断根后的3~4 d内,接穗苗容易发生萎蔫,要进行遮阴,同时在断根的前1天或当天上午还要将苗钵浇一透水。

③抹杈和抹根　砧木苗在去掉心叶后,其苗茎的腋芽能够萌发长出侧枝,要随长出随抹掉。另外,接穗苗茎上也容易产生不定根,不定根也要随发生随抹掉。

6.4.5　容器育苗技术

1)主要育苗容器类型

目前常用的育苗容器主要有纸钵、塑料钵、穴盘等。

①纸钵　可用手工粘制、叠制或机制。手工制作的纸钵分为纸筒钵和纸杯钵,机制纸钵多为叠拉式的连体纸钵,平日叠放起来易于保存和携带,使用时拉开形成多孔的纸盘。

纸钵的成本低,取材也广,并且纸钵可与苗一起定值于土壤,腐烂后成为土壤有机质,不污染环境。但存在着易破裂,特别是湿润后更容易发生破裂,不耐搬运,护根效果不理想以及保水能力比较差,容易失水使钵土变干燥,需要经常浇水等不足。

②塑料钵　是一种有底形似水杯的育苗钵,主要用来培育较大型的蔬菜苗。型号有:5 cm×5 cm、8 cm×8 cm、8 cm×10 cm、10 cm×10 cm、12 cm×12 cm、15 cm×15 cm(前面数字代表育苗钵口径,后面数字代表育苗钵高度)等几种,可根据蔬菜育苗期的长短及苗的大小确定所需的型号。

③穴盘　是用聚苯乙烯、聚苯泡沫、聚氯乙烯和聚丙烯等为材料,经过吹塑或注塑而制成的带有多个规则排列穴孔的育苗盘。穴孔的规格从 1.5 cm×1.5 cm×2.5 cm 到 5 cm×5 cm×5.5 cm 不等,前两个数表示穴孔的长和宽,后一个数表示穴孔的深度。按穴孔的大小和数量不同,穴盘一般分为 72 穴、128 穴、288 穴、392 穴等多种。

穴盘的自身承重能力差,易断裂,并且单穴的容积比较小,用育苗土育苗时,容易干燥,主要用于蔬菜无土育苗中。

2)容器育苗技术要点

(1)配制育苗土与育苗基质

①育苗土　容器育苗用育苗土应适当减少田土的用量,增加有机质的用量,以增大育苗土的疏松度。适宜的田土用量为 40% ~50%,有机肥中应增加腐熟秸秆或碎草的用量,使有机肥达到 50% ~60%。其他用料配方同普通育苗土。

②育苗基质　穴盘育苗一般用泥炭土、蛭石、珍珠岩、菇渣等,目前应用较多的是泥炭土(2 份)与珍珠岩(1 份)的混合基质。每方基质加入 50% 多菌灵 150 ~200 g 进行消毒,同时加入复合肥 2 ~3 kg,或消毒的干鸡粪 10 ~15 kg、复合肥 1 ~1.5 kg。

将配制好的基质放到穴盘上,用刮板从穴盘的一侧刮向另一侧,使每个穴孔装满基质,将穴盘垂直码放在一起,4 ~5 盘一摞,上面放一空盘,用手均匀下压至 1 cm 止,将穴盘基质压紧。

(2)合理浇水

容器育苗使培养土与地面隔开,不能吸收利用土壤中的水分,要增加灌水次数,采用小水勤浇法,防止秧苗干旱。

(3)适时补肥

①育苗土育苗　如果按配方要求配制育苗土时,育苗期间一般不需要追肥,可进行适量的叶面喷肥,但如果施肥不足或小钵育大苗时,仍需要进行地面追肥。

②基质育苗　由于受穴孔大小的限制,育苗基质的营养供应量一般不足,中后期需要定期补充肥料。

③追肥方法　一般采用随水浇施(育苗钵)或淋施(穴盘),即先把适量的速效化肥溶入水中,配置成 0.2% ~1% 浓度的肥液(浇施宜高,淋施宜低),或用沤制的有机肥液加水稀释至色浅味淡状,结合浇施浇入或淋入容器内,每 7 ~10 d 一次,连续 3 ~5 次。

(4)倒苗

为保持苗床内秧苗均衡一致,育苗过程中要注意倒苗(位置倒换)。倒苗的次数依苗龄和生长差异程度而定,一般为 1 ~2 次。

蔬菜无土育苗技术

无土育苗又叫工厂化育苗,是运用智能化、工程化、机械化的蔬菜工厂育苗技术,摆脱了自然条件的束缚和地域性的限制,实现种苗的工厂化生产,商品化供应,是传统农业走向现代农业的一个重要标志。工厂化育苗是以不同规格的专用穴盘作容器,以草炭、蛭石等轻质无土材料作基质,用营养液为菜苗提供营养,通过精量播种(一穴一粒)、覆土、浇水,一次成苗的现代化育苗技术。它具有节约种子,生产成本低,机械化程度高,大大提高工作效率,出苗整齐,病虫害少,穴盘苗移植过程不伤根系,定植后成活率高,不缓苗,种苗适于长途运输,便于商品化供应等优点。

1)无土育苗的基本设施

①育苗盘　工厂化育苗主要使用育苗穴盘,穴盘有多种规格,穴格有不同形状,穴格数目有18~800个,穴格容积有7~70 mL不等,共50多种不同规格的穴盘。

不同规格的穴盘对种苗生长影响差异很大。实验证明种苗的生长主要受穴格容积的影响,而与穴格形状的关系不密切。穴格大,有利种苗生长,而生产成本高;穴格小,则不利种苗生长,但生产成本低。因此,在生产中应根据所需种苗的大小、生长速率等因素来选择适当的穴盘,以兼顾生产效能与种苗质量。

蔬菜育苗常用的穴盘有72穴、128穴、288穴三种。育苗中常根据不同季节,育不同蔬菜幼苗的要求,选用不同规格穴盘。

②育苗基质　因为穴盘的穴格小,因此穴盘苗对栽培基质的理化性质要求很高。要求基质有保肥、保水力强,透气性好,不易分解,能支撑种苗等特点。因此,基质多采用泥炭、珍珠岩、蛭石、海砂及少许有机质、复合肥料配比而成。配好的栽培基质pH值要求为5.4~6.0。

生产中常用的基质配方有泥炭∶蛭石=2∶1,泥炭∶珍珠岩∶砂=2∶1∶1,泥炭∶蛭石∶菇渣=1∶1∶1,碳化谷壳∶砂=1∶1四种。

③催芽室　催芽室可采用密闭、保湿性能好,靠近绿化室,操作方便的工作间,室内安装控温仪,根据不同蔬菜催芽温度要求,调节适宜室温。室内设置多层育苗盘架,适用于育苗量大的育苗中心。

④绿化室　绿化室可采用日光温室,春季可采用塑料棚。绿化室内应设置排放盘架或绿化台供苗盘摆放。

2)无土育苗的技术要点

(1)播种育苗

育苗前要先对育苗场地、主要用具进行消毒。温室、大棚可用硫黄熏蒸,育苗盘等用具可用50~100倍的福尔马林液消毒,然后用清水多洗几遍晾干。基质一般不必消毒,但对已污染的基质则可用0.1%~0.5%的高锰酸钾或100倍福尔马林溶液消毒。消毒后均应充分洗净,以免对幼苗造成危害。

将育苗盘放入 2~3 cm 厚的基质,整平。用清水浇透基质后,均匀撒播已催芽或浸种的种子,覆盖基质 0.5~1 cm。播后置于电热催芽室,温度控制在种子萌发出土的适宜范围内。幼苗出土后,立即把育苗盘移入绿化温室,适当降温。

子叶展平后,及时浇灌营养液。为防伤苗,应在浇营养液后喷洒少量清水。营养液浇灌量以基质全部湿润,底部有 1~2 cm 的营养液层即可。3~4 d 浇 1 次营养液,中间基质过干可补浇清水。定植前一周减少供液量,并进行秧苗锻炼。

（2）营养液的配制与浇灌

①营养液配方　有简单配方和精细配方两种。

简单配方主要是为菜苗提供必需的大量元素和铁,微量元素则依靠浇水和育苗基质来提供,营养液的参考配方见表 6.5。

表 6.5　无土育苗营养液简单配方

营养元素	用量/(mg·L⁻¹)	营养元素	用量/(mg·L⁻¹)
四水硝酸钙	472.5	磷酸二铵	76.5
硝酸钾	404.5	螯合铁	10
七水硫酸镁	241.5		

精细配方是在简单配方的基础上,加进适量的微量元素。主要微量元素的用量如下:硼酸:1.43 mg/L;四水硫酸锰:1.07 mg/L;七水硫酸锌:0.11 mg/L;五水硫酸铜:0.04 mg/L;四水钼酸铵:0.01 mg/L。

除上述的两种配方外,目前生产上还有一种更为简单的营养液配方,该配方是用氮磷钾三元复合肥(N—P—K 含量为 15—15—15)为原料,子叶期用 0.1% 浓度的溶液浇灌,真叶期用 0.2%~0.3% 的浓度浇灌。该配方主要用于营养含量较高的草炭、蛭石混合基质育苗。

②浇灌营养液　穴盘育苗主要用喷灌法。以喷水的方式,定期将营养液喷到育苗床内,一般夏季 2 d 喷一次,冬季 2~3 d 喷一次。

（3）浇水

穴盘无土育苗的灌溉方法主要为喷水,是与施肥相结合的。一般夏季每天喷水 2~3 次,冬季每 2~3 d 喷一次水。

（4）温度管理

无土育苗法不控制育苗床的湿度,蔬菜苗易发生旺长,应加强温度管理,通过控制温度达到控制徒长的目的。适宜的育苗温度是:白天进行适温管理,夜间降低温度,保持较大的昼夜温差,一般夜间温度不超过 20 ℃。

（5）光照管理

无土育苗蔬菜苗生长速度比较快,光照不足容易形成叶小、色浅的弱苗,也容易形成高脚苗,应保持充足的光照,一般白天大部分时间光照强度应保持在 40 klx 以上。

常见案例

1) 出苗障碍

常见的有:不出苗、出苗不整齐和出苗后"戴帽"(顶壳)。

(1) 不出苗

主要表现:到规定时间,种子仍不顶土出苗。

原因分析:与种子质量、种子处理、育苗环境等有关。

预防方法:选质量好的种子,正确进行种子处理,做好苗期管理工作。对种子已经腐烂、焦芽的,应重新播种;基质过干时,应补浇温水;基质过湿时,应将育苗盘搬出催芽室,或将苗床(播种床)盖膜揭开,在阳光下晾晒,待湿度降低后再继续催芽出苗;控温仪失灵的,要及时修理或调换。

(2) 出苗不整齐

主要表现为两种情况:一是出苗时间不一致;二是苗床内幼苗分布不均匀。

原因分析:前者产生的主要原因:一是种子质量差,成熟不一致或新籽陈籽混杂等;二是苗床环境不均匀,局部间差异过大;三是播种深浅不一致。后者产生的主要原因是由于播种技术和苗床管理不好而造成的,如播种不均匀、局部发生了烂种或伤种芽等。

预防方法:播种质量高的种子;精细整地,均匀播种,提高播种质量;保持苗床环境均匀一致;加强苗期病虫害防治等。

(3) 子叶"戴帽"出土

主要表现:幼苗出土后,种皮不脱落而夹住子叶,俗称"戴帽",或"顶壳"。因降低光合效率而影响幼苗早期的生长。

原因分析:覆土过薄、盖土变干、播种方法不当、种子生活力弱等。

预防方法:一是要足墒播种。二是应当选用成熟度高的新种子,妥善保管,避免受潮。三是播种后均匀盖土,播种深度要适宜,高温期播后覆盖薄膜或草苫保湿;瓜菜播种时,种子要平放在基质上;出苗初期如果有子叶戴帽出苗迹象,要及时撒盖湿润细土,帮助子叶脱壳。对于少量子叶戴帽苗,可以人工挑去种壳。

2) 沤根

主要表现:根部发锈,严重时表皮腐烂,不长新根,幼苗变黄萎蔫。

原因分析:苗床湿度长时间过大,土壤透气不良。

预防方法:改善育苗条件,加强水分管理,避免土壤湿度长时间过高。

3) 烧根

主要表现:根尖发黄,不发新根,但根不烂,地上部生长缓慢,矮小发硬,不发棵,形成小老苗。

原因分析:施肥过多或使用了未腐熟的有机肥。

预防方法:配制育苗土时不使用未腐熟的有机肥,化肥不过量使用并与床土搅拌均匀。

4) 徒长苗(高脚苗)

主要表现:徒长又叫疯长,是指秧苗茎叶生长过于旺盛的现象,表现为下胚轴细长,苗茎节变长,叶片瘦小、色浅;根系入土浅,植株容易发生倒伏。

原因分析:光照不足、夜间温度过高、氮肥和水分过多,幼苗间拥挤等。

预防方法:增加光照;适当加强通风,保持适当的昼夜温差;控制浇水,晴天多浇,一次浇透,阴雨天不浇或少浇;播种量不过大,并及时间苗、分苗,避免幼苗拥挤;合理施肥,多施有机肥,不偏施氮肥,氮、磷、钾肥配合施用。

5)老化苗

老化苗也称之为僵苗、小老苗。

主要表现:幼苗叶片瘦小、色深、发暗;苗茎细弱,颜色较深;生长点不明显,幼苗生长缓慢。老化苗定植后发棵慢,易早衰,产量低。

原因分析:苗床水分长时间不足,温度长时间偏低,幼苗生长受抑制过度所致。

预防方法:一是合理控制育苗环境,在温度与水分管理上以温度为支点,控温不控水;二是在秧苗锻炼时,不宜过分缺水,防止秧苗老化。

6)畸形苗

主要表现:常见的主要是子叶畸形和无心苗。

原因分析:用陈旧种子或受损的种子播种;苗床长时间温度偏低或干燥,容易引起子叶扭曲,形成畸形苗。施肥不均匀,施肥偏多处种芽被烧伤,或叶面喷药和施肥浓度不当,发生烧心后,容易引起无心苗。

预防方法:选用优质的新种子播种;播前种子处理时,不要把种子直接放在强光下暴晒,不要在吸热升温较快的金属或水泥地上晒种;出苗期间保持苗床适宜的温度和湿度;播种前用营养液浸种能够降低畸形苗率;施肥量要适宜,要均匀施肥;叶面喷药和施肥的浓度要适宜,并且要避免中午前后喷药或叶面施肥。

任务6.5　蔬菜定植技术

活动情景　蔬菜幼苗育成之后,必须适时移栽,合理密植,并根据不同蔬菜种类、栽培方式和幼苗状况采取适宜的定植方法,保证蔬菜的早熟、高产和优质。本任务是通过资料查询、教师讲解、任务驱动等,学习蔬菜的定植技术。

工作过程设计

工作任务	任务6.5　蔬菜定植技术	教学时间	
任务要求	1.能确定不同蔬菜在不同地区、不同季节的定植时期 2.学会蔬菜定植技术		
工作内容	1.定植时期 2.定植方法 3.定植密度		

续表

工作任务	任务6.5　蔬菜定植技术	教学时间	
学习方法	以课堂讲授和自学完成相关理论知识的学习,以田间项目教学法和任务驱动法,使学生学会蔬菜生产上常用的定植技术		
学习条件	多媒体设备、资料室、互联网、育苗设施、生产工具、育苗材料等		
工作步骤	资讯:教师由蔬菜生产、蔬菜育苗等引入任务内容,进行相关知识点的讲解,并下达工作任务 计划:学生在熟悉相关知识点的基础上,查阅资料收集信息,划分工作小组,进行工作任务构思,设计工作计划方案 决策:各小组汇报工作计划方案,师生进行问题答疑、交流讨论、审查修改、确定方案,并准备完成任务所需的工具与材料 实施:学生在教师辅导下,按照计划分步实施,进行知识学习和技能训练 检查:为保证工作任务保质保量地完成,在任务的实施过程中要进行学生自查、学生互查、教师检查 评估:对任务完成情况进行学生自评、小组互评和教师点评		
考核评价	课堂表现、学习态度、任务完成情况、作业报告完成情况		

📖 工作任务单

工作任务单			
课程名称	蔬菜生产	学习项目	项目6　蔬菜生产中的基本技能
工作任务	任务6.5　蔬菜定植技术	学　时	
班　级		姓　名	工作日期
工作内容 与目标	1.能确定不同蔬菜在不同地区、不同季节的定植时期 2.学会蔬菜定植技术		
技能训练	蔬菜定植技术		
工作成果	完成工作任务、作业、报告		
考核要点(知识、能力、素质)	能准确掌握蔬菜定植时期和定植密度 能正确掌握蔬菜定植技术 独立思考,团结协作,创新吃苦,按时完成作业报告		
工作评价	自我评价	本人签名:	年　　月　　日
	小组评价	组长签名:	年　　月　　日
	教师评价	教师签名:	年　　月　　日

任务相关知识

将蔬菜幼苗从苗床中移植到菜田的作业称为定植。

6.5.1　定植时期

温度是影响定植时期的关键因素。在北方地区,耐寒或半耐寒蔬菜大多难以冬季露地生产,春早熟栽培就显得更为重要,喜温性蔬菜如番茄、黄瓜、菜豆等春季应在晚霜过后,10 cm 地温稳定在 10~15 ℃时定植;耐寒或半耐寒的蔬菜如甘蓝、白菜、芥菜、洋葱等,在10 cm 土温达到 6~8 ℃时即可定植。秋季则以初霜期为界,根据蔬菜栽培期长短确定定植期,如番茄、菜豆和黄瓜应从初霜期前推 3 个月左右定植。耐寒性蔬菜春季当土壤解冻、地温达 5~10 ℃时即可定植。

设施栽培定植时期,除了考虑温度影响外,还要考虑蔬菜产品的上市时间,使上市高峰期位于露地蔬菜的供应淡季。

6.5.2　定值方法

1)明水定植法

整地作畦后,按行、株距开穴(开沟)栽苗,栽完苗后覆土按畦或地块统一浇定植水。该法浇水量大,地温降低明显,适用于高温季节。

2)暗水定植法

暗水定植法分为水稳苗法和座水法两种。

①水稳苗法　栽苗后先少量覆土并适当压紧、浇水,待水全部渗下后,再覆土到要求厚度。该定植法既能保证土壤湿度要求,又能保持较高地温,有利于根系生长,适合于冬春季定植,尤其适宜于各种容器苗定植。

②座水法　开穴或开沟后先浇水,并按预定的距离将幼苗土坨或根部置于泥水中,水渗透后覆土。该定植法有防止土壤板结、保持土壤良好的透气性、保墒、促进幼苗发根和缓苗等作用。

定植沟或定植穴的深度一般参考子叶下到主根尖端的距离,徒长苗可进行斜栽。北方地区春季定植,应选择无风的晴天,气温与地温较高,有利于缓苗。

6.5.3　定植密度

定植密度因不同蔬菜种类、株型、开展度以及栽培管理水平和气候条件等而异,要做到合理密植,充分利用光、温、土、水、气、肥等环境条件,提高产量,改进品质。一般,爬地生长的蔓生蔬菜定植密度应小,直立生长或支架栽培蔬菜的密度应大;早熟品种或栽培条件不良时,密度宜大,而晚熟品种或适宜条件下栽培的蔬菜密度应小。

任务6.6　蔬菜田间管理技术

活动情景　农谚说"三分种,七分管","有收无收在于水,收多收少在于肥"可见管理在农业生产中的重要性。蔬菜生产要求在田间管理的过程中,科学地进行肥水管理,及时进行植株调整,重视中耕、除草和培土,必要时合理使用植物生长调节剂,调节蔬菜植物的生长发育,促进产量的提高,保证产品的品质。本任务是通过资料查询、教师讲解、任务驱动等,学习蔬菜田间管理过程中所需要的各项管理技术。

工作过程设计

工作任务	任务6.6　蔬菜田间管理技术	教学时间	
任务要求	学会蔬菜田间管理的各项管理技术。		
工作内容	1.施肥技术 2.灌溉技术 3.植株调整技术 4.中耕、培土与除草技术 5.化学调控技术		
学习方法	以课堂讲授和自学完成相关理论知识的学习,以田间项目教学法和任务驱动法,使学生学会蔬菜田间管理的各项管理技术		
学习条件	多媒体设备、资料室、互联网、生产田、生产工具、生产设备等		
工作步骤	资讯:教师由蔬菜的产量和品质等引入任务内容,进行相关知识点的讲解,并下达工作任务 计划:学生在熟悉相关知识点的基础上,查阅资料收集信息,划分工作小组,进行工作任务构思,设计工作计划方案 决策:各小组汇报工作计划方案,师生进行问题答疑、交流讨论、审查修改、确定方案,并准备完成任务所需的工具与材料 实施:学生在教师辅导下,按照计划分步实施,进行知识学习和技能训练 检查:为保证任务保质保量地完成,在任务的实施过程中要进行学生自查、学生互查、教师检查指导 评估:对任务完成情况进行学生自评、小组互评和教师点评		
考核评价	课堂表现、学习态度、任务完成情况、作业报告完成情况		

工作任务单

工作任务单			
课程名称	蔬菜生产	学习项目	项目6 蔬菜生产中的基本技能
工作任务	任务6.6 蔬菜田间管理技术	学 时	
班 级		姓 名	工作日期
工作内容与目标	学会施肥、灌溉、植株调整、中耕、培土、除草、化学调控等各项蔬菜生产的田间管理技术		
技能训练	施肥技术、灌溉技术、植株调整技术、中耕、培土与除草技术、化学调控技术		
工作成果	完成工作任务、作业、报告		
考核要点（知识、能力、素质）	明确各项管理措施的作用 正确地进行各项田间管理技术的操作 独立思考，团结协作，创新吃苦，按时完成作业报告		
工作评价	自我评价	本人签名：	年 月 日
	小组评价	组长签名：	年 月 日
	教师评价	教师签名：	年 月 日

任务相关知识

6.6.1 施肥技术

1)施基肥

基肥是指在蔬菜播种或定植前施入田间的肥料。

（1）基肥的种类

基肥主要有有机肥、化肥。

①有机肥 主要有鸡粪、猪粪、牛粪、羊粪、生物有机肥、饼肥、油渣等，是施基肥的主要种类，使用量比较大，但施用前必须充分腐熟。

②化肥 主要有钙镁磷肥、硫酸钾、复合肥（多使用氮磷钾复合肥或磷酸二铵）、氮肥（主要为尿素）等，微肥主要有硫酸亚铁、硼砂（或硼酸）、硫酸锌、钼酸铵等。

（2）施肥方法

①普遍施肥 将肥料均匀撒到地面上，然后耕翻，将肥料混入土中。适用于种植密度较大的叶菜类和葱蒜类等。

②集中施肥 将肥料集中施在播种行一侧，或在播种或定植前将肥料施在种植穴（或沟）内。一般肥料不足时集中施用。

③分层施肥　结合深耕深翻,把大量的迟效性肥料施在土壤底层和中层,播种前或播种时把少量的速效性肥料施在土壤表层,做到各层土壤中的养分均匀分布。适用于施肥量大、产量高、宽窄行种植的果菜类、大白菜、结球甘蓝、马铃薯、姜等。

2）追肥

追肥是基肥的补充,是结合蔬菜不同生育时期的需肥特点,适时适量分期施入的肥料。

（1）追肥的种类

追肥多为速效性的化肥和腐熟良好的有机肥（如饼肥、人粪尿等）。追肥量可根据基肥的多少、作物营养特性及土壤肥力的高低等确定。

（2）追肥方法

①地下施肥法　在蔬菜周围开沟或开穴,将肥料施入后覆土,结合浇水。较适用于植株封垄前或结果盛期前施用,要求施肥点要与主根保持一定距离（减少伤根）,每点的施肥量不宜过大,避免发生肥害。

②地面撒施法　将肥料撒施于蔬菜行间并随即灌水,主要使用一些速溶性肥料,如尿素、磷酸二氢钾等。主要用于成株期,不要将肥料撒于菜心或叶片上。

③随水冲施法　将肥料先溶解于水,随灌溉施入根区。该法方便省事,吸收快、肥效好,但受浇水量的影响较大,浇水不足肥液浓度高,易发生肥害,地表盐分高;浇水过多养分流失较多,浪费严重。该法适用于蔬菜各生长期,以成株期应用效果最好。设施蔬菜冲施要采取膜下冲施的形式,防止氨气挥发。

施肥要点:速效化肥浇水时直接化入水中即可;复合肥要求施肥前 2 ~ 3 d 将肥料泡入水中,使有效成分充分溶入水中;有机肥要提前 10 ~ 15 d 充分沤泡,浇水时取上清液冲施。

④叶面施肥　又称根外追肥。是将化学肥料配成一定浓度的溶液,喷施于叶片上。具有操作简便、用肥经济、作物吸收快等特点。常用尿素、磷酸二氢钾、复合肥以及所有可溶性微肥。注意施肥的浓度适中（一般 0.1% ~ 0.2%）,过高烧伤叶片,过低肥效不明显。喷肥最好在无风的晴天傍晚或早晨露水刚干时喷肥效果较好。

6.6.2　灌溉技术

1）合理灌溉的依据

广大菜农从直观的天气、土壤、植株形态入手,形成了"看天、看地、看苗"灌溉的宝贵经验。

①看天　主要是根据季节、气候、天气变化特点决定灌溉与否。因为不同地区,气候条件不同,低温期浇水要少,并且应于晴暖的中午前后浇水。高温期浇水要勤,并要于早晨或傍晚浇水。越冬蔬菜入冬前要浇封冻水,可防低温和春旱。在雨季以排为主,旱季则以灌为主。

②看地　是针对土壤墒情、土壤保水蓄水性。地下水位高低、返盐返碱状况决定是否浇水。沙性土的保水性差,要增加浇水次数,并注意浇水后中耕,切断耕层与地下部的水分交换;粘性土的保水力强,灌溉量及灌溉次数要少,采用排水深耕方法;盐碱地应勤浇水、浇

大水,防止盐碱上移;低洼地要小水勤浇,防止积水。

③看苗 根据不同蔬菜种类及植株体内水分状况、不同生育期的需水特性,以长势、外观特征作为灌溉判断标准的方法。需水量大的蔬菜应多浇水,耐旱性蔬菜浇水要少。如温室韭菜,早晨看叶尖有无溢液;黄瓜则看植株顶端的姿态与颜色。在露地,早晨看叶的上翘与下垂;中午则看叶是否萎蔫与否及轻重;傍晚看萎蔫恢复得快慢。如番茄、黄瓜、胡萝卜等出现叶色变暗,中午稍有萎蔫;甘蓝、洋葱叶片蜡粉较多且变硬、变脆时,即可判定植株缺水,需要立即灌溉。如出现叶色变淡,中午毫不萎蔫,节间伸长,则水分过多,需要排水除湿。

2)灌溉方法

(1)明水灌溉

即传统灌溉方式,包括畦灌、沟灌、淹灌等形式,适用于水源充足、土地平整、土层较厚的土壤和地段。其投资小,易实施,适用于大面积蔬菜生产,但较费工费水,易使土表板结。

(2)暗水灌溉

①渗灌 利用地下渗水管道系统,将水引入田间,借土壤毛细管作用自下而上湿润土壤。传统渗灌管采用多孔塑料管、金属管或无沙混凝土管,现代渗灌使用新型微孔渗水管,管表面布满了肉眼看不见的无数细孔。渗灌管埋于耕层下。

②膜下灌溉 在地膜下开沟或铺设灌溉水管,能够使土壤蒸发量减至最低程度,节水效果明显,低温期还可提高地温 $1 \sim 2 \, ℃$,并可降低设施内空气湿度。

(3)微灌溉

微灌在设施栽培中使用日益普遍,包括渗灌、滴灌、微喷灌和小管出流灌溉等,是以低压的小水流向作物根部送水而浸润土壤的灌溉方式。微灌能连续或间歇地为植株提供水分,节水量大,对整地质量要求不严,作业时间可结合追肥使用,装置的拆卸与安装方便,但其投资较高。

6.6.3 植株调整技术

植株调整是通过搭架、绑蔓、整枝、疏花、疏果、摘叶、压蔓、落蔓、摘心等措施,控制蔬菜的营养生长和生殖生长,协调其相互关系的一系列操作管理。

1)搭架技术

蔓生蔬菜生产中常常需要支架。搭架的主要作用是使植株充分利用空间、改善田间的通风、透光条件。常以竹竿或树枝为材料,一般分为单柱架、人字架、圆锥架、篱笆架、横篱架、棚架、绳架等多种形式(见图 6.8)。

2)绑蔓、落蔓技术

①绑蔓 对于搭架栽培的蔓生蔬菜,需要人工引蔓和绑扎,以使植株能够合理地向上生长。对攀缘性和缠绕性强的豆类蔬菜,通过一次绑蔓或引蔓上架即可;对攀缘性和缠绕性弱的番茄,则需多次绑蔓。瓜类蔬菜长有卷须可攀缘生长,但由于卷须生长消耗养分多,

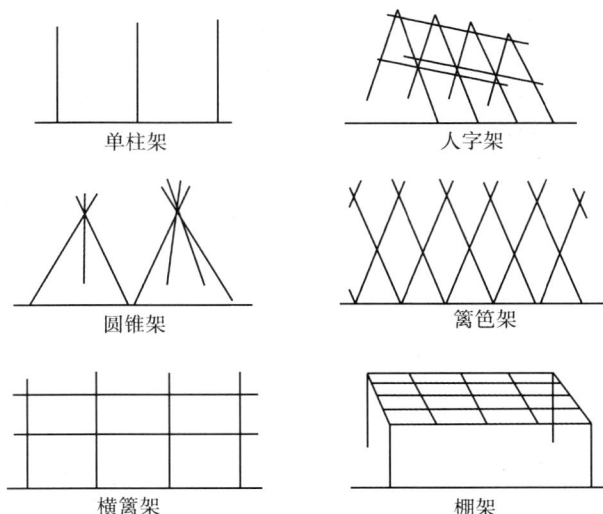

图 6.8 蔬菜架形

攀缘生长不整齐,因此一般不予应用,仍以多次绑蔓为好。绑蔓用麻绳、稻草、塑料绳等,松紧要适度,不使茎蔓受伤或出现缢痕,也不要使它随风摇摆。采用"8"字扣较好。

②落蔓　设施栽培的黄瓜、番茄等蔬菜,生长期可长达八九个月,甚至更长,茎蔓长度可达 6 ~ 7 m,甚至 10 m 以上。为保证茎蔓有充分的生长空间,需于生长期内进行多次落蔓。当茎蔓生长到架顶时开始落蔓。落蔓前先摘除下部老叶、黄叶、病叶,将茎蔓从架上取下,使基部茎蔓在地上盘绕,或按同一方向折叠,使生长点置于架上适当高度后,重新绑蔓固定。

3)整枝技术

对分枝性强、放任生长易于枝蔓繁生的蔬菜,为控制其生长,促进果实发育,人为地使每一植株形成最适的果枝数目称为整枝。在整枝中,除去多余的侧枝或腋芽称为"打杈"(或抹芽);除去顶芽,控制茎蔓生长称"摘心"(或闷尖、打顶)。

①整枝方式　应以蔬菜的生长和结果习性为依据。一般以主蔓结果为主的蔬菜(如早熟黄瓜、西葫芦等),应保护主蔓,去除侧蔓;以侧蔓结果为主的蔬菜(如甜瓜、瓠瓜等),则应及早摘心,促发侧蔓,提早结果;主侧蔓均能正常结果的蔬菜(如冬瓜、西瓜、丝瓜、南瓜等),大果型品种应留主蔓去侧蔓,小果型品种则留主蔓并适当选留强壮侧蔓结果。

整枝方式还与栽培目的有关。如西瓜早熟栽培应进行单蔓或双蔓整枝,增加种植密度,而高产栽培则应进行三蔓或四蔓整枝,增加单株的叶面积。

②整枝要求　整枝最好在晴天上午露水干后进行,以利整枝后伤口愈合,防止感染病害。整枝时要避免植株过多受伤,遇病株可暂时不整,防止病害传播。

4)摘叶与束叶技术

①摘叶　摘叶的适宜时期是在生长的中、后期,摘除基部色泽暗绿、继而黄化的叶片及严重患病、失去同化功能的叶片。摘叶宜选择晴天上午进行,用剪子留下一小段叶柄剪除。操作中也应考虑到病菌传染问题,剪除病叶后应对剪刀做消毒处理。摘叶不可过重,即便

是病叶,只要其同化功能还较为旺盛,就不宜摘除。

②束叶　束叶是指将靠近产品器官周围的叶片聚结在一起。常用于花球类和叶球类蔬菜。花椰菜束叶可防止阳光对花球表面的暴晒,保持花球表面色泽和质地;大白菜束叶可使叶球软化,同时也可以防寒。束叶应在生长后期,结球白菜已充分灌心,花椰菜花球充分膨大后,或温度降低,光合同化功能已很微弱时进行。过早束叶不仅对包心和花球形成不利,反而会因影响叶片的同化功能而降低产量,严重时还会造成叶球、花球腐烂。

5）花果管理技术

①疏花疏果　以果实为产品的蔬菜,疏花疏果可以提高单果重和商品质量。以营养器官为产品的蔬菜,疏花疏果可减少生殖器官对同化物质的消耗,利于产品器官的形成和肥大。如摘除大蒜、马铃薯、莲藕、百合、豆薯等蔬菜的花蕾均有利于产品器官膨大。同时也应及早摘除一些畸形、有病或机械损伤的果实。

②保花保果　当植株营养来源不足或遭遇不良环境条件时,一些花和果实即会自行脱落,应采取保花保果措施。生产上可通过改善肥水供应和植株自身营养状况,创造适宜的环境条件,控制营养生长过旺等管理技术保花保果,也可使用生长调节剂保花保果。

6.6.4　中耕、培土与除草技术

1）中耕

中耕是雨后或灌溉后在株、行间进行的土壤耕作。常结合除草进行。

①中耕的作用　在冬春季中耕可提高土温促进根系发育。中耕原理是通过破碎其板结层,增加土壤透气性,促进根系的呼吸和土壤中养分的分解,切断毛细管作用,减少土壤水分蒸发,使根系所处的土壤环境更适宜于蔬菜植物生长的要求。

②中耕的要求　中耕程度可根据蔬菜根系的再生能力和分布特点决定,如番茄等蔬菜,根系再生能力强,切断老根后容易发生新根,可增加根系的吸收面积,因此可深中耕;而对于葱蒜类蔬菜等根系再生能力弱的种类来说,只能进行浅中耕。由于行距的不同,中耕深度也有差异,株行距小的作物宜浅中耕;株行距大的宜深中耕。中耕的深度一般为6～9 cm,次数依具体情况而定,适宜中耕次数为3～4次,田间封垄后停止中耕。

2）培土

培土是将行间土壤分次培于植株根部的耕作方法,一般结合中耕除草进行。

（1）培土的作用

①软化产品器官,增进产品品质。例如石刁柏、大葱、韭菜、芹菜等。

②促进地下根菜类和茎菜类产品器官的形成与肥大。例如萝卜、马铃薯、生姜、芋等。

③防止植株倒伏、防寒、防热。

④减少病虫害的发生。

⑤加深耕作层,增加土壤透气性。

（2）培土的要求

培土应根据蔬菜生长进程,分次培土;培土不要埋没心叶和功能叶,培土的干湿度要适宜,不要用含土块、石块或杂草过多的土培土。

3）除草

田间杂草生命力极强,如不及时除掉,就会大量滋生,不但争夺蔬菜植物生长的水分、养分和阳光,而且又是病原微生物潜伏的场所和传播媒介。

除草方式主要有人工除草、机械除草和化学除草。人工除草可结合中耕进行,目前仍是菜田主要的除草方式;机械除草效率高,但易伤害植株,且除草不彻底,多要辅助人工除草;化学除草是用化学除草剂在出苗前和苗期杀死杂草幼苗或幼芽,同时不影响蔬菜植物的正常生育。化学除草具有除草及时、效果好、减轻劳动强度、工效高、成本低等优点。但有时易产生药害,并且对无公害蔬菜产品的质量有一定影响。化学除草剂种类很多,应根据蔬菜种类合理选用。目前菜田化学除草多用土壤处理法,包括喷雾、喷洒、泼浇、随水入、药土法等。为达到安全和有效的除草目的,除严格掌握施药时期和采用安全的施药方法外,还必须确定适宜的施药量。

6.6.5　化学调控技术

化学调控技术就是蔬菜在不适宜生长发育的条件下,用植物生长调节剂,克服生产中的不利因素,提高生产效率,达到高产、优质、高效的生产目的。

1）化学调控技术的主要应用

①防止徒长,培育壮苗　主要用于高温期育苗以及结果前期,当仅靠常规的栽培管理措施难以控制徒长时,用植物生长抑制剂喷洒或浇入土壤,能够获得较好的控制徒长效果。

②促进营养生长,增加产量　低温期生产,蔬菜生长缓慢甚至出现花打顶、僵果等现象,需要用生长促进剂来刺激蔬菜,加速生长,增加产量。

③促进果实发育和成熟　低温期栽培果菜,果实的生长速度较慢,体积小,形状也不良,需要用果实生长促进剂处理,来加快果实的膨大速度,提早成熟。

④防止落花落果　蔬菜植株在生长过程中,遇到逆境如干旱、过湿、温度过高或过低、营养不足、机械损伤、病虫为害以及有害气体存在的条件下,往往出现脱落现象。应用坐果激素对花朵进行处理,可防止脱落。

⑤调节瓜类花的性型　瓜类蔬菜是雌雄同株异花植物,如乙烯利可以促进黄瓜、西葫芦、南瓜的雌花分化;赤霉素可以促进瓜类的雄花分化。

⑥促进生根　主要用于枝条扦插繁殖,提高成活率。

⑦蔬菜保鲜　保鲜剂主要是通过防止产品叶绿素分解,抑制呼吸作用,减少核酸和蛋白质降解,从而达到防止蔬菜组织的衰老变色和腐烂变质,延长蔬菜保鲜期。

2）常用的植物生长调节剂（见表6.6）

表6.6 常用的植物生长调节剂

种 类	作 用	浓度/(mg·L⁻¹)	注意事项
2,4-D 和防落素	防止脱落	常为10～30；大白菜25～50,结球甘蓝、花椰菜50～100	点抹花朵或花梗,严禁喷花采收前或采后喷洒叶梢或根部
助壮素（缩节胺）和矮壮素（CCC）	抑制茎叶生长促进根系生长	助壮素5～200矮壮素200～300	茄果类定植前和初花期喷洒心叶,瓜类花期喷洒心叶,豆类花夹期喷洒心叶;矮壮素用灌根法
赤霉素	促进果实生长,提早成熟;茎节伸长,叶片扩大;打破种子休眠;提高发芽率	生长20～50;发芽5～20;马铃薯催芽2～5	马铃薯催芽 浸种1 h
乙烯利	番茄、西瓜果实催熟;促瓜类雌花分化	果实催熟2000;雌花分化100～200	易溶于水及酒精、丙酮等有机溶剂中
吲哚乙酸、吲哚丁酸和萘乙酸	促进扦插的枝条、叶芽生根	100吲哚乙酸或50萘乙酸或二者混合液浸10 min	或直接浸在吲哚乙酸0.1～0.2溶液中,保持白天22～28 ℃、夜间10～18 ℃,7 d左右即可发根成苗

3）使用中的注意事项

①注意应用范围 防落素可安全有效应用于茄科蔬菜的蘸花,但如果喷施在黄瓜、青椒、菜豆上就会使幼嫩组织和叶片产生严重药害。因此在使用植物生长调节剂时,要注意使用范围,不能随意扩大。

②注意应用浓度 乙烯利应用在黄瓜上,应在花芽分化期,黄瓜2.5～4片真叶期喷施,使用浓度为3 000倍液以上。如果黄瓜苗龄大,应用浓度过高,就容易产生药害。茄子、番茄用防落素正常浓度蘸花时,如果应用时不做标记,反复多次重复蘸,相当于应用浓度过大,同样也会产生药害。

③注意使用方法 用调节剂蘸花,并不是把整个花朵浸在调节剂药液中,而是用调节剂药液涂抹花柄,如果不注意使用方法,把花朵浸在药液中,就会产生药害,并造成灰霉病病菌的传播。

④注意环境温度 施用植物生长调节剂应在一定温度范围内进行,应用浓度还要随着温度的变化做相应的调整。高温时应用低剂量,低温时应用高剂量。否则,高温时用高剂量,易出现药害。而低温时用低剂量,又达不到增产效果。防落素在番茄上应用,即使在正常用量下,气温低于15 ℃或高于30 ℃都易产生药害。低温时易使番茄脐部形成乳突状药害,高温时则形成脐部放射状开裂药害。一般蘸花保果类调节剂里含有2,4-D等一些易飘移的化学成分,高温时施用易因飘移而造成植株叶片或相邻敏感作物药害。

⑤注意应用时间　花蕾保可安全有效的应用在黄瓜上,使用时间应在黄瓜生长中期,如果在黄瓜定植缓苗期,喷施花蕾保,就会造成黄瓜药害。

⑥注意正确诊断　错误诊断,会造成盲目使用植物生长调节剂。早春时因地温低,蹲苗时间长,植株根系活动弱,黄瓜、番茄易产生严重的花打顶和沤根现象。此时如果盲目大量喷施保花保果植物生长调节剂,用以刺激植物生长,就会加重花打顶、沤根生理障碍。

任务6.7　蔬菜再生技术

活动情景　蔬菜生产特别是设施栽培,为了减少育苗次数,缩短缓苗时间,节省人力、物力和生产成本,常采用再生技术,使蔬菜产品早上市,以取得更高的栽培效益。本任务是通过资料查询、教师讲解、任务驱动等,学习蔬菜生产中常用的再生技术。

工作过程设计

工作任务	任务6.7　蔬菜再生技术	教学时间	
任务要求	1.能正确选择再生形式。 2.掌握蔬菜生产上常用的再生技术。		
工作内容	1.蔬菜再生的形式与选择 2.蔬菜再生技术要点		
学习方法	以课堂讲授和自学完成相关理论知识的学习,以田间项目教学法和任务驱动法,使学生学会蔬菜再生技术		
学习条件	多媒体设备、资料室、互联网、蔬菜植株、生产工具等		
工作步骤	资讯:教师由蔬菜生产特别是设施栽培、产品的上市时间等引入任务内容,进行相关知识点的讲解,并下达工作任务 计划:学生在熟悉相关知识点的基础上,查阅资料收集信息,划分工作小组,进行工作任务构思,设计工作计划方案 决策:各小组汇报工作计划方案,师生进行问题答疑、交流讨论、审查修改、确定方案,并准备完成任务所需的工具与材料 实施:学生在教师辅导下,按照计划分步实施,进行知识学习和技能训练 检查:为保证工作任务保质保量地完成,在任务的实施过程中要进行学生自查、学生互查、教师检查指导 评估:对任务完成情况进行学生自评、小组互评和教师点评		
考核评价	课堂表现、学习态度、任务完成情况、作业报告完成情况		

工作任务单

<table>
<tr><td colspan="6" align="center">工作任务单</td></tr>
<tr><td>课程名称</td><td>蔬菜生产</td><td>学习项目</td><td colspan="3">项目6 蔬菜生产中的基本技能</td></tr>
<tr><td>工作任务</td><td>任务6.7 蔬菜再生技术</td><td>学 时</td><td colspan="3"></td></tr>
<tr><td>班 级</td><td></td><td>姓 名</td><td></td><td>工作日期</td><td></td></tr>
<tr><td>工作内容
与目标</td><td colspan="5">1.能正确选择再生形式
2.掌握蔬菜生产上常用的再生技术</td></tr>
<tr><td>技能训练</td><td colspan="5">蔬菜上部再生技术、蔬菜中部再生技术、蔬菜下部再生技术</td></tr>
<tr><td>工作成果</td><td colspan="5">完成工作任务、作业、报告</td></tr>
<tr><td>考核要点(知识、能力、素质)</td><td colspan="5">明确不同再生形式的选择依据
能正确地进行各种再生形式的技术操作
独立思考,团结协作,创新吃苦,按时完成作业报告</td></tr>
<tr><td rowspan="3">工作评价</td><td>自我评价</td><td colspan="2">本人签名:</td><td colspan="2">年 月 日</td></tr>
<tr><td>小组评价</td><td colspan="2">组长签名:</td><td colspan="2">年 月 日</td></tr>
<tr><td>教师评价</td><td colspan="2">教师签名:</td><td colspan="2">年 月 日</td></tr>
</table>

任务相关知识

蔬菜再生技术是在蔬菜生产结束前或结束后,利用植株茎干上新生的侧枝再次进行开花结果的技术。与育苗栽培相比较,再生技术的优点是:结果早,植株不易徒长,使结果部位始终与根系的距离比较短,商品果率高;缺点是:容易发生早衰,枝干分布比较差,株幅增大较快,植株下部容易出现通风透光不良现象。

6.7.1 蔬菜再生的形式与选择

1)蔬菜再生的形式

①上部再生 再生枝留于植株上部,一般据地面1~1.5 m。

上部再生枝所处的环境光照充足、通风良好,同时受植株顶端优势的影响,再生枝的发育也比较充分,结果早、果实品质优良。缺点是上部空间小,再生枝的结果时间比较短。

②中部再生 再生枝留于植株茎干中部,一般据地面0.3~0.9 m。

中部再生枝的位置较低,结果枝离根系比较近,肥水供应充足,植株长势较强,不容易早衰,同时生长空间较大,结果时间长,有利于获得高产。其主要缺点是再生枝的位置仍然偏上,特别是在温室南部实施中部再生时,仍然存在着结果枝生长空间比较小、结果期较短的问题。

③下部再生　再生枝留于植株茎干基部,一般据地面10~29 cm。

下部再生枝靠近地面,结果枝离根系近,肥水供应充足,植株长势强,不容易早衰,同时生长空间也比较大,结果时间长,也容易获得高产。其主要缺点是再生枝容易发生徒长,造成通风透光不良。

2)蔬菜再生形式的选择

①根据蔬菜的种类确定再生形式　蔓生的豆类、瓜类蔬菜,茎蔓生长速度快,往往很快会爬满栽培架,为保证再生枝有足够的生长空间,应采取下部再生形式。干生的番茄、茄子、辣椒等蔬菜,茎干生长速度较慢,且茎干的分枝能力较强,植株相对比较低矮,为缩短前后茬结果的间隔时间,应优先选择结果时间比较早的中部再生和上部再生形式。

②根据蔬菜的生长情况确定再生形式　植株生长旺盛,生长速度比较快时,为控制其高度,宜选择下部再生和中部再生形式。植株生长较弱时,宜选择上部再生形式,借助主干上部的顶端优势,使再生枝芽早萌发、早生长、早结果。

③根据蔬菜在设施内的位置确定再生形式　温室南部的空间低矮,宜选择下部再生形式;温室北部空间较大,宜选择上部再生和中部再生形式;温室中部的蔬菜,可根据情况,选择下部再生或中部再生形式等。

④根据再生栽培的目的确定再生形式　以再生栽培为主要茬口时宜选择下部再生形式;以加茬为主要目的时宜选择中部再生形式;以延长结果时间为主要目的时,宜选择上部再生形式,以保持结果的连续性。

6.7.2　蔬菜再生技术要点

1)蔬菜再生的时机

蔬菜再生的时机因再生目的不同而有差别。

①以蔬菜再生生产为主要目的　再生前的栽培目的一般不是结果,而是使再生植株在冬前培养一个发达的根系和旺盛的生长势。适宜再生时机为植株发棵后、结果前的一段时间,具体应根据再生植株的生长情况来确定。要求再生枝入冬前不过大、不过早的造成田间郁闭。

该类再生适用于育苗期比较长、结果期比较晚的番茄、茄子、辣椒等茄果类蔬菜。

②以加茬生产为主要目的　该类再生不宜过晚,以结果盛期结束前为宜。再生过早会中断前茬结果,而降低前茬的产量;再生过晚植株明显衰老,生长势较弱,特别是根系衰老比较严重,再生株容易衰老,结果期比较短。

③以延长结果期为主要目的　适宜的再生时机是结果盛期后。

2)再生枝的选留

①预留侧枝法　当再生部位的侧枝萌发后,留1~2片叶打顶,预留侧枝上再发出新枝后,仍然留1~2叶摘心。当前茬茎干上的果实收获基本结束后,放开侧枝,不再控制其生长。

②再生侧枝法　主茎上的果实收获结束后,将主茎截断,待重新发芽后,从中选择1~2条长势比较强的侧枝进行再生栽培。

3)再生枝的管理要点

①除侧枝　新枝发出后,除了保留的再生枝外,多余的侧枝及时除去;为增加再生枝的保险系数,也可多留1条侧枝作为预备枝,再生枝无风险后,再除去预备枝。

②摘叶　下部的预备枝容易被主茎上的叶片遮光,对主茎过密处的叶片,应及时摘除,保证再生枝充足的光照。

③植株调整　再生枝伸长后,应及时上架固定,并按栽培要求进行整枝打杈和摘心;对位置不当的再生枝,要结合上架,使再生枝分布均匀,避免相互缠绕和遮光挡风。

采用预留侧枝法时,应及早将再生枝以上的主茎部分剪掉,避免主茎妨碍再生枝的生长。

4)肥水管理要点

当主茎结果结束后或截断后,应及时浇水、追肥,促发侧枝;侧枝发出后至结果前,要适当控制水肥,防止再生枝发生徒长。

以再生栽培为主要茬口或加茬栽培时,在再生枝结果前,应进行大追肥,一般根据结果期长短不同,每亩追施有机肥 2 000 ~ 3 000 kg、复合肥 20 ~ 30 kg,于行间开深沟施肥。

再生枝结果初期,结合浇水追施一次速效肥,以后按照常规栽培进行管理。

5)再生植株根系再生管理

再生栽培时,不仅要将株冠缩小,进行茎叶再生,也要将根群缩小,让吸收根的位置也回缩,使新根与再生枝构成新的平衡关系。根系再生通常结合施肥进行,即在植株的两侧10 cm 处,开深20 cm 左右的沟,截断沟外的根系;施肥后平沟并浇水,促使植株基部发生新根。

任务6.8　蔬菜采收技术

活动情景　不同的蔬菜种类生产不同的蔬菜产品,采收所掌握的商品成熟度(可食成熟度)也不同,即蔬菜产品的采收标准、采收适期和采收方法各有差异。本任务是通过资料查询、教师讲解、任务驱动等,学习蔬菜产品的采收技术。

工作过程设计

工作任务	任务 6.8　蔬菜采收技术	教学时间	
任务要求	1.掌握不同蔬菜产品的采收标准。 2.学会蔬菜产品的采收技术。		

续表

工作任务	任务6.8　蔬菜采收技术	教学时间	
工作内容	1. 采收时期 2. 采收时间 3. 采收方法		
学习方法	以课堂讲授和自学完成相关理论知识的学习,以田间项目教学法和任务驱动法,使学生学会正确的采收时期和采收方法		
学习条件	多媒体设备、资料室、互联网、生产田、生产工具等		
工作步骤	资讯:教师由食用的不同蔬菜产品引入任务内容,进行相关知识点的讲解,并下达工作任务 计划:学生在熟悉相关知识点的基础上,查阅资料收集信息,划分工作小组,进行工作任务构思,设计工作计划方案 决策:各小组汇报工作计划方案,师生进行问题答疑、交流讨论、审查修改、确定方案,并准备完成任务所需的工具与材料 实施:学生在教师辅导下,按照计划分步实施,进行知识学习和技能训练 检查:为保证工作任务保质保量地完成,在任务的实施过程中要进行学生自查、学生互查、教师检查指导 评估:对任务完成情况进行学生自评、小组互评和教师点评		
考核评价	课堂表现、学习态度、任务完成情况、作业报告完成情况		

工作任务单

工作任务单			
课程名称	蔬菜生产	学习项目	项目6　蔬菜生产中的基本技能
工作任务	任务6.8　蔬菜采收技术	学时	
班　级		姓　名	工作日期
工作内容 与目标	1. 掌握不同蔬菜产品的采收标准 2. 学会蔬菜产品的采收技术		
技能训练	蔬菜产品的采收技术		
工作成果	完成工作任务、作业、报告		
考核要点(知识、能力、素质)	明确不同蔬菜产品的采收标准 能适时正确地采收蔬菜产品 独立思考,团结协作,创新吃苦,按时完成作业报告		
工作评价	自我评价	本人签名:	年　　月　　日
	小组评价	组长签名:	年　　月　　日
	教师评价	教师签名:	年　　月　　日

任务相关知识

6.8.1　采收时期

1)不同蔬菜要求不同的采收时期

一般以成熟器官为产品的蔬菜,要求采收期比较严格,要使产品器官进入成熟期后才能采收,如西瓜、甜瓜、番茄等;以幼嫩器官为产品的蔬菜,其采收期较为灵活,可根据市场价格及需求量的变化,从产品器官形成早期到后期随时采收,但要使产品器官长到一定大小,如黄瓜、西葫芦、丝瓜、苦瓜、茄子、青椒、菜豆、豇豆等,也包括根菜类、薯芋类、水生菜和绿叶菜等;有的蔬菜可根据栽培目的掌握采收时期,如冬瓜、南瓜等可在进行嫩瓜栽培和老熟瓜栽培。

2)市场需求对采收时期的影响

一般蔬菜供应淡季里,销售价格比较高,对采收期要求不严格的嫩瓜、嫩茎、根菜、叶菜等,可以提前采收,增加收入;进入蔬菜供应旺季时,采收期往往比较晚,一般是在产量达到最高时采收。

3)销售方式对蔬菜采收时期的影响

主要是以成熟果为产品的蔬菜,如番茄、西瓜、甜瓜等,如果产品就地销售,一般在果实达到生理成熟前采收;如果产品远距离销售,应在果实充分长大,即定果后就可采收,以延长产品的存放期。

6.8.2　采收时间

蔬菜适宜的采收时间为晴天的早晨或傍晚,此时气温偏低,产品的含水量高,色泽鲜艳,外观好,产量也比较高;阴天温度低、湿度大,蔬菜采收后伤口不易愈合,容易感染病菌腐烂,不宜采收。另外,为防止蔬菜在采收过程中被污染,早晨采收时,应在产品表面的露水消失后开始采收;雨后也应在表面雨水消失后采收。根菜类、薯芋类及大蒜、洋葱等蔬菜,应在土壤含水量适中时(半干半湿最适宜)采收,雨季应在雨前采收完毕。

6.8.3　采收方法

蔬菜的采收方法因不同蔬菜的不同产品而异。一般果菜类应用采收刀在果前留一小段果柄(0.5~1 cm),避免病菌由伤口直接进入果实而引起腐烂;白菜类和花菜要带少量的根部,用刀将叶球或花球切割下来;根菜类和薯芋类应带少量的叶柄(根菜类)或叶鞘(姜)进行收获;绿叶菜一般连根一起收获,以保持植株的完整,防止松散;大蒜、洋葱一般将植株根茎一起采收,以方便搬运和收藏。

同一种蔬菜,采后的处理方式不同,采收方法也有所区别。如采收后马上上市的大白菜,一般不带根收获,而采收后需要存放一段时间再上市时,则要求带根收获。

项目小结)))

土壤耕作主要包括:耕翻、磨耙、混匀、作畦等,菜畦是根据不同蔬菜及不同栽培季节的要求,做成平畦、低畦、高畦、垄四种类型;生产中要选择质量好的优质种子,并做好播前处理,种子处理主要包括浸种、催芽和种子消毒等;常用的播种方式是撒播、条播和点播;设施育苗、容器育苗、嫁接育苗以及无土育苗是现代蔬菜育苗的主流,培育壮苗是高产、优质的基础;蔬菜定植应掌握好定植时期、定植密度和定植方法;菜田灌溉有传统和节水灌溉两种方式;施肥有基肥和追肥,配方施肥是科学的施肥方法;蔬菜植株调整主要有搭架、绑蔓、整枝、摘心、疏花疏果等;化控技术主要应用于防止器官脱落、促进果实成熟、培育壮苗、防止徒长、促进生长、促进发芽等方面,要注意合理使用生长调节剂;蔬菜生长中应适时进行中耕、除草和培土;蔬菜再生技术主要用于设施栽培,可使植株结果早,商品果率高,但要加强管理;商品蔬菜的采收应掌握好采收标准和采收时期。

复习思考题)))

1. 菜畦有几种形式? 各有何栽培特点?
2. 蔬菜生产上的种子含义? 包括哪些器官?
3. 蔬菜种子播种前主要有哪些处理? 处理的目的是什么?
4. 比较蔬菜三种播种方法的优缺点及适用范围。
5. 蔬菜育苗为什么要用培养土? 如何配制?
6. 蔬菜设施育苗的主要技术环节有哪些?
7. 嫁接育苗有哪些优越性? 如何选择嫁接方法?
8. 容器育苗有什么好处? 应注意哪些技术环节?
9. 蔬菜育苗中常出现哪些问题? 分析原因并提出预防措施。
10. 蔬菜有哪些追肥方法? 如何应用?
11. 怎样根据生产季节和蔬菜种类选择定植方法?
12. 确定蔬菜灌溉的依据有哪些? 有哪些灌溉方法?
13. 植株调整有什么作用? 有哪些调整措施?
14. 生长调节剂在蔬菜生产上有哪些应用? 使用时应注意什么?
15. 中耕有什么作用? 除草方式有哪些? 培土起什么作用?
16. 蔬菜有几种再生形式? 各有什么特点?
17. 怎样确定蔬菜的采收期?

📚 实训指导

实训6.1　主要蔬菜种子的识别

1)材料用具

各种蔬菜种子(包括种、变种、品种),几种有代表性蔬菜的新、陈种子样本;镊子、放大镜等。

2）方法步骤

①种子识别　仔细观察并记载各蔬菜种子的大小、形状、颜色、表面特征（花纹、棱或凹沟、茸毛等）；认真区别各种子间的味道；认真比较植物学上的"果实种子"与真种子的差别；仔细比较大白菜和甘蓝以及大葱、洋葱和韭菜种子间的区别。

②新、陈种子识别　仔细比较新、陈种子在色泽、气味等方面的差异。

3）作业要求

①列表说明所观察各种子的特点，并绘种子形态示意图。

②比较新、陈种子的主要区别。

实训 6.2　蔬菜种子的品质测定

1）材料用具

喜凉和喜温性蔬菜种子各一份，视种子大小重 10～200 g；发芽箱、烧杯、培养皿、温度计、天平等。

2）方法步骤

①种子净度　把种子分为两份，分别称重；仔细清除杂物后再称重，计算种子净度。

②种子千粒重　把去杂后的种子平铺在桌面上，呈四方形；按对角线取样，取出其中的两份混合，如此下去，直到种子只有千粒左右时，数出 1 000 粒进行称重。

③发芽率及发芽势　取上述纯净的种子，每 100 粒种子为一份，每种蔬菜各 2～3 份，置于垫有湿润吸湿纸的培养皿中，喜凉蔬菜培养温度 20 ℃，喜温蔬菜 25 ℃；2 d 后每天记载发芽的种子粒数，直到发芽终止；根据测定结果计算发芽率和发芽势。

3）作业要求

根据蔬菜种子各项品质指标的测定结果，说明该种子的品质和使用价值。

实训 6.3　蔬菜种子的播前处理

1）材料用具

有代表性的几种蔬菜种子、恒温箱、培养皿、温度计、滤纸、纱布、镊子等。

2）方法步骤

根据不同蔬菜种类，采取一般浸种、温汤浸种与热水烫种等方法进行浸种，并按各种蔬菜种子发芽温度要求进行催芽；茄子实行常温催芽与变温催芽处理进行对照实验；分别统计发芽率和发芽势。

3）作业要求

①记载各种蔬菜种子的发芽初期、盛期和终期。

②比较茄子变温催芽的效果。

实训 6.4　苗床制作与播种

1）材料用具

充分腐熟的有机肥、速效肥料、田土、铁锹、筛子、福尔马林或农药，几种有代表性蔬菜种子、薄膜等。

2)方法步骤

①苗床准备 根据条件选择适宜建造某种苗床的位置,按要求做好苗床骨架。

②育苗土制作 按照播种床和分苗床床土制作要求配制好育苗土。

③床土消毒 用福尔马林或农药对育苗土进行消毒处理(也可用物理方法)。

④床土铺设 将消毒后的床土分别按要求厚度均匀铺设在播种床和分苗床内。

⑤播种技术 播前先对种子进行处理。育苗土装床后,搂平床面,浇足底水,水渗下后在床面薄薄撒一层育苗土,按照不同种子要求,采用撒播、条播或点播法播种,播后覆土。

3)作业要求

①比较撒播、条播和点播的特点。

②根据你所播种的出苗和生长情况,总结经验教训,并提出改进意见。

实训 6.5　瓜类蔬菜嫁接技术

1)材料用具

符合靠接、插接要求的黄瓜苗和黑籽南瓜苗、双面刀片、竹签、嫁接夹、装好土的育苗钵。

2)方法步骤

①靠接技术 按以下顺序进行靠接,注意各环节的技术要求。

[南瓜苗去心]→[南瓜苗茎切接面]→[黄瓜苗茎切接面]→[接面插入贴合]→[固定接口]→[栽苗]

②插接技术 按以下顺序进行插接,注意各环节的技术要求。

[南瓜苗去心]→[南瓜苗茎插孔]→[黄瓜苗茎切双斜面]→[斜面插入]

③控制嫁接环境以及嫁接苗成活期间的温、湿度和光照,一周后调查嫁接苗成活情况,并检查黄瓜和南瓜苗的接面愈合情况。

3)作业要求

①记述黄瓜靠接和插接过程及各环节的技术要求。

②描述两种嫁接法的接面愈合情况。

实训 6.6　植物生长调节剂的应用

1)材料用具

2,4-D、防落素、助壮素、乙烯利、赤霉素,小型喷雾器、毛笔、滑石粉、红土等。

2)方法步骤

①2,4-D、防落素保花 用 15 ~ 25 mg/L 的 2,4-D,加少量的滑石粉或红土后点抹。番茄的花梗或西葫芦的雌花柱头,或用 25 ~ 50 mg/L 的防落素喷花,分别处理 20 朵花。统计处理后的坐果率,并检查果实内有无种子。

②赤霉素促进生长 用 20 ~ 50 mg/L 的赤霉素喷洒西瓜幼瓜或黄瓜幼瓜,处理 20 个幼瓜。与未处理的瓜进行比较,观察果实的生长速度变化情况。

③助壮素抑制生长 在西瓜、黄瓜秧发生徒长初期,用 100 mg/L 助壮素喷洒心叶,每周 1 次,连喷 2~3 次。处理后,观察处理株的心叶形态变化以及植株生长快慢的变化。

④乙烯利促进雌花分化 黄瓜或西葫芦一叶一心期,叶面喷洒 150~200 mg/L 的乙烯利,5~7 d 后再喷 1 次,处理 20 株苗。调查植株雌花的发生率变化。

3)作业要求

根据实验结果说明各生长调节剂的主要功效以及使用要求。

实训 6.7 茄果类蔬菜再生技术

1)材料用具

温室或大棚内即将越夏的番茄、茄子和辣椒的植株,剪子、白铅油、杀菌剂。

2)方法步骤

①选择适合进行再生栽培的番茄、茄子或辣椒植株,分别进行上部再生、中部再生和下部再生,每种再生方法处理 20 株;以不处理为对照。

②调查再生植株的生长势、开花结果情况等,并与对照进行对比。

3)作业要求

①记录再生植株与对照植株的结果数量、单果重、果实大小等,比较两者间的差异。

②比较不同再生方法的优缺点。

蔬菜采后处理和营销基础

项目描述 蔬菜产品柔嫩多汁,采收后不耐贮藏,货架期很短。蔬菜生产中,除了做好田间的植株养护工作外,还应做好产品的采后安全处理工作,延长产品的货架期,提高产品的品质,提升蔬菜产品的市场价值。同时,根据市场行情,做好蔬菜产品的流通和销售工作,也能平衡蔬菜产品的市场供应,及时满足消费者对新鲜蔬菜的需求。本项目学习的重点是:蔬菜产品的采后处理技术,蔬菜产品的流通与销售模式。

学习目标 掌握蔬菜产品的特征,熟悉蔬菜产品采后处理的内容和要求;熟悉蔬菜产品的流通和销售模式。

能力目标 会进行常见蔬菜产品的采后处理;能根据蔬菜产品特性,提出科学的营销模式。

📚 项目任务

专业领域:园艺技术 　　　　　　　　　　　学习领域:蔬菜生产技术

项目名称	项目7　蔬菜采后处理和营销基础
项目7　蔬菜采后处理和营销基础	任务7.1　蔬菜采后处理技术
	任务7.2　蔬菜营销基础
项目任务要求	能熟练掌握蔬菜产品采后处理技术;能提出蔬菜产品的科学营销模式

任务7.1　蔬菜采后处理技术

活动情景 蔬菜产品采收后必须及时进行处理,提高蔬菜产品的品质和价值,为产品的销售工作做好准备。本任务是通过资料查询、参观学习、教师讲解、任务驱动等,了解蔬菜产品采后处理的技术要求,掌握蔬菜产品的整理、分组、包装等技术。

工作过程设计

工作任务	任务7.1　蔬菜采后处理技术		教学时间	
任务要求	1.了解蔬菜产品采后处理的内容 2.学会蔬菜产品采后处理的基本方法			
工作内容	1.产品整理 2.产品分级 3.产品包装			
学习方法	以课堂讲授和自学完成相关理论知识学习,以现场教学法和任务驱动法,使学生学会常见蔬菜产品的采后处理方法			
学习条件	多媒体设备、资料室、互联网、新鲜的蔬菜产品、产品处理工具等			
工作步骤	资讯:教师由常见蔬菜产品的采后处理引入任务内容,进行相关知识点的讲解,并下达工作任务 计划:学生在熟悉相关知识点的基础上,查阅资料收集信息,划分工作小组,进行工作任务构思,设计工作计划方案 决策:各小组汇报工作计划方案,师生进行问题答疑、交流讨论、审查修改、确定方案,并准备完成任务所需的工具与材料 实施:学生在教师辅导下,按照计划分步实施,进行知识学习和技能训练 检查:为保证工作任务保质保量地完成,在任务的实施过程中要进行学生自查、学生互查、教师检查指导 评估:对任务完成情况进行学生自评、小组互评和教师点评			
考核评价	课堂表现、学习态度、任务完成情况、作业报告完成情况			

工作任务单

工作任务单				
课程名称	蔬菜生产技术	学习项目	项目7　蔬菜采后处理和营销基础	
工作任务	任务7.1　蔬菜采后处理技术	学时		
班　级		姓　名		工作日期	
工作内容 与目标	1.了解蔬菜产品采后处理的内容和要求 2.学会蔬菜产品的整理、分级、包装等操作方法			
技能训练	进行常见蔬菜的采后处理: 1.整理、清洗、晾晒 2.分级、催熟、预冷、愈伤处理 3.捆扎、包装			
工作成果	完成工作任务、作业、报告			

续表

工作任务单					
考核要点 （知识、能力、素质）	知道蔬菜产品采后处理的内容和要求 能正确熟练地进行蔬菜产品采后的基本处理 独立思考，团结协作，创新吃苦，按时完成作业报告				
工作评价	自我评价	本人签名：	年	月	日
	小组评价	组长签名：	年	月	日
	教师评价	教师签名：	年	月	日

任务相关知识

蔬菜采后处理是在蔬菜产品采收后一系列的操作技术措施，将蔬菜产品转化为商品蔬菜的增值过程。

7.1.1　蔬菜采后处理的意义

1）增值

蔬菜产品的采后处理是蔬菜产业化生产的一个重要环节。蔬菜产品采收后经过加工处理后，增值可达到90%以上。国外的农业发达国家均十分重视蔬菜产品的采后处理，蔬菜产品加工率占到产品总产量的70%～90%；而我国的蔬菜产品加工率仅占产品总产量的25%左右，而且多以初级加工产品为主，加工增值幅度小，仅有35%左右，因此增值潜力巨大。

2）方便

蔬菜产品经过加工处理后，产品整齐均一，便于分级包装，可以按捆、箱、盒等形式上市，便于携带。一些蔬菜包装上还注明了产品的重量和价格，便于消费者选购。

3）减少浪费

蔬菜产品经过采后处理，按标准捆扎、包装，"净菜"上市，消费者不必逐一挑选，可避免反复挑拣中造成的人为损害。同时，采后处理后，产品不带病菌和害虫，可减轻运输和销售过程中的病虫害。

4）减少污染

采后处理后的蔬菜在销售中，不需要扒外叶、去根、去皮，剔除烂菜、小果、畸形菜等，废弃蔬菜少，环境污染小。

7.1.2　蔬菜采后处理的内容和要求

蔬菜产品采收后通常需要经过整理、分级、清洗、晾晒、预冷、包装等处理后才能上市或运输。蔬菜产品的采后处理因蔬菜种类或销售方式的不同而不同。

1）整理

按照蔬菜产品的"净菜"标准，除去蔬菜的老叶、病虫叶、畸形菜、烂菜、病果、混杂物等，提高蔬菜产品的商品外观品质。

不同蔬菜产品整理的工作不同，具体如下：

①叶菜类　清除黄叶、老叶、烂叶和非食用性叶、多余的根系等。有些蔬菜，如大葱、芹菜等采后还需按照一定的长度要求，截去部分叶。

②果菜类　剔除病果、烂果、畸形果和不符合商品果标准的果实，除去杂果、混杂物，除掉过长的果柄等。

③根茎菜类　除去畸形的、受病虫为害的或不符合上市规格的根（或茎）。有些根茎菜，如山药、牛蒡等采后还要按标准长度截短、除去多余的侧根等。

④其他蔬菜　有些蔬菜产品采收后需要特殊的处理，如大蒜采后需切除多余的茎和根部，或将蒜头编成蒜辫或扭成蒜把；大白菜采后需去掉外叶，削掉根系，用捆菜绳将菜捆紧等。

2）清洗

为了除去蔬菜产品表面的泥土、落尘、农药残留及其他污杂物、病菌、虫卵等，或为了增加产品的含水量，延长产品的保鲜期，常采用浸泡、冲洗、喷淋等方式水洗或用毛刷刷除产品上的污泥、杂物等。这样，使产品清洁卫生，减少贮运、销售过程中的病虫蔓延，达到商品蔬菜的卫生标准。

少量蔬菜一般进行人工清洗，量大时可用清洗机（由传送装置、清洗滚筒、喷淋系统、箱体组成）。清洗使用的水一定要干净卫生，可加入适量杀菌剂，如次氯酸钠、漂白粉等。

清洗时动作要轻，不能损伤蔬菜，特别是受伤后容易腐烂的蔬菜；洗涤时间不宜过长，防止蔬菜营养外渗过多、染病甚至腐烂等；需要保持产品表面干燥的蔬菜，清洗后必须进行干燥处理，除去游离水分。干燥处理在气候干燥地区可自然晾干；在气候潮湿地区可使用脱水机。脱水机主要有脱水器和加热蒸发器两种。脱水机也可和清洗机做成一体，安装在清洗机的出口附近。

不同类型的蔬菜产品特点不同，清洗要求也不同，具体如下：

①根菜类、薯芋类、水生蔬菜　这些蔬菜的产品收获后，往往带较多泥土，影响商品外观，也不便携带。上市前，应先将外表清洗干净。

②绿叶蔬菜　这类蔬菜产品容易失水萎蔫，失去新鲜度，采收后应结合清洗泥土、残留农药等进行浸水，增加叶片的含水量。

③果菜类　这类蔬菜生长过程中喷洒的农药较多，采收后应彻底清洗果面上残留的农药、污物等，使果面干净、卫生。

3）晾晒

蔬菜采收后，经初选及药剂处理后，置于阴凉或太阳下，在干燥、通风良好的地方，使其外层组织失掉部分水分，增进蔬菜产品的贮藏性。

晾晒可采用自然晾晒法和机械通风晾晒法。自然晾晒经济简便,但晾晒时间长,效果不稳定;机械通风晾晒用机械通风装置进行强制通风,空气流动加快,晾晒时间缩短,有条件降温时,可与预冷结合进行,效果更佳。

蔬菜应在通风阴凉处晾晒,切忌在阳光下暴晒;定期对产品翻动;防止晾晒中受到雨淋或水浸;晾晒应适度,晾晒不足或过度,均不利于产品的贮藏。

4)分级

蔬菜产品采收后,对产品按一定的规格或标准划分等级,便于按级定价、包装和销售,并能剔除病虫害和机械伤,减少贮运中的损失,提高产品的商品性。

根据适应领域和范围,我国蔬菜的分级标准有四级:

①国家标准 由国家标准化主管机构批准发布,在全国范围内统一使用。

②行业标准 由主管机构或专业标准化组织批准发布,在行业范围内统一使用。

③地方标准 由地方制定、批准发布,在本行政区内统一使用。

④企业标准 由企业制定发布,在企业内统一使用。

分级可采用人工分级或机械分级。人工分级靠人的视觉判断分级,适于各种蔬菜,但效率较低。机械分级适于不易受伤的蔬菜产品,工作效率高。机械分级设备有重量分选装置、形状分选装置和颜色分选装置3种。

由于不同种类蔬菜产品的食用部分不同,成熟标准也不一致,因此,蔬菜产品只能按照不同蔬菜品质的要求制定个别标准。一般按照蔬菜产品的坚实度、清洁度、重量、大小、形状、颜色、鲜嫩度、病虫侵染、机械损伤等进行分级,将产品分为三个等级:

①特级 品质最好,具有本品种的典型形状和色泽,不存在影响组织和风味的内部缺点,大小一致,产品在包装内排列整齐,在数量和重量上允许有5%的误差。

②一级 品质好,允许在形状、色泽上稍有差别,但不影响商品外观和品质,产品不需整齐排列在包装内,允许有10%误差。

③二级 产品可允许存在某些内部和外部缺陷,适于就地销售或短距离运输。

5)预冷

蔬菜产品采收后,用一定的冷却方法,把产品的田间热赶走,使其温度迅速降低到适宜贮藏或运输的低温。

预冷可以快速降低菜温,减少产品的营养损失和水分损失,延长产品保鲜期;可控制病害发展,减少损失,提高产品的经济效益;还可减少产品贮运中机械降温的能耗。预冷最好在产地进行,越快越彻底越好。

蔬菜产品预冷的方式很多,常用的有:

①自然预冷 蔬菜产品采收后置于阴凉通风的地方使其自然冷却。我国北方地区,蔬菜产品采收后放在阴冷的地方,通常夜间裸露,白天遮阴,使产品自然冷却,然后进行贮藏。这种方法操作简单,成本低,但降温速度慢,效果较差。

②接触冰预冷 以天然冰或人造冰为冷媒,直接接触蔬菜产品,降低产品的温度。这种方法比较适于芹菜、胡萝卜、花椰菜等蔬菜。

③风冷 一般在低温贮藏库内进行,利用冷空气迅速流经蔬菜产品周围,使产品冷却,

预冷后可原库贮藏。这种方法适于各种蔬菜产品,但冷却速度较慢,短时间内冷却不很均匀。

④水冷 将蔬菜产品浸入冷水中或用冷水冲淋,降低蔬菜产品的温度。冷水有低温水(0~3℃)和自来水。冷却有流水法和传送带法。适于水冷的蔬菜有芹菜、菜豆、胡萝卜、网纹甜瓜等。

⑤真空预冷 将蔬菜产品置于真空室,迅速抽出空气至一定真空度,产品内的水在真空负压下蒸发而冷却降温。此法要求产品的包装容器能够通风,适于比表面较大的蔬菜产品,如各种绿叶蔬菜及甘蓝、葱、石刁柏、蘑菇、甜玉米等。

6)催熟

果菜类蔬菜有时为了长途运输需要提前采收,为了使产品在销售时达到成熟,提高其商品品质,常在销售前用人工方法进行催熟。如:

①番茄 将绿熟期的番茄果实置于温度20~25℃、湿度85%~90%的条件下,用1 000~2 000 mg/L的乙烯处理48~96 h,果实可变红,或将绿熟期番茄放在密闭环境中,保持温度20~25℃、湿度90%,利用果实自身释放的乙烯催熟,此法催熟较缓慢。

②西瓜 将成熟度7~8成的西瓜置于温度20~25℃、湿度85%~90%的条件下,向表皮喷500~1 000 mg/L的乙烯利液,2~3 d后瓜瓤可转色。

7)捆扎

茎叶类蔬菜的产品整理、分级后,需按一定的重量或体积标准打捆。

捆扎材料有草绳、塑料绳、捆扎胶带等。捆扎要求松紧适宜,根部整齐,菜捆大小符合市场要求或贮藏要求,按蔬菜产品高度捆1~2道;可采用人工捆扎或机械捆扎法,后者速度快,松紧统一、适中。

8)包装

包装是为了保证蔬菜产品的运输安全和贮藏,减少产品间相互摩擦、碰撞和挤压,以免造成机械伤;可以防止产品受到尘土和微生物等污染,减少病虫害的蔓延,减少表面水分蒸发;缓冲外界温度的剧烈变化对产品的不利影响,使蔬菜产品在流通中保持良好的稳定性,使产品标准化,商品化,便于贮运。

包装容器应具有保护性,在装卸、运输和堆码过程中有足够的机械强度;有一定的通透性,有利于产品的散热和气体交换;有一定的防潮性,防止吸水变形,引起产品腐烂。另外,包装容器应具有清洁、卫生、无异味、无有害化学物质、内壁光滑、质轻、取材方便、成本低、易回收处理等特点。包装容器外面应注明产品的商标、品名、等级、重量、产地、特定标志、包装日期和保存条件等内容。常用的包装容器有塑料箱、纸箱、钙塑箱、板条箱、筐、网袋等。

蔬菜产品的包装材料有:

①包装纸 包装纸可减少蔬菜产品采后失水,减少机械伤,抑制产品的生理活动,隔离病原菌,保持蔬菜稳定的温度。包装纸应光滑柔软、卫生、无异味、有韧性,在其中加入适当的化学药剂,还可预防一些病害。

②塑料材料 当前塑料膜作为包装材料应用很广泛,将蔬菜产品分级后装入小塑料袋或塑料盒中,再装入箱中运输或销售,如番茄、黄瓜、辣椒、蘑菇等蔬菜。

③衬垫物 利用筐类容器包装蔬菜时,在其中铺设柔软卫生的衬垫物,防止产品直接与容器接触受伤;衬垫物还可防寒、保湿。蔬菜产品常用的衬垫物有塑料薄膜、牛皮纸、山草、刨花、蒲包等。

④抗压托盘 托盘上有一定数量的凹坑,凹坑的形状、大小按蔬菜产品设计,每个凹坑放一个产品,层间用抗压托盘隔开,可减少产品损伤,还可美化商品。此包装多用于果菜类蔬菜。

蔬菜产品的商品品质很重要,包装时容器内应有一定的排列,防止产品在容器内滚动、碰撞,还可通风透气、充分利用容器的空间;包装应轻拿轻放,并在冷凉条件下进行,避免风吹、日晒、雨淋,剔除腐烂、受伤产品;小包装应选择透明材料,且注明品名、重量、价格和日期等,方便销售和携带。另外,为避免蔬菜产品包装中上部产品压伤下部产品,应严格控制装箱最大高度,如马铃薯、洋葱和甘蓝100 cm,胡萝卜75 cm,番茄40 cm。

9)涂膜(打蜡)

采用蜡液或胶体物质涂在蔬菜产品表面,进行蔬菜保鲜。经过涂膜处理,蔬菜产品表面可以形成一层薄且均匀的透明膜,抑制产品的呼吸作用,减少表面的水分散失,减少产品营养物质的消耗,延缓产品的萎蔫和衰老。另外,涂膜还可以减少病菌和侵染,改善产品表面光泽,提高产品的商品性。

(1)涂料种类

当前普遍应用的蜡涂料均以石蜡和巴西棕榈蜡为基础原料。石蜡可以控制产品失水,巴西棕榈蜡可以产生诱人的光泽。近年来,含有聚乙烯、合成树脂物质、乳化剂和湿润剂的蜡涂料逐渐得到应用,常作为杀菌剂的载体或作为防止产品衰老、生理失调和抑制发芽的载体。

注意涂料应安全无毒,对健康无害;材料容易获得,成本低,使用简单方便,便于推广。

(2)处理方法

①浸涂 将涂料配成适宜浓度的溶液,将蔬菜产品浸入溶液中,处理一段时间后,将蔬菜取出晾干、包装、贮藏和运输。这种方法蜡液用量较多,且不便于掌握涂膜的厚度。

②刷涂 将涂料配成适宜浓度的溶液,用细软毛刷或柔软的泡沫塑料蘸取溶液,在蔬菜产品表面进行涂刷,以形成均匀的涂料薄膜。

③喷涂 将蔬菜产品清洗干净,晾干后,向其喷涂一层均匀的薄层涂料。

处理注意事项:涂膜的厚度应适当且均匀;只能用于短期贮藏、运输或上市前,以改善蔬菜产品的商品外观。

10)贮藏

(1)简易贮藏

设施结构较为简单,建筑费用较低,操作简单易行。应注意:

①简易贮藏的沟窖必须选在地形和气候条件适宜的地区,通常地下水位低、自然冷源多,即昼夜温差较大的地区效果较好。如我国的黄土高原和华北平原地区较为适宜。

②贮藏对象应选择生长期较长的晚熟、优质蔬菜品种。

③贮藏期间应精细管理,这是贮藏成败之关键。

（2）通风库贮藏

利用隔热层内的昼夜温差,通过换气保持比较适宜的贮藏条件。其特点与简易贮藏相似,但建筑上与窑窖不同。

通风贮藏根据冷、热空气比重的不同,利用热空气上升、冷空气下降和产生气流的原理进行通风。通风库有较为完善的隔热设施和较为灵活的通风设备,操作比较方便。通风库主要靠自然温度调节库温,在气温过高或过低的地区和季节,如果没有其他辅助设施,难以维持适宜的温、湿条件。

（3）气调贮藏（CA 贮藏）

在冷藏的基础上,把蔬菜产品放置在特制的密封库房中,改变库房环境中气体成分,进行贮藏。还有限气贮藏（自发气调贮藏）法,即"MA"贮藏。我国通常是把蔬菜产品放在塑料薄膜袋中,通过产品的自身呼吸作用或人为改变袋内气体成分,常称为"简易气调"。

其贮藏的原理是:在贮藏过程中适当降低温度,降低 O_2 浓度,提高 CO_2 浓度,可以降低蔬菜产品的呼吸强度,抑制乙烯的产生,延缓产品的衰老。

气调贮藏的特点是在适当降低温度的基础上,改变贮藏环境中的气体成分含量,贮藏效果非常好。但气调贮藏对气体控制要求很严格,O_2 浓度过低或 CO_2 浓度过高,均会产品的风味下降。

（4）机械冷藏（冷风库贮藏）

在有良好隔热保温层的库房中,安装制冷降温设备进行贮藏。冷风库通常由冷冻机房、贮藏库、缓冲间和包装场四个部分组成。

机械冷藏的特点是可以创造最适宜的温度条件,最大限度地抑制蔬菜产品的生理代谢过程,延长产品的贮藏寿命;还可防止由于温度变化对产品产生的伤害。低温环境可抑制产品水分的蒸发,保持产品的新鲜度,减少水分的损耗;低温还可以抑制许多病菌的滋生繁殖,减少蔬菜产品的腐烂,提高产品的品质。机械冷藏比较适宜对萝卜、蒜薹和大蒜等多种蔬菜进行贮藏。

机械冷藏时应注意通风换气。冷库内贮藏的蔬菜产品,呼吸作用释放出二氧化碳、乙烯、芳香气体等,这些气体的浓度积聚到一定程度会加速产品的衰老,导致蔬菜腐败。因此,贮藏期间必须进行适当的通风换气。一般通风换气应在气温较低、库内外温差较小的早晨进行;外界湿度过大时,则不宜进行。

机械冷藏的关键是控制贮藏温度,一般蔬菜产品的贮藏温度应选择冷害和冻害之上的临界值（见表7.1）。

表7.1　蔬菜冷藏最适温度、湿度和最长贮藏期

蔬菜种类	温度/℃	相对湿度/%	贮藏期
番茄（绿熟）	10～12	90～95	2～3 周
青椒	7～13	90～95	2～3 周

续表

蔬菜种类	温度/℃	相对湿度/%	贮藏期
茄子	7～13	90～95	2～3周
黄瓜	13	90～95	1～2周
蒜薹	0	90～95	6～8周
菜豆	7～10	90～95	2～3周
豌豆	0	90～95	2～3周
南瓜	10	50～70	2～3周
西瓜	10～15	90	2～3月
甜瓜	2～5	95	2～3周
白菜、甘蓝、抱子甘蓝	0	90～100	3～6周
芦笋	0～2	95～100	2～3周
花椰菜、青花菜	0	95～100	1～2月
莴笋	0～3	90～95	3～4周
菠菜、芹菜、生菜	0	95～100	1月
洋葱	0	65～70	2～8月
马铃薯	0	90～95	3～7月
姜	13～15	90～95	3～6月
菊苣	0	95～100	2～3月
芋头	7～10	90～95	3～5月
萝卜	0	95～100	3～5月
胡萝卜	0	95～100	4～8月

任务7.2 蔬菜营销基础

活动情景 蔬菜产品的保鲜期较短,产品采收后,能否及时地进入市场流通或销售,很大程度地决定了产品的价值。本任务是通过资料查询、教师讲解、参观学习等,学习和熟悉蔬菜产品的流通模式和销售方式。

任务相关知识

蔬菜产品的营销是蔬菜产业化发展中的重要环节,蔬菜生产的效益必须通过产品的营销才能得以实现。蔬菜产品营销包括营销机构、营销路线、营销信息和营销技术,具体的营销环节和路线因产品市场不同存在差异。蔬菜产品的营销不是单个市场交换体系,而是错综复杂的交换体系。产品的生产决定产品的营销,产品的营销促进产品的生产,并保证产品的不断再生产。

7.2.1 蔬菜流通

蔬菜产品的流通是产品从生产者经过中间商、贮存、运输、市场等环节到消费者手中的过程。流通能使蔬菜产品增值,促进蔬菜生产区域和结构的合理配置,推动蔬菜产业化的进程。大多蔬菜产品在低温环境下,可以延长产品的保鲜期,因此,应建立蔬菜产品的冷链系统,即采收→农协预冷库→冷藏运输车→批发市场冷库→超市冷柜→消费者冰箱。

1)蔬菜流通渠道

蔬菜产品的流通渠道是蔬菜产品由生产者到消费者之间的整个交换过程,主要由生产者、批发市场、运销组织、销售组织和消费者组成。

①生产者　我国的蔬菜生产者以个体农户为主,生产规模小,产品多种多样,质量参差不齐,不利于蔬菜的流通。当前各地蔬菜生产基地和生产合作社的发展促进了蔬菜产品的流通。

②批发市场　批发市场是可供生产者和运销者共同享用的交易平台,容量大、交易方便、加入成本低、进出自由,是蔬菜流通的中心环节。

批发市场分为一般批发市场和大型多功能批发市场。一般批发市场规模小,主要销售本地蔬菜,靠外地运销户收购产品并转销各地;大型多功能批发市场规模大,功能强,除把本地蔬菜销往外地,还大量吞吐各地蔬菜,成为蔬菜的集散中心、价格形成中心和信息传播中心。

③运销组织　运销组织是流通的主体,包括运销公司、蔬菜运销协会、农村经济合作组织、民间运销组织、个体运销户等。主要是先收购蔬菜产品,再转卖出去,起"中转"作用;同时把蔬菜市场的供需变化信息传给生产者,指导生产者及时调整生产计划、改进生产技术。

④销售组织　销售组织包括菜市场、超市、集市、连锁店、便民店、机构食堂、出口机构等。其中,出口机构为批发,其他均为零售。蔬菜产品的销售方式多种多样,可直接销售,或简单加工、重新包装、搭配后再销售,或深加工(将生菜加工成熟菜)后销售,或贮藏后根据市场变化择机销售等。

⑤消费者　消费者是蔬菜流通环节的末端,消费者的消费水平、消费量,决定了流通蔬菜的种类、流通量和效益等。

2)蔬菜流通模式

流通渠道的选择是一个复杂的过程,应以成本低、服务佳、进入目标市场路程短、环节少、时间短、速度快、费用低为选择原则。目前较为普遍的流通模式有以下几种:

①生产主体→消费主体　蔬菜产品用直销方式,直接由生产者销售给消费者,没有中

间环节,交易简单、成本低;但易受生产条件和蔬菜品种类型的限制,属于"小生产、小流通"的模式。

②生产主体→中介主体(分销商等)→消费主体　蔬菜产品先销售给中介主体,再由中介销售给消费主体。中介可一次或多次转销,流通范围增大,产品品种类型增加;但中介增加了蔬菜交易费用,提高了产品的最终销售价格,也不利于生产者与消费者的直接信息交流。此模式宜在生产规模较大的情况下应用,属于"大生产、大流通"的模式。

③生产主体→网络→消费主体　蔬菜产品通过网络进行交流,生产者与消费者可直接沟通,免去了"现实市场""中介组织"的费用,蔬菜流通、交易成本更低,流通范围更广,有利于促进生产和流通的全球化发展。

7.2.2　蔬菜产品的营销

1)蔬菜营销主体

①菜农　城镇近郊的菜农,在生产之余将产品直接在城镇市场上销售。蔬菜价格较低、新鲜,市场欺诈情况较少;但销菜时间短,易受到菜贩的排挤,多集中于小城镇集市。

②个体商贩　个体商贩大多就地上货,就地销售,蔬菜新鲜,价格灵活,分布广泛,方便购菜;但缺乏组织管理,欺诈消费者情况较多,多集中于集市。

③蔬菜店　包括各种蔬菜零售店、蔬菜超市、蔬菜连锁店、蔬菜直销店等。

a.蔬菜零售店　蔬菜种类多,档次较低,价格便宜,面对广大的低消费群体。

b.蔬菜超市　主要经营细菜、特菜等小包装蔬菜,包装精细,档次较高,面向高消费群体。

c.蔬菜连锁店　主要经营有机蔬菜、无公害蔬菜、特色蔬菜、注册蔬菜等高档蔬菜,统一商品、统一价格、统一服务、广泛布点,服务质量高,发展迅速。

d.蔬菜直销店　由蔬菜生产基地在城市开设、经营,蔬菜由基地直接供应,产品质量高、价格低。既可让利于消费者,又可维护基地的形象,符合发展的需要。

④配菜中心　配菜中心根据客户的要求,选购不同的蔬菜,经加工处理或包装后,销售给客户。通常采取预约式销售,有的甚至还负责送货上门。客户主要有大饭店、宾馆、个人(社区配菜中心)等。蔬菜质量有保证,服务周到,在大中城市发展较快。

2)蔬菜营销方式

(1)根据销售中有无中介分类

①直销　蔬菜产品直接由生产者到达消费者,大多是菜农直接到集市上销售,也可由蔬菜直销店经营。

②转销　菜贩、蔬菜店、批发市场、配菜中心等收购蔬菜,再销售给消费者或其他批发商。

③拍卖　蔬菜产品拍卖给中间商,交易数量大。

④网络销售　生产者和消费者通过网络交流交易信息,完成交易。

（2）根据销售形式分类

①零售　蔬菜产品可由消费者自由挑选，以重量为单位销售。

②套菜销售　按客户需要，将 10 种左右蔬菜先进行小包装，再装入标准箱内，每箱 10～15 kg。价格比单卖蔬菜高 2～3 倍，多用于单位发放福利或馈赠亲友，方便、美观。

③配菜销售　经营者按消费者的要求，购买蔬菜并处理，再送交客户。客户可预约或预交订单，方便简捷，较受欢迎。

④包菜销售　经营者与客户约定，某一时期的全部蔬菜或某些蔬菜由约定的经销商负责供应。此销售可保证客户的货源，也使经销商有了固定的客户，获得"双赢"。供需双方应相互信任，经销商要有良好的信誉。

（3）根据蔬菜供需双方有无约定分类

①一般销售　买卖双方预先没有约定，多为集市销售。生产者不能全面了解消费者的需求，消费者凭经验选购蔬菜，双方均被动。

②约定销售　买卖双方有约定，如蔬菜种类、质量标准、数量及交货时间、交货方式等。约定包括口头约定、电话约定、书面约定（订单、合同）等。生产者的生产任务明确，投资预算合理，有利于产品质量的提高；消费者对产品质量有预见性，能放心购菜，发展较快。

3）蔬菜营销渠道的选择

（1）直接性营销渠道

销售及时，能迅速投入市场，损耗较小，费用较低，信息反馈快速，适于容易腐烂、生产规模较小的蔬菜产品。

（2）间接性营销渠道

①普遍分布　蔬菜生产者为了更广泛地推销蔬菜产品，使消费者随时、随地方便购买，应广泛利用分销渠道。适于蔬菜批发商和零售商之间，以争取更多的批发商和零售商销售自己的蔬菜产品。

②专营分布　蔬菜生产者在特定的市场范围内，只选择一家批发商或零售商销售自己的蔬菜产品。

③选择分布　这是介与以上两种营销方式之间的营销方式。蔬菜生产者在市场流通渠道中，有针对性地选择一部分批发商或零售商销售自己的蔬菜产品。

7.2.3　蔬菜产品的运输

运输是蔬菜产品流通过程中的一个重要环节，是联系生产者、批发商、零售商和消费者的纽带。

1）运输要求

①快装快运　蔬菜产品采收后，为了减少产品营养和水分的损耗，必须尽快装入运输设备，并尽量缩短运输时间，尽快到达目的地。

②轻装轻卸　装卸是引发蔬菜产品腐烂、导致产生损失的一个主要环节，一定要轻装轻卸，减少产品的损失。

③防热防冻 长距离或长时间运输时,应注意降温和防冻。目前,冷藏卡车、加冰保温列车、冷藏轮船和大型集装箱等蔬菜运输工具均配备有降温和防冻的装置。

2）运输工具

①公路运输 运输工具有畜力车、人力车、卡车和冷藏车等,冷藏车有保温车(无调温设备)和有制冷设备的冷藏车两种,后者适用于蔬菜的长途运输。公路运输要求装载稳固、紧凑,包装箱间留有通气空间。

②铁路运输 铁路运输量大、速度快、成本低,适于蔬菜的国内和国际长途运输。运输设备有普通车厢运输、冷藏列车运输和铁道平车运输。蔬菜产品的运输主要使用有温度控制设备的冰箱保温车和机械保温车。

③水路运输 蔬菜水路运输的工具主要有小艇、木船、机械帆船和大轮船等。船艇运输量大,行驶平缓,震动小,蔬菜不易受损。

④航空运输 蔬菜空运是利用飞机上的空气调节系统维持温度或利用冷藏集装箱进行装运。

⑤集装箱(货柜或货箱)运输 集装箱是结构牢固、强度较大、可以长期反复使用、容积在 1 m³ 以上的大型容器,是目前最为现代的运输工具。集装箱的种类很多,按材料可以分为铝合金集装箱、钢制集装箱和玻璃钢集装箱;按结构可以分为内柱式和外柱式集装箱、折叠式集装箱和薄壳式集装箱;按使用可以分为干货集装箱、保温集装箱、框架集装箱和散货集装箱。

3）运输环境的调控

运输环境的调控是减少或避免蔬菜产品腐烂损失的重要环节,应考虑以下条件:

①震动 震动是蔬菜运输条件中最为突出的条件,能直接造成蔬菜产品的机械损伤,也可以引起蔬菜品质的劣化。

②温度 蔬菜产品在常温下不宜作长途运输。低温运输蔬菜产品时,厢内下部产品的冷却比较迟缓,应注意堆码方式,改善冷气循环。

③湿度 蔬菜产品进入包装箱后湿度很快会达到95%,会对长时间运输的产品产生损害;使包装纸吸湿变软,造成产品相互挤压。因此,蔬菜运输前,应适当降低产品的湿度。

④气体 蔬菜运输中空气成分的变化不大,但不同的运输工具和包装,会存在一定的差异。密闭性好的设备和震动均会使二氧化碳和乙烯的浓度升高。

项目小结

本项目针对蔬菜产品采收后至消费者购买之间的主要环节,介绍了蔬菜产品的采后分级、预冷、包装、贮藏、运输以及市场流通和产品的营销策略。重点学习蔬菜产品的采后商品化处理过程,了解蔬菜产品市场营销的基本要求和营销途径。

复习思考题

1.蔬菜的采后处理包括哪些内容?
2.什么是蔬菜产品的预冷?预冷的方式有哪些?
3.蔬菜产品采收后的分级方法有哪些?

4.蔬菜产品的包装有什么作用？常用的蔬菜包装材料有哪些？

5.蔬菜产品的涂膜有什么作用？

6.蔬菜产品的贮藏方式有哪些？

7.什么是蔬菜产品的流通？蔬菜的流通体系由哪几部分组成？

8.蔬菜产品有哪些销售方式？

9.蔬菜产品对运输环境有什么要求？

模块 3
蔬菜生产实践

项目8 瓜类蔬菜生产

项目描述　瓜类蔬菜是我国主要蔬菜作物,在生产和消费上占有重要位置。本项目的宗旨是在了解各种瓜类作物形态特征、生物学特性的基础上,熟悉各种瓜类蔬菜露地和设施茬次安排技巧,熟练掌握黄瓜、西瓜、甜瓜、西葫芦等不同栽培形式和茬次的栽培管理技术,包括品种选择原则、代表品种、育苗、定植、田间管理、植株调整、采收等基本技巧,了解各种瓜类蔬菜主要病虫害识别要点与防治技术。

学习目标　了解各种瓜类作物形态特征、生物学特性;重点掌握各种瓜类作物花芽分化基本规律和调控技术、茬次安排技术、育苗技术、定植技术及田间管理技术等。

技能目标　学会主要瓜类蔬菜生产与上市计划制订(或茬口安排与生产策划书);学会主要瓜类蔬菜生产与管理技术。

📚 项目任务

专业领域:园艺技术　　　　　　　　　　　　　　　　　　学习领域:蔬菜生产技术

项目名称	项目8　瓜类蔬菜生产	
项目8　瓜类蔬菜生产	任务8.1　黄瓜生产技术	
	任务8.2　西瓜生产技术	
	任务8.3　南瓜生产技术	
	任务8.4　甜瓜栽培技术	
	任务8.5　冬瓜生产技术	
	任务8.6　瓜类蔬菜主要病虫害识别与防治技术	
项目任务要求	熟悉各类瓜类蔬菜生产与管理过程中的生产计划安排,掌握育苗、定植、田间管理各环节技术要领及病虫害识别要点与防治技巧	

任务8.1　黄瓜生产技术

活动情景　黄瓜露地栽培多在早春、夏季、秋季生产,其产品供应春末、夏季、秋冬季节;设施栽培以塑料大棚为主,主要安排春早熟茬、秋延后茬栽培,日光温室栽培多安排早春茬、冬春茬、秋冬茬等,产品主要在秋末、冬季、春季、夏初收获上市,其产品可以做到全年均衡生产和供应。本任务是通过资料查询、教师讲解和任务驱动等,学习黄瓜的优质高产栽培技术,学习的重点是黄瓜露地春季、夏季栽培技术和塑料大棚春早熟、日光温室冬春茬栽培技术要点。

工作过程设计

工作任务	任务8.1　黄瓜生产技术		教学时间	
任务要求	1.熟悉黄瓜的生物学特性、类型与优良品种、栽培方式与茬口安排 2.掌握黄瓜露地栽培技术和设施栽培技术			
工作内容	1.黄瓜生物学特性 2.类型与优良品种 3.栽培方式与茬口安排 4.露地栽培技术 5.设施栽培技术			
学习方法	以课堂讲授和自学完成相关理论知识学习,以田间项目教学法和任务驱动法,使学生掌握黄瓜露地各季栽培技术和温室、大棚设施黄瓜栽培技术			
学习条件	多媒体设备、资料室、互联网、生产工具、实训基地等			
工作步骤	资讯:教师由黄瓜消费市场需求和营养价值、经济价值引入教学任务内容,进行相关知识点的讲解,并下达工作任务 计划:学生在熟悉相关知识点的基础上,查阅资料收集信息,划分工作小组,进行工作任务构思,设计工作计划方案 决策:各小组汇报工作计划方案,师生进行问题答疑、交流讨论、审查修改、确定方案,并准备完成任务所需的工具与材料 实施:学生在教师辅导下,按照计划分步实施,进行知识学习和技能训练 检查:为保证工作任务保质保量地完成,在任务的实施过程中要进行学生自查、学生互查、教师检查指导 评估:对任务完成情况进行学生自评、小组互评和教师点评			
考核评价	课堂表现、学习态度、任务完成情况、作业报告完成情况			

工作任务单

工作任务单				
课程名称	蔬菜生产技术	学习项目	项目8　瓜类蔬菜生产	
工作任务	任务8.1　黄瓜生产技术	学时		
班　级		姓　名	工作日期	
工作内容 与目标	1.熟悉黄瓜的生物学特性、类型与优良品种、栽培方式与茬口安排 2.掌握黄瓜露地栽培技术和设施栽培技术			

续表

工作任务单					
技能训练	1.露地春季黄瓜育苗技术 2.露地夏季黄瓜苗期管理技术 3.黄瓜植株调整技术 4.设施黄瓜四段变温管理技术				
工作成果	完成工作任务、作业、报告				
考核要点 （知识、能 力、素质）	熟悉黄瓜生物学特性、类型与优良品种、栽培方式与主要茬口安排。知道黄瓜花芽分化基本规律和雌花调控技术 能正确安排黄瓜各栽培方式的主要茬口；能熟练掌握露地黄瓜和设施黄瓜的育苗技术、定植技术、田间管理技术及植株调整技术 吃苦耐劳，独立思考，团结协作，创新意识，独立按时完成作业报告				
工作 评价	自我评价	本人签名：	年	月	日
	小组评价	组长签名：	年	月	日
	教师评价	教师签名：	年	月	日

📖 任务相关知识

黄瓜，别名胡瓜、青瓜等，属于葫芦科一年生草本植物。

8.1.1 生物学特性

1）形态特征

①根　根系不发达，根量少，入土浅，主要根群分布在 0～20 cm 的土层内（见图8.1）；根颈上易生不定根；根系木栓化早，伤根后再生新根的能力较弱，育苗时要注意保护根系。

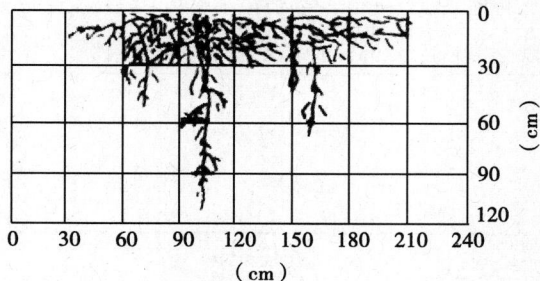

图8.1　黄瓜根系分布

②茎　茎蔓生，中空，有刚毛，5～6 节后节间开始伸长，蔓生，多搭架或吊蔓栽培；茎蔓易发生分枝。生产上早熟春黄瓜多用主蔓结果为主的品种，要及时整枝打杈；中、晚熟的夏黄瓜和秋黄瓜多用侧蔓结果为主的品种，同时利用侧枝结"回头瓜"增加后期产量。

③叶　子叶两片，椭圆或长圆形。真叶掌状五角形，叶片大而薄。叶面及叶柄上有刺，正常的叶片刺毛较硬，生长不良或徒长植株的叶片刺毛较软。

④花　黄瓜多单性花,雌雄同株异花,偶尔也出现两性花。雌花较大,子房下位,多单生。雄花较小,簇生数量多,一般较雌花提早出现3节左右。黄瓜可以不经过授粉、受精而结果,称为单性结实。

⑤果实　瓠果,由子房与部分花托合并形成。通常开花后8～18 d达到商品成熟。果实棒状,有的品种果面上生有条棱和刺,有的只有刺而无棱。优良瓜条的标准是:瓜把短;瓜条粗细均匀,着色均匀;肉厚、皮薄,种腔小;无异味(如苦味)。

⑥种子　种子扁平,长椭圆形,黄白色。千粒重23～42 g。

2)生长发育周期

①发芽期　从种子萌动到第1片真叶露尖时结束。一般历时5～7 d。所需养分完全靠种子自身养分供给。

②幼苗期　从第1片真叶露尖到4～5片真叶充分展开(团棵)时结束。一般历时30 d左右。

> **知识链接)))**

黄瓜花芽分化规律

1)黄瓜花芽分化的特点

黄瓜花芽分化主要有4个特点:一是早,黄瓜子叶充分展平时就开始花芽分化。二是快,第1片真叶展开时,生长点已分化12节,但性型未定;当第2片真叶展开时,叶芽已分化14～16节,同时第3～5节花的性型已决定;到第7片叶展开时,第26节叶芽已分化,花芽分化到23节时,16节花芽性型已定。三是平行性,进入花芽分化期的各个花芽分化进程各自独立,但又是平行进行的。四是性型的可塑性,在花芽分化两性期,当条件有利于雌花发育时,雄蕊发育停止,雌蕊发育形成雌花;反之,则形成雄花。

2)影响黄瓜花芽分化及性型的环境因素

①温度　黄瓜雌花出现节位的高低和雌雄花的比例与温度有密切的关系。白天在适温下,适当降低夜间温度有利于体内营养物质的积累,能刺激花芽向雌性转化。当第1片真叶展开到第2片叶还没有展开前,夜间温度可控制在12～14 ℃;当第2片叶展开,则夜间温度可降到10～12 ℃,对降低雌花节位和增进雌花数目有重要作用。黄瓜主蔓15节以上的雌花数目,以日温25 ℃左右,夜温13～16 ℃最宜,地温18～20 ℃为宜。

②日照　大多数品种,当第1片真叶展开到第5片真叶展开时,给以8 h以内的光照,对花芽向雌性转化比较有利;反之,给以12 h的光照,则雌花减少,雄花显著增多。在一定范围内,光照增强,能提高光合效率,增加养分的制造和积累,有利于雌花的分化。短日照、低夜温雌花形成早而多。昼夜高温(30 ℃),无论长日照(12 h以上)或短日照(6～8 h),均不形成或很少形成雌花;昼夜低温,日照长时雌花少,日照短可相对增加;昼温低、夜温高,无论日照长短,雌花基本不形成。

③二氧化碳　空气中增加二氧化碳的浓度,光合作用增强,养分积累增多,有利于雌花形成。方法:在营养土中增施有机肥料,或在有保护设施条件下增施二氧化碳气肥。

④湿度　空气湿度和土壤含水量高时,有利于雌花的形成。土壤湿度的增加,花芽分化数目多,雌花比例也高,但是,水分过多,会导致徒长,反而使雌花形成得晚且少。土壤相对湿度在47%时雄花多,在80%时雌花增多1倍以上。

⑤矿质营养　不同矿质营养条件对黄瓜性别表现反应是不同的。氮、磷、钾三元素要配合使用,氮和磷分期施用较一次施用有利于雌花的形成,雌花数增加。氮肥供应不宜过多,磷钾肥应保持充足,增施含氮多的肥料,虽然可以促进茎、叶肥大,但会抑制雌花的分化,增加雄花数量;合理增施磷、钾肥,不仅可以促进根系发育,而且可以促进雌花的形成。

⑥生长调节剂　影响黄瓜性型的激素有乙烯利、萘乙酸、2,4-D、吲哚乙酸和矮壮素等,都有促进雌花分化的作用;赤霉素含量多时增加雄花;乙烯利、黄瓜增瓜剂在生产上较为多用。在幼苗长到2～4片叶时,喷乙烯利100～150 ppm;喷黄瓜增瓜剂每支10 mL兑水5 kg,可促使植株花芽分化形成雌花,并且雌花节位也有所下降。

(1)抽蔓期　从第4片真叶展开到瓜蔓基部的第一个瓜坐住时结束。一般历时20～25 d。通常将幼瓜长到10 cm以上作为坐瓜的判别标准。

(2)结果期　从第一个瓜坐住到拉秧结束。露地栽培一般历时30～60 d,保护地栽培可长达120～180 d。

3)对环境条件的要求

①温度　黄瓜喜温怕寒,耐热能力也不强。叶片生长的适宜温度为白天25 ℃左右,夜间12～15 ℃。结瓜期的适宜温度,白天28～30 ℃,夜间15～20 ℃。温度低于10 ℃,植株的生理活动失调,生长缓慢或停止;低于5 ℃,难以适应,持续的时间过长,植株将枯死;遇0 ℃以下的低温,随即冻死。当温度高于32 ℃后,植株生长开始不良,温度超过35 ℃后,并且持续时间较长时,植株将迅速衰败。

黄瓜根系生长适温是20～30 ℃,长期低于12 ℃不能正常生长,高于30 ℃,呼吸过旺,容易引起根系枯萎。地温超过32 ℃,根系活动受阻,容易加速根系衰老。

②光照　黄瓜喜光耐阴,光的补偿点为1 klx,饱和点为55～60 klx,最适宜的光照强度为30～50 klx。日照时数要求11 h以上。光照不足,植株生长弱,叶黄、色浅,茎干细弱,容易"化瓜",并形成畸形瓜。

③湿度　黄瓜喜湿不耐旱。适宜的空气湿度为白天80%左右,夜间90%左右。结果期要求保持土壤湿润,适宜的土壤湿度为80%左右。黄瓜根系不耐涝,特别是低温期,如果土壤湿度长时间过高,容易导致烂根。

④土壤营养　黄瓜根系对氧气要求严格,必须保持土壤疏松,适合于富含有机质、保水保肥能力强的肥沃壤土。适宜的pH为5.5～7.2。据测定,每生产100 kg的瓜,约需要氮280 g、磷90 g、钾990 g。

8.1.2　类型与优良品种

1)生态分类法

①华北型　俗称"水黄瓜",分布于中国黄河流域以北及朝鲜等地。植株生长势中等,

喜土壤湿润、天气晴朗的气候条件,对日照长短要求不严,较耐低温。该类型黄瓜茎节和叶柄较长,叶片大而薄,果实细长,绿色,刺瘤密,白刺。代表品种有津研系列、津春系类、津优系列、豫黄瓜系列、鲁黄瓜系列等。

②华南型　俗称"旱黄瓜",分布于中国长江以南及日本各地。该类型黄瓜茎叶繁茂,茎粗,节间短,叶片肥大,耐湿热,要求短日照。果实短粗,果皮硬,味淡,果皮绿、绿白、黄白色,刺瘤稀,黑刺。代表品种有湘研系列。

2)熟性分类

①早熟品种　第一雌花一般出现在主蔓的3~4节处,雌花比例大,节成性强,几乎节节有雌花。一般播种后55~60 d开始收获。该类品种的耐低温和弱光能力以及雌花的单性结实能力均比较强,适合于露地早熟栽培及设施栽培。代表品种有长春密刺、新泰密刺、中农5号、津春3号、津优30号、津优33号等。

②中熟品种　第一雌花一般出现在主蔓的第5~6节处,雌花密度中等,一般播种后60 d左右开始收获。该类品种的耐热、耐寒能力中等,露地和设施栽培均可,多用于露地栽培。较优良代表品种有津研4号、津优4号、中农2号、中农8号等。

③晚熟品种　第一雌花一般出现在主蔓的第7~8节处,雌花密度小,空节多,一般每3~4节出现一雌花。通常播种后65 d左右开始收获。该类品种的生长势比较强。较耐高温,瓜大,产量高,主要用于露地高产栽培以及塑料大棚越夏高产栽培。较优良代表品种有津研系列的津研2号和津研7号、宁阳刺瓜等。

8.1.3　栽培方式与茬口安排

黄瓜茬口类型主要分为露地和保护地栽培两大类。根据栽培季节不同,露地又分为春、夏、秋三个主要茬口类型。保护地根据设施和栽培季节不同,又分为小拱棚春黄瓜栽培,大棚黄瓜春提早栽培、秋延后栽培,日光温室早春茬栽培、秋冬茬栽培、冬春茬栽培6个类型。各地因气候差异,栽培季节也有差异。全国主要城市的黄瓜露地栽培季节与茬口安排见表8.1。

表8.1　我国北方主要城市的黄瓜露地栽培季节与茬口安排

地　区	季节茬口	播种期(月/旬)	定植期(月/旬)	收获期(月/旬)
哈尔滨、呼和浩特	春茬	4/上~4/下　设施育苗	6/上~6/下	6/下~8/上
沈阳、太原、乌鲁木齐	春茬 秋茬	3/下~4/上　设施育苗 6/中~7/上　直播	5/中~5/下	6/上~7/中 8/上~9/上
北京、济南、郑州、西安	春茬 夏茬 秋茬	3/上~4/上　设施育苗 5/下~6/中　直播 6/中~7/下　直播	4/下~5/中	5/中~7/中 7/上~8/下 7/下~9/下

黄瓜设施栽培季节与茬口安排见表8.2。

表8.2 我国北方黄瓜设施栽培季节与茬口安排

季节茬口	播种期(月/旬)	定植期(月/旬)	主要供应期(月)	备 注
冬春茬(温室)	9/下~10/上	10/中~11/中	12~4	嫁接栽培
早春茬(温室)	12/下~1/下	2/上~3/上	3~6	嫁接或自根栽培
春早熟(塑料大棚)	2/上~3/上	3/上~4/上	4~7	嫁接或自根栽培
夏秋茬(温室)	4/下~5/上	直播	7~10	防雨、遮阳、自根栽培
秋延后茬(塑料大棚)	6~7	直播	8~10	防雨、遮阳、自根栽培
秋冬茬(温室)	7/上~8/上	直播	10~1	自根栽培

8.1.4 露地栽培技术

1)春露地栽培

(1)品种

露地黄瓜品种要根据栽培形式、当地消费习惯而选用品种。露地主栽品种见表8.3。

表8.3 露地黄瓜栽培的不同茬次及适宜品种

栽培茬次	参考适宜品种
春季露地栽培	津春4、中农8、园丰6、露地2、绿园30、津优4
越夏露地栽培	津优40、津优4、园丰6
秋季露地栽培	津春5、津优4、津优40、中农8号和8910

(2)育苗

培育适龄壮苗,是栽培成功的关键。北方地区多用日光温室、加温温室或塑料大棚多层覆盖加地热线育苗。黄瓜的壮苗标准是:一般日历苗龄40~50 d。植株具有3叶1心或4叶1心,株高10 cm以内,幼苗节间短,茎粗壮,刺毛较硬,茎横径在0.6~0.8 cm。子叶完好、肥厚、具光泽。叶片平展、肥厚,颜色深绿,根系发达、白色。无病虫害。

培育黄瓜壮苗应主要掌握如下主要技术环节:

①床土和种子要进行消毒,播种要播到无菌床,使用不带菌种子进行播种。

②采用催芽处理,对提高黄瓜耐低温能力,提高黄瓜抗逆性,培育壮苗有着重要作用。

③黄瓜苗期温、湿度调控是防止黄瓜幼苗徒长、沤根的关键技术环节,要按照黄瓜生育特点、特性进行科学管理。其总的调控原则是"三高""三低"。苗期管理中,在湿度管理上应根据天气变化,苗生育情况灵活掌握,尤其是在育苗后期,放风量大,气温渐高,幼苗蒸腾量大,必须有充足的水分才能促进黄瓜正常生长。

(3)整地

冬前翻耕,深25~30 cm,同时结合翻耕,每亩施入有机肥5 000~7 500 kg,也可在耕耙时施入。开春后,作好灌排水沟,并把平地面。作成 1.2 ~ 1.5 m 宽的高畦(带沟),沟深 25 cm,以利排水。

(4)定植

各地春黄瓜的定植期,一般要求平均气温在 15 ℃左右,有霜地区必须在当地断霜(绝对终霜)后,地温稳定在 12 ℃以上时定植。

定植密度应根据栽培品种的特性、土壤肥力及生长期长短而定。一般每亩定植 3 000 ~ 4 000 株。一般定植行距 60 ~ 66 cm,株距 25 ~ 30 cm。

定植前要提前挖苗和囤苗,经 3 ~ 4 d 坨的周围开始长出新根,定植后缓苗快,成活率高,正常天气昼夜敞开苗床锻炼,以适应露地定植环境。

(5)田间肥水管理

定植 4 ~ 5 d 后,秧苗长出新根,生长点有嫩叶发生,表示已经缓苗。此时应浇一次缓苗水,浇水量不要太大,以免明显降低地温,待地表稍干,应及时中耕,提高地温。

从定植到根瓜坐住前,管理上要突出一个"控"字,多中耕松土,少浇水,改善根部生长环境,促进根系发育,达到根深秧壮,花芽大量分化,根瓜坐稳的目的。蹲苗要适当,待根瓜坐住,瓜条明显见长时,应及时浇一次水或粪稀水,促进根瓜和瓜秧的生长。根瓜生育期,植株坐瓜尚少、秧子生长量尚小,外界气温尚不高,此时浇水量不宜过大,保持地面见湿见干即可。

黄瓜进入结果期后,外界气温渐高,瓜条和茎叶生长速度加快,并随着瓜条的不断采收,肥水的吸收量也日益增多。此期在管理上要突出一个"促"字。原则上是先轻促,后大促,再小促。腰瓜生育期气温升高,光照足,植株坐瓜多,茎叶生长旺盛,营养生长和生殖生长均达到鼎盛阶段,对肥水的需求逐渐增大,此时应大量施肥浇水,每 1 ~ 2 d 浇 1 水,甚至 1 d 浇 1 水,浇水时间宜在早上。浇水要掌握少量勤浇的原则,不要大水漫灌。施肥一般随水施,原则"一清一浑"。肥料施用应掌握少量多次的原则。追肥水最好增加磷钾肥。化肥用量一般尿素每次每亩 8 kg,或碳酸氢铵每次每亩 20 kg。

(6)支架与植株调整

①支架与引蔓 一般卷须出现时插竹搭架引蔓,搭"人字架"。架式以人字形架较结实,在行头行尾用 6 根竹竿扎一束,中间的四根扎一束。引蔓在卷须出现后开始,每隔 3 ~ 4 d 引蔓一次,使植株分布均匀,于晴天傍晚进行。

②绑蔓 绑蔓可以对黄瓜长势起到调节作用,瓜秧生长势强的应绑得稍紧一些,生长势弱则应稍松一些;瓜上面应比瓜下面绑紧一些,以促进养分向果实内输送,防止大量养分输向生长点而引起徒长和化瓜。一般在株高 23 ~ 27 cm 时开始绑蔓,以后每隔 3 ~ 4 叶绑蔓 1 次。绑蔓一般绑在瓜下 1 ~ 2 节,绑蔓时应同时摘除卷须,一般采取 8 字形绑法,以降低其高度,抑制徒长。

③打杈 黄瓜是否打杈依品种而定,主蔓结果的一般不用打杈;主侧蔓结果或侧蔓结果的,一般 8 节以下侧蔓全部剪除,9 节以上侧枝留 3 节后摘顶,主蔓约 30 节摘顶。

④摘心 黄瓜以主蔓结瓜为主,但有些品种的侧蔓结瓜也很重要。黄瓜主蔓快到架顶时,一般在 20 ~ 25 节时摘心,以利回头瓜的发生。及时打掉底部的老黄叶和病叶。对于侧

蔓,一般在第一瓜下的要尽早除去,防止养分分散,上面的侧蔓可采取见瓜后留 2 叶摘心,这样有利于总产量的提高。

(7)采收　根瓜应尽量早收,以免坠秧,初收每隔 2 ~ 3 d 进行 1 次。腰瓜及回头瓜生长较快,开花 4 ~ 12 d 即可采收,盛瓜期可每日采收。

2)夏露地生产技术要点

(1)茬口选择

华北、华东地区,前茬多为菠菜、油菜、小萝卜、早甘蓝、早菜花等。东北、西北地区,实行越夏一季栽培,可利用冬季休闲地。

(2)品种选择

主要选择抗热、耐雨、抗病品种。参考表 8.3 中的夏季主栽品种。

(3)整地、施肥、作畦

前茬腾地后,尽快清理前茬作物和杂草。一般亩施底肥(圈肥)3 000 ~ 4 000 kg,先撒肥,后翻地,土肥混匀后做成长 7 m、宽 1.5 m 的畦,做成慢跑水畦,或做成高畦直播以利排水,多采用大架,行距 70 cm,株距 25 ~ 28 cm。

(4)直播

高畦直播先在高畦两边用小锄各开 10 ~ 12 cm 宽,10 ~ 15 cm 深的小沟,沟内浇足水,待水渗完后,将预先催好芽的种子,按适宜的株距每穴点播 2 粒种子,随后覆盖潮土。播种一般在下午进行,阴天上午也可播种。底水的浇水量应该比春黄瓜大些,且播后覆土要比春黄瓜稍厚 1 ~ 2 cm,以免跑墒。

(5)播种后管理

①生长素处理　夏季高温日照长,不利于黄瓜花芽分化和雌花的形成,在黄瓜幼苗 2 ~ 4 片真叶期间,必须及时准确喷施 100 ~ 150 mg/kg 乙烯利,诱导雌花形成,增加雌花数量,这是夏季黄瓜高产的主要措施。

②及时插架　夏季黄瓜苗生长较快,为避免风吹和下雨将叶片溅上土泥,影响光合作用和植株生长,必须及时插架。要插大架,绑牢固,防止被大风、大雨吹歪压倒。

③浇水与中耕　齐苗后根据土壤墒情浇一次水后中耕,夏黄瓜比春黄瓜中耕要浅,3 ~ 5 cm 即可。蹲苗期短,中耕后稍加蹲苗,目的防止瓜秧徒长,夏黄瓜雌花少、雄花多、节间长,秧苗弱,易徒长,尤其直播苗极易徒长,产量低,但是夏天气温高,水分蒸发快,蹲苗时间不要过长,要根据瓜秧长势和土壤墒情适时浇水。采收根瓜前进行第 2 次中耕,深 2 ~ 3 cm;进入盛瓜期后,浇水要勤,应在傍晚或早晨浇水,不宜在中午浇水。晴天小水勤浇;连阴骤晴天气,要及时浇水防晒;连阴雨或大雨时,要排水防涝,热雨后,要及时"涝浇园",浇井水散热。

④追肥　夏黄瓜生长旺盛,浇水和降雨较多,土壤养分容易流失,因此比春黄瓜应多追肥、勤追肥,追肥种类同春黄瓜。前期气温不太高,可追施人粪尿;中、后期气温已高,要追施化肥。每次追肥用量比春黄瓜要少些,追肥次数要多于春黄瓜,追肥总用量要多于春黄瓜。

⑤整枝、绑蔓　夏黄瓜生长快,要及时绑蔓,防止相互缠绕,影响生长。绑蔓时,使瓜蔓

在架上分布均匀,并使瓜蔓迂回向架顶伸展,以延长主蔓,促使多结瓜。夏播品种一般都有侧蔓,但基部侧枝不保留,要及早去掉,中、上部侧枝,可酌情多留几片叶再摘心,有利于杈瓜生长,下部老叶、病叶要及时摘除。

（6）采收

夏季气温高,植株生长快,果实发育快,北方地区一般播种后 30～40 d 就可采收,播种后 60～65 d 拉秧,采收期仅 1 个月左右。夏黄瓜结瓜期正处炎热多雨,瓜宜勤采。一般亩产 3 000～3 500 kg。

3）秋黄瓜栽培技术要点

北方地区秋茬黄瓜夏季播种,收获在秋季到初霜之前。在华北一般在 7 月播种,8～10 月收获,到露地出现霜冻为止。这茬黄瓜对秋淡季的蔬菜供应有重要作用。

①品种选择　要选择生长势强,苗期耐热、后期耐寒、抗旱、抗涝、抗病、对长日照反应不敏感的品种。参考表 8.1.3 中的秋季主栽品种。

②施基肥、整地、作畦　为预防黄瓜发病,最好选择 3 年内没种瓜类的地块。因秋黄瓜生长期较短,播种期又遇雨季,因此,前茬作物收获后,尽快清茬腾地。

一般亩施基肥腐熟圈肥 3 000～4 000 kg,过磷酸钙 50 kg,浅耕或旋耕后,按长 8～10 m,宽 1.35～1.4 m 作畦,在畦中按行距 65～70 cm,高 15～17 cm 做成 2 行小高垄,以便于浇水或排水防涝。

③播种　播种前可以催芽、浸种,或干籽直播,北方地区多用点播即在垄上按株距 20～22 cm,深 2～3 cm,每穴 2 粒种子,播后覆土。墒情不好的,顺沟浇一小水,促出苗。每亩播种量为 250 g 左右。

④田间管理　播种到子叶展开,及时查苗补苗,发现有缺苗时,应及时进行移苗补栽,或补种。

夏末秋初高温日照长,不利于黄瓜花芽分化和雌花的形成,尤其不利于早期花芽分化,造成根瓜节位高,下部雌花率降低。黄瓜幼苗 2～4 片真叶期间,必须及时喷施乙烯利,诱导雌花形成,增加雌花数量,乙烯利施用浓度比夏季要低些,一般不超过 100 mg/kg,这是秋季黄瓜高产的主要措施。

秋黄瓜苗期灾害性天气较多,定苗不宜过早,一般在 3～4 片真叶时定苗,每穴选留一株健壮苗。每亩苗数 4 500～5 000 株。

黄瓜苗期正处雨季,如果不是十分干旱,从出土直到根瓜采收前一般不浇水。应多中耕除草,每次下雨后,都应浅中耕一次。进入结瓜期,植株需水量增多,可视天气情况进行浇水,浇水量不能太大,也不能太勤,一般 3～4 d 浇一水。大雨过后及时排水。结合浇水每亩追施尿素 10 kg,每隔一水,追一次肥,整个生长期内追肥 4～5 次即可。结瓜后期已到 9—10 月,降雨已少,应适时浇水。

其他田间管理与春黄瓜、夏黄瓜基本相同。

⑤采收　秋黄瓜生长较快,一般播种后 40～45 d 开始采瓜,采收期 2 个月左右,早霜前拉秧。这茬黄瓜病害较多,产量较低,一般亩产 2 500～3 000 kg。

8.1.5 设施栽培技术

1）塑料小拱棚春提早栽培技术

①栽培季节和采用品种　春提早栽培的播种和定植时间,比露地春黄瓜要提早5～7 d。采用的品种应选择结瓜早、瓜码密、品质好、耐低温和弱光、抗病性强。

②整地施肥　年前秋季作物收获后要深翻土地进行冬季晒垡。早春的晚霜前20 d,随翻地亩施腐熟的有机肥5 000 kg,磷酸二铵20 kg。耙平,做成宽70 cm的平畦。

③建造小拱棚　小拱棚栽培黄瓜棚高35～50 cm,宽70 cm,最好做成南北向。扣棚膜应在定植前10～15 d进行,以提高地温。

④定植　一般在晚霜前1周定植较适宜,如果加盖草苫可提到晚霜前2周定植。选择温暖无风天的上午进行栽苗。定植的行距70 cm,宽的畦栽2行,株距30 cm。用"水稳苗"法浇水。定植后覆盖地膜,尽快提高温度。

⑤定植后管理　小拱棚在无风晴天时升温较快,防止高温烤伤秧苗。当棚温达到28 ℃时放风,下午降到28 ℃时开始闭风。前期可在小拱棚两头放风,当气温逐渐提高后,可在拱棚中间侧面间隔揭膜通风。当天气变暖,晚霜已过,夜间再无12 ℃以下低温危害时,可将棚膜撤掉。在撤膜前5～6 d内,夜间要逐渐加大通风量,使秧苗逐渐适应露地气候条件。从定植到撤膜,一般为20～25 d。撤下膜后,行间要进行一次深、细、透的中耕松土以提高地温,促进黄瓜发根。中耕后,要及时插架绑蔓。其他管理与露地春黄瓜基本相似。

2）春季大棚黄瓜早熟栽培技术

（1）品种选择

春大棚黄瓜生产的目标是早上市、丰产。品种应选择:早熟性要强、适应性强、适宜密植、单性结实率高、抗病性强。

（2）培育壮苗

大棚春黄瓜早熟的关键是培育适龄壮苗,重点抓好两个重要环节,一是促进秧苗提早分生雌花;二是缩短定植至采收的时间。

黄瓜壮苗应主要掌握如下主要技术环节:一是床土和种子要进行消毒,播种要播到无菌床,使用不带菌种子进行播种;二是培育壮芽播种;三是搞好黄瓜苗期温、湿度调控是防止黄瓜幼苗徒长、沤根的关键技术环节,其中温度管理最重要。

第一阶段,从播种到开始出苗,应控制较高的床温,一般床温为25～30 ℃,约2 d就开始出苗。

第二阶段,从出苗到第一片真叶显露,即破心,此期要及时降温,控制较低的温度,一般白天20～22 ℃,夜间12～15 ℃。

第三阶段,从破心到定植前7～10 d,白天要保持在20～25 ℃,夜间在13～15 ℃,有利于雌花分化且降低雌花节位。

第四阶段,即定植前7～10 d进行低温锻炼,为提高黄瓜秧苗的适应能力和成活率,一般白天在15～20 ℃,夜间在10～12 ℃。

（3）定植

①定植前的准备 定植前7~10 d要对秧苗进行幼苗锻炼，育苗温室草苫早揭晚盖，逐渐增加通风量和时间，白天保持20~25℃，夜间保持8~10℃，并需要1~2次短时间5℃的锻炼以使幼苗在定植后能适应大棚的早春气温低的环境。有前茬作物的大棚要在定植前10~20 d及时拉秧净地，畦宽40~60 cm，畦面栽两行。在定植前7~10 d用塑料膜把棚扣好进行烤地，提高地温。

整地和施基肥一般在前一年秋冬季完成。黄瓜的基肥量应占总施肥量的30%~50%，以有机肥为主，磷肥的绝大部分也应作基肥施入。每亩施用优质有机肥5 000~7 000 kg，过磷酸钙50~60 kg，两者应充分混合堆积发酵后施用，上述肥料2/3撒施耕翻后，其余1/3在定植畦中央开沟施入。有机肥用量不足时，除每亩施用50~60 kg过磷酸钙外，每亩还应加入复合肥30~50 kg和硫酸钾5~10 kg。然后翻耕晒地。定植前10 d进行整地作畦，畦有平畦和高畦两种类型。平畦易于操作，高畦利于提高土温，早期产量高。

平畦栽培：作畦时一定要注意协调畦埂与大棚压线位置，以保证压线处的滴水不滴到黄瓜叶片上，减轻病害的发生。

高畦栽培：畦宽1.3 m，每畦栽2行，行距40~50 cm，株距20~5 cm。

大垄宽窄行：小行距40 cm，大行距80 cm，株距25~30 cm，亩保苗3 700株左右。

②定植 北方地区早春气候变化幅度大，要根据天气变化的规律确定定植时间。当大棚内10 cm土层的温度稳定在10℃以上，棚内白天气温高于20℃以上的时间不少于6~7 h，夜间的最低气温不低于3℃时方可定植。春大棚黄瓜的定植期为当地终霜期结束后向前推30 d左右。

春大棚黄瓜定植宜在晴天上午进行。定植时秧苗经严格挑选，除去有病的弱苗、有机械损伤的和无生长点的苗，要保证秧苗整齐一致。俗话说"黄瓜见坨""茄子没脖"，秧苗不要栽得太深。浇水量不易过大，保地温，促发根缓苗。

（4）田间管理

①定植至根瓜采收前的管理 定植后要立即封棚保温，可采用双层薄膜覆盖，棚内小拱棚覆盖，大棚四周围盖草苫草帘，大棚四周挂围裙等。提温促进生根，一般4~5 d后幼苗长出新根，生长点有嫩叶发生时表明已缓苗，可浇1次缓苗水，浇水量要少以免降低土温，不利于缓苗。若土壤很湿，可不浇或晚浇缓苗水。浇水后要及时中耕，以提高地温。在根瓜坐稳前，管理上以"控"为主，控制浇水，多中耕松土。中耕2~3次后培土，深4~5 cm，促进根系发育，达到根深秧壮，花芽大量分化，根瓜坐稳的目的。蹲苗要适当，要根据土壤干湿状况结合秧苗长相加以判断。当根瓜坐住后，大多数瓜把颜色变深时，及时浇一次稀粪水，促进根瓜和秧苗生长。缓苗期日温25~28℃/夜温13~15℃/地温15℃以上。抽蔓期采用四段变温管理，上午26~28℃，下午20~22℃，前半夜15~17℃，后半夜10~12℃。

②结瓜期的管理 根瓜坐稳就标志着进入结果期，这时外界气温逐渐升高，瓜条和茎叶生长速度加快，肥水的吸收量逐渐增多，这时管理上应以"促"为主。结瓜初期，植株只到半架，坐瓜尚少，天气不很热，浇水量不宜过大，一般7 d浇水1次；采收盛期气温升高，坐瓜多、茎叶生长旺盛，此时应大量施肥浇水，应1~2 d浇1次水，甚至1 d浇1次。浇水应在

清晨进行,掌握少浇勤浇的原则,不要大水漫灌。追肥结合浇水进行,前期天气不热,以施腐熟的稀大粪或鸡粪为好;天气较热后,以施速效化肥为宜。化肥不宜多,每次每亩施尿素 8 ~ 10 kg 或碳酸氢铵 20 kg。一般浇 1 次清水施 1 次肥水。最好有机肥和化肥交替施用,这样肥效好,营养全。结瓜期实行变温管理,但各个阶段的温度适当提高,上午 28 ~ 30 ℃,下午 22 ~ 24 ℃,前半夜 17 ~ 19 ℃,后半夜 12 ~ 14 ℃。

高级技术)))

黄瓜四段变温管理法的技术要领

第一个时段:太阳出来至 14 时左右。技术要领:太阳出来及时关闭风口,提温保温,短时间内达到作物生长适宜温度上限。目的延长有效光合作用时间,多制造养分。但超过适宜温度上限,光合作用减弱,或者产生副作用,如呼吸加快、高温障碍、日灼、萎蔫。高温时注意放风、降温,或者遮阴。

第二个时段:14 时左右至太阳落。技术要领:通过打开或关闭风口,调控温度,一般保持作物最适温度。目的抑制呼吸作用、促进光合作用。

第三个时段:太阳落至 22 时左右。技术要领:适当保持较高温度,加快养分运输,并让养分向着产品器官分配。太阳落至 22 时保持适当温度,加快养分运输。温度过高,尤其长时间高温,呼吸作用(消耗养分)多;温度低,养分积聚于叶片上,叶部深绿,老化,果实得不到养分发育慢、化果、僵果;生长点得不到养分生长慢,花压顶、果压顶。

第四个时段:22 时左右至太阳出来。技术要领:在不造成冻害情况下适当降低温度,降低呼吸作用(消耗养分),增加积累,提高产量。温度高引起旺长或徒长;落花、落果、花果,叶片瘦弱、黄花,光合作用降低,恶性循环;温度低引起寒害、冻害、死亡。

3)温室冬春茬黄瓜嫁接栽培技术

温室冬春茬黄瓜 9 月下旬—10 月上旬播种,10 月中旬—11 月上旬定植,12 月上旬—5 月下旬收获。

(1)品种选择

要求根瓜节位低,瓜码密,耐低温、耐弱光能力强,雌花密度大,连续结瓜能力强,结瓜期长,瓜形端正,瓜条匀称,着色均匀,抗病的品种。

(2)嫁接育苗

正常播种期为 10 月上、中旬。此期播种可保证在大多数地区的温度条件下培育壮苗,有利于嫁接伤口愈合。越冬茬黄瓜一般苗龄 35 d 左右,定植后约 35 d 开始采收。

嫁接砧木多选用黑籽南瓜,其他南瓜品种如南砧 1 号、墩子南瓜等也有使用。生产上多采取方法简单、成活率较高的靠接法嫁接育苗。在黄瓜枯萎病发生严重的地块最好用嫁接部位较高,防病效果较好的顶端插接法。

(3)施肥作畦

底肥主要以优质的纯鸡粪(蛋鸡粪)、饼肥、复合肥为主。参考施肥量为:每亩用纯鸡粪 3~5 m³、饼肥 100~200 kg、优质复合肥 100 kg。有机肥要充分腐熟并捣碎后施用，瓜苗定植前 15~30 d，将 80% 的鸡粪、50% 复合肥均匀撒到地面，并深翻。高温闷棚 10~15 d，然后作畦。剩下的肥料作畦时，集中施于起垄处，深翻地后起垄。

温室黄瓜适宜高垄栽培，目前多采用一垄双行栽培，按 50~60 cm 和 80~100 cm 大小垄距起垄。大垄沟宽 80~100 cm、深 30 cm 左右，大垄上开小沟，小垄沟宽 20 cm 左右、深 10~15 cm，主要用于冬季浇水和冲施肥，降低湿度，保持地温；走道宽 50~60 cm，主要用于田间进出以及高温期浇水。一般以每亩 3 500 株左右，过密会因光照不足而影响产量。

（4）定植

选阴天或晴天下午定植。按 25~30 cm 株距，在垄背上挖穴栽苗。大小苗要分区定植，大苗栽到温室的南部，小苗栽到北部。栽苗深以平穴后嫁接部位高于地面 5 cm 左右为宜，严禁埋没嫁接部位。随栽苗随浇水，大小垄沟一起浇水，湿透垄背。

（5）田间管理

①覆盖地膜　定植 1 周后覆膜，覆膜前小垄沟用枝条撑起，避免浇水后地膜粘到地面上，造成板结。地膜幅宽 140~150 cm，将垄背和垄沟全部盖住。展开地膜，在与瓜苗对应处划一道"一"口，从口内拎出瓜苗后覆盖薄膜，见图 8.2。

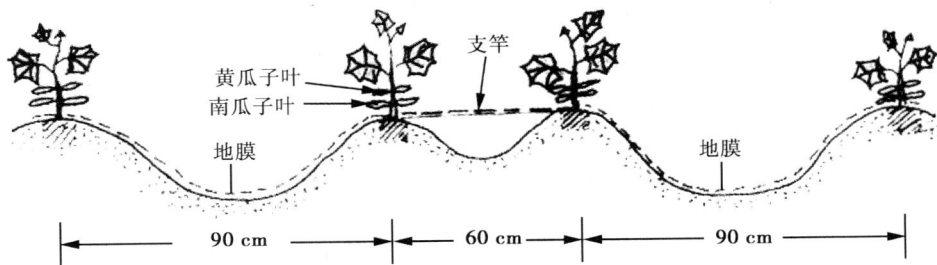

图 8.2　黄瓜定植与覆盖地膜

②温度管理　定植后 1 周内要保持室内温度 25~32 ℃，促生新根。晴天中午前后温度超过 32 ℃，要放风降温。新叶吐出，开始明显生长后加强通风，降低温度，白天 25 ℃ 左右，夜间 15~20 ℃；结果初期温度要适宜，结瓜期要保持高温，冬春季节晴天实行四段变温管理：上午是黄瓜一天中光合作用最强，温度控制在 28±2 ℃；下午光照减弱，同时注意与夜间温度相衔接，因此温度控制在 22±2 ℃；前半夜为促进养分运输，温度控制在 17±2 ℃；后半夜为抑制呼吸，减少养分消耗，温度控制在 12±2 ℃。翌年春季、夏初要防高温，白天温度 28 ℃ 左右，夜间 15~20 ℃。

注　意

阴雨雪天气条件下冬春茬黄瓜管理措施

冬季阴雨雪天气，会造成保护地低温、高湿与寡照等不利于黄瓜生长发育的环境条件，尤其是连续几天的低温阴雾天气会给越冬黄瓜造成很大的危害。主要措施严闭棚室防寒保温，夜间加盖草苫、薄膜等加强保温。必要时临时加温，以提高棚室内夜间的温度，规避自然灾害的影响；低温、高湿、寡照的条件下易引起多种病害发生流行，阴雨雪天气时中午短时放风，可以降低棚内湿度，是预防病害发生流行的最主要手段。

知识链接)))

冬季连阴天过后温室冬春茬黄瓜管理措施

连阴天黄瓜的根系会受到不同程度的伤害,会降低其对水分养分的吸收能力,连阴天过后天气转晴,不要急于一下子将草苫全部拉开,注意逐渐通风,防止闪秧闪苗。为避免植株在阳光下直射而造成黄瓜植株萎蔫,要采取"揭花苫"的方法逐步增温、增光。受强光照而出现萎蔫现象的植株,及时放草苫遮阳,并随即喷洒 15 ~ 20 ℃的温水,也可以喷施叶面肥,增加营养,尽快恢复瓜秧生势。

(6)肥水管理

坐瓜前浇足定植水一般不再浇水,定植水不足时可在定植 1 周后适量浇水,应避免浇水过多,引起瓜秧徒长。田间大部分瓜秧坐瓜后,根据土壤干湿情况,适时在小垄沟内浇一水。进入结果期要勤浇水,保持地面湿润为宜。冬季温度低,需水少,一般 15 d 左右浇一水。春季随着温度的升高和生长的加快,应 7 ~ 10 d 浇 1 次水。

施足底肥后,结瓜前不追肥。开始收瓜后,结合浇水进行追肥。冬季 15 d 追 1 次肥,春季每 10 d 左右追 1 次肥,拉秧前 30 d 不追肥或少量追肥。冬季采取小垄沟内冲肥法施肥,春季可以大沟、小沟交替进行。结合浇水交替冲施化肥和有机肥。化肥主要用复合肥、硝酸钾、尿素等,复合肥应于施肥前几天要浸泡透随水冲施,有机肥主要沤制,最好埋施,或沤制成液体状,挥发性强的肥料如碳酸氢铵,冬季不利放风的情况下不宜使用,每亩每次用量 20 ~ 25 kg。结瓜盛期结合叶面肥效果比较好。低温期应选在晴暖天的中午叶面施肥,高温期安排在上午 10 时前或下午 15 时后进行叶面施肥,施肥后加大通风量,排出过湿的空气。

其他技术)))

根据植株长相制订管理措施

①看雌花　生长势强的植株,雌花向下开放,花瓣大,色鲜黄;生长势弱的植株雌花短而细,横向开放,子房弯曲,花瓣色淡黄,应加强肥水管理;雌花向上开放,则表明生长势更弱。各叶腋都出现雌花,甚至出现两个以上雌花,是乙烯处理浓度偏大造成的,应以"促"为主。

②看雌花开花节位　最上部开放雌花节位距生长点 40 ~ 50 cm,表明生长健壮的植株;开花节位上升距生长点不足 40 cm,表明地温低、夜温低、干燥缺水、肥料不足或瓜果过多造成的;开花节位上升距生长点大于 50 cm,则表明植株徒长,是高夜温、高地温、日照不良、氮肥过多而水分充足所致。

③看卷须　新生的卷须粗壮,与茎成 45°角表明植株健壮,管理正常;卷须成弧状下垂是缺水的表现;卷须先端很快卷成圆圈,说明植株衰老,应进行追肥、浇水和叶面喷肥;卷须先端变黄,表示植株将要发生霜霉病等病害,应及时放风,增加光照,实行变温管理。

（7）植株调整

①引蔓和落蔓　黄瓜引蔓与落蔓能使叶片均匀分布,保持合理采光位置,维持最佳叶片系数,提高光合效率,从而可以使生长势加强,结瓜期延长。瓜蔓长到 20 cm 左右长时,开始吊绳引蔓。每株瓜一根细尼龙绳或布绳,绳的一端系到瓜苗行上方的铁丝上,另一端打宽松活结系到瓜苗的基部,并将瓜蔓绕缠到绳上。随着瓜蔓的不断伸长定期将蔓缠到吊绳上。

拓展训练 》》》

黄瓜缠蔓、落蔓技巧

黄瓜缠蔓应根据瓜蔓的长势采取不同的引蔓法。生长比较旺以及温室南部的瓜秧用弯曲引蔓法,将生长点位置压低;长势偏弱、低矮的植株用直领法引蔓上绳;温室北部的瓜秧可视长势适当调节高度。温室内东西向的瓜秧高度基本一致,南北向北高南低,呈斜面型。冬季晴天上午 10 时后至下午 3 时前缠蔓,该阶段的高温促缠蔓时造成的伤口及时愈合,避免染病,春季下午瓜蔓失水变软时缠蔓,上午缠蔓容易伤害茎叶。

注　意

落蔓要掌握正确的方法

1. 在植株生长点接近棚顶,植株底部无叶茎蔓离地面 30 cm 以上的时候及时落蔓,落蔓宜选择晴暖午后进行,这样不易损伤茎蔓。切记不要在含水量高的早晨、上午或浇水后落蔓,以免损伤茎蔓,影响植株正常生长。

2. 冬季落蔓前 7 d 不浇水,这样有利于增强柔韧性,还可以减少病源。先去除病、老叶,带至棚外烧毁,避免落蔓后靠近地面的果实、叶片因潮湿的环境发病。

3. 茎蔓要有秩序地向同一方向逐步盘绕于栽培垄的两侧地膜上。盘绕茎蔓时,要顺茎蔓的弯向把茎蔓打弯,避免扭裂或反方向折断茎蔓。

4. 下放的高度以功能叶不落地为宜,每株保持功能叶保持在 20 片以上。

5. 随着瓜蔓的不断伸长,定期落蔓。

②整枝抹杈　前期基部侧枝应及早抹掉,抹杈应于晴天上午进行以免抹杈后,伤口长时间不愈合而染病。

③摘叶、掐卷须　基部病叶以及叶色变黄的老龄叶应及早摘掉,卷须、雄花应及时掐掉。

（8）光照管理

冬季保持薄膜表面清洁以及人工补光等多种措施,尽量早揭、晚盖草苫增加温室内的光照量和光照时间。

（9）二氧化碳施肥

结瓜中期晴天上午日出后开始施二氧化碳气肥,每次施肥 2～3 h,施肥期间保持设施内二氧化碳浓度 800～1 000 mL/m^3。

黄瓜生理障碍

1. 化瓜　坐果正常,但在发育过程中生长缓慢,逐渐褪绿黄化,最终干枯死亡。

表8.4　化瓜原因及防止对策

原因类型	防止对策
植株营养生长过旺	适度降低夜间温度,控水、控肥
瓜码过多	适时疏花疏果
地温过低,根系发育不良	创造适宜的栽培环境,加强水肥管理
连续阴天,低温寡照	创造适宜的栽培环境
下部瓜采收不及时	根瓜及下部瓜及时采收
花期喷药不当或有毒气体危害	避免花期喷药,及时通风换气

2. 花打顶

表8.5　花打顶原因及防止对策

原因类型	防止对策
夜温偏低,昼夜温差过大,雌花形成过多,对营养生长产生抑制	花芽分化阶段夜温不低于13℃
土壤过干或过湿、施肥过多造成黄瓜根系发育差,吸收能力弱	合理水肥管理,中耕松土,促进根系发育
地温偏低	适度提高夜间温度,创造适宜的栽培环境

黄瓜花打顶症状解除措施

1. 对已出现花打顶的植株,要及时采收商品瓜,并疏除一部分雌花;一般健壮植株每株留1~2个瓜,弱株上的瓜全部摘掉。

2. 用50~100 mg/kg赤霉素喷洒顶部。

3. 采用5 mg/L萘乙酸水溶液和爱多收3 000倍液混合灌根,刺激新根尽快发生。

4. 追用速效氮肥(硝酸铵),浇水后封闭温室提高温度。

3. 畸形瓜　常见的形状有大肚、蜂腰、尖头、大头、弯曲等。

表8.6　畸形瓜原因及防止对策

原因类型	防止对策
授粉受精不良	花期辅助授粉
营养物质供应不足	结果期加大水肥供应,疏花疏果
缺素	盛瓜期补充微量元素

4.苦味瓜　食用时有明显苦味。

表8.7　苦味瓜原因及防止对策

原因类型	防止对策
品种的遗传特性	选用不易产生苦味素的品种
偏施氮肥	配方施肥
土壤干旱、地温低造成根系发育不良	及时灌水,勤中耕,升温
温度过高导致植株营养失调	合理通风降温

任务8.2　西瓜生产技术

活动情景　西瓜露地生产多以春季、夏季为主,夏秋季节供应市场;设施生产多以小拱棚、中棚、大棚为主,日光温室栽培面积较小,早春至初夏上市。本任务是通过资料查询、教师讲解、任务驱动等,学习西瓜的茬口安排、露地及设施栽培技术,其中,西瓜春季地膜覆盖栽培、塑料大棚春茬西瓜栽培和中棚西瓜长季节栽培是重点。

工作过程设计

工作任务	任务8.2　西瓜生产技术	教学时间	
任务要求	1.熟悉西瓜生物学特性、类型与优良品种、栽培方式与茬口安排 2.掌握西瓜露地栽培技术、设施栽培技术		
工作内容	1.生物学特性 2.类型与优良品种 3.西瓜露地栽培技术 4.西瓜设施栽培技术		
学习方法	以课堂讲授和自学完成相关理论知识学习,以田间项目教学法和任务驱动法,使学生学会西瓜露地栽培和设施栽培技术要领		
学习条件	实训基地、多媒体设备、资料室、互联网、生产工具等		
工作步骤	资讯:教师由日常生活需求引入任务内容,进行相关知识点的讲解,并下达工作任务 计划:学生在熟悉相关知识点的基础上,查阅资料收集信息,划分工作小组,进行工作任务构思,设计工作计划方案 决策:各小组汇报工作计划方案,师生进行问题答疑、交流讨论、审查修改、确定方案,并准备完成任务所需的工具与材料 实施:学生在教师辅导下,按照计划分步实施,进行知识学习和技能训练 检查:为保证工作任务保质保量地完成,在任务的实施过程中要进行学生自查、学生互查、教师检查指导 评估:对任务完成情况进行学生自评、小组互评和教师点评		

续表

工作任务	任务 8.2　西瓜生产技术	教学时间	
考核评价	课堂表现、学习态度、任务完成情况、作业报告完成情况		

📚 工作任务单

工作任务单			
课程名称	蔬菜生产技术	学习项目	项目 8　瓜类蔬菜生产
工作任务	任务 8.2　西瓜生产技术	学时	
班　级		姓　名	工作日期
工作内容与目标	1.熟练掌握露地春季西瓜品种选择原则和要求及栽培技术 2.重点掌握温室、塑料大棚春季西瓜植株调整、花果管理技巧等		
技能训练	1.露地春季西瓜育苗 2.西瓜植株调整、花果管理技巧等 3.设施西瓜吊蔓、吊瓜及环境控制技术		
工作成果	完成工作任务、作业、报告		
考核要点 （知识、能力、素质）	了解西瓜生物学特性、类型与优良品种、栽培方式与茬口安排 掌握西瓜的植株调整基本方法要领,设施栽培管理过程中的管理技巧 吃苦耐劳,独立思考,创新意识		
工作评价	自我评价	本人签名：	年　　月　　日
	小组评价	组长签名：	年　　月　　日
	教师评价	教师签名：	年　　月　　日

📚 任务相关知识

西瓜起源于非洲热带草原,我国栽培有一千多年的历史,为夏季消暑的主要水果型蔬菜,除了西藏高原外,全国各地均有栽培。

8.2.1　生物学特性

1)形态特征

①根　西瓜根系发达,主根入土深 1 m 以上,横向分布范围 3 m 左右。根系易老化,伤根后再生能力较弱,不耐移栽。

②茎　蔓性,中空,分枝力强,可进行 3~4 级分枝。茎基部易生不定根。

③叶　子叶两片,椭圆形。真叶深裂或浅裂,叶片小,叶面密生茸毛并带有蜡粉。

④花　西瓜雌雄同株,雌花单生,子房下位,子房表面密生银白色茸毛,形状圆形或椭圆形,无单性结实能力。雌、雄花均清晨开花,午后闭合,属半日性花。

⑤果实　圆形或椭圆形。皮色浅绿、绿色、墨绿或黄色等,果面有条带、网纹或无。果肉颜色大红、粉红、橘红、黄色以及白色等多种,质地硬脆或沙瓤。味甜,中心可溶性固形物含量12%～15%。

⑥种子　扁平,卵圆或长卵圆形。种皮褐色、黑色、棕色等多种。种子大小差异较大,小粒种子千粒重20～25 g,大粒种子150～200 g。种子使用寿命3年。

2)生长发育周期

①发芽期　从种子萌动到第一片真叶露尖。地温15～20 ℃,一般历时8～10 d。高温季节,发芽期仅3～5 d。

②幼苗期　从第一片真叶露尖到第四片真叶完全展开。气温20～25 ℃,一般历时25～30 d。此期结束时,主蔓14节以内或17节以内的花芽已分化完毕。

③抽蔓期　从第四片真叶展开到留瓜节的雌花开放。一般历时18～20 d。

④结果期　从留瓜节的雌花开放到果实成熟。一般需要30～40 d。通常按果实的形态变化将结瓜期分为坐瓜期、膨瓜期和成熟期。从开花到幼瓜表面茸毛稀疏消退(退毛)、果柄下弯时为坐瓜期,在25～30 ℃适温条件下,需4～6 d;从幼瓜"退毛"到果实大小基本定型(定个)为膨瓜期,需15～25 d;果实"定个"到成熟为成熟期,一般需要10 d左右。

3)对环境条件的要求

①温度　西瓜喜温怕寒。发芽期的适宜温度为25～30 ℃,低于16 ℃或高于40 ℃极少发芽。茎叶生长最适温度25～30 ℃,10～18 ℃生长停滞,10 ℃以下完全停止生长,因此10 ℃被认为西瓜生长的最低极限,低于5 ℃,有冻死的危险。开花结瓜期的适宜温度为25～32 ℃,低于18 ℃,果实发育不良;膨瓜期和变色期以30 ℃左右最好。西瓜的耐热能力比较强,能忍耐35 ℃以上的高温。

②光照　西瓜喜光怕阴。光补偿点为4 klx,饱和点80 klx。但变色期的瓜不耐强光,长时间照射果面时,容易发生日烧。结瓜期要求日光照时数10～12 h以上,短于8 h不利于西瓜的发育。

③湿度　西瓜耐干燥和干旱的能力强。适宜的空气湿度为50%～60%,开花坐瓜期要求80%左右。适宜的土壤湿度为半干半湿至湿润,土壤湿度长时间过高,通气不良时,容易发生烂根。

④土壤与营养　西瓜对土壤的要求不严格,适应性强,以土层深厚、疏松通气的沙壤土为最好。不耐碱,适宜的土壤pH为5～7。西瓜产量高,对养分的需求量也比较大,三要素的吸收比例为氮(N)∶磷(P_2O_5)∶钾(K_2O)=3.28∶1∶4.33。另外,嫁接西瓜对镁的需求量也比较大,供应不足时,容易发生叶枯病。

8.2.2 类型与优良品种

1）按熟性分类

①早熟品种　北方地区春季栽培，从播种到收瓜一般需80~90 d。瓜成熟快，从雌花开放到成熟需要26~30 d。株型小，适合密植。该类品种的瓜小、皮薄，易开裂，耐贮存和运输的能力比较差。耐低温和弱光能力比较强，也容易坐瓜，主要用于设施栽培及露地春季早熟栽培，所产的瓜以当地销售为主。较优良的品种有京欣1号、早红宝等。

②中熟品种　北方地区春季栽培从播种到收瓜需90~100 d。植株的长势强，株型较大，种植密度小。瓜成熟稍晚，从雌花开放到成熟一般需要30~40 d。该类品种的瓜大、皮厚，不易裂瓜，较耐运输和贮存。适应性也较强，茬口安排灵活，露地栽培中多用来代替晚熟品种进行高产栽培，以外销为主的设施栽培中，也多选用该类品种。较优良的品种有金钟冠龙、台湾新红宝、齐红、聚宝1号、丰收2号等。

③晚熟品种　北方地区春季栽培从播种到收瓜需100~120 d。瓜成熟稍晚，从雌花开放到成熟需要40 d以上。株型较大，种植密度小。该类品种的瓜大、皮厚，不易裂瓜，成熟瓜也不易倒瓤，较耐运输和贮存。植株耐热，长势强，连续结瓜能力也比较强，但由于收瓜晚、瓜的品质较差等原因，目前已很少栽培。主要品种有手巾条、红优2号、喇嘛瓜等。

2）按细胞学分类

①普通二倍体。

②三倍体无籽西瓜。

③四倍体少籽西瓜。

8.2.3 栽培方式与茬口安排

西瓜忌连作，应与其他蔬菜或作物轮作4~6年。设施内连作时，应采取嫁接防病措施。

西瓜茬口类型主要分为两大类，即露地和设施栽培。目前露地栽培一般采用地膜栽培，春播夏收，露地断霜后播种或定植；设施栽培中主要用塑料大、中、小拱棚于春季栽培，较少用温室栽培。小拱棚栽培一般可较露地提早10~15 d定植。春季塑料大棚一般可较当地露地西瓜提早30~35 d定植大棚内套盖小拱棚可提早40~50 d定植，如果大棚内的小拱棚上夜间加盖草苫保温还可提早10 d定植。

表 8.8　华北地区西瓜露地与设施生产茬口

季节茬口	播种期(月/旬)	定植期(月/旬)	主要供应期(月/旬)	备　注
露地	春播4月下	直播	7月	嫁接栽培 覆盖地膜
	夏播4月下	6月上	8月	嫁接或自根栽培 抗病、耐湿、耐高温品种 高畦或高垄银灰地膜覆盖 防徒长
	秋播7月	直播	10月	耐高温高湿、抗病性强、耐贮运品种 生育期短,基肥以速效化肥为主 后期扣棚保温
塑料大棚	2月上温室育苗	3月上定植	5月中、下、上市	嫁接或自根栽培 三层覆盖
	2月下温室育苗	3月下至4月上	6月上市	嫁接或自根栽培 双膜覆盖
温室	12月~1月 温室育苗	2月定植	4月中下上市	嫁接或自根栽培

8.2.4　露地栽培技术

1)西瓜春季地膜覆盖栽培要点

(1)品种选择

选用早熟品种如京欣1号、早佳(8424),或中晚熟品种如金钟冠龙、新红宝、丰收2号、景丰1号、景丰2号等。

(2)育苗

在阳畦或普通日光温室内用育苗钵或穴盘进行护根育苗,适宜苗龄40~45 d,瓜苗长出3~4叶后适时定植。

(3)施肥作畦

定植前15~20 d开沟深施肥,沟深50 cm、宽1 m左右。施肥后平沟起垄,垄宽50 cm、高20 cm,早熟品种垄距1.5~1.6 m,中晚熟品种垄距1.7~2.0 m。

(4)定植

根据地膜的覆盖形式不同适期定植。常见两种地膜的覆盖形式,一是高垄式覆盖地膜,另一种是先用地膜拱式覆盖,然后将地膜覆盖地面,有地方称为一膜两用。高垄式覆盖地膜断霜后定植,一膜两用断霜前5~7 d。瓜苗定植在瓜垄上。早熟品种株距20~25 cm,中晚熟品种株距25~30 cm。定植后覆盖地膜浇定植水,定植水要足,以使垄背水渗透为原则。

（5）田间管理

①肥水管理　缓苗后及早追肥、浇水，促发棵。坐瓜期控制浇水，坐瓜后及时浇水、追肥。收瓜前1周停止浇水。

②植株调整　西瓜植株调整包括整枝、打杈、引蔓、压蔓等。

整枝：露地爬地栽培，一般采取双蔓整枝或三蔓整枝法。三蔓整枝法保留主蔓和基部的两条粗壮侧蔓，多用于中熟品种，每株留1个瓜；三蔓整枝法也适合于早熟品种整枝，每株留2个瓜。双蔓整枝法保留主蔓和基部的一条粗壮侧蔓，多用于早熟品种，每株留1个瓜。瓜秧长到30 cm以上后除了预留侧蔓外要及时打杈，将多余的侧蔓剪掉。要求于晴暖天上午整枝打杈，阴天和下午一般不要打杈，防治病从"口"入。

引蔓与压蔓：春季露地风大，应及早引蔓、压蔓。瓜蔓长到50 cm左右长时，选晴暖天下午，将瓜蔓跨越沟面引到相邻高畦上，并用细枝条卡住，使瓜秧按要求的方向伸长。垄上相邻两株瓜秧，一左一右，向相反方向引蔓。主蔓和侧蔓可同向引蔓，也可反向引蔓。瓜蔓分布要均匀。压蔓有明压和暗压两种，明压用土块，或专用卡固定瓜蔓；暗压是将瓜蔓压入土中。普通栽培法可采用明压或暗压，嫁接西瓜应明压瓜蔓，严禁暗压，否则西瓜茎蔓入土生根后，将使嫁接失去意义。

③花果管理　花果管理包括人工授粉、留瓜、垫瓜、翻瓜和竖瓜等。

人工授粉：开花结瓜期，每天上午6时至10时，当雄花开放后，摘下雄花，去掉花瓣，把花药对准雌花的柱头轻轻摩擦几下，使枝花均匀抹到柱头上即可。1朵雄花一般可给3朵雌花授粉。授粉后，在该花的着生节上挂一纸牌，上面写明授粉的日期，以备收瓜时参考。为保证坐瓜率，一般每株瓜秧主蔓上的第1~3朵雌花和保留侧蔓上的第一朵雌花都要进行授粉。

留瓜：当瓜长到鸡蛋大小时开始留瓜。留瓜的先后顺序是：主蔓上第二、三个瓜，主蔓上的瓜没坐住或质量较差，不适合留瓜时，再从侧蔓上留，每株留1个瓜。选瓜形端正并且符合该品种特征、瓜皮色泽鲜艳、膨大比较快的瓜留下，其余的瓜用剪刀连柄摘下。如果留二茬瓜，一般在头茬瓜长到定个大小后，开始授粉。授粉太早，二茬瓜与头茬瓜争夺营养厉害，不利于头茬瓜的正常膨大和及时成熟。授粉过晚，二茬瓜上市晚，栽培效益差。二茬瓜留瓜要早，一般不考虑瓜所在的位置，哪个瓜先坐住就留下哪一个，其余的瓜全部摘掉。

垫瓜：垫瓜目的是让瓜离开地面，保持瓜下良好的透气性，并防止地面的病菌和地下害虫为害果实。垫瓜方法是在幼瓜褪毛后，用干净的麦秸或稻草等做成草圈垫在瓜的下面。

翻瓜：翻瓜一般于瓜定果后开始。翻瓜的主要作用是使整个瓜面全面见光，达到均匀着色的目的。翻瓜方法是在晴暖天午后，用双手轻轻托起瓜，将瓜向一个方向慢慢转动，使下面的背光部分约半数离开地面。整个背光面分2~3次转到向阳的位置。翻瓜时要将瓜向同一个方向转动，不要这次向前转瓜，下次向后转瓜。

竖瓜：主要作用是调整瓜的大小，使瓜的上下两端粗细匀称。具体做法是在瓜定果前，将两端粗细差异比较大的瓜，细端朝下粗端向上竖起，下部垫在草圈上。

（6）采收

①收瓜时间 上午收瓜,瓜的温度低,易于保存,同时瓜中的含水量较高,汁多,味好,也有利于保鲜和提高产量。

②收瓜方法 收瓜时,用剪刀将留瓜节前后1～2节的瓜蔓剪断,使瓜带一段茎蔓和1～2片叶收下。

知识链接)))

西瓜成熟期判断方法

（1）形态变化判断法

①看卷须 一般留瓜节及其前后的1～2节上的卷须变黄或枯萎,表明该节的瓜已成熟。

②看果皮 成熟瓜的瓜皮明显变亮、变硬,瓜皮的底色和花纹色泽对比明显,花纹清晰,边缘明显,呈现出老化状;有条棱的瓜,条棱凹凸明显;瓜的花痕处和蒂部向内凹陷明显;瓜梗扭曲老化,基部的茸毛脱净。

（2）计算日期法 该法比较准确,误差少,最适合于设施栽培西瓜。从雌花开放到果实成熟,早中熟品种一般需要28～35 d,中晚熟品种需要40 d左右。同一个品种,头茬瓜较二茬瓜多需要3～5 d。

（3）听声音法 一手托瓜,另一手敲击瓜面,托瓜的手感震颤,并发出"砰砰"低沉声音为成熟瓜,发出"哆哆"清脆声音的为不成熟瓜。

（4）水漂法 将瓜置于水中,漂浮水面是熟瓜,下沉的是生瓜。

2）无籽西瓜生产技术特点

①种子播前要"破壳" 无籽西瓜种子的种皮厚,不饱满,出芽很困难,必须进行"破壳"才能顺利发芽。方法:种子消毒后经8～10 h浸泡,捞出用干布擦净种子表面水液及黏质物,然后用牙齿轻轻嗑一下种脐。嗑种时一定要轻,种皮开口要小,不要伤及种仁。

②催芽和育苗温度要适当高 无籽西瓜发芽要求的温度比二倍体普通西瓜平均高3～5 ℃,即以32～35 ℃为宜。育苗温度也要高于普通西瓜3～4 ℃,因此,除利用温床育苗外,还要加强苗床的保温工作,如架设风障,加厚草苫或麦秸等。此外,在苗床管理时,还应适当减少通风量,以防止床内温度下降太快。

③育苗要适当早 无籽西瓜幼苗期生长缓慢,长势较弱,应比普通西瓜早播种早育苗。播种期应比普通西瓜提早3～5 d,多采用温床育苗,如电热温床、火炕、加温温室等。

④基肥要多 无籽西瓜伸蔓后,根系发达,茎叶生长旺盛因而需肥数量比二倍体普通西瓜多。一般亩施土杂肥4 000～5 000 kg,饼肥60～80 kg,过磷酸钙40～50 kg,硫酸铵50 kg或尿素30 kg,硫酸钾25 kg。土杂肥和磷肥做基肥沟施或穴施。

⑤要配置授粉品种 无籽西瓜的花粉没有生殖能力,必须间种普通西瓜品种。生产上一般3行或4行无籽西瓜间种1行普通西瓜,作为授粉株。选用的普通西瓜品种的果皮,应与无籽西瓜品种的果皮有明显的不同特征,以便在采收时与无籽西瓜区别开来。

⑥留瓜节位适当高　无籽西瓜坐果节位低时,不仅果实小,果形不正,果皮厚,而且种壳多,并有着色的硬种壳,易空心和裂果。生产中一般多选留主蔓上第三雌花(第二十节左右)留瓜。

⑦浇水要讲究　无籽西瓜苗期生长缓慢,伸蔓以后生长加快,到开花坐果期生长势更加旺盛,这时如果肥水供应不当,很容易造成徒长,难以坐果。因此,从幼苗"甩龙头"后到目的节位的雌花开花前应适当控制肥水。浇水以小水暗浇为宜。坐果后5～7 d,幼果鸡蛋大小后,加大肥水供应量,肥水齐攻,促进果实迅速膨大。

⑧适当早采　无籽西瓜如果采收过晚,则果实容易空心或倒瓤,果肉发绵变软,汁液减少,风味降低,品质明显下降。生产中一般比普通西瓜适当提早采收。一般以九成至九成半熟采收较为适宜。

8.2.5　设施栽培技术

1)塑料大棚春茬西瓜栽培技术

(1)品种选择

以外销为主时应选中熟品种;以当地销售为主时选早熟品种。晚熟品种结瓜晚,效益差,不宜大棚栽培。

(2)嫁接育苗

西瓜嫁接主要目的是防止土壤传播病害侵染,因此,应用防病效果较好的插接法。目前,西瓜嫁接用砧主要有瓠瓜砧、南瓜砧两种,以瓠瓜砧应用的最多。南瓜砧嫁接西瓜虽然耐低温能力较瓠瓜砧好,但容易引起瓜秧旺长,推迟结瓜。塑料大棚春茬西瓜在温室内地热线营养钵或穴盘基质育苗。

(3)施肥作畦

土壤解冻时开始整地施肥,要求配方施肥。在整平的地面上,开深50 cm、宽1 m的沟施肥。挖沟时将上层熟土、下层生土分别放置。一半捣碎细的粪肥均匀撒入沟底,填入熟土,与肥翻拌均匀,然后把剩下的粪肥与钙镁磷肥、微肥以及70%左右的复合肥随着填土一起均匀施入20 cm以上深的土层内。施肥后平好沟,最后将施肥沟浇大水,沟土充分沉落。其余的肥料在西瓜苗定植前集中穴施用高畦栽培西瓜,施肥沟土稍干后作畦。

(4)定植

定植前两周扣棚,促地温回升。大棚内的最低气温稳定在5 ℃以上,平均气温稳定在15 ℃以上后开始定植。定植密度因栽培方式、整枝方式不同而不同。

①爬地栽培　中早熟品种可按1.6～1.8 m等行距或2.8～3.2 m的大行距、40 cm左右的小行距,40 cm株距栽苗,每亩栽苗900～1 100株;中熟品种可按1.8～2 m的等行距或3.4～3.8 m的大行距、40 cm小行距,50 cm株距栽苗,每亩栽苗600～800株。

②支架或吊蔓栽培　可按大行距1.1 m、小行距70 cm,中早熟品种株距40 cm、中熟品种50 cm株距栽苗,每亩栽苗1 400～1 500株。

大小苗要分级,分区栽苗,大苗栽到大棚内温度偏低的两侧,小苗栽到大棚内温度比较

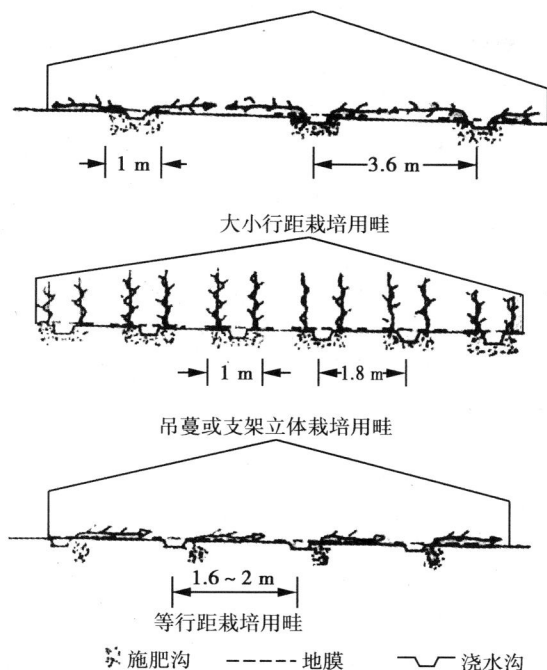

图 8.3 大棚西瓜栽培用畦类型

高的中央部位。嫁接苗栽苗要浅,栽苗后嫁接部位距离地面的高度应不低于 3 cm。选晴暖天上午定植。栽苗后,将畦沟浇满水,使水渗透瓜苗周围的土。

（5）田间管理

①温度管理 定植后至瓜苗缓苗前,保持高温,白天 30 ℃ 左右,夜间 15 ℃ 左右。春季温度变化较大,温度偏低时,应及时加盖小拱棚、二道幕、草苫等保温。缓苗后降低温度,进行大温差管理,白天温度 25～28 ℃,夜间 12 ℃ 左右。开花结瓜期提高温度,夜间温度保持在 15 ℃ 以上。坐瓜后,棚外的温度已明显升高,应陆续撤掉草苫和小拱棚等,白天温度 28～32 ℃,夜间保持 20 ℃ 左右。结瓜期间可参照黄瓜部分采用四段变温管理法。

②肥水管理 定植前造足底墒。在浇足定植水后,缓苗期间不再浇水,瓜苗开始甩蔓时浇一水,促瓜蔓生长。之后到坐瓜前不再浇水,控制土壤湿度,防止瓜蔓旺长,推迟结瓜。结瓜后当田间大多数植株上的幼瓜长到拳头大小时开始浇水,之后勤浇水,一直保持土壤湿润。收瓜前 1 周停止浇水,促瓜成熟。

施足底肥时,坐瓜前一般不追肥。结果期需要及时追肥 2 次,结瓜后结合浇坐瓜水;瓜长到碗口大小时结合浇膨瓜水,第一次以氮肥为主,第二次以磷钾肥为主。西瓜栽培期比较短,叶面施肥效率较高。一般于开花坐瓜后开始,每周 1 次,连喷 3～4 次。

③植株调整 爬地栽培整枝方法参照露地参培部分,采用吊蔓栽培可以增加密度,多采用单蔓整枝法。瓜秧长到 30 cm 以上开始打杈,仅留主蔓,多余的侧蔓留 1～2 cm 剪掉。

引蔓:西瓜吊蔓或支架栽培在甩蔓期及早吊蔓、引蔓,吊蔓参考黄瓜部分。保持植株生长点向上垂直生长,叶片分布均匀。

摘心:瓜蔓爬到铁丝时,及早摘心。

④花果管理　爬地栽培西瓜人工授粉、留瓜、垫瓜、翻瓜、竖瓜均参考露地部分。设施栽培也可用熊蜂授粉法,高效、环保。

高级技术)))

设施果菜类蔬菜熊蜂授粉技术

熊蜂授粉可替代人工授粉和激素蘸花,具有节省劳动力成本、减少激素使用、降低畸形果率、增加产量和提高品质等优点。其关键技术如下:

(1)大棚质量要求　大棚空间要大,有利于熊蜂活动,授粉质量较高。

(2)罩防虫网　用尼龙沙网封住大棚通风口,防止熊蜂飞出大棚,导致授粉效率下降。同时防止棚外的害虫进入。

(3)放蜂前准备　放蜂前20 d内禁用高毒、高残留、高内吸农药。

(4)蜂箱放置地点蜂巢位置　蜂箱放置在通风、阴凉处,避免阳光直射,放置在距地面30～50 cm处;注意防晒、隔热、防湿、防蚂蚁。为了防止熊蜂不认巢,移动或放置蜂群最好在天黑后进行。蜂箱置于在大棚内中部,高度离地面1 m左右。

(5)放蜂时间　西瓜花开花3%～5%可以释放熊蜂,蜂群进棚一般在傍晚,而且放置好后要安静1 h再打开巢门。其他蔬菜在开花前1～2 d(开花数量大约5%时)放入即可。春、秋季放蜂时间一般为早上8:00—下午16:00,冬季放蜂时间为早上10:00—下午15:00。

(6)熊蜂数量

一个面积1亩的蔬菜大棚,一般需要一箱国内产的熊蜂(每箱熊蜂数量80～100只),每平方米的熊蜂数量为0.1～0.2只,即可满足授粉要求。

(7)棚内温湿度要求

棚内温度保持在8～30 ℃有利于熊蜂授粉,温度过低或过高都不利于熊蜂出来活动。棚内湿度:棚内湿度对熊蜂的活动影响很大,最佳相对湿度应保持在70%～80%。湿度过大,熊蜂活动性不强,授粉质量差。湿度过高以及阴天低光照,都会影响花的发育与花粉的活力,从而会影响授粉效果。

(8)注意事项

大棚需要喷药时打药之前4 h或者前一天下午,将蜂箱巢门设置成只进不出的状态;熊蜂回巢后用纱网包裹蜂箱,将其搬到没有农药污染的适宜环境,或者搬到另一个棚内让其继续工作。打药结束后加大棚内通风,让空气中的残留农药尽快散去。药效间隔期结束,农药味散去,将熊蜂搬回原位置,静止1 h,打开巢门开始授粉。

托瓜或落瓜:西瓜吊蔓或支架栽培时,当瓜长到500 g左右时,用草圈从下面托住瓜,或将瓜蔓从架上解开放下,将瓜落地,瓜后的瓜蔓在地上盘绕,瓜前瓜蔓继续上架,这个过程叫托瓜或落瓜,为西瓜吊蔓或支架栽培时特有的操作环节。

2)日光温室小西瓜栽培技术要点

小西瓜,又叫礼品西瓜、迷你西瓜。其瓜个小、皮薄、肉质细嫩、风味独特,适合现代小家庭消费,颇受市民青睐。日光温室生产小西瓜多早春茬栽培,比普通西瓜上市早,经济效益较高,栽培面积逐年扩大。北方地区多于12月上中旬温室地热线营养钵或穴盘育苗,苗龄40~45 d,3~4片真叶,2月初定植,4月下旬至5月上旬收获第一茬瓜,6月初收获第2茬瓜。小西瓜是西瓜中的一个新类型,生育特性与普通西瓜相比有它的特殊性,表现在栽培上也有其特殊措施。

(1)小西瓜生育特性

①植株特性 小西瓜种子小,千粒重在30~35 g,种子贮藏养分较少,出土力弱,子叶小,下胚轴细,长势较弱,尤其在早播时幼苗处于低温、寡照的环境条件下,更易影响幼苗生长,其长势明显较普通西瓜早熟品种弱。小西瓜与一般西瓜相比根系较弱,伸展范围较小,吸收肥水的能力也较差。茎叶较为纤细,早春栽培时伸蔓期的植株生长仍表现细弱。叶片小,缺刻较大,叶面积较小,但分枝性较强,容易形成侧枝。

②开花结果特性 小西瓜属于小果型早熟品种,授粉后30 d左右西瓜成熟。果皮很薄,瓜个小,分量轻,一般每个瓜重1 kg左右,而品质好,甜度高。

(2)小西瓜栽培管理特点

①小西瓜品种 目前应用较多的品种主要有台湾农友种苗公司的特小凤、黑美人、小兰,湖南省瓜类研究所红小玉、黄小玉H,韩国引进的那比特等。

②植株管理 日光温室小西瓜适于采取单蔓整枝吊蔓栽培,定植密度比普通西瓜大,小西瓜的株距一般为30~35 cm,行距50~60 cm,每亩3 000株左右。吊蔓的具体操作见黄瓜吊蔓方式,单蔓整枝方法参考露地西瓜栽培部分。小西瓜属于主蔓叶腋处结瓜,侧蔓与主蔓争肥水、光照等,影响主蔓生长,应及时打杈,只留主蔓生长结瓜。西瓜坐住后瓜秧长至1.7 m左右时,可以进行摘心。日光温室小西瓜可二次结瓜,二次结瓜不摘心,或晚摘心,在植株顶部留3个侧枝,留第二个瓜。

③花果管理 小西瓜以主蔓结瓜为主,若在整枝等操作过程中不慎将主蔓龙头碰掉,可留侧枝结瓜。小西瓜的花较大,容易进行人工授粉,授粉后30 d左右采收。小西瓜与大西瓜一样,每株留一瓜,留瓜位置均在1 m以上,一般选留第2~3雌花座瓜,节位低的雌花一律摘除。西瓜核桃大小时定瓜,从主蔓上选留1个果型好长势好,个儿大的瓜令其生长,多余的及时摘除,否则两个瓜都难以长大。定瓜后西瓜逐渐长大,分量逐渐加重,瓜易脱落,要及时吊瓜。吊瓜方式与普通西瓜也有不同,多用两种方法,一是用软塑料绳拴住瓜蒂,另一头吊在铁丝上;二是用小网兜兜住西瓜下部,然后吊于铁丝上。

④水肥管理 小西瓜种植密度大,底肥一般比普通西瓜底肥要多,一般不穴施,不沟施。定植后浇缓苗水,伸蔓前期应加强肥水,以促为主,促其茎叶生长旺盛,建成强大的营养体系,为后期高产打基础,伸蔓后期以控为主,促进其营养生长向生殖生长转变,利于开花、坐果,防止空秧。花期要保持一定的土壤湿度和空气湿度,利于花粉发芽和授粉受精。西瓜定瓜后,正值西瓜的水肥临界期,要浇一次膨瓜水,重施膨果肥,促进西瓜膨大。在西瓜坐住到定个期间要保证充足的水分,灌水一定要均匀,防止忽干忽湿,造成裂瓜。采收前7~10 d停止浇水,适当控水,可提高西瓜品质,尤其是增加甜度。西瓜坐瓜后,应采取根外追肥,每7~10 d喷磷酸二氢钾1次,保持叶片正常生长,借以提高产量,改善西瓜品质。

其他技术)))

中棚西瓜长季节栽培技术

中棚西瓜长季节栽培技术是近几年瓜农从实践中总结出的一种高效种植模式,这种模式投资少,操作简单,上市早,西瓜生育期由过去的 160 d 延长到 270 d,上市期由 5 月中旬延长到 10 月中旬,可以采收 4~5 茬瓜,上市期一般 4~6 个月,产量高,效益好。

(1)选址整地

选地势平坦高燥、未种瓜类 5 年以上的田块。施足有机肥后翻耕。作宽 6~7 m 的平畦,中间开操作沟,沟宽 30 cm 左右,深 15 cm,成两种植畦,各宽 2.5~3 m。棚四周排水沟深 60~80 cm,宽 30~50 cm 以利于夏季排水。

(2)建棚

中棚跨度 5.5~6 m,高 1.7~1.8 m,长 30 m,南北向,棚间距 1 m 左右。北方地区生长前期气温低,为增加保温性能采用多层覆盖,即三拱四覆盖(内设二层薄膜,外盖草苫,地面覆盖地膜),利用空气层保温来提高保温性能。单排或双排立柱。覆盖 0.5~0.6 mm 厚的无滴膜。移栽前棚内建高 0.8 m,跨度 1~1.2 m 的小拱棚,覆盖 0.14 mm 的膜,移栽后覆盖 0.14 mm 厚的地膜。为防止雨水进入大棚,四周应开好排水沟,做到沟沟相通,三沟配套,四边脱空,遇雨及时排除。

(3)培育壮苗

主要选用中小型瓜品种,如 8 424、京欣、早春红玉等。北方地区多于 1 月中旬温室地热线营养钵或穴盘育苗,苗龄 40~45 d,3~4 片真叶。一般采用实生苗、轮作栽培,不宜用嫁接苗或在连作地种植。葫芦嫁接砧木有不耐高温、容易早衰的弱点。

(4)定植

定植时,要求棚内地温在 10 ℃以上,气温在 20 ℃以上。定植一般在 3 月底进行。在距棚中心各 90 cm 处栽 2 行西瓜,株距 0.5 m,畦中央留走道,让藤蔓往两边爬,亩栽 200~250 株。定植后浇足定植水铺地膜,地膜采用全面覆盖的方法,以降低棚内湿度,栽好后立即覆盖好小拱棚保温。

(5)田间管理

①温度管理 定植后,闭棚 1 周,高温高湿促进成活,成活至坐瓜前,白天温度高于30 ℃应揭膜降温,晚上温度控制在 15 ℃以上;坐瓜后,夜温高于 15 ℃也应揭膜通风,夏季侧棚膜及棚两头揭开通风,遇雨应及时覆盖,9 月后再覆膜保温,促进坐瓜。整个生育期不揭顶棚。

②水分管理 第一茬瓜有碗口大小,处于膨大期时,开始应均衡供水,每 10~15 d 浇一次小水。以后每批瓜进入膨大期前及时灌水。进入夏季高温易造成西瓜植株叶色变黄、瓜型变小、瓤色变暗,产量、品质下降,甚至早衰倒藤,植株死亡。因此,在管理上以养护根系、藤蔓为主,控制坐瓜数量,不要过量坐瓜,尽可能多采取叶面喷施追肥的方法,同时加强通

风降温,在大棚两头通风的同时,还应在棚膜上加盖遮阳网、旧棚膜,必要时也可在棚顶挖孔通风,并在畦面覆盖稻草、枯枝叶,以保护根系。夏季干旱时适当增加灌水次数,每次用水宜适量,雨季也要注意排涝。

③肥料管理　除施足基肥外,第一茬瓜有碗口大小膨大期时,结合浇水每亩施三元复合肥15 kg,尿素10 kg,20 d左右再施,以后每隔一次灌水施入尿素10 kg。

④整蔓技术　西瓜定植后,在第6~8节的第一雌花应及早摘除,留第二雌花。采用三蔓整枝法,在根部选2个健壮侧蔓。第一茬在第11~13节处留2个瓜,早春由于气温低,难坐瓜,需要及时人工授粉外。第一批瓜坐住后,在坐瓜节位外选留1~2个健壮孙蔓,以后孙蔓见雌花就应授粉,应坚持天天授粉,提高坐果率;每个侧蔓选留1个瓜型圆整、瓜毛分布均匀的西瓜,将其余瓜摘除,第三、四、五、六批瓜的留瓜方式同第二批瓜。

任务8.3　南瓜生产技术

活动情景　南瓜分中国南瓜、西葫芦、笋瓜3个品种,其中,西葫芦规模种植较多,而且多以设施栽培为主,大棚栽培以春早熟栽培居多,产品主要供应春季和夏初,其次大棚秋延后栽培,主要秋末冬初上市;日光温室栽培以冬春茬为主,主要供应冬春季市场。中国南瓜多以露地栽培为主,主要在夏季、秋季上市,老熟南瓜经贮存后也可供应冬春季市场。笋瓜多零星栽培。本任务是通过资料查询、教师讲解和任务驱动等,学习南瓜的高产优质栽培技术,其中,中国南瓜春露地栽培、塑料大棚春茬西葫芦栽培和日光温室西葫芦越冬茬栽培是学习的重点。

工作过程设计

工作任务	任务8.3　南瓜生产技术	教学时间	
任务要求	1.熟悉南瓜生物学特性、类型与优良品种、栽培方式与茬口安排 2.掌握南瓜露地栽培技术、设施栽培技术		
工作内容	1.生物学特性 2.类型与优良品种 3.南瓜露地栽培技术 4.南瓜设施栽培技术		
学习方法	以课堂讲授和自学完成相关理论知识学习,以田间项目教学法和任务驱动法,使学生学会南瓜露地栽培和设施栽培技术要领		
学习条件	实训基地、多媒体设备、资料室、互联网、生产工具等		

续表

工作任务	任务8.3　南瓜生产技术	教学时间	
工作步骤	资讯:教师由日常生活需求引入任务内容,进行相关知识点的讲解,并下达工作任务 计划:学生在熟悉相关知识点的基础上,查阅资料收集信息,划分工作小组,进行工作任务构思,设计工作计划方案 决策:各小组汇报工作计划方案,师生进行问题答疑、交流讨论、审查修改、确定方案,并准备完成任务所需的工具与材料 实施:学生在教师辅导下,按照计划分步实施,进行知识学习和技能训练 检查:为保证工作任务保质保量地完成,在任务的实施过程中要进行学生自查、学生互查、教师检查指导 评估:对任务完成情况进行学生自评、小组互评和教师点评		
考核评价	课堂表现、学习态度、任务完成情况、作业报告完成情况		

工作任务单

工作任务单			
课程名称	蔬菜生产技术	学习项目	项目8　瓜类蔬菜生产
工作任务	任务8.3　南瓜栽培技术	学　时	
班　级		姓　名	工作日期
工作内容与目标	1.熟悉南瓜生物学特性、类型与优良品种、栽培方式与茬口安排 2.掌握南瓜露地栽培技术、设施栽培技术		
技能训练	西葫芦生产中常见的操作技术: 1.授粉或蘸花药物配置与使用 2.吊蔓技术 3.下老叶技巧 4.采瓜技巧		
工作成果	完成工作任务、作业、报告		
考核要点（知识、能力、素质）	掌握南瓜的习性和栽培技术 能正确熟练地进行西葫芦田间管理 独立思考,团结协作,创新吃苦		
工作评价	自我评价	本人签名:	年　　月　　日
	小组评价	组长签名:	年　　月　　日
	教师评价	教师签名:	年　　月　　日

任务相关知识

　　南瓜属主要包括中国南瓜、西葫芦、笋瓜3个品种。中国南瓜又称倭瓜、饭瓜、番瓜等;西葫芦又称美洲南瓜、角瓜、北瓜等;笋瓜又称印度南瓜、玉瓜、北瓜等。中国南瓜多食用老熟果,西葫芦和笋瓜则多食用嫩果。近几年中国南瓜瓜蔓的嫩尖也作为特菜生产。

8.3.1　生物学特性

1）形态特征

①根　中国南瓜和笋瓜的根系很发达,为深根作物,主根入土深可达 2 m,主要根系分布深度达 60 ~ 95 cm,具有强的抗旱力和耐瘠薄力。西葫芦的根系不如前两种发达,其主根系主要是水平分布较广,而根较浅。

②茎　南瓜茎分长蔓和短蔓两种,茎上有不明显的棱,五棱形,有白茸毛,有很强分枝。茎的叶腋处着生有侧芽、卷须和花芽。茎节上能发生不定根。

③叶　南瓜叶为单叶,互生,叶柄细长而中空,叶片呈心脏形、掌状或近圆形,叶面粗糙有毛。有的南瓜种叶脉交叉处带有白色斑纹。

④花和果实　南瓜的花为雌雄同株异花,单性花,虫媒花。果实形状、大小和颜色等因种类、类型和品种而异。果实瓠果,形状有圆形、扁圆形、椭圆形和长筒形等。幼果暗绿色、绿色、白绿色或白绿间杂;老熟果灰绿色、橘红色或橘黄色等,间有斑点或条纹。果实表面光滑或具棱线、瘤状突起或纵沟等。南瓜没有单性结实能力,冬季和早春昆虫少时需人工授粉,必须授粉才能刺激南瓜生长。南瓜、笋瓜主、侧蔓均能结果。短蔓种的西葫芦,侧蔓少或不发生,而以主蔓结果为主,主蔓 2 ~ 4 节便可着生雌花,雌花密;中国南瓜、笋瓜中的早熟品种在主蔓 5 ~ 7 节出现雌花,晚熟品种在 16 ~ 18 节间或更晚出现雌花。

⑤种子　南瓜种子多为卵形,扁平,乳白、灰白、淡黄、黄褐等。种子形状、颜色等都是种间分类的重要依据。种子大小与种类、类型和品种等有关,千粒重 100 ~ 160 g。种子寿命 5 ~ 6 年,使用年限 3 ~ 4 年。

2）对环境条件的要求

①温度　南瓜属喜温作物,但种间存在差异。中国南瓜适宜温度范围较宽,一般为 18 ~ 32 ℃;笋瓜次之,适宜温度范围为 15 ~ 29 ℃;西葫芦对温度要求适应温度范围较窄,一般为 12 ~ 28 ℃。温度达到 32 ℃以上可导致南瓜花器发育异常,40 ℃以上则停止生长。发芽期适温为 28 ~ 30 ℃,最高温度为 35 ℃,最低为 13 ℃。中国南瓜、笋瓜根系伸长需要较高的土壤温度,其适宜温度 32 ℃,最低 8 ℃,最高 38 ℃;西葫芦根系伸长需要的土壤温度较低,适温为 15 ~ 25 ℃,最低 6 ℃,最高为 18 ℃。

西葫芦是瓜类蔬菜中较耐寒而不耐高温的种类。生长期最适宜温度为 20 ~ 25 ℃,15 ℃以下生长缓慢,8 ℃以下停止生长。30 ℃以上生长缓慢并极易发生疾病。种子发芽适宜温度为 25 ~ 30 ℃,13 ℃可以发芽,但很缓慢;30 ~ 35 ℃发芽最快,但易引起徒长。开花结果期需要较高温度,一般保持 22 ~ 25 ℃最佳。早熟品种耐低温能力更强。根系伸长的最低温度为 6 ℃,根毛发生的最低温度为 12 ℃。夜温 8 ~ 10 ℃时受精果实可正常发育。

②光照　南瓜属短日作物。中国南瓜、笋瓜和西葫芦在短日条件下均可促进雌花分化,一般以 6 ~ 12 h 短日处理较为适宜。

③水分　中国南瓜和笋瓜对土壤水分要求不严格,适宜土壤相对湿度和空气湿度为 60% ~ 70%;西葫芦则对湿度要求相对较高,适宜土壤相对湿度和空气相对湿度为 70% ~

80%,土壤缺水、空气干燥常造成病毒病发生严重。而空气湿度过高造成灰霉病发生严重。三种南瓜在空气相对湿度达85%以上时均不利于花药开裂,影响田间授粉。

④土壤及营养　南瓜适应性强,对土壤条件要求不严格,以耕层深厚、肥沃的沙壤土或壤土栽培为好。南瓜适宜土壤 pH 5.5～6.8。南瓜生长量大,每生产 1 000 kg 的南瓜需吸收氮 3～5 kg、磷 1.3～2 kg、钾 5～7.1kg、钙 2～3 kg、镁 0.7～1.3 kg。

3)生育周期

①发芽期　种子萌动至子叶展平第一真叶显露,约 10 d。
②幼苗期　从第 1 真叶显露到第 3～4 真叶展开,约 30 d。
③抽蔓期　第 3～4 片真叶展开到第 1 朵雌花开放,10～15 d。
④结果期　第 1 个雌花开放到果实成熟,50～70 d。

8.3.2　类型与优良品种

1)根据主产地分类

①中国南瓜　优良的代表品种有蜜本和黄狼南瓜。另外,我国自行研制的杂交品种有短蔓金红升、红美、金福、金花香、绿芳香、黑美香、短蔓栗、黑栗、墨栗等。
②西洋南瓜　也称美洲南瓜,原产于南美洲中部的高燥地区。国外品种较多。
③印度南瓜　优良品种有锦栗、东升、吉祥 1 号等。

2)根据茎蔓长短分类

①长蔓型南瓜　露地栽培条件下茎蔓长度可达 3 m 以上,植株长势及分枝力强,主蔓第一雌花发生节位多在 10 叶节以上,且雌花节比例少。耐热、抗病性强,果实大,单果重可达 10 kg 以上,成熟晚,单株结果数少。
②短蔓型南瓜　植株节间短,无明显主蔓,茎蔓长度一般不超过 50 cm,植株长势及分枝力稍弱,蔓上叶片密集呈丛生状。主蔓第一雌花节位多发生在 6～9 叶节,且雌花节比例高。单株结果数多,单果重小,早熟。耐热、抗病性差。

8.3.3　栽培方式与茬口安排

中国南瓜、笋瓜适宜春夏露地栽培,栽培形式有爬地和支架栽培 2 种。短蔓型西葫芦耐低温、弱光能力较强,而耐热性较差,可进行设施早熟栽培。西葫芦嫩果生长速度快,大多于早春育苗栽培或秋季种植,夏至前后播种时,因炎热季节温度过高,易引起病毒病,产量低。规模种植面积较大的是西葫芦,而且多为设施栽培;其次是中国南瓜,且多为露地栽培,管理也比较粗放。

西葫芦的病毒病和白粉病发生严重,应该严格执行轮作制度,在同一地块至少隔 1～2年再行栽培。前茬可种越冬菠菜或越冬小葱,在一年两作地区后茬可种秋菜;一年一作地区后茬可种越冬蔬菜或休闲。

8.3.4 露地栽培技术

中国南瓜春露地栽培技术

（1）整地施基肥

中国南瓜根系发达，冬前宜深耕；翌春浅耕平地作畦。蔓长，长势旺，宜作成宽 70～80 cm 的播种畦和 2 m 宽的爬蔓畦。播种畦要细平，爬蔓畦可粗平。中国南瓜底肥一般施有机肥，少施或不施化肥，氮肥多易引起幼苗旺长而减产。

（2）播种

北方地区一般谷雨前后为适播期，多干籽直播，也可催芽坐水播种。每穴播 3～4 粒种子，穴距 44～50 cm，亩播种量 0.25～0.3 kg。

（3）田间管理

①间苗和定苗　第 1 片真叶展开间第一次苗，3～4 叶定苗。间苗和定苗要留强去弱。

②整枝　根据栽培目的采用单蔓或多蔓整枝。对于主蔓结果早的品种采取单蔓整枝，去其侧枝，主蔓结果；主蔓结果晚的品种，侧蔓结果早的品种采取多蔓整枝，幼苗 6～7 叶时，留 5～6 叶摘心，根据植株生长情况选留 2～5 条侧枝，每条侧枝留 1～2 个果，在第 2 果上留 4～6 片叶摘心。

③压蔓　压蔓起固定蔓叶的作用，使蔓叶分布均匀，促使发生不定根扩大吸收面积，又可抑制徒长，防止风害。每隔 3～5 节的节处压土或埋入土中。摘心后压最后一道。每次压蔓时开 7～10 cm 深沟，将蔓压入土中 1～2 节。

④垫草与覆盖　用草或瓜叶覆盖在瓜上以免灼伤，并宜在瓜下垫草，防止果实腐烂。

⑤灌水和追肥　开始爬蔓时追一次肥结合灌催秧水；果实发育期要肥水齐攻，一般追肥两次，结合灌水，以促进果实迅速膨大。

（4）收获

中国南瓜春露地栽培第 1 瓜提早采收，多作嫩食用。开花后 40～60 d 采收老熟瓜，在果皮硬化挂白霜时采收。

8.3.5 设施栽培技术

1）塑料大棚西葫芦春早熟栽培

（1）品种选择

塑料大棚春早熟西葫芦的苗期和生育前期在寒冷季节，宜选择耐寒性强、早熟、丰产、品种好的品种。目前生产上常用的品种多为国外进口品种。

（2）培育壮苗

播期在 1 月下旬至 2 月上旬，多在温室或阳畦内电热温床营养钵育苗。育苗要求可以参照黄瓜。苗期适温白天温度 20～25 ℃，夜间 10～15 ℃，地温 15～20 ℃。一般苗龄 30～40 d，苗高 8～10 cm，具 3～4 片真叶即可定植。

（3）定植

定植前 15 ~ 20 d 将大棚覆盖好,扣严薄膜,尽量提高棚内地温。定植前结合深翻,每亩施入腐熟底肥,翻后整平耙细,按照 60 cm × 90 cm 做成宽窄行,90 cm 为垄。

当设施内 10 cm 的地温稳定在 8 ~ 10 ℃ 以上、夜间最低气温不低于 8 ℃ 时,即可定植。可用单行定植,单行株距 35 ~ 40 cm;亦可双行定植,双行定植株距 60 ~ 70 cm,每亩 1 200 ~ 1 600 株为宜。栽植后覆盖地膜。

（4）定植后的管理

①温度　西葫芦是喜温蔬菜,不耐霜冻,早熟大棚栽培定植和结果初期外界气温较低,管理的重点是防寒保温。缓苗期不通风,白天保持 25 ~ 30 ℃,夜间 15 ~ 20 ℃。缓苗后逐渐通风降低温度,白天保持 20 ~ 25 ℃,夜间 15 ℃ 以上。结果初期开始采用四段变温管理法,白天上午 25 ~ 28 ℃,下午 22 ~ 25 ℃,前半夜 15 ~ 18 ℃,后半夜不低于 10 ℃ 的情况下尽可能的低。当外界白天气温达 20 ℃ 以上时,白天全天通风,只进行夜间覆盖。当夜间最低气温稳定在 13 ℃ 以上时,可撤掉所有保护设施。

②水肥管理　定植时浇透定植水,缓苗水中耕松土进行蹲苗。西葫芦蹲苗很重要,缓苗后适度控温控水是大棚西葫芦蹲苗的主要措施,高温、高湿,特别是土壤湿度大易引起幼苗旺长、开花晚、化瓜等。根瓜坐稳后结束蹲苗,结合浇第一水随水冲施稀粪尿,以促进植株生长和根瓜膨大。根瓜膨大期和开花结瓜期应加大浇水量和增加浇水次数,保持土壤见干见湿;待撤去覆盖物处于露地条件后,进入结瓜高峰期应增加浇水次数,每 10 ~ 15 d 追一次肥,共追 3 ~ 4 次,每次施用适量的复合肥,结果盛期每 7 ~ 10 d 可根外追施 0.1% ~ 0.2% 的磷酸二氢钾液。

③植株调整　西葫芦基部易产生侧枝,应及时摘除侧枝、多余的雄花、畸形瓜,枯老病叶也应及早摘除。塑料大棚春早熟吊蔓栽培的西葫芦,吊蔓技术参照黄瓜。

④保花保果　西葫芦为雌雄异花授粉作物,虫媒花,不具单性结实特性,早期外界气温尚低,昆虫很少,加上设施密闭,不易接受昆虫传粉,棚室栽培条件下开花期,须进行人工授粉或激素处理后才能坐瓜。

（5）采收

西葫芦主要以嫩瓜供食,应适时早采,以促进后续坐瓜和果实生长。一般根瓜 0.25 ~ 0.5 kg 即应采摘,结果中后期单瓜重 0.5 ~ 1.0 kg 时采摘,后期食用老瓜重 1.0 ~ 2.0 kg 时采摘。

2）日光温室西葫芦越冬茬栽培

（1）品种选择

宜选用早熟、耐寒、耐弱光、高产品种。目前采用国外引进的新品种较多。金皮西葫芦、飞碟瓜、蔓生型的金丝瓜等变种作为特种蔬菜在设施内种植也较多。

（2）育苗

于 10 月上中旬在温室或小拱棚内,用营养钵、穴盘育苗。种子催芽后直接播于营养钵、穴盘内,每钵（穴）1 粒。苗期注意控制浇水,防止夜温过高,避免幼苗徒长。当苗龄达 25 ~ 35 d,幼苗三叶一心时即可定植。

为提高植株的抗逆性,安全越冬,增加产量,西葫芦设施栽培也可采用嫁接苗,以黑籽南瓜为砧木,嫁接方法可参照黄瓜嫁接育苗。

(3)整地定植

选择 3 年内未种过瓜类的温室,定植前温室土壤和空间要进行熏蒸消毒。结合整地,施入优质农家肥作底肥,配合速效化肥。耙细耧平,按大行距 90 cm,小行距 60 cm 起垄,垄高 10 ~ 15 cm,详见大棚西葫芦整地部分。垄上挖 40 cm 宽,30 cm 深的小沟,用于冬季灌水。定植要选择晴天的上午进行,在垄上开沟,按株距 40 ~ 45 cm 摆苗,培少量土。每 667 m² 栽苗 2 000 株左右。然后浇定植水,定植水要浇足,等水渗透后合垄,并用小木板把垄台刮平,再覆地膜。

(4)定植后管理

①促进缓苗、早成雌花　缓苗前,气温白天 25 ~ 30 ℃,夜间 17 ~ 18 ℃,缓苗后白天 20 ~ 25 ℃,夜间 10 ~ 12 ℃。

②温度管理　缓苗后日温应控制在 20 ℃ 左右,最高不超过 25 ℃;夜间温度前半夜为 13 ~ 15 ℃,后半夜为 10 ~ 11 ℃,最低为 8 ℃,以促进根系发育,控制地上部徒长。温度高,特别是高夜温,浇水过早过多是西葫芦前期徒长、结果晚的主要原因,定植后合理调控温度是壮秧丰产的前提,也是早期丰产的基础,必须严格温度管理规程。进入结瓜期后,为促进果实生长,日温应提高到 25 ~ 28 ℃,夜温 15 ~ 18 ℃。冬季低温弱光期间,采用低温管理,日温保持 23 ~ 25 ℃,夜温保持 10 ~ 12 ℃,以提高弱光下的净光合率。严冬过后,光照强度增加,可把温室恢复到正常管理状态。外界最低温度稳定在 12 ℃ 以上时,应昼夜通风,以加大昼夜温差,减少呼吸消耗,增加养分的积累。

小贴士

西葫芦长势和温度表现的形态指标与调节温度

西葫芦苗期及结果期温度控制得当时,上部展开叶叶柄与地面之间的夹角为 45° ~ 60°;温度过高时,上部展开叶片上冲,基部叶柄与地面夹角大于 60°,需要控制温度,尤其控制夜间温度;温度低时上部展开叶夹角小于 30°,夜温过低,需要提高温度,尤其提高夜间温度。

③光照管理　冬春茬西葫芦定植后,正处在光照最弱的季节,光合作用强度较低,影响物质积累,光照调控原则上是增光补光。具体措施可参照黄瓜冬春茬栽培。此外,还可以通过适当稀植、吊蔓等方法减少植株间相互遮阴,改善光照条件。

④及时吊蔓　西葫芦节间极短,随着叶片数的增多,植株不能直立而匍匐于地面生长,影响通风透光。及时去掉雄花和侧枝;在植株长到 8 ~ 9 片叶时可开始吊蔓。方法参考黄瓜,西葫芦要及时上蔓,上蔓要坚持头正、蔓直、叶舒展的原则。缠蔓时要注意不能将线绳缠绕在小瓜上,同时随着缠蔓,调整植株叶柄的方向,使每个植株的每张叶片都能充分接受阳光。

⑤保花保果　保花保果方法同大棚栽培,需要注意的是,温室栽培为了预防灰霉病,要摘取开放的雄花和凋萎的雌花花冠;在生长调节剂中加入 0.1% 的 50% 速克灵可湿性粉剂。

⑥水肥管理　西葫芦定植初期需水量不多,缓苗期间一般不浇水。但如果定植期较早,外界环境条件较好时,可浇1次缓苗水。以后直到根瓜坐住前不再浇水。此时主要是促根控秧,使根系向土壤深层扎,以抵抗不良环境条件。当根瓜长至10 cm,开始膨大时,浇1次水,并随水追施硫酸铵15 kg。始瓜期浇水不宜过勤,一般每10~15 d浇一次,且每次浇水都要进行膜下暗灌。进入盛果期后,叶片的蒸腾量加大,植株和瓜条生长速度较快,此时随着外温的升高,透风量加大,要加强水肥管理,每5~7 d浇1次水,隔1水追1次肥,速效化肥为主。盛瓜期采收前2~3 d浇水,采收后3~4 d内不浇水,有利于控秧促瓜。

小贴士

西葫芦施肥灌水形态指标

西葫芦施肥灌水可以根据叶柄长度与叶片最大长度之比来确定。当叶柄长度与叶片长度之比约等于1:1.2时,说明肥水管理正常;如果叶柄长度与叶片长度之比大于1:1.2时,肥水过小,需要加大肥水数量;反之,叶柄长度与叶片长度之比小于1:1.2,叶柄长度大于叶片长度时,肥水过大,应当控肥控水。西葫芦后期易早衰,中后期以防脱肥、防早衰、防病为主,打掉病叶,适当加大肥水,可以视具体情况多施叶面肥和营养剂。

(5)采收

西葫芦以嫩瓜为产品,下部的瓜宜早采,雌花开放后10~15 d,单果质量达250~300 g时即可采收,延迟采收会影响植株长势和果实的商品性;中上部的瓜适当大些。采收最好在早晨进行,此时温度低,空气湿度大,果实中含水量高,容易保持鲜嫩。

任务8.4　甜瓜生产技术

活动情景　甜瓜分薄皮甜瓜和厚皮甜瓜两大类,薄皮甜瓜多露地、小拱棚春季爬地栽培,主要供应夏秋季节市场;厚皮甜瓜多以塑料大棚春季栽培和日光温室早春栽培,主要供应早春至夏季市场。本任务是通过资料查询、教师讲解、任务驱动等,学习甜瓜的茬口安排,掌握露地、小拱棚薄皮甜瓜栽培和塑料大棚、日光温室厚皮甜瓜栽培等各茬次的品种选择、育苗、定植、植株调整技术、花果管理技术及田间管理技术。

工作过程设计

工作任务	任务8.4　甜瓜生产技术	教学时间	
任务要求	1.了解甜瓜生物学特性、类型与优良品种、栽培方式与茬口安排 2.学会甜瓜露地栽培技术和设施栽培技术		

续表

工作任务	任务8.4 甜瓜生产技术	教学时间	
工作内容	1.薄皮甜瓜和厚皮甜瓜整枝方式 2.甜瓜授粉、定瓜、吊瓜		
学习方法	以课堂讲授和自学完成相关理论知识学习,以田间项目教学法和任务驱动法,使学生学会薄皮甜瓜和厚皮甜瓜整枝方式、甜瓜授粉、定瓜、吊瓜方法		
学习条件	多媒体设备、资料室、互联网、生产工具等		
工作步骤	资讯:教师由生活常识引入任务内容,讲解相关知识点的并下达工作任务 计划:学生在熟悉相关知识点的基础上,查阅资料收集信息,划分工作小组,进行工作任务构思,设计工作计划方案 决策:各小组汇报工作计划方案,师生进行问题答疑、交流讨论、审查修改、确定方案,并准备完成任务所需的工具与材料 实施:学生在教师示范后,按照计划分步实施,进行知识学习和技能训练 检查:为保证工作任务保质保量地完成,在任务的实施过程中要进行学生自查、学生互查、教师检查指导 评估:对任务完成情况进行学生自评、小组互评和教师点评		
考核评价	课堂表现、学习态度、任务完成情况、作业报告完成情况		

工作任务单

工作任务单			
课程名称	蔬菜生产技术	学习项目	项目8 瓜类蔬菜生产
工作任务	任务8.4 甜瓜栽培技术	学 时	
班 级		姓 名	工作日期
工作内容与目标	1.了解甜瓜生物学特性、类型与优良品种、栽培方式与茬口安排 2.学会甜瓜露地栽培技术和设施栽培技术		
技能训练	1.薄皮甜瓜整枝方式 2.厚皮甜瓜整枝方式		
工作成果	完成工作任务、作业、报告		
考核要点(知识、能力、素质)	知道各类甜瓜结瓜习性、整枝技术和要求 能正确熟练地掌握甜瓜整枝方式及技巧 独立思考,团结协作,创新吃苦,按时完成作业报告		
工作评价	自我评价	本人签名:	年 月 日
	小组评价	组长签名:	年 月 日
	教师评价	教师签名:	年 月 日

任务相关知识

8.4.1 生物学特性

1）甜瓜的形态特征

①根 直根系,根系比较发达。薄皮甜瓜主根60 cm左右,水平分布在20～30 cm的范围内;厚皮甜瓜的根比薄皮甜瓜的根系更强壮,伸展范围更广,在瓜类中仅次于南瓜。主根入土深达1.5 m,水平根系伸展半径可达2 m,耐旱性和耐瘠薄好。

甜瓜根系生长比较快,且易于木栓化,伤根后再生能力弱,新根发生困难,故多采用直播,若育苗移栽要求采取护根措施,且苗龄不宜过大,2～3片叶为最佳移栽期。

②茎 蔓性,中空有棱,有刚毛,节间较短,薄皮甜瓜多采用爬蔓栽培,厚皮甜瓜采用吊秧架栽培。甜瓜的茎分枝能力很强,每节都可以发生侧枝。主蔓上生子蔓,子蔓上生孙蔓以依次推,只要环境条件适宜可无限生长。因此,在栽培上应及时植株调整。

③叶 单叶互生,圆形或肾形,有角,叶形较小,全缘或有裂。叶柄被短刚毛,叶片具柔毛。厚皮甜瓜较薄皮甜瓜的叶大,叶色淡、叶面平展。

④花 花冠黄色,雄花丛生,雌花多为单生。雌雄同株或雄花与两性花同株,雌花子房下位。虫媒。雄花在主蔓上第3～5节开始发生;大多数品种主蔓上雌花发生较晚,而侧蔓第一至二节就着生雌花。花后2～3 h内授粉最好,甜瓜的花开放时间主要取决于温度,早晨气温20℃左右即开始开放,一般上午6—9时开花;遇阴天,气温偏低,开花时间推迟。

⑤果实 瓠果,侧膜胎座,3～5心室,果实由花托和子房共同发育而成。薄皮甜瓜为整个果实,果肉和皮均可食用,果实的形状、大小、色泽因品种而异。厚皮甜瓜可食部分(果肉)为中、内果皮,果实表面光滑或有沟棱,有些品种具有少量裂纹或网纹,叶呈圆形,叶色绿,气孔大。主蔓节间短,子蔓健壮,植株生长势好。较抗蔓枯病和白粉病。果实呈球形,乳白色、淡绿色、金黄色,外观漂亮。果肉厚、子室小,单株结瓜4～6个,从开花到成熟38～40 d,一般单果重800～1 200 g。

⑥种子 厚皮甜瓜种子千粒重27～80 g,薄皮甜瓜9～20 g,甜瓜种子在平常条件下寿命为4～5年,在干燥、冷凉条件下可达15年以上。

2）甜瓜的生育习性

甜瓜从播种到收获开始需85～120 d。结瓜多,收获期长者约历时25 d,因此全生育期长者可达110～145 d。

(1)发芽期

从种子萌动到破心,需7～10 d。

(2)幼苗期

从破心到第5片真叶出现(团棵),需25～35 d。是形成幼苗个体、花芽分化的关键时期。

（3）伸蔓期

从第5片真叶出现到第一结瓜部位雌花开放，历时20~25 d。地上和地下部分均生长旺盛，同时花芽进一步分化发育。

（4）结果期

从第一朵雌花开放到果实成熟。薄皮甜瓜经20~35 d成熟，厚皮甜瓜30~50 d，个别品种60 d。此期又可分为：

①开花坐果期　从雌花开放到幼果迅速肥大，约7 d。

②果实肥大期　从果实迅速膨大到停止膨大。早熟品种13~15 d，是决定果实产量的关键时期。

③成熟期　从果实停止膨大进入成熟期。主要是内部贮藏物质的转化，糖分中特别是蔗糖的含量大幅度增加。

3）甜瓜对环境条件的要求

①温度　种子发芽最低温度为15 ℃，最适温度为30 ℃，出土期温度过高易形成高脚苗。根系生长的最适温度为24 ℃，植株生长的最适温度为25~28 ℃，最高35 ℃。

甜瓜对低温比较敏感，白天温度在18 ℃、夜间温度在12 ℃以下发育迟缓。果实发育期适温为30 ℃左右，昼夜温差在13 ℃以上有利于果实糖分的积累。

②光照　甜瓜要求充足的光照，光饱和点为5.5万~6万 lx，光补偿点0.4万 lx，每天要求12 h以上的光照。光照不足，生育迟缓，果实着色不良，含糖量下降。

③水分　薄皮甜瓜比厚皮甜瓜比较耐湿润，厚皮甜瓜要求的空气相对湿度为50%~60%。若土壤水分充足，还可以忍耐更低的空气湿度。当空气湿度长时间在70%以上，会引发各种病害。果实进入成熟期空气湿度以55%~60%为宜。

④土壤养分　甜瓜适宜疏松、通透性较好、土层深厚、有机质丰富的砂壤土或砂土。土壤pH在6.0~6.8为宜，而轻微的盐碱、土壤中富含钙质，能提高甜瓜中的含糖量。据测定甜瓜整个生长期的需肥量一般按每生产1 000 kg甜瓜果实需氮3.5 kg、磷1.7 kg、钾6.8 kg，必须注意氮、磷、钾三要素的合理搭配，切不可偏施单一的氮素化肥。

8.4.2　类型与优良品种

1）薄皮甜瓜

薄皮甜瓜多数起源于印度和我国，又称香瓜。适于温和湿润的气候，适应性强，多为早熟品种，果实皮薄能食用，利用率高，含糖高，营养价值高，果实大小适度，但果实的商品性较差，不耐贮运，只宜就近供应。多春季露地或小拱棚栽培，夏季易感病毒病，栽培难度大，产量品质较差。代表品种有白沙蜜、牛角蜜、酥瓜、面瓜、菜瓜等。

2）厚皮甜瓜

多起源于非洲、中亚（包括我国新疆）等，适于大陆性气候，喜高温干燥、昼夜温差大、日照充足等条件，植株长势强，抗逆性差，坐果多，连续坐果能力强，丰产性较好，多汁味甜，香味浓郁,商品性好。厚皮甜瓜表皮厚不能食用,耐贮藏。厚皮甜瓜品种多自国外引进,所以又称洋香瓜。厚皮甜瓜适合各地春季设施吊蔓栽培。

8.4.3 栽培方式与茬口安排

甜瓜主要栽培季节为春夏两季,一般露地终霜后定植,夏季收获。近年来,利用保护地设施进行厚皮甜瓜东移、北上栽培取得成功,利用温室、大棚、小拱棚等设施进行厚皮甜瓜的早熟栽培也获得了较高的经济效益。北方地区设施栽培春夏栽培比较成功,由于受光照、温度和温差的限制,秋冬季种植难度大,效益低,见表8.9。

表8.9 北方地区甜瓜露地与设施生产茬口

季节茬口	播种期(月/旬)	定植期(月/旬)	主要供应期(月/旬)	备 注
露地	春播4月下	直播	7月	覆盖地膜、薄皮甜瓜为主 爬地双蔓或四蔓整枝
塑料大棚	2月上温室育苗	3月上定植	5月中下上市	三层覆盖、厚皮甜瓜为主 吊蔓双蔓或单蔓整枝
	2月下温室育苗	3月下至4月上	6月上市	双膜覆盖、厚皮甜瓜为主 吊蔓双蔓或单蔓整枝
温室	12月—次年1月温室育苗	2月定植	4月中下上市	厚皮甜瓜为主 吊蔓双蔓或单蔓整枝

8.4.4 露地薄皮甜瓜栽培技术

1)整地施肥与作畦

瓜田应做到冬、春2次耕翻。秋作物收获后抓紧耕翻晒堡,以利土壤风化和冬季蓄水养墒。开春以后,要趁土壤化冻的时机,再次耕翻耙耱,消灭明暗坷垃,搞好保墒。瓜地常用的底肥有厩肥、堆肥、草粪、土杂肥等粗肥和人粪干、饼肥、鱼肥、骨粉等以及各种化肥。

露地甜瓜起垄和作小高畦,并覆盖地膜比较好,一方面有利于灌溉和排水,防止由于浇水淹瓜和玷污瓜;另一方面是对早熟栽培的更有利于提高地温。

2)直播或育苗定植

露地种植甜瓜一般直播或育苗。直播可用干籽、湿籽或催芽后播种。多采用点播法。先播种后覆膜,也可先覆膜后播种。幼苗4~5片真叶时定苗,每穴选留1株。若邻穴缺苗,可留双苗补空。这种"借苗补苗法"比补种或移苗省工,效果也好。甜瓜育苗的苗床准备、浸种催芽及苗期管理等可参照黄瓜。

3)田间管理

①整枝 甜瓜茎蔓的分枝性很强,在母蔓上可以长出子蔓,子蔓上又可生出孙蔓。通

常大多数品种母蔓生长很弱,而子蔓、孙蔓的生长却很强。整枝包括对母蔓、子蔓、孙蔓摘心或摘除多余侧蔓、合理留蔓、留叶、去卷须等。

露地栽培甜瓜整枝方式多采用四蔓整枝法,又叫爬地整枝。此法也可以用于匍匐栽培的大棚或露地栽培的薄皮甜瓜。又分子蔓结瓜的四蔓整枝和孙蔓结瓜的四蔓整枝。

孙蔓结瓜的四蔓整枝:主蔓5~6叶摘心,选留适宜子蔓2条,子蔓3~4叶摘心,每条子蔓选留2条孙蔓作为结瓜蔓,结瓜蔓雌花前2~3叶摘心。如枝叶密集,可酌情疏除不结果的孙蔓,每株留50片叶左右。最后留4~6个瓜,见图8.4。

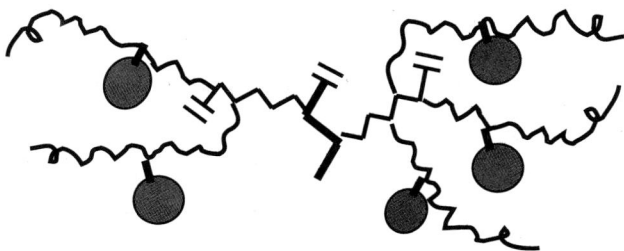

图8.4　四蔓整枝(孙蔓结瓜的四蔓整枝)示意图

子蔓结瓜的四蔓整枝:主蔓5~6叶摘心,选留适宜子蔓4条作为结瓜母蔓,每株留30~40片叶。最后留3~4个瓜,见图8.5。

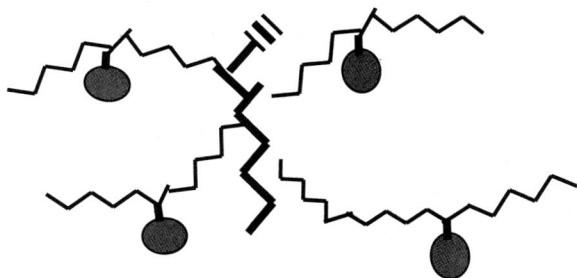

图8.5　四蔓整枝(子蔓结瓜的四蔓整枝)示意图

小贴士

甜瓜整枝应注意的问题

①茎蔓旺盛生长期要及时整枝和理蔓,子蔓伸长至果实迅速膨大是茎蔓旺盛生长期。一天内茎蔓的生长量可达9~14 cm,在子蔓迅速伸长期要及时整枝,整枝要求以茎叶合理、均匀地分布,防止茎叶郁闭,充分利用土地和太阳光能为原则。坐瓜蔓授粉后及时摘心,促进坐瓜和果实生长。

②冬季整枝要在晴天上午10点左右进行,阴雨天或早上茎蔓较脆,易折断,整枝时易使其他茎蔓受到损伤,而且棚内湿度大,茎蔓伤口不易愈合,易造成感染发病。

③植株根系的生长依赖于叶片营养的供给,前期适当晚去侧枝,可促进根系发育。

④无论子蔓结瓜,还是孙蔓结瓜,多数品种结瓜蔓上一般第一片叶着生雌花,生产上可在侧枝长到4~5 cm时摘心,并疏除结瓜蔓上的侧芽或侧枝,有利于雌花发育和早熟。对坐住瓜的侧蔓,可在瓜前留1~2片叶二次摘心、二次打杈。

②留瓜节位　薄皮甜瓜在子蔓中部留瓜。如果坐瓜节位低,则植株下部叶片少,营养体小,会发生坠秧现象,或雌花本身发育不良,果实发育前期养分供给不足,使果实纵向生长受到限制,而发育后期果实膨大较快,因而果实发育小且扁平;坐瓜节位过高,则瓜以下叶片较多,上部叶片少,有利于果实的初期纵向生长,而后期的横向生长则因营养不足而膨大不良,出现长形的果实。

③授粉与保花保果　人工授粉是最好的方法。授粉时间雌花开放的上午8—10时。适宜温度20~25 ℃,授粉方法毛笔授粉。具体参考西瓜。

激素处理是一种辅助措施,温度和环境不适宜时用40 mg/kg的坐果灵对雌花和瓜胎进行喷雾或蘸化柄处理。具体参考番茄部分。

④留瓜个数　留瓜个数以品种、整枝方式、栽培密度等条件而定。早熟小果型品种进行双蔓整枝时,一般每株留2~4个果,单蔓整枝每株一次留2个果,中晚熟大型品种一般每株一次留1~2个果。留瓜数增多时,一般产量可提高,但果实往往变小,每株一次坐果2个以上时,含糖量下降,商品率降低,而且容易发生坠秧现象,造成植株早衰。各地实践证明,适当密植,单株少留瓜是实现早熟、优质和高产的有效方法。

⑤留瓜方法　当幼瓜生长到鸡蛋球大小时选留瓜。留瓜过早难以确定幼瓜的优劣。留瓜过晚,则会使植株消耗大量养分。如果选留两个瓜时,一定要选大小相当、位置相邻、授粉时间相同的瓜,防止果实一大一小。

4)肥水管理

①灌水　浇好甜瓜定植水后适当蹲苗;伸蔓期见干见湿;在瓜膨大期,适当灌水可以提高产量,改善品质,在瓜的数量达到高峰时,白天发现瓜叶打蔫可灌水。

②施肥　甜瓜原则是轻追苗期肥,重追结瓜肥。当瓜长到鸡蛋大时,要追结瓜肥,为了提高品质,以磷钾肥为主,注意钾肥一定用硫酸钾,不用氯化钾,以防瓜苦,膨瓜中后期多次叶面补充磷钾肥。

5)采收

甜瓜的采收期比较严格,过早采收,果实含糖量低,香味差,有时甚至有苦味。成熟瓜的一般标准是:瓜表现出该品种固有的特征,如色泽、网纹、香气、甜度等;成熟瓜一般有光泽、颜色鲜艳,瓜柄附近茸毛脱落,瓜蒂部有时会形成环状裂纹;成熟瓜的内部胎座开始离解,脐部变软,用手按脐部会感到有明显的弹性。

8.4.5　甜瓜设施栽培

1)甜瓜大棚早春栽培

(1)品种

宜选择早熟、高产、抗病、耐低温、耐弱光的品种。

(2)育苗

大棚早春栽培甜瓜1月上中旬播种育苗。育苗移栽以育苗穴盘、营养钵等容器保护根系。苗床准备、浸种催芽及苗期管理等可参照西瓜。

（3）定植

甜瓜基肥一次性施入，氮磷钾大体按2∶1∶2施肥，亩施腐熟厩肥3 000 kg、尿素25 kg、硫酸钾10 kg、过磷酸钙30 kg。大棚早春甜瓜定植一般在3月中下旬，幼苗三叶一心时移栽。高畦栽培，畦宽1.2 m，畦高40 cm，中沟宽60 cm。定植前或定植后覆盖地膜，防止畦面水分蒸发造成棚内湿度过高。一般厚皮甜瓜双蔓整枝每畦1行，株距50~60 cm，亩栽600~750株；单蔓整枝每畦两行，株距50 cm，亩栽1 500株左右。定植后设中棚保温。

（4）田间管理

①温度管理　定植后至缓苗前，此期外界气温尚低，以保温防冻为主，可通过多层覆盖保温，密闭大棚保温促进幼苗生根缓苗。幼苗缓苗后棚温适当下降，白天维持25 ℃左右，夜间15 ℃左右，用延长通风时间来调节。4月初温度管理仍以保温为主。晴天中午棚温30 ℃以上时才短期揭膜通风；4月10日左右去掉大棚内中棚，晴朗天气加强通风，以免温度过高，棚内温度白天25~30 ℃，晚上不低于15 ℃。4月中、下旬拆除小棚内的简易棚。5月至6月白天28~30 ℃，夜间15~18 ℃，可以参照黄瓜部分采取四段变温管理法。果实成熟前，适度增大昼夜温差以利于果实糖分积累，改善品质。

②肥水管理　各地瓜农在灌水上积累了丰富的经验，苗期一般不浇水，伸蔓期酌情不浇或少浇，果实迅速膨大期勤浇水，水量宜大，采收前5~7 d停止浇水。肥料的种类对甜瓜的品质好坏关系密切。一般含磷钾量高的饼肥、鱼肥和鸡禽粪效果最好。施肥时期和施肥种类及数量参照露地栽培部分，施肥方法及技巧参照黄瓜栽培部分。

③吊秧绑蔓　吊秧绑蔓时期、方法及注意事项参照黄瓜部分。

④整枝　甜瓜的整枝方式很多，应结合品种特点、栽培方法、土壤肥力、留瓜多少而定，大棚厚皮甜瓜栽培常用单蔓整枝和双蔓整枝，大棚薄皮甜瓜栽培多用四蔓整枝。

a.单蔓整枝　又叫直立栽培单蔓整枝。单蔓整枝结瓜集中，成熟早，瓜个均匀，缺点是浪费种子。适宜温室、大棚早熟栽培应用。又分为母蔓作主蔓单蔓整枝和子蔓作主蔓单蔓整枝。厚皮甜瓜以子蔓结瓜为主多用母蔓作主蔓单蔓整枝方法；薄皮甜瓜以孙蔓结瓜为主采用子蔓作主蔓单蔓整枝方法。

母蔓作主蔓单蔓整枝时，母蔓苗期不摘心，在一定节位留子蔓，子蔓上坐瓜，而将其他的子蔓全部除掉；子蔓作主蔓的单蔓整枝时幼苗母蔓4~5片真叶时摘心，促发子蔓，在基部选留一条健壮的子蔓，将其余的子蔓去掉，利用孙蔓坐瓜。以子蔓作主蔓整枝时，主蔓基部1~10节上着生的孙蔓在萌芽时就全部抹去，只选留11~15节位上的孙蔓坐瓜，16节位以上的孙蔓疏除，主蔓长到22~24叶时摘心。母蔓作主蔓整枝时，春季宜在14~16节选留相连比较健壮的孙蔓作结果蔓上留瓜，其余子蔓疏除。主蔓长到22~28片叶时打顶，若采取多层次留瓜栽培，可在主蔓的最上端留一侧芽，其余不结瓜的侧蔓全部抹去，见图8.6。

b.双蔓整枝　又叫直立栽培双蔓整枝。双蔓摘心整枝法产量较高，适合大拱棚春秋季栽培，但瓜的成熟期稍晚，且成熟期也不太集中。母蔓4~5片真叶时摘心，促发子蔓，从中选择长势好、部位适宜的两条子蔓留下，分别引向两根吊绳，让其生长，抹去子蔓基部1~6

节位和11节位以上的孙蔓,选择子蔓第7~11节位上的孙蔓坐瓜,有雌花的孙蔓留1~2片叶摘心,每条子蔓生长到20片叶时打顶,最后每株留两个瓜,见图8.7。

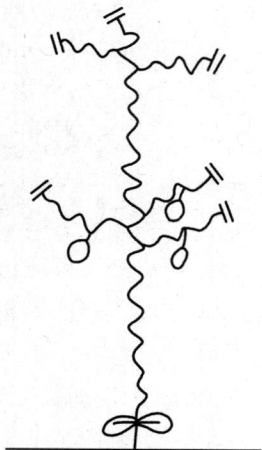

图8.6 直立栽培单蔓整枝示意图

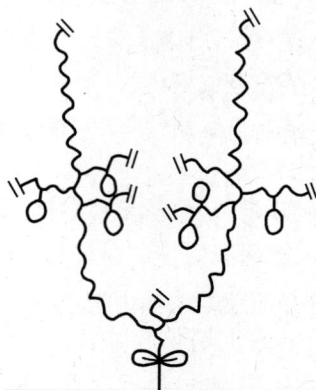

图8.7 直立栽培双蔓整枝示意图

⑤辅助授粉 具体参考露地栽培甜瓜与设施西瓜辅助授粉部分。

⑥留瓜、定瓜、吊瓜

留瓜:生产实践及试验证明,大棚栽培的厚皮甜瓜适宜留瓜节位在13节左右,一般留3个子蔓,结两个瓜,上部坐瓜节位以上留10~15片叶,坐瓜节位以上留叶少时,果实早熟,但果实较小。

定瓜:大棚甜瓜定瓜时间要求比露地早,利于早熟。坐果后幼瓜似鹌鹑蛋大小时定瓜。

小贴士

甜瓜留瓜与定瓜技巧

厚皮甜瓜一般留两个瓜,以子蔓作主蔓整枝时,主蔓基部1~10节上着生的侧芽在萌芽时就全部抹去,只选留11~15节位上生出的侧蔓坐瓜。母蔓作主蔓整枝时,春季宜在14~16节留瓜,大型中晚熟品种以15~17节结果为好。对无雌花的侧枝及时打去。主蔓长到22~28片叶时打顶,若采取多层次留瓜栽培,可在主蔓的最上端留1~2个侧芽,其余不结瓜的侧蔓全部抹去。

留瓜时预留相邻两节上的幼瓜果个均匀,成熟一致,产量高,品种优。一般结瓜蔓第2节及以后雌花或孙蔓雌花坐瓜比第节上的瓜码肥大,坐瓜稳,果个大。因此选留结瓜蔓第2节及以后雌花或孙蔓雌花留瓜较好。结瓜蔓上见瓜码后后留2片叶摘心,可以促进早开花、早授粉、早结果、早成熟。当结果蔓上果实坐住后,及时疏除孙蔓,使营养物质运向果实,可以防止化瓜,促进果实膨大。

吊瓜:定瓜后,幼瓜长到似馒头大小时,应当及时吊瓜。吊瓜的作用,一是防止果实长大后坠落;二是可使植株茎叶与果实在空间分布更加合理;三是防止甜瓜果实直接接触地面而感病;四是使果面颜色均匀一致,提高果品质量。

（5）采收

参照露地栽培部分。

2）日光温室早春茬甜瓜栽培要点

①品种　日光温室冬春茬甜瓜一般在12月份播种,翌年2月份定植,收获期为3月下旬至5月上旬。应选用耐低温弱光、生育快、早熟、株型紧凑的品种。

②育苗　12月上中旬在日光温室或加温温室内铺设地热线播种育苗。多采用育苗移栽以育苗穴盘苗床准备、浸种催芽及苗期管理等可参照西瓜。

③定植　一般在2月上中旬,幼苗三叶一心时移栽。施肥参考大棚早春栽培。栽培密度除因品种、整枝方式不同外,定植密度可适当加大。一般宽窄行整地,大行90 cm做成高畦,小行60 cm做成沟,单蔓整枝每畦2行,株距50～55 cm,亩栽1 600～1 800株。定植前或定植后覆盖地膜控制棚内湿度。

④田间管理　日光温室早春茬甜瓜肥水管理、吊秧绑蔓、定瓜、吊瓜基本上与大棚早熟栽培相似。

温度管理上前期外界温度低,注意提温、保温;日光温室早春茬甜瓜栽培常用单蔓整枝,留瓜节位适当高些,有利于高产;辅助授粉除人工辅助授粉外,还可采用熊蜂授粉技术(参照西瓜熊蜂授粉技术)。

日光温室早春茬甜瓜还可以二次坐果,在22～25片叶处预留2～3个结瓜蔓,上部留4～6片叶摘心,侧蔓可以2～3片叶连续摘心或者放任生长。

⑤采收　参照露地栽培部分。

任务8.5　冬瓜生产技术

活动情景　冬瓜以露地栽培为主,多春季播种,夏季收获,主要供应夏秋冬3个季节,是供应期较长的瓜类蔬菜。本任务是通过资料查询、教师讲解、任务驱动等,学习冬瓜露地栽培的品种选择、育苗技术、植株调整技术和田间管理技术。

工作过程设计

工作任务	任务8.5　冬瓜生产技术	教学时间	
任务要求	1.了解冬瓜生物学特性、类型与优良品种、栽培方式与茬口安排 2.学会冬瓜栽培技术		
工作内容	1.冬瓜植株调整技术 2.冬瓜田间管理技术		
学习方法	以课堂讲授和自学完成相关理论知识学习,以田间项目教学法和任务驱动法,使学生学会冬瓜的过程栽培技术		

续表

工作任务	任务8.5　冬瓜生产技术	教学时间	
学习条件	多媒体设备、资料室、互联网、生产工具等		
工作步骤	资讯：教师由生活常识引入任务内容，讲解相关知识点的并下达工作任务 计划：学生在熟悉相关知识点的基础上，查阅资料收集信息，划分工作小组，进行工作任务构思，设计工作计划方案 决策：各小组汇报工作计划方案，师生进行问题答疑、交流讨论、审查修改、确定方案，并准备完成任务所需的工具与材料 实施：学生在教师示范后，按照计划分步实施，进行知识学习和技能训练 检查：为保证工作任务保质保量地完成，在任务的实施过程中要进行学生自查、学生互查、教师检查指导 评估：对任务完成情况进行学生自评、小组互评和教师点评		
考核评价	课堂表现、学习态度、任务完成情况、作业报告完成情况		

📚 工作任务单

工作任务单			
课程名称	蔬菜生产技术	学习项目	项目8　瓜类蔬菜生产
工作任务	任务8.5　冬瓜生产技术	学　时	
班　级		姓　名	工作日期
工作内容与目标	1.熟悉冬瓜生物学特性、类型与优良品种、栽培方式与茬口安排 2.掌握冬瓜栽培技术		
技能训练	1.盘蔓与压蔓 2.支架与绑蔓 3.留瓜与定瓜 4.晚熟冬瓜采收标准		
工作成果	完成工作任务、作业、报告		
考核要点（知识、能力、素质）	知道冬瓜对环境条件的要求 正确熟练地掌握冬瓜生产中基本操作要领 独立思考，团结协作，创新吃苦，按时完成作业报告		
工作评价	自我评价	本人签名：　　　年　　月　　日	
	小组评价	组长签名：　　　年　　月　　日	
	教师评价	教师签名：　　　年　　月　　日	

任务相关知识

8.5.1　生物学特性

1)形态特征

①根　根系发达,其主根入土深1 m以上,横径2 m以上。根系再生力弱。

②茎　茎中空,蔓生,茎节上容易发生不定根。分枝力强,一般6~7节后开始抽生卷须和侧枝。

③叶　掌状浅裂,具有发达的茸毛。

④花　雌雄同株异花,个别品种为两性花。花单生,雌花子房下位,较肥大,一般无单性结实能力。

⑤果实与种子　果实扁圆形、短圆筒形或长圆筒形。果皮绿色,多数品种的果面被蜡粉。果肉白色,厚4~6 cm。果实硕大,小果型品种瓜重2~5 kg,大果型品种瓜重10~20 kg,或更大。种子扁平,种脐一端稍尖,淡黄白色,种皮较厚。种子千粒重50~100 g,使用寿命3年。

2)生长发育周期

冬瓜的一生分为发芽期(10~15 d)、幼苗期(5~30 d)、抽蔓期(20~30 d)和开花结果期(50~80 d),各期的生育特点与黄瓜、西瓜等基本相似。

3)对环境条件的要求

①温度　冬瓜喜温怕寒,生育的最适宜温度为20~32 ℃,适温能力强。冬瓜发芽期适温25~30 ℃,15 ℃以下生长缓慢,授粉不良,坐瓜困难。冬瓜根系伸长的最低温度为12 ℃,根毛发生的最低温度为16 ℃。

②光照　冬瓜较喜光,适宜光照强度为50~60 klx,有一定的耐阴能力。短日照有利于形成雌花,与黄瓜等基本相似。

③水分　冬瓜耐旱能力强,适宜的空气相对湿度为80%。结瓜前土壤湿度偏大,易引起旺长。空气湿度过高,不利于授粉,坐瓜困难。结瓜期需水量大,应经常保持土壤湿润。

④土壤　冬瓜对土壤的适应能力比较强,耐瘠薄,但以土层深厚、保水保肥能力强的肥沃壤土或砂壤土的栽培易获得高产。

8.5.2　类型与优良品种

1)早熟品种

早熟品种一般播种后100 d左右收瓜上市。主蔓上第5~9节处出现第一雌花,以后每隔2~3节着生一朵雌花,瓜码密,结瓜集中。单瓜重1~2 kg,果实圆球形或圆筒形。耐热能力稍差。主要用于春季早熟栽培以及温室冬春栽培。代表品种有北京一串铃、吉林小冬瓜、杭州圆冬瓜、保定小冬瓜以及湖南的早熟青杂冬瓜等。

2）中熟品种

中熟品种一般播种后 120 d 左右收瓜上市。主蔓上第 10 ~ 15 节处出现第一雌花，结果比较集中，果实长圆筒形或扁圆形，单瓜重 10 ~ 15 kg。较耐热，适合露地高产栽培。

3）晚熟品种

晚熟品种一般播种后 120 d 以上收瓜上市。第一雌花则多出现在第 15 ~ 20 节，以后每隔 5 ~ 7 节出现一雌花，瓜码稀，果个较大，单瓜重 15 kg 左右或更重。较耐热，适合露地高产栽培。

8.5.3 栽培方式与茬口安排

冬瓜以露地栽培为主，一般春季播种或育苗，夏秋季收获。全国主要城市的冬瓜栽培季节与茬口见表 8.10。

表 8.10 全国主要城市冬瓜的栽培季节与茬口

城市	季节与茬口	播种期（月/旬）	定植期（月/旬）	收获期（月/旬）	备　注
西安	春茬	3/中、上	5/上、中	8/上 ~ 9/上	阳畦育苗
北京	春茬 夏茬	3/中 ~ 4/中 5/上	5 —	7 ~ 8 8 ~ 9	阳畦育苗 直播
郑州	春茬	2/下 ~ 3/中	4/中	7 ~ 9	阳畦育苗

8.5.4 露地栽培技术要点

1）育苗

由于冬瓜种皮较厚，发芽慢，播种前应先将种子用 80 ℃ 以上的热水烫种，在 25 ~ 30 ℃ 下催芽大部分种子开始出芽时播种。用阳畦育苗钵保护根系培育大苗。幼苗苗龄 40 ~ 50 d，具有 4 ~ 5 片展开真叶后定植。

2）施肥作畦

北方冬瓜一般用低畦栽培冬瓜，整地前要施足底肥。稀植地块应开沟集中施肥。密集栽培地块，结合翻地，将肥均匀混拌入。

3）定植

冬瓜喜光怕霜，露地栽培要在断霜后，地温稳定在 15 ℃ 以上时定植。定植密度因不同品种、不同栽培方式而有差异。爬地冬瓜行距 1.8 ~ 2 m，小型冬瓜株距 30 ~ 40 cm；大型冬瓜株距 60 ~ 70 cm。搭架冬瓜行距 70 ~ 80 cm，小冬瓜株距 30 ~ 40 cm，大冬瓜株距 40 ~ 50 cm。定植后浇足定植水。

4）田间管理

（1）土壤管理

浇水后及雨后要及早中耕松土。保持瓜苗四周地面疏松，提墒保温。

（2）追肥浇水

冬瓜伸蔓初期，在畦的一侧开沟第一次追肥，每亩复合肥 30 kg 左右。雌花开放前后控制肥水，防止瓜秧旺长。坐瓜后以及结瓜高峰期结合浇水各冲施 1 次尿素。

（3）植株调整

①整理枝蔓　枝蔓整理包括盘蔓与压蔓。冬瓜伸蔓后及时盘蔓，盘蔓的主要作用是调节瓜秧的生长势。压蔓的目的使枝蔓分布均匀，促进节上不定根的产生，增加瓜蔓基部的不定根数量。方法是：将爬地冬瓜的瓜蔓下部自右向左盘绕半圈至一圈，进行盘蔓，然后用上压一道，埋住 1～2 节茎蔓，不要损伤叶片。以后每 4～5 节压一道蔓。整理枝蔓的同时摘掉卷须。

②整枝与摘心　冬瓜采取单蔓整枝，早熟品种当主蔓长出 13～16 叶时摘心；晚熟品种可适当留侧枝，增加叶面积。在 25～30 片叶时进行摘心，促瓜早熟。

③支架　架冬瓜在瓜苗甩蔓后开始支架，架高 1.7～2 m。

④绑蔓　架冬瓜瓜蔓上架前，为降低瓜蔓上架后结瓜部位的高度，先在地面上进行盘蔓和压蔓。冬瓜上架后，见头瓜绑一道蔓，以后每 3～4 节绑一道，共绑 3～4 道。见第二个瓜后留 7～10 片叶摘心。

⑤留瓜与定瓜　冬瓜早熟品种一般每株留瓜 1～2 个，中晚熟品种每株留 1 个瓜。通常每株先预留 2～3 个瓜，坐瓜后选留瓜，和西瓜相似第一个瓜质量较差，不宜选留，选留第二或第三个瓜。

⑥吊瓜与盖瓜　爬地冬瓜要用草圈垫起瓜；架冬瓜要用绳吊住瓜或用草圈托住瓜使瓜离开地面，同时翻瓜 2～3 次，使瓜均匀着色。夏季定个后的瓜容易发生日烧，要用草圈盖住防晒。

5）收获

小冬瓜采收标准不严格，嫩瓜达到食用标准后即可采收，大冬瓜一般达生理成熟后采收。冬瓜生理成熟的特征是：果面茸毛消失，果皮变硬变厚；粉皮类冬瓜的果实表面密布白粉，颜色由青绿变为黄绿，青皮类冬瓜的果实皮色暗绿。冬瓜由开花到生理成熟需 35～45 d。

任务 8.6　瓜类蔬菜主要病虫害识别与防治技术

【活动情景】　瓜类蔬菜病虫害较多，常对瓜类蔬菜生产造成严重影响，科学防治病虫害是瓜类蔬菜生产中的一项艰巨任务。本任务是结合《植物保护》有关知识，通过资料查询、教师讲解和任务驱动等，学习正确地识别瓜类蔬菜主要病虫害，并掌握主要病虫害的防治方法。

任务相关知识

8.6.1 主要病害识别与防治

1) 霜霉病

(1) 症状识别

主要为害叶片,幼苗期就可发病,子叶初生褪绿色黄斑,扩大后变黄褐色,干枯、下垂,潮湿时叶正反面长出紫黑色霉。真叶发病一般先从下部叶片逐渐向上部叶片蔓延,叶片上出现水渍状褪绿斑点,并逐渐变为黄色。因受叶脉限制,病斑呈多角形。在潮湿条件下,病部背面形成黑色霉层,被称为黑毛。发病严重时,病斑相互融合,叶片变为深绿色,边缘向上卷起,瓜秧自下而上干枯、死亡,有时留下绿色的顶梢。因此,菜农形象地称它为"跑马干"。

(2) 防治方法

①选用抗病品种。②加强管理,培育健壮秧苗,棚室注意通风,以早晨叶面不结露水为宜。棚室内发病初期,可选择晴天进行闷棚杀菌。③药剂防治:可用52.5%抑快净水分散粒剂2 000~2 500 倍液,或72%克露可湿性粉剂600 倍液,或47%加瑞农可湿性粉剂1 500~2 000 倍液,或68.75%易保水分散粒剂800 倍液,或75%百菌清可湿性粉剂600 倍液喷雾,或5%霜克粉尘剂或15%霉威粉尘剂1 kg/667 m² 喷粉,每隔6~7 d 一次,连喷2~3 次。棚室内可在发病初期,用45%的百菌清烟剂250 g/667 m²,均匀分为4~5 份于棚室内,在傍晚用暗火点燃,封闭棚室一夜,每隔6~7 d 熏1 次,连熏2~3 次。

2) 瓜类枯萎病

(1) 症状识别

枯萎病又叫萎蔫病、蔓割病、抹脖子,俗称"死秧"。幼苗发病,子叶萎蔫,胚茎基部呈褐色水渍状软腐,湿度大时长出白色菌丝,猝倒枯死。成株期发病多从距地面或根颈部较近的叶片开始,有的叶片出现黄色网状纹,有的叶片萎蔫、枯死。有时从节部、节间或茎基部流出黄褐色胶状物,潮湿时上面长出粉红色霉。如将其病茎基部纵切,可见其剖面上的维管束变褐色。

(2) 防治方法

①选用抗病品种;②种子消毒;③加强管理,实行轮作,避免大水漫灌;④嫁接防病;⑤药剂防治:育苗及定植前进行土壤消毒。定植后发病初期,可选用95%恶霉灵可湿性粉剂4 000 倍液,或10%双效灵水剂200 倍液,或50%甲基托布津可湿性粉剂400 倍液灌根,每株灌药液0.3~0.5 kg,每隔7~10 d 灌1 次,连灌2~3 次。

3) 瓜类炭疽病

(1) 症状识别

幼苗发病,子叶出现褐色圆形或半圆形的病斑,上生黑色小点,或淡红色黏稠物,基部则出现变色,缢缩,倒伏。成株期发病,叶片上最初出现水渍状小点,逐渐扩展成红褐色近圆形病斑,上面轮生黑色小点,干燥时病斑开裂穿孔,潮湿时渗出粉红色黏状物,严重时整个叶片干枯。茎和叶柄上的病斑呈水渍状,椭圆形、稍凹陷、深褐色,果实上的病斑圆形或椭圆形、凹陷、褐色,中部开裂,可产生粉红色黏稠物。

（2）防治方法

①选用抗病品种;②种子消毒;③加强管理,实行轮作,覆盖地膜,苗床和保护地注意通风降湿;④药剂防治:发病初期可选用40%福星乳油8 000倍液,或75%百菌清可湿性粉剂700倍液喷洒,每隔6~7 d喷1次,连喷2~3次。保护地内可用百菌清烟剂防治,方法见黄瓜霜霉病。

4）瓜类灰霉病

（1）症状识别

多从开败的花瓣开始发生腐烂,上生浅灰色霉层,其后向瓜果扩展蔓延,造成瓜脐部腐烂。受害幼瓜迅速变软、萎缩、腐烂,上面密生霉层。病瓜轻者生长停止,重者腐烂,易脱落。叶片感病,多由脱落的病花附着在叶片上引起,形成近圆形或不规则形枯斑,边缘不明显,表面生一层稀疏的灰霉。烂瓜或烂花,附着在茎蔓上,引起茎蔓腐烂,病部以上蔓叶萎蔫死亡。

（2）防治方法

①加强管理:推广高畦地膜或滴灌栽培法,注意降低湿度,及时摘除病叶、病花、病果及黄叶。②药剂防治:可选用28%灰霉立清可湿性粉剂1 000~1 500倍液,或40%施佳乐悬浮剂800倍液,或50%速克灵可湿性粉剂800~1 000倍液,或50%扑海因可湿性粉剂1 500倍液,或选用6.5%万霉灵5#粉尘剂1 kg/667 m²,每隔6~7 d喷1次,连喷2~3次。棚室还可选用10%速克灵烟雾剂或45%百菌清烟雾剂,方法见黄瓜霜霉病。

5）瓜类根结线虫病

（1）症状识别

在西瓜、甜瓜上主要为害根部。子叶期染病,致使幼苗死亡,成株期染病主要为害侧根和须根,发病后侧根或须根上长出大小不等的瘤状根结,剖开根结,病组织内有很多微小的乳白色线虫藏于其内,在根结上长出细弱新根再度侵染发病,形成根结状肿瘤。有的呈串珠状,有的似鸡爪状,致使地上部生长发育不良,轻者病株症状不明显,重病株则较矮小、黄瘦,坐不住瓜或瓜长不大,遇有干旱天气,不到中午就萎蔫,严重影响西瓜产量和品质。黄瓜根结线虫病主要发生在侧根或须根上,须根或侧根染病后产生大小不等的瘤状根结。地上症状与西瓜根结线虫病基本相似,发病严重时全田枯死。

（2）防治方法

①水淹法:有条件地区对地表10 cm或更深土层淤灌几个月,可在多种蔬菜上起到防止根结线虫侵染、繁殖和增长的作用;②轮作倒茬;③药剂防治:利用阿维菌素等灌根进行防治。

6）瓜类白粉病

（1）症状识别

发病初期叶面、茎蔓上产生白色圆形小斑点,以叶正面为多,病斑向四周扩展,常许多病斑连成不规则形大斑,严重时全叶或茎蔓上布满白粉,像撒了一层面粉,后期在白粉层上产生许多黄褐色,后变为黑色的小粒点,即病菌的闭囊壳。

(2)防治方法

①选用抗病品种;②棚室消毒;③生物防治:喷洒2%农抗120或2%武夷菌素水剂200倍液,隔6~7 d喷1次,连喷2次防效较好;④药剂防治:发病初期用20%三唑酮乳油1 500~2 000倍液,或10%腈菌唑乳油2 000~3 000倍液,或10%世高水分散粒剂2 000~2 500倍液喷雾。保护地可选用百菌清烟雾剂,防治方法参照黄瓜霜霉病。

7)黄瓜细菌性角斑病

(1)症状识别

此病除为害黄瓜外,还为害丝瓜、甜瓜和南瓜。幼苗发病,子叶上形成水渍状稍凹陷圆形病斑,后变为黄褐色。真叶受害,初生水渍状浅绿色斑点,后扩大为淡褐色,因受叶脉限制呈多角形,后期病斑为灰白色,易穿孔,在潮湿时,叶子背面的病斑水渍状明显,产生乳白色菌液。瓜条和茎蔓病斑初期呈水渍状,后出现溃疡或裂口,并有菌脓溢出,病部干枯后呈乳白色并有裂纹。

(2)防治方法

①种子消毒。②加强管理:与非瓜类作物轮作,清除病残体,增施磷钾肥,采用高畦或半高畦栽培,铺盖地膜。棚室栽培注意通风,缩短结露时间,棚内有露不宜进行农事操作,以防人为传播病菌。③药剂防治:可选用88%水合霉素可湿性粉剂8 000倍液,或72%农用链霉素可湿性粉剂4 000倍液,或100万单位新植霉素粉剂4 000倍液喷雾,每隔6~7 d喷一次,连喷3~4次,并结合放风,降低湿度,效果良好。

8)黄瓜黑星病

(1)症状识别

子叶受害产生黄白色近圆形病斑,成株期叶片受害,开始出现褪绿色的近圆形小斑点,干枯后呈黄白色,容易穿孔,穿孔后的病斑边缘一般呈星纹状。茎上则产生黄褐色梭形病斑,中部略凹陷,表皮粗糙呈疮痂状,破裂。瓜条受害初为暗绿色凹陷呈疮痂状,并流出半透明胶状物,以后变为琥珀色。卷须受害,多变褐色而腐烂。

(2)防治方法

①种子消毒;②硫黄粉熏蒸:棚室定植前10 d,进行药物熏蒸,每100 m² 用硫黄粉300~400 g,加锯末800 g,混匀后用暗火于傍晚点燃,熏蒸一夜;③加强管理,实行轮作;④药剂防治:定植前,每667 m² 用50%多菌灵可湿性粉剂1~1.5 kg,加细土20 kg,拌匀后均匀施入。发现病株后及时拔除深埋或烧毁,并立即全田喷药防治,可选用40%福星乳油8 000~10 000倍液,或70%甲基托布津可湿性粉剂1 000倍液,或75%百菌清可湿性粉剂600倍液,每隔6~7 d喷1次,连喷3~5次。

8.6.2 主要虫害识别与防治

1)温室白粉虱

（1）为害症状

温室白粉虱属同翅目粉虱科,俗称小白蛾,主要以成虫和幼虫群集在叶片上面吸取汁液,使叶片褪绿变黄,萎蔫甚至枯死。同时成虫排出的"蜜露"可引起霉菌寄生,污染叶片及果实,并引起煤污病的发生。此外,温室白粉虱还可传播病毒病。

（2）防治方法

①农业防治:及时清除落叶残株和杂草,以消灭虫源;利用黄色塑料板,涂上凡士林,放在温室通风处附近以诱杀成虫。②生物防治:丽蚜小蜂、中华草蛉防治效果较好;应用赤座孢菌防治效果可达 65% ~90% 以上。③露地药剂防治:初见虫害时防治效果最好。可用 2.5%溴氰菊酯乳油或 4.5% 高效氯氰菊酯乳油各 2 000 倍液,或 10 大功臣可湿性粉剂 2 000 倍液喷雾防治。

2)烟粉虱

（1）为害症状

烟粉虱属同翅目粉虱科。以成虫、若虫刺吸植物汁液,受害叶褪绿萎蔫或枯死。

（2）防治方法

①培育无虫苗。②用丽蚜小蜂防治。③注意安排茬口,合理布局。④早期用药:在粉虱零星发生时开始喷洒 10% 大功臣可湿性粉剂 2 000 倍液,或 70% 艾美乐水分散粒剂 10 000 倍液,或25% 阿克泰水分散剂 7 500 倍液,或 1.8% 阿维菌素乳油 2 000 倍液,隔10 d 左右喷一次,连续防治 2~3 次,必要时可在前两种药剂中加病毒抑制剂兼治病毒病。采收前 7 d 停止用药。

3)美洲斑潜蝇

（1）为害症状

美洲斑潜蝇属双翅目潜蝇科,俗称蔬菜斑潜蝇、蛇形斑潜蝇等,属杂食性害虫。成、幼虫均可为害,雌成虫将植物叶片刺伤进行取食和产卵,幼虫潜入叶片和叶柄为害,产生不规则蛇形白色虫道,叶绿素被破坏,影响光合作用,受害重的叶片脱落,造成花芽、果实被灼伤,严重的造成毁苗。美洲斑潜蝇发生初期虫道呈不规则状伸展,虫道终端常明显变宽,别于番茄斑潜蝇。

（2）防治方法

①生物防治:释放姬小蜂、反颚茧蜂、潜蝇茧蜂等。②农业防治:合理轮作;适当疏植,增加田间通透性;及时清洁田园。③采用灭蝇纸诱杀成虫。④科学用药:在幼虫 2 龄前(虫道很小时),喷洒 1.8% 爱福丁乳油 2 000 倍液,或 48% 乐斯本乳油 800~1 000 倍液;用昆虫生长调节剂 5% 抑太保乳油 2 000 倍液,或 5% 卡死克乳油 2 000 倍液对潜蝇科成虫具有不孕作用,用药后成虫产的卵孵化率低,孵化幼虫死亡,是一类具有发展前途的药剂。

项目小结)))

瓜类蔬菜栽培形式多样,茬次繁多。按照食用器官质地不同分两大类,一类以嫩果或嫩果和老熟果均可食用的瓜类,以菜用为主,主要包括黄瓜、丝瓜、苦瓜、冬瓜、南瓜、西葫芦等;另一类以成熟果实为食用的瓜类,以水果用为主,果实供鲜食,主要包括果实肉质较疏松的西瓜、薄皮甜瓜和果实肉质较致密的网纹甜瓜、硬皮甜瓜。瓜类蔬菜有以下共同点:瓜类根系一般都很发达,但易木栓化,再生能力较弱,不耐移栽;茎多蔓生,节上多可生不定根,分枝力强;雌雄同株异花,易天然杂交;喜温或耐热;有许多共同的病虫害,栽培上需轮作。

复习思考题)))

1. 黄瓜花芽分化有什么特点,增加黄瓜雌花数量的措施有哪些?
2. 制订黄瓜周年生产计划与技术管理方案。
3. 黄瓜化瓜、花打顶、畸形瓜是怎样产生的,如何规避?
4. 简述大棚西瓜植株管理和花果管理的关键技术环节。
5. 无籽西瓜、日光温室小西瓜栽培上有什么特殊措施?
6. 制订大棚春季西瓜生产与管理计划。
7. 简述3种南瓜对环境条件的要求有什么异同。
8. 简述西葫芦温室越冬茬栽培的技术要领。
9. 露地中国南瓜植株调整包括哪些内容,各内容的基本要领?
10. 薄皮甜瓜和厚皮甜瓜在生物特性上有何差别?
11. 甜瓜是怎样进行人工辅助粉?
12. 生产上为什么甜瓜选留子蔓第2节及以后雌花或孙蔓雌花留瓜?怎样选留?
13. 塑料大棚春早熟薄皮甜瓜怎样进行整枝留瓜?
14. 简述露地冬瓜栽培要点。

实训指导

实训8.1 瓜类蔬菜分枝结果习性观察

1)材料用具

1~2个品种的黄瓜、南瓜、西瓜、冬瓜、甜瓜的若干开花植株。

2)方法步骤

调查在自然条件下各种瓜类分枝及雌花着生的状况,并绘制结果及分枝的模式图。

对甜瓜进行摘心试验,观察结果情况。

对西瓜、南瓜等进行单蔓、双蔓、三蔓整枝,观察结果情况。

3)作业要求

绘制各种瓜类分枝模式图。

记载各种瓜类结果情况的观察结果。

实训8.2　西瓜、甜瓜果实成熟度的鉴定

1）材料用具

不同成熟度的西瓜、无籽西瓜、少籽西瓜、薄皮甜瓜等若干个，台秤、卡尺、糖度计、米尺、刀等。

2）方法步骤

分别用目测法、物理法、测量法判断西瓜、甜瓜果实成熟度。

3）作业要求

总结目测法、物理法、测量法优缺点。

简述糖度计测量法的步骤。

项目9 茄果类蔬菜生产

项目描述　茄果类蔬菜是指茄科以浆果作为食用部分的蔬菜作物,包括番茄、茄子和辣椒等。茄果类是我国蔬菜生产中最重要的果菜类之一,其果实营养丰富,适于加工,具有较高的食用价值。加之适应性较强,全国各地普遍栽培,具有较高的经济价值。因此,茄果类蔬菜在农业生产和人民生活中占有重要地位。本项目学习的重点是:掌握茄果类蔬菜花芽分化的特点及分枝习性;掌握北方茄果类蔬菜的栽培技术要点。

学习目标　了解番茄、辣椒、茄子的主要形态特征,分枝结果习性,品种类型,主要茬口安排,主要病虫害的特征;掌握茄果类蔬菜常规育苗技术、植株调整技术、花果管理技术、化控技术、再生技术及主要病虫害防治技术。

技能目标　会制订主要茄果类蔬菜生产方案;能进行主要茄果类蔬菜生产与管理的技术操作,熟练掌握其育苗技术、肥水管理技术、植株调整技术和主要病虫害防治技术。

📚 项目任务

专业领域:园艺技术　　　　　　　　　　　　　　　　　**学习领域:蔬菜生产技术**

项目名称	工作任务
项目9 茄果类蔬菜生产	任务9.1　番茄生产技术
	任务9.2　辣椒生产技术
	任务9.3　茄子生产技术
	任务9.4　茄果类蔬菜主要病虫害识别与防治技术
项目任务要求	掌握主要茄果类蔬菜的高产栽培技术以及主要病虫害的识别与防治

任务9.1　番茄生产技术

活动情景　番茄露地生产主要安排在春夏季节,夏秋季节上市;设施生产主要进行小拱棚春早熟栽培,塑料大棚春提前和秋延后栽培,日光温室秋冬茬、冬春茬和早春茬栽培,产品可做到周年供应。生产上要选择适合各茬次栽培的优良品种,根据当地的气候特点适期播种育苗和定植,根据番茄的生长特点进行科学的水肥管理、温光调控、植株调整等。该任务是通过资料查询、教师讲解、任务驱动等,学习番茄的生产管理技术。

工作过程设计

工作任务	任务9.1 番茄生产技术	教学时间	
任务要求	熟悉番茄的生物学特性、类型和优良品种、栽培季节和茬口安排,掌握番茄不同栽培方式的高产栽培技术要点		
工作内容	1. 番茄生物学特性 2. 类型与优良品种 3. 栽培方式与茬口安排 4. 栽培技术		
学习方法	以课堂讲授和自学完成相关理论知识学习,以田间项目教学法和任务驱动法,使学生掌握番茄露地各季栽培技术和温室、大棚设施番茄栽培技术		
学习条件	多媒体设备、资料室、互联网、生产工具、实训基地等		
工作步骤	资讯:教师由番茄消费市场需求和营养价值、经济价值引入教学任务内容,进行相关知识点的讲解,并下达工作任务 计划:学生在熟悉相关知识点的基础上,查阅资料收集信息,划分工作小组,进行工作任务构思,设计工作计划方案 决策:各小组汇报工作计划方案,师生进行问题答疑、交流讨论、审查修改、确定方案,并准备完成任务所需的工具与材料 实施:学生在教师辅导下,按照计划分步实施,进行知识学习和技能训练 检查:为保证工作任务保质保量地完成,在任务的实施过程中要进行学生自查、学生互查、教师检查指导 评估:对任务完成情况进行学生自评、小组互评和教师点评		
考核评价	课堂表现、学习态度、任务完成情况、作业报告完成情况		

工作任务单

工作任务单			
课程名称	蔬菜生产技术	学习项目	项目9 茄果类蔬菜生产
工作任务	任务9.1 番茄生产技术	学 时	
班 级		姓 名	工作日期
工作内容与目标	熟悉番茄的生物学特性、类型和优良品种、栽培季节和茬口安排,掌握番茄不同栽培方式的高产栽培技术		
技能训练	1. 番茄育苗技术 2. 番茄植株调整、保花保果技术 3. 番茄露地栽培管理技术要点 4. 番茄设施栽培管理技术要点		

续表

工作任务单					
工作成果	完成工作任务、作业、报告				
考核要点 (知识、能力、素质)	熟悉番茄的特性、类型和优良品种及当地主要栽培方式与茬口安排 能熟练地进行番茄种植管理的各项农事操作 独立思考,团结协作,创新吃苦,按时完成作业报告				
工作评价	自我评价	本人签名:	年	月	日
	小组评价	组长签名:	年	月	日
	教师评价	教师签名:	年	月	日

📚 任务相关知识

番茄,别名西红柿、洋柿子、番柿等,茄科番茄属,浆果类。起源于南美洲地区的秘鲁、厄瓜多尔、玻利维亚的热带高原地区。我国栽培始于 20 世纪初期。

9.1.1 生物学特性

1)形态特征

①根　较发达,主根入土深度可达 150 cm 以上,主要根群分布在土表 30～50 cm 的土层中。根系再生能力强,在根颈或茎上易生不定根。

②茎　多半直立或半蔓性,少数为直立性,合轴分枝(假轴分枝)。腋芽萌发能力极强,可发生多级侧枝,茎节上易发生不定根。

③叶　单叶互生,羽状深裂或全裂,每叶有小裂片 5～9 对,叶片和茎上有茸毛及分泌腺,分泌出特殊气味,对害虫具有驱避作用。

④花　完全花,花冠黄色。普通番茄聚伞花序,有小花 4～10 朵,小型番茄总状花序,着生小花数十朵。小花的花柄和花梗连接处有离层,条件不适合时易落花。

⑤果实　多汁浆果,果形有圆形、扁圆形、卵圆形、梨形、长圆形等,颜色有粉红、红、橙黄、黄色。大型果实 5～7 个心室,小型果实 2～3 个心室。

⑥种子　扁平、肾型,表面有灰色绒毛,千粒重 3.0～3.3 g。

2)生长发育周期

①发芽期　从种子萌动到第一片真叶显露,适宜条件下需 7～9 d。

②幼苗期　从第一片真叶显露至第一花序现大蕾,需 45～50 d。2～3 片真叶开始花芽分化,每 2～3 d 分化一个花朵,每 10 d 左右分化一个花序,第一花序现大蕾时,第三花序已分化完毕。日温 20～25 ℃,夜温 15～17 ℃条件下,花芽分化节位低,小花多,质量好。

③开花坐果期　第一花序现大蕾至坐果。是番茄从以营养生长为主过渡到生殖生长与营养生长并进的转折时期。

④结果期 第一花序坐果到生产结束。该阶段的特点是秧果同步生长,营养生长和生殖生长的矛盾始终存在,要保证秧果平衡、加强肥水管理。

3)对环境条件的要求

①温度 番茄喜温,生长发育适宜温度 20 ~ 25 ℃,低于 15 ℃不能开花或授粉受精不良,导致落花落果。低于 10 ℃植株生长不良,长时间 5 ℃以下的低温引起低温危害。番茄生长的温度高限为 33 ℃。发芽适温为 28 ~ 30 ℃,幼苗期适宜温度为日温 20 ~ 25 ℃,夜温 15 ~ 17 ℃,开花着果期适温为日温 20 ~ 30 ℃,夜温 15 ~ 20 ℃,结果期适温为日温 25 ~ 28 ℃,夜温 16 ~ 20 ℃,根系生长最适温为 20 ~ 22 ℃,9 ~ 10 ℃时根毛停止生长。

②光照 喜充足阳光,光饱和点为 70 klx,温室栽培应保证 30 klx 以上的光照强度,才能维持其正常的生长发育。光照不足常引起徒长和落花。

③水分 属半耐旱作物,在 60% ~ 80% 田间最大持水量,45% ~ 50% 空气湿度条件下生长良好。空气湿度过高,不仅阻碍正常授粉,还易引发病害。

④土壤营养 番茄对土壤适应性较强,但以土层深厚、排水良好、富含有机质的肥沃壤土为宜。土壤 pH 以 6 ~ 7 为宜。番茄生育前期需要较多的氮、适量的磷和少量的钾,后期需增施磷钾肥,提高植株抗性,尤其是钾肥能改善果实品质。此外,番茄对钙的吸收较多,生长期间缺钙易引发果实生理障害。

9.1.2 类型与优良品种

生产上常按分枝结果习性分为有限生长型和无限生长型两种类型。

1)有限生长类型

植株长到一定节位后,通常 3 ~ 5 穗果后,以花序封顶,不再向上生长,故称"自封顶",此类品种植株较矮,结果期比较集中,生长期较短,适于早熟栽培,多为早熟品种。有较高的结实力及速熟性,发育快,光合强度高,生长期短。根据果色分为 3 个品种群:

①红果品种群 如早雀钻、北京早红等。

②粉红果品种群 如北京早粉、早粉 2 号、齐研矮粉等。

③黄果品种群 兰黄 1 号。

2)无限生长类型

主茎顶端着生花序后,不断由侧芽代替主茎继续生长、结果、不封顶。这类品种长势旺盛,结果期长,单株结实多,增产潜力大。多为中、晚熟品种,果大质优,抗病耐热性能好,主要用于春季露地栽培和夏茬延后生产。根据果色可分为以下几个品种群:

①红果品种 天津大红、以色列 189、荷兰 16、荷兰 18 等。

②粉红果品种 强力米寿、强丰、佳粉系列,毛粉 802、金棚系列、上海粉金刚等。

③黄果品种 桔黄嘉辰、黄珍珠等。

④白果品种 雪球等。

9.1.3　栽培方式与茬口安排

番茄生产分为露地栽培和保护地栽培。露地生产必须在无霜期内栽培,我国主要城市的露地番茄栽培季节见表9.1。

表9.1　我国主要城市的露地番茄栽培季节表

城　市	栽培季节	播种期(月/旬)	定植期(月/旬)	收获期(月/旬)	备　注
北京	春番茄 秋番茄	1/下～2/上 6/中～7/上	4/中、下 7/下	6/中～7/下 9/上～10/上	
济南	春番茄 秋番茄	1/中～1/下 6/下	4/中、下 7/中	6/上～7/下 8/中～9/中	
西安	春番茄 秋番茄	1/上 7/下	4/上 8/下	6/上～7/下 10/上～11/上	
兰州	春番茄	2/下	4/下～5上	6/下～8/上	
太原	春番茄	2/上	4/下～5上	6/下～9/中	
沈阳	春番茄	2/下	5/中	6/下～7/下	延后覆盖
哈尔滨	春番茄	3/中	5/中、下	7/中～8/下	延后覆盖

设施番茄栽培类型较多,北方则多利用塑料大棚、日光温室进行提前、延后和越冬栽培。北方地区设施番茄栽培茬次见表9.2。

表9.2　北方地区设施番茄栽培茬次

茬　次	播种期(月/旬)	定植期(月/旬)	采收期(月/旬)	备　注
日光温室秋冬茬	7/下～8/中	9/中	12/上中	
日光温室冬春茬	9/上～10/上	11/上～12上	1/上～6	
日光温室早春茬	12/上	2/上～3/上	4/中～7/上	
塑料大棚春早熟	12/下～1/下	3/上～3/中	5/中～7/下	早春温室育苗
塑料大棚秋延后	6/上～7/中	7/上～8/上	9～11	遮阴育苗
小拱棚春早熟	12/下～1/上	2/下～3/中	4/下	早春温室育苗

注:栽培季节的确定以北纬32°～43°地区为依据。

9.1.4　露地栽培技术

1)露地春番茄

(1)品种选择

要考虑品种熟性、抗病抗逆性、产量及品质,还要考虑市场对果实色泽的要求,长途运输销售时还应考虑品种的耐贮运性。

（2）培育壮苗

培育适龄壮苗是春茬番茄早熟丰产的基础。有土育苗应配制好床土，播种前进行种子消毒和浸种催芽，播种后至60%种子出土，保持昼夜28～30℃的高温，以利出苗；60%出土至"吐心"，保持白天20℃左右、夜间10℃左右，以防形成高脚苗。番茄"吐心"至2～3片真叶展平，保持白天25℃左右、夜间15℃左右。2～3片真叶展平时分苗，采用护根育苗措施，把幼苗分至直径10 cm的塑料营养钵中，也可分苗到10 cm×10 cm见方的营养土方中。分苗后至缓苗前，保持白天28℃左右，夜间16℃以上，以利缓苗。缓苗后至定植前1周，白天23～25℃，夜间12～15℃，定植前7～10 d进行放风锻炼，白天15～20℃，夜间8～10℃。

番茄的适龄壮苗是根系发育好，侧根多呈白色；茎粗壮，节间短，茎高不超过25 cm；叶呈深绿色，叶背面略带紫色，茸毛多，8～9片叶；第一花序现蕾。以70～80 d的育苗天数为适宜。如黄河中下游沿岸地区定植期在4月中旬，采用有土育苗时多在1月下旬播种；采用穴盘育苗一般于2月上中旬播种。

（3）整地施肥

定植田应于冬季前进行深耕，翻后不耙，以利土壤晒垡、熟化。春季整地时施入基肥。每667 m² 施腐熟的农家肥5 000 kg左右，同时施入过磷酸钙35 kg、尿素20 kg、硫酸钾10～15 kg。有条件时全部基肥的2/3采取普施，1/3采取垄施。

北方地区春茬番茄一般采取一垄双行高垄栽培，垄距1.2 m，其中垄宽70 cm，沟宽50 cm，垄高15～20 cm。

（4）定植及密度

春茬番茄定植期应在晚霜过后，10 cm地温稳定在10℃以上时进行。定植密度依品种特性、整枝方式、生长期长短等多方面因素而定，一般自封顶品种，采用单干整枝的株行距为23～25 cm×50～55 cm（约5 000 株/亩）；无限生长类型的品种，采用单杆整枝的株行距为33～35 cm×55～60 cm。（3 000～3 300 株/亩）。

番茄的定植深度以子叶与地面相平或埋至第1片真叶为宜。对徒长的番茄苗可采用"卧栽法"，即将番茄苗斜放在定植穴内封土，以降低地上部高度，增强对不良环境的抵御能力。

地膜覆盖定植时，可采用先定植后覆膜或先覆膜后定植的方法。在温度高、或栽培面积大、或从定植到浇水相隔时间较长时，应先浇"坐窝水"，定植完后再统一浇水，以防损伤根部或造成叶片过度蒸腾失水。

（5）田间管理

定植时浇水（定植水）后，过5～7 d浇一次缓苗水，浇缓苗水的时间和水量依天气、苗情和墒情等灵活掌握。缓苗水后一般要控制一段时间浇水，即"蹲苗"。待第一果穗最大果实直径达3 cm左右时结束蹲苗，开始浇水（伴随追肥），称作"催秧催果水"。以后每隔10 d左右浇一次水，每次浇水间隔日数随作物需水量的增加和气温的升高而逐渐缩短。番茄的需水量到结果盛期达到高峰。盛果期7 d左右浇一次，保持整个结果期土壤湿润而均衡，防止忽干忽湿造成裂果和烂果的发生。

定植缓苗后,当基肥用量不足时,应追施1次催苗肥,每亩追施尿素5~10 kg。第一果穗果实开始膨大时,追施"催秧催果肥",每亩施尿素10~12.5 kg、硫酸钾10~15 kg。第一果穗果实即将采收时,植株进入吸收营养的盛期,应进行一次追肥,促进第二、第三穗果实的生长,防止植株早衰,追肥量与前次相当。对无限生长类型的番茄,当第3穗果实采收时,为防止秧子早衰,应再追施一次速效氮肥。为提高植株抗性、改善果实品质,可在结果盛期用1%~2%的过磷酸钙溶液,0.2%~0.3%磷酸二氢钾溶液叶面喷肥1~2次,为促进早熟丰产,还可用0.005%~0.01%的硼酸或硫酸锌等微量元素进行叶面施肥。

（6）植株调整

为保持番茄各器官之间的均衡生长,改善光照,调节营养分配,在栽培过程中应采取一系列植株调整措施,如搭架、绑蔓、整枝、打杈、疏花疏果、保花保果等。

番茄常用的整枝方法主要有以下三种（见图9.1）：

①单干整枝　只保留主干、摘除全部叶腋内长出的侧枝。在种植早熟品种、大型果品种以及密植情况下多采用此法。

②改良式单干整枝　在单干整枝基础上,保留第一花序下的侧枝,在其结一穗果后进行摘心。该种方法具有早熟、增强植株长势和节约用苗的优点。

③双干整枝　除主干外,还保留第一花序下的第一侧枝,由于该侧枝生长势强,很快与主干并行生长,形成双干,除去其余全部侧枝。适用于生长势旺盛的无限生长类型品种,在生长期较长、幼苗数量较少的情况下也可采用。

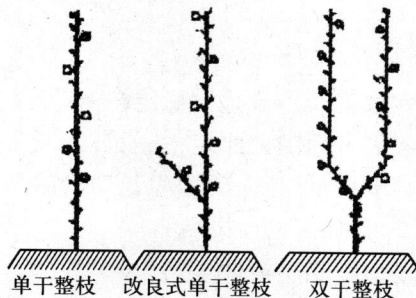

单干整枝　　改良式单干整枝　　双干整枝

图9.1　番茄整枝方式示意图

在整枝过程中,除应保留的侧枝外,其余侧枝全部去掉,即打杈。一般在侧枝长到4~5 cm左右时再分次摘除,打杈过早会影响根系发育,过晚则消耗养分、影响坐果及果实发育。

无限生长类型的番茄,在植株生长到一定数量的果穗数时,需进行摘心。摘心时应该保留的最上一串果的上部两片叶,并将顶部摘除,以利供应果实养分并保护该果不被日光灼伤。

（7）采收、催熟

番茄果实自然成熟过程可分为绿熟期、转色期、成熟期和完熟期。采收时应根据不同需要,确定适宜的采收期。需长途运输并长期存放的可在绿熟期采收;转色期采收的番茄果实硬度好、耐贮运;鲜食可在成熟期和完熟期采收;用于采种或加工番茄酱、汁时宜在完熟期采收。

为加速番茄转色和成熟,必要时可行人工催熟。将采收的绿熟果用 1 000 ~ 4 000 mg/L 的乙烯利溶液浸果 1 min 置于温暖处,经 3 ~ 4 d 开始转红,这种方法催熟效果快,但色泽稍差。也可用 500 ~ 1 000 mg/L 乙烯利喷洒(最好是涂抹法)植株上的绿熟果,催熟的果实色泽较好。但注意不要喷到植株上部的嫩叶上,以免发生药害。

2)露地番茄夏茬栽培

黄河中下游夏茬番茄栽培对解决北方 8、9 月的秋淡季果菜类供应具有重要作用,也是重要的南运蔬菜。

①适地栽培　北方 6 月份高温干旱,7 ~ 8 月份高温多雨,夏季番茄前期易发病毒病,中后期易发晚疫病。因此要选择在夏季小气候冷凉的地区,如山区、丘陵、河谷地带等。

②品种选择　选用耐热抗病、生长势强、无限生长型的品种。随着 ty 病毒的流行,一定选择抗 ty 病毒的品种。常用的有佳粉 10 号、毛粉 802、L402,中杂 9 号、金棚 1 号、粉都女皇、红宝石 2 号等,其中金棚 1 号、红宝石 2 号为耐贮运的硬肉质番茄品种。

③适期播种　确定播期的因素包括苗龄 30 d、高温到来前封垄、8 月初开始上市等。夏番茄播期宜在 4 月 25 日 ~ 5 月 10 日,始收期在 8 月 5 日 ~ 8 月 15 日。

④培育壮苗　夏番茄育苗时,首先采用小苗分苗技术,即第 1 片真叶展平时进行分苗;其次是采用营养钵护根育苗技术,即采用营养钵为分苗容器;最后是采用遮阳育苗技术,即把原苗苗床、分苗苗床都建在遮阳防雨棚下,使苗床避免强光和高温。

⑤适期定植,合理密植　及时整地,每亩施有机肥 3 000 ~ 5 000 kg、尿素 15 kg、硫酸钾 10 ~ 15 kg、过磷酸钙 35 kg 作基肥,深耕耙平后做垄。垄距 130 cm,垄基宽 70 cm,垄沟宽 60 cm,垄高 15 ~ 20 cm。为防止夏季大苗定植伤根严重,夏茬番茄采用小苗定植技术,幼苗 4 片真叶展平即开始定植,定植株距 33 cm,定植后浇透底水。

⑥排灌与追肥　番茄忌水淹,夏季雨后要注意及时排水。浇水宜在早晚进行,中午前后不宜浇水。夏季温度高,定植后不宜过度蹲苗,应视天气情况小水勤浇,结果期保持地面湿润。结合浇水进行追肥,夏茬番茄追肥分 3 次进行:定植后缓苗结束时(定植后 4 ~ 5 d),每亩穴施尿素 5 kg,追肥后浇水;第 1 穗果第 1 个果实直径长至 3 cm 时,浇催果水,每亩随水冲施尿素 10 kg、硫酸钾 10 ~ 15 kg;结果盛期进行追肥,每亩追施三元素复合肥 20 kg (15∶15∶15)。结果后期采用磷酸二氢钾 250 倍和尿素 400 倍混合液进行根外追肥。

⑦地面覆盖　为降低地温、防止雨水冲刷垄面损伤根系,防止高温和伤根诱发病毒病,夏番茄宜采用地面覆盖。覆盖材料可采用黑色地膜,或谷壳、碎草,作物秸秆等,也可采用在地面撒种小白菜的方法。

⑧植株调整　夏番茄采用单干整枝,为提早封垄,封垄前当侧枝长度达到 10 cm 时才打掉,封垄后当侧枝长度达到 5 cm 即打掉。8 月底、9 月初,当番茄有 5 ~ 6 穗果坐稳后对主蔓进行摘心,后茬不轮作小麦时可推迟至 9 月中旬摘心。夏季高温不利夏番茄授粉受精,应用番茄灵 30 ~ 50 mg/kg 进行保花保果。

⑨采收　夏番茄一般于 8 月初开始采收,8 下旬至 9 月下旬为采收盛期。

9.1.5 设施栽培技术

1)早春小拱棚栽培

（1）品种选择

多用早熟、耐寒、丰产、品质较好的有限生长类型品种,如早丰3号,早粉2号等。也可选择适宜密植无限生长中熟品种,如金棚系列、上海粉金刚等。

（2）培育适龄壮苗

番茄的适宜育苗温度是20 ℃,一般在12月下旬至翌年1月上旬播种,以60~70 d的育苗天数为宜。

在播种前把晾晒过的种子用温汤浸种的方法进行处理。浸泡8~10 h,把种子捞出,用清水搓洗一两次,洗去种子表面的绒毛。用砂布或毛巾包好,放在25~30 ℃下催芽,每天用清水冲洗一次,经过3 d左右即可出齐播种。

育苗在日光温室或大棚内套小拱棚进行。每平方米播种床用种15~20 g。在前期造好底墒的基础上,临近播种在床面洒水,水渗下后在床土上撒一薄层细土,将种子均匀地撒在床面上,然后盖过筛细土1~1.2 cm。种子出苗期间温度应保持白天26~28 ℃,夜间20 ℃以上。幼苗出土后要给以充足的光照,同时适当降低气温,特别是夜间温度,以免形成"高脚苗",此时白天保持22~26 ℃,夜间13~14 ℃。

苗期管理:从齐苗到幼苗长有2片真叶这一阶段的白天超过25 ℃应当通风。2片真叶时就应分苗,分苗前要炼苗,白天温度可降至20~22 ℃,夜间不低于8 ℃。经过3~4 d后,就可选晴天分苗了。分苗后应提高床温,白天25~28 ℃,夜间13~15 ℃,少放风,促进发根缓苗。缓苗后到幼苗长有5~6片叶这一期间,温度按正常进行管理,要适量通风,既要秧苗快长又不使徒长。土壤发干时应喷水,此期要保持土壤水分供应,防止缺水。定植前7 d左右,开始炼苗。

（3）定植

当棚内10 cm地温稳定在8 ℃以上可以定植。定植时应选择无风晴朗天气进行。一般行距50~60 cm,株距20~23 cm,每亩栽4 500~5 000株。定植深度以地面与子叶相平为宜,定植后立即插好拱架,盖上棚膜。

（4）田间管理

①缓苗期定植后,为促进缓苗,应密闭小棚,提高棚温和地温,白天达32 ℃,夜里温度达到16 ℃以上。缓苗后,应通过放风降低棚温,白天保持26~28 ℃,不宜超过30 ℃,午后要早闭棚保温。当白天气温达到20 ℃以上时,可以揭开棚膜使秧苗充分见光,接触外界的环境,夜温不低于10~12 ℃时,可以不再盖膜,直至晚霜结束后,当日平均温度稳定到18 ℃以上则可以撤除棚膜,转入露地生长。

②水肥管理 番茄植株大,结果多,根吸收能力强,需水较多,缓苗后7~10 d后结合浇水追施一次催苗肥,每亩追施稀粪500 kg,然后进行蹲苗。当第一穗果开始膨大时,结合浇水每亩追施尿素15~20 kg。浇水量不宜过大。第一穗果将收,第二穗果膨大时,每亩追施

尿素 10 kg,因需水量增加,每隔 7 d 左右浇一水,但追肥灌水要均匀,否则,易出现空洞果或脐腐病,在盛果期,还可进行叶面喷施 0.2% ~ 0.3% 磷酸二氢钾或 1.0% 的尿素,防止早衰。

③植株调整 蹲苗后,应及时插架,采取"人"字架,插后及时绑蔓,应在每穗果下面绑一次。番茄分枝力强,几乎叶叶有杈,应及时整枝打小杈,当第三穗花开时,应在上面留 1 ~ 2 片叶,早摘心减少养分消耗,促果膨大早熟。第一、二穗果采收后,应把下部老化黄叶打掉。为了防止落花,除加强管理外,可在每天上午 8 ~ 9 时,对将开的花和刚开的花,用 10 ~ 20 mg/kg 的 2,4-D 蘸花,或用 25 ~ 30 mg/kg 的番茄灵喷花,要严格掌握浓度。为了早上市增加收入,可在果由绿变白时,用 1 000 mg/kg 乙烯利液涂果,促果早红。

2)塑料大棚早春茬栽培

①品种选择 应选择耐低温,耐弱光、抗病性强的早熟高产品种,如红太阳、春粉 2 000、西粉 5 号、金棚 903、鲁番茄 5 号、合作 903 等。

②培育壮苗 温室育苗时间一般为 1 月中下旬播种,培育大蕾的苗,苗高 15 ~ 20 cm,具 6 ~ 8 片真叶,茎粗 5 ~ 6 mm,节间较短,无病虫和机械损伤,第一花序普遍现蕾,根系发达,须根多。管理上以保温为主,促进苗齐苗壮。北方地区冬季寒冷,早春季节光照全年最弱,温度低,光照时数少,因此温室中可以铺设电热线,将苗床温度适当提高。播种方法和播后管理参考早春小拱棚栽培。

③定植 定植前一个月左右扣棚并封闭升温,当棚内 10 cm 地温稳定在 10 ℃ 以上时开始定植。定植前每亩施有机肥 5 000 kg,过磷酸钙 50 kg,尿素 20 kg,硫酸钾 15 kg,施肥后深翻耙细作高畦,采用双行栽培,及时铺上地膜。河南中部地区单层覆盖大棚一般在 3 月上旬定植,大棚内加盖小拱棚时可提早到 2 月下旬定植。在定植前 5 ~ 7 d 先把定植沟浇足水,定植时只需浇少量的水把苗根周围的土湿润即可。定植选晴天上午进行,按行距 50 cm、株距 25 cm,每垄两行定植番茄。定植后 1 周内不通风,使温度维持在 30 ℃ 左右,土壤墒情适宜时,中耕松土,提高地温。

④田间管理 缓苗期白天温度 28 ~ 30 ℃,夜间 12 ℃ 以上。缓苗后,白天 25 ~ 28 ℃,夜间 10 ℃ 左右。空气湿度维持在 60% 左右。随着外温升高,加大放风量,延长放风时间,早放风,晚闭风。移栽初期必须控制浇水,防止番茄茎叶徒长,促进根系发育。第一花序坐果后,每亩追施复合肥 30 kg,浇一次水。当表土稍干后松土培垄(地膜覆盖除外)。第二、第三花序坐果后再各浇水追肥一次。浇水要在晴天上午进行,浇后闭棚提温,次日上午和中午要及时放风排湿。棚内湿度过大易发生各种病害。采取单干整枝,每株留 4 ~ 5 穗果摘心,每穗留 2 ~ 4 个果。生长中后期摘除下部老叶,病叶,以利通风透光。为防止落花落果,在花期加强温度水分等环境条件管理的同时,可采用番茄灵或 2,4-D 进行处理。果实坐稳后还要进行适当疏花疏果。

⑤采收 大棚春茬番茄一般在 5 月上旬开始采收。为提早上市,可在果实进入白熟期时,采用乙烯利人工催熟,可使果实提前成熟 1 周左右。

3)塑料大棚番茄秋延后栽培技术

①品种选择 应选择抗病性强、早熟、高产,耐贮藏的品种。目前生产上的常用品种

有:特罗皮克、佛罗雷德、佳粉 1 号、佳红、强丰、沈粉 1 号、L401、郑番 2 号、汀红 2 号等,各地应结合本地特点具体选择。

②播种育苗　大棚秋番茄适宜播期应以早霜到来前 110 d 左右为宜。北京地区以 7 月 10 日前后为宜,河南、山东等地以 7 月中下旬为宜。种子处理同春早熟栽培。育苗期间,为防止雨涝、曝晒和病毒病危害,应将苗床设置在地势较高且干燥的地方,并作高畦,四周搭 1 m 高的小棚架,上覆塑料薄膜和遮阳网,采用营养纸袋或营养钵护根育苗。苗期管理主要是保持土壤湿度,降温防雨,防治苗期病害。为防止徒长,可在幼苗 2 ~ 3 片真叶展开时,喷施 1 000 mg/kg 的矮壮素 1 ~ 2 次。苗龄 20 ~ 25 d,秧苗有 3 ~ 4 片叶为定植适期。

③整地定植　大棚秋延后番茄定植时要做好遮阴防雨准备。定植前清洁田园,整地施肥。一般亩施腐熟农家肥 5 000 kg 加 30 kg 复合肥。可采用畦栽或起垄栽培。定植密度一般比春提早栽培略大。每亩栽 4 000 株左右。定植最好选阴天或傍晚进行,并及时浇水,以利缓苗。

④定植后的管理　定植后要加强通风、降温。白天控制在 25 ~ 30 ℃,夜间 15 ~ 17 ℃。当外界最低气温降到 15 ℃ 以下时,白天放风,晚上闭棚。当外界气温降至 10 ℃ 以下时,关闭风口,注意保温。雨天盖严棚膜,防雨淋。

定植水浇足后,及时中耕松土,结合松土进行培垄,且不可伤根,不旱不浇水,进行蹲苗。到第一穗果长到核桃大小时追肥浇水,每亩施磷酸二铵 15 kg、硫酸钾 10 kg,同时叶面喷施 0.3% 磷酸二氢钾;以后每隔 7 ~ 10 d 浇一次水,15 d 左右追一次肥。在高温季节浇水,在早晨或傍晚浇水;9 月中旬以后浇水要在上午进行,浇水过后放风排湿;10 月下旬以后要少浇水,不旱不浇,以防晚疫病,叶霉病发生和引起裂果。

秋延后番茄前期生长速度快,需及时吊蔓、绑蔓。如植株徒长,应及时喷洒矮壮素。一般采用单干整枝,留 2 ~ 3 穗果,在最上果穗上部留两片叶摘心。每穗选留 3 ~ 5 果,将多余花果及早疏除。开花期采用 2,4-D 或番茄灵处理,以利保花保果。

⑤采收和贮藏　大棚秋番茄果实转色以后要陆续采收上市,当棚内温度下降到 2 ℃ 时,要全部采收,进行贮藏。一般贮藏在经过消毒的室内或日光温室内,贮藏温度要保持 10 ~ 12 ℃,相对湿度 70% ~ 80%,每周翻动一次,并挑选红熟果陆续上市。秋番茄一般不进行乙烯利人工催熟,以延长贮藏时间,延长供应期。

4)日光温室番茄秋冬茬栽培技术

（1）品种选择

宜选择抗病(灰霉病、病毒病、晚疫病、叶霉病等,尤其抗 ty 病毒)、耐寒性强、高秧、丰产、品质优良、较耐贮运的中晚熟品种,如毛粉 802、佳粉 15 号、L-402、以色列 189 等。

（2）定植

多于 7 月下旬至 8 月上旬播种,遮阴防雨育苗。苗龄 25 ~ 30 d,3 ~ 4 片真叶即可定植。定植前 15 ~ 20 d 深翻整地,深翻 30 ~ 40 cm 进行晒垡,结合整地,每亩施充分腐熟的有机肥 6 000 ~ 8 000 kg,磷酸二铵 40 kg、硫酸钾 30 kg,土肥混合均匀,耙平。南北向起垄铺膜,垄宽 60 ~ 70 cm,高 15 cm,浇透水。定植前将温室塑料薄膜盖好、扣严,并关闭门窗,选择晴天连续闷棚一周左右,使室内温度达到 50 ~ 60 ℃,定植前三天通风。起苗前 1 ~ 2 d 浇一次小水,起苗时要带土坨,尽量少伤根,株距33 cm,打好定植孔,采用水稳苗法定植,每亩定植3 000~4 000株。

（3）定植后的管理

①温、光管理　温光调节是栽培是否成功的关键。温度控制:缓苗期白天28~30 ℃,晚上不低于15 ℃;开花坐果期白天25~28 ℃,晚上不低于10 ℃;结果期白天20~25 ℃,前半夜13~15 ℃,后半夜7~10 ℃。前期外界温度较高,昼夜温差小,应该揭开温室前底脚的围裙,打开后墙上的通风口;当外界温度降至12 ℃左右时,放下围裙,关闭后墙通风口,白天通风,夜间闭风;当外界最低温度降至8~10 ℃时,夜间覆盖草苫保温;寒冷冬季的夜间室内加二道幕、室外加盖纸被或双层草苫进行防寒保温。2月中旬以后,气温逐渐回升,要注意通风,严防高温引起植株衰老和病毒病。冬春季节应保持膜面清洁,早揭晚盖覆盖物,日光温室后部张挂反光幕,尽量增加光照强度和时间。

②肥水管理　前期放风量小,底墒充足,且在地膜覆盖条件下,耗水少,第一穗果膨大期一般不浇水。灌水会造成地温下降,空气湿度增大,易诱发病害。2月中旬至3月中旬,如果土壤水分不足,可选择晴暖天气上午浇1次水,水量不宜太大,采用滴灌或膜下暗沟灌水。缓苗后每周喷施一次叶面肥效果较好,可选用0.2%~0.3%的磷酸二氢钾溶液。第一穗果开始膨大时,结合浇水进行第一次追肥,每亩追施磷酸二铵15 kg、硫酸钾10 kg或三元复合肥30 kg。先将化肥在盆内溶解,随水流入沟内。以后气温升高,放风量增大,逐渐加大灌水量。一般1周左右灌1次水。并且要明暗沟交替进行。结合浇水,在第四穗果、第六穗果膨大时分别追1次肥。叶面追肥继续进行,结果期可增施CO_2气肥。

③植株调整　日光温室番茄栽培一般采用吊蔓代替支架,既节省架材,又便于管理。当植株高达25 cm时,及时吊蔓。随着植株生长,及时绑蔓。当侧枝长至5~10 cm时,开始整枝打杈,采用单干整枝,第8穗花上方留2片叶摘心,并及时摘除多余的分枝和老、黄、病叶。开花期用2,4-D或番茄灵蘸花或喷花,同时注意疏花疏果,每穗留3~4个果,留生长均匀、果型较好的果实,其余疏除。当第二穗果采完后,进行落蔓。落蔓应在下午进行,动作要缓、轻、逐渐下盘,打平滑圈。落蔓后植株高度宜为1.5~1.8 m,勿让叶或果实着地。及时清理落蔓上的侧枝。

④特殊天气的管理　连续阴天,室内温度若低于20 ℃,为了加温、增光要采取生火炉、加空气电热线、装电灯等措施,但夜间温度一定要低,最低5~7 ℃。一定要控制浇水。果实要适当重采,以减少养分向果实的输送量,从而保证植株消耗的需求,增加植株的抵抗力。下雪天要及时清扫苫上的积雪,连续降雪也要揭苫,膜上的积雪要及时清除,以利进光。当遇到久阴骤晴天气时,早晨揭苫时间要适当早些,当发现植株叶片有萎蔫时,马上把草苫再盖上,或隔一块盖一块,叶片不蔫时再揭掉,反复几次,直到叶片不蔫时全部去掉草苫。

常见案例

1）番茄落花落果现象

番茄落花落果比较普通,原因主要有以下两个方面:

①营养不良性落花 由于田间土壤营养及水分不足,花芽分化期营养不良、花器官发育质量差,整枝打杈不及时,或不同果穗间营养竞争等原因引起落花。

②生殖发育障碍性落花 气温过低或过高、光照不足、开花期雨水不调等都能影响花粉的发芽率及花粉管的伸长,或由于不良条件的影响产生畸形花等,产生生殖发育障碍而引起落花。

防止落花必须从根本上加强栽培管理:培育壮苗,适时定植,加强肥水管理,及时进行植株调整等。采用化学保花保果也是有效的措施,生产常用浓度为 25～50 mg/L 的番茄灵(对氯苯氧乙酸)或浓度为 20～30 mg/L 的番茄丰剂 2 号等生长调节剂,在花期通过喷花、蘸花、抹花等处理,可有效地防止落花,促进结实。

2)番茄果实发育生理障碍

①畸形果 在低温下分化的花芽,往往容易产生多心皮的子房,由这种子房形成的果实便成为畸形果。此外,在育苗期间多肥多湿,幼苗生长过于旺盛,造成子房发育不良,也是产生畸形果的直接原因。为防止畸形果的发生,育苗期间温度不宜控制过低,水分及营养必须调节适宜。应用激素不当也是引起畸形果的主要原因。

②裂果 番茄裂果的类型不一,有的呈圆环状裂开,有的呈放射状裂开,也有不规则的侧面裂果或裂皮。裂果与品种特性有关,也与环境条件有关。果实生长前期土壤干燥,后期由于降雨或大量灌水,果实迅速膨大而产生裂果。为防止裂果,除品种选择外,应避免果实受强光直射,在结果期应保持土壤湿度均衡。

③空洞果 首先是由于开花时的不良条件影响正常受精,果室内无种子,胎座发育很差,形成空洞果。其次是由于使用生长激素浓度过高,或在蕾期处理容易产生空洞果。此外,在开花或幼果期环境温度过高、植株生长过旺也会促使空洞果的形成。在栽培中应针对这些原因采取措施加以防止。

④顶腐病(脐腐病) 果实顶部腐烂,无商品价值。在高温干旱季节较常见。果顶部分缺钙是顶腐病发生的主要原因。为防止顶腐病,施肥时应注意维持土壤的适宜浓度,适当控制铵态氮的用量,尽量避免土温过高及过低,结果期经常保持土壤湿润。为预防此病可用 0.5% 氯化钙喷洒新叶及新出现的花序。

任务 9.2　辣椒生产技术

活动情景　辣椒露地生产主要安排在春夏季节,夏秋季节上市;设施生产主要进行塑料大棚春和日光温室栽培。生产上要选择适合各茬次栽培的优良品种,根据当地的气候特点适期播种育苗和定植,进行科学的水肥管理、温光调控、植株调整等。该任务是通过资料查询、教师讲解、任务驱动等,学习辣椒的生产管理技术。

工作过程设计

工作任务	任务9.2　辣椒生产技术	教学时间	
任务要求	熟悉辣椒的生物学特性、类型和优良品种、栽培季节和茬口安排,掌握辣椒不同栽培方式的高产栽培技术要点		
工作内容	1.辣椒生物学特性 2.类型与优良品种 3.栽培方式与茬口安排 4.栽培技术		
学习方法	以课堂讲授和自学完成相关理论知识学习,以田间项目教学法和任务驱动法,使学生掌握辣椒露地各季栽培技术和温室、大棚设施栽培技术		
学习条件	多媒体设备、资料室、互联网、生产工具、实训基地等		
工作步骤	资讯:教师由辣椒消费市场需求和营养价值、经济价值引入教学任务内容,进行相关知识点的讲解,并下达工作任务 计划:学生在熟悉相关知识点的基础上,查阅资料收集信息,划分工作小组,进行工作任务构思,设计工作计划方案 决策:各小组汇报工作计划方案,师生进行问题答疑、交流讨论、审查修改、确定方案,并准备完成任务所需的工具与材料 实施:学生在教师辅导下,按照计划分步实施,进行知识学习和技能训练 检查:为保证工作任务保质保量地完成,在任务的实施过程中要进行学生自查、学生互查、教师检查指导 评估:对任务完成情况进行学生自评、小组互评和教师点评		
考核评价	课堂表现、学习态度、任务完成情况、作业报告完成情况		

工作任务单

工作任务单			
课程名称	蔬菜生产技术	学习项目	项目9　茄果类蔬菜生产
工作任务	任务9.2　辣椒生产技术	学　时	
班　级		姓　名	工作日期
工作内容 与目标	熟悉辣椒的生物学特性、类型和优良品种、栽培季节和茬口安排,掌握辣椒不同栽培方式的高产栽培技术		
技能训练	1.辣椒育苗技术 2.辣椒露地栽培管理技术要点 3.辣椒设施栽培管理技术要点		
工作成果	完成工作任务、作业、报告		

续表

工作任务单					
考核要点（知识、能力、素质）	熟悉辣椒的特性、类型和优良品种及当地主要栽培方式与茬口安排 能熟练地进行辣椒种植管理的各项农事操作 独立思考,团结协作,创新吃苦,按时完成作业报告				
工作评价	自我评价	本人签名：		年 月 日	
	小组评价	组长签名：		年 月 日	
	教师评价	教师签名：		年 月 日	

任务相关知识

辣椒别名番椒、海椒、秦椒、辣茄。原产于南美洲的热带草原,明朝末年传入我国。

9.2.1 生物学特性

1)形态特征

①根 分布较浅,主要根群分布在 30 cm 土层中。辣椒的侧根着生在主根两侧,与子叶方向一致,排列整齐,俗称"两撇胡"。根系发育弱,再生能力差,根量少,茎基部不能发生不定根,栽培中最好护根育苗。

②茎 茎直立,基部木质化,较坚韧。腋芽萌发力较弱,株冠较小,适于密植。主茎长到一定节数顶芽变成花芽,与顶芽相邻的 2~3 个侧芽萌发形成二杈或三杈分枝,分杈处都着生一朵花。

辣椒的分枝结果习性很有规律,可分为无限分枝与有限分枝两种类型。果实均在分枝的顶端着生,形成门(根)椒、对椒、四母斗、八面风、满天星。

③叶 单叶互生,卵圆形或长卵圆形,全缘,先端渐尖,叶面光滑,少数品种叶面密生茸毛,叶片可以食用。

④花 完全花,花冠白色或绿色。花顶生、单生或簇生于分叉点上。花萼基部为筒状钟形,先端 5~7 裂,花冠合瓣 5~7 裂。雄蕊 6 枚,花药长圆形,浅紫色,在一般情况下,花药与柱头平齐或柱头稍长。常自交作物,天然杂交率 10%左右。

⑤果实与种子 浆果,果皮与胎座组织分离,形成较大空腔。果形有灯笼形、方形、牛角形、羊角形、圆锥形、线形、球形等。果实形状、大小、颜色因品种类型不同而差异明显。种子扁平肾形,表面稍皱,浅黄色,有辣味。平均千粒重 5.0~6.0 g。

2)生长发育周期

①发芽期 从种子发芽到第一片真叶出现,一般为 10 d 左右。

②幼苗期 从第一片真叶出现到第一个花蕾出现,需 50~60 d。幼苗期分为两个阶段:2~3 片真叶以前为基本营养生长阶段,4 片真叶以后,营养生长与生殖生长同时进行。

③开花坐果期 从第一朵花现蕾到第一朵花坐果,一般 10 ~ 15 d。

④结果期 从第一个辣椒坐果到收获末期,一般 50 ~ 120 d。结果期以生殖生长为主,并继续进行营养生长,需水需肥量很大。

3)生长发育对环境的要求

①温度 辣椒为喜温蔬菜,发芽适温为 25 ℃,高于 35 ℃,低于 15 ℃ 不易发芽。育苗期间必须满足日温 27 ~ 28 ℃,夜温 18 ~ 20 ℃,对茎叶生长和花芽分化都有利。开花结果期适温为日温 25 ~ 28 ℃,夜温 15 ~ 20 ℃,温度低于 15 ℃ 受精不良,容易落花;温度低于 10 ℃ 不能开花,已坐住的幼果也不易膨大,还容易出现畸形果。温度高于 35 ℃,花器官发育不全或柱头干枯不能受精而落花。温度过高还易诱发病毒病和果实日烧病。

②光照 辣椒属耐弱光作物,光照时间长短对花芽分化和开花无显著影响。种子在黑暗条件下容易出芽,而幼苗生长时则需良好的光照条件。

③水分 辣椒既不耐旱也不耐涝。花芽分化和坐果期,以土壤含水量相当于田间最大持水量的 55% 为最好。果实膨大期,需要充足的水分。一般空气相对湿度 60% ~ 80% 有利于茎叶生长及开花坐果。湿度过高、过低都易发病及落花。

④土壤营养 辣椒适于土质疏松、通透性好、排水良好的肥沃土壤,切忌低洼地栽培。土壤 pH6.2 ~ 8.5。辣椒需肥量大,不耐贫瘠,但耐肥力又较差,一次性施肥量不宜过多,否则易发生各种生理障害。

9.2.2 类型与优良品种

1)樱桃椒

植株较小,分枝性强,叶片较小,果实向上或斜生,果小如樱桃形、圆形、扁圆形。辣味浓,制干辣椒或观赏均可,种植规模较小。

2)圆锥椒

株型中等或矮小,叶片中等大小,卵圆,果实呈圆锤形或短圆柱形,果梗朝天或下垂,果肉较厚,辣味中等。主要鲜食青果,主要品种有南京早椒、成都二斧头、昆明牛角椒等。多用于观赏栽培,种植规模较小。

3)簇生椒

株型中等或较高,分枝性不强,果实簇生向上。果梗朝天或下垂、果色深红、果肉薄、辛辣味强、油分高、晚熟、耐热,主要供干制调味,如子弹头类、朝天椒、四川七星椒。我国华北地区多与小麦套种,种植规模较大,河北冀县、河南内黄、方城、邓州、柘城等面积较大,已经成为全国"小辣椒"基地,在当地形成产业化生产。

4)长角椒

株形较大,分枝性强,叶片较小或中等。果实一般下垂,长角形,先端尖锐,微弯曲。具辛辣味,多为中、早熟种,产量较高,栽培最为普遍。按果实的长度又可分为牛角椒、羊角椒和线椒三个品种群。我国著名的内外销辣椒干均属这一变种,如河南永城县大羊角、陕西牛角椒、耀县线辣子、四川二金条、山西代县长辣椒、福建宁化牛角椒、云南邱北辣椒等。适合鲜食的有湖南长牛角椒、伏地尖、杭州鸡爪椒。近几年荷兰 37-74、37-79,日本的黄剑,以及湖南湘研系列、安徽萧县系列、河南开封系列羊角椒等逐步取代农家品种,种植规模逐渐加大。

5)灯笼椒

灯笼椒又称柿子椒、甜椒。植株粗壮高大,叶片肥厚,果实大,圆球形、扁圆形或短圆锥形,果基部凹陷成灯笼形状。味甜、稍辣或不辣。全国著名品种有上海茄门甜椒,吉林三道筋、四方头甜椒。著名的杂交组合有豫椒 1 号、中椒 3 号;进口的荷兰福康、瑞士红英达等,还有美国、以色列、荷兰等国培育出的红、黄、橙、紫、白等颜色的彩色甜椒系列品种多为灯笼椒。由于杂交组合产量高、效益好,种植规模逐年增大。

9.2.3　栽培方式与茬口安排

露地辣椒多于冬春季育苗,终霜后定植,晚夏拉秧后种植秋菜,也可行恋秋栽培至霜降拉秧。长江中下游地区多于 11 ~ 12 月利用温床育苗,3 ~ 4 月定植。北方地区则多于春季在保护地内育苗,4 ~ 5 月间定植。辣椒的前茬可以是各种绿叶菜类,后茬可以种植各种秋菜或休闲。设施栽培主要有秋冬茬、冬春茬和早春茬。

9.2.4　露地栽培技术

1)春茬栽培

①品种选择　春茬栽培应选择早熟品种。河南地区辣椒品种如豫艺农研 13 号、洛椒 4 号、安徽萧县、河南开封、湖南湘研系列羊角椒等;甜椒品种如豫艺农研 23 号,豫椒 1 号、中椒 3 号、中椒 8 号、11 号等。

②育苗　常采用温室播种和温室或改良阳畦分苗的育苗设施。采用温汤浸种,置于 25 ~ 30 ℃环境中催芽 3 ~ 5 d。每天用 30 ℃温水淘洗一次。有 60% ~ 70% 种子露白时即可播种。播种量以 1 m² 6 ~ 8 g 为宜。选择未种过蔬菜的田园土与充分腐熟的有机肥按 6∶4 的比例混合过筛,再加入氮磷钾各 15% 的复合肥 1.5 kg,并选用 50% 多菌灵可湿性粉剂处理营养土,1 m³ 用 80 g,防止幼苗期病害。在播种之后到出苗之前,应保持比较高的温度和湿度,促其出苗;在出苗后,应注意降温控湿,应尽量不浇水或少浇水,维持表土发白,底土湿润。幼苗第一片真叶出现后开始间苗。2 片真叶时可追施 0.1% ~ 0.2% 的尿素,2 ~ 3 片真叶时及时分苗。采用有土育苗时,早熟和中早熟品种育苗一般为 85 ~ 100 d。

③整地施肥　宜选用灌溉方便,排水容易的肥沃沙壤土、壤土。要求 3 年以上的轮作。底肥亩施优质腐熟农家肥 5 000 kg,过磷酸钙 30 kg、尿素 20 kg、硫酸钾 15 ~ 20 kg。施肥后深耕 20 ~ 25 cm,耙耱平整。

④定植　10 cm 地温稳定在 12 ℃以上时即可定植。河南中部地区多在 4 月中旬定植。定植前一天,灌足苗床水,以利于带土起苗。由于辣椒株形紧凑,不易徒长,适于密植。选

择晴天,按 50~60 cm 行距挖穴,穴距 30 cm 左右,每亩定植 3 000~4 000 穴,每穴双株栽培。栽植不宜过深,子叶不能埋入土中。栽苗后,浇灌定植水,并覆土压实膜孔。

⑤田间管理 定植后采收前主要是促根、促秧;开始采收至盛果期要促秧攻果;进入高温季节后应着重保根、保秧。

定植时浇水不要太大,栽后第二天浇一次缓苗水,5~6 d 后再浇 1 次水。缓苗后至始果期前,控制浇水,进行蹲苗。辣椒膨大期,要加强浇水追肥。一般结果前期 7 d 左右浇一次水,结果盛期 4~5 d 浇一次水。盛果期可追 1 次尿素或腐熟人粪尿,促进果实膨大。从始果期至采收末期还可叶面喷施 0.3%磷酸二氢钾与尿素水溶液 2~3 次。门椒开花时适当控制浇水,门椒坐果后要追一次肥,每亩最好追施 1 000 kg 腐熟人畜粪尿,或施入氮磷钾复合肥 25~30 kg。于热风季节,应于傍晚浇水降温。门椒采收后再追 1 次肥,每亩追施尿素 15 kg 左右,随之浇水,保持土壤湿润。

结果中后期,应及时摘除老叶、黄叶、病叶,并将基部消耗养分但又不能结果成熟的侧枝尽早抹去。牛角椒类辣椒进行单杆整枝,仅保留分叉,打去分叉以下侧枝可促进上部枝叶的生长和开花结果,提高单株产量;而甜椒类品种多采用双杆整枝法,形成二叉分枝,保留分叉及第一侧枝,以下侧枝全部去掉。

辣椒生育期间遇不适宜环境如:温度过高过低、雨水太多或过分干旱、施用氮肥过多,都易引起落花。生产上应改善管理条件,除创造适宜的生长发育环境外,可使用快丰收、萘乙酸等植物生长调节剂,促进植株生长,保花保果,提高产量。

⑥收获 辣椒是多次开花多次结果的蔬菜,及时采摘有利于提高产量。鲜椒采摘的标准是:果实表面皱褶减少,果皮颜色转深,光泽发亮即可。采摘辣椒应在早、晚进行,中午时,水分散失较多,果柄不易脱落,容易拽伤果枝。采摘时不要摇动植株,以免造成幼花幼果脱落,影响产量。

2)越夏茬栽培

辣椒在春分至清明播种育苗,小满至芒种定植大田,立秋至霜降收获的栽培方式称为越夏栽培,结果盛期正值 9~10 月,气温较低,不易腐烂,便于鲜果长途运输,经过短期贮藏,又可延至元旦、春节供应,取得更高效益。

①品种选择 选用耐热、抗病、大果、商品性状好、产量高的中晚熟品种,辣椒多选湘研 16 号、19 号,豫艺墨玉大椒,郑椒 12 号,中椒 13 号等;甜椒类型多选中椒 4 号、8 号,湘研 8 号、17 号,豫艺农研 25 号等;彩椒很少。

②播种育苗 中原地区一般于 4 月上旬播种育苗。苗床设在露地,前期温度低,需要覆盖小拱棚,待晚霜过后撤除。为了减少分苗伤根,适当稀播,采用营养钵护根育苗,于 2~3 叶时分苗一次。苗高 15 cm,60% 现大蕾、20% 开花的辣椒壮苗需 60 d 左右。

③定植 一般于 6 月中旬定植。麦收后及时整地,每亩施农家肥 4 000~5 000 kg,过磷酸钙 40 kg、碳酸氢铵 80 kg、硫酸钾 20 kg 作底肥,深耕细耙。采用小高畦栽培,适当密植。按垄距 90 cm、垄基宽 60 cm、垄沟 30 cm、垄高 15 cm 作栽培垄。一垄双行、单株定植时株距 20 cm,每亩定植 7 400 株;双株定植时,株距 28 cm,每亩定植 10 000 株左右。生长势强的品种也可采用 30 cm 株距单株定植,每亩定植 5 000 株左右。栽后立即覆土浇水。

④田间管理　前期5~6 d浇一次水,后期保持地面浸润,缓苗后结合浇水每亩追施尿素10 kg;门椒坐稳后追施催果肥,每亩施尿素15 kg;门椒和对椒收获后,植株大量开花,每亩穴施尿素15 kg、硫酸钾15 kg;立秋后每亩施尿素15 kg,促进秋后结果。

⑤采收　越夏辣椒,一部分以青椒满足8、9月份淡季市场需求,一部分以红椒销售给加工厂家,甜椒大都以青椒形式销售。冬贮保鲜的,则必须采摘青果,以延长保鲜期。

9.2.5　设施栽培技术

1)大棚春茬栽培技术

（1）品种选择

宜选择优质、抗病、早熟、丰产、株型紧凑、适于密植的品种,甜椒可选用:双丰、甜杂2、3号、洛椒1号、朝研七号、豫椒2号等;长角椒类:农研12、中椒10号、豫艺农研13号、安徽萧县、河南开封系列羊角椒等。

（2）播种育苗

11~12月上旬育苗,播种前先选种、晒种,然后把待催芽的种子浸在55 ℃的温水中不断搅拌,直至水温降到30 ℃时停止,再浸种7~8 h,捞出后在25~30 ℃条件下催芽,经3~5 d后60%~70%出芽时即可播种,选晴暖天气的上午播种。播种前床土含水量不宜过大,播后覆0.5~1 cm的细土,再盖地膜于床面(开始出苗时揭去),以利保墒。

出苗期间维持较高温度,日温30 ℃左右,夜温18~20 ℃。幼苗出齐,子叶展平后,适当降温,以防高脚苗。分苗前3~4 d,适当降温炼苗,以利缓苗。在管理方法上,主要是早揭晚盖不透明覆盖物;调节通风量和通风时间。幼苗长出3~4片真叶时分苗。分苗前将苗床土消毒后装体或做成苗床,分苗密度为10 cm×10 cm。分苗前1 d要向苗床喷水,以利起苗。可选晴天上午分苗。分苗后立即覆膜并密封,一周后注意通风降温,以防幼苗徒长。

（3）定植

土地选择地势高、土壤干燥、土层深厚肥沃且3年无连作的砂壤土。每667 m² 施入优质腐熟有机肥5 000 kg、磷酸二铵50 kg、氯化钾40 kg、尿素20 kg。于定植前10 d扣棚,畦面覆地膜,以提高棚温和地温。大棚内10 cm地温稳定在12 ℃以上时定植,定植时幼苗具5~7片真叶,选茎粗叶大的壮苗,淘汰病弱苗。一般采用小高畦宽窄行定植,便于管理。宽行距60~66 cm,窄行距30~35 cm,穴距30~33 cm,每亩栽5 000株左右。栽后浇足水,覆土后立即扣严塑膜。

（4）大棚管理

①温度　辣椒定植后一周内要密闭大棚不通风,棚温维持在30~35 ℃,夜间棚外四周围草苫保温防冻,以加速缓苗。缓苗后开始通风,棚温白天28~30 ℃,高于30 ℃时适当放风降温,夜间温度不低于15 ℃。进入开花结果期,白天20~25 ℃,夜间15~17 ℃。当夜晚棚外高于16 ℃,应昼夜通风。随气温回升,应将棚膜四周卷起呈天棚状,保留顶棚膜可防雨,降低温度,大大减轻发病。当日均气温20~22 ℃,夜间最低气温15 ℃时,扣膜。

②水肥　为提高地温,前期应少浇水,避免棚内低温高湿。结果期要充分供水。每次

浇水后要加强放风排湿,保持棚内空气湿度70%以下。门椒坐果后追第一次肥,可亩施硫酸铵14~16 kg,过磷酸钙8~22 kg,草木灰80 kg。以后每浇1~2次水追肥1次。盛果期可用1%磷酸二氢钾或钾宝进行叶面喷肥2~3次,促进果实膨大。

③植株调整 生长前期要及时摘除植株基部生长旺盛的侧枝。到了生长中后期摘除植株内侧过密的细弱枝,将植株下部的老叶、病叶除去,以节省养分,同时可增强通风透光。为了提高坐果率,可于上午10时前用2,4-D(20 mg/L)点花或使用防落素(40~45 mg/L)喷花。

(5)采收

春大棚辣椒一般于开花后25~30 d采收上市。适时早收获,以利多结果,否则,会影响后期产量。采收时用剪刀,以免损伤茎叶。

2)塑料大棚秋延后栽培

一般在7月上中旬育苗、8月上旬定植、10月上旬开始收获,到11月中下旬结束,后期采收的果实可贮存一至两个月上市。该茬口市场价格较高,经济效益好。但栽培难度大、技术性强、生产管理水平要求高。关键管理技术包括以下几方面。

①品种选择 要求既耐高温又耐低温,抗病毒病,生长势强,结果集中,果大肉厚,产量高的品种,如洛椒四号、湘研一号、湘研三号、皖椒一号、新丰四号等。

②温度管理 定植后到门椒坐住,正值8月份高温季节,白天温度高达30 ℃以上,最高可达35 ℃,易引发秧苗徒长,温度管理以降温为主。定植后至缓苗期,可适当提高温度,以28~32 ℃为宜;缓苗后为防止秧苗徒长,应适当降低温度,以23~28 ℃为宜。一般采取降温措施,一是可掀起两边的棚围子进行通风降温,还可采用覆盖遮阳网降温为主。

③水分管理 定植后气温较高,蒸发量大,应及时浇缓苗水,保证水分供应,促进缓苗。缓苗后,适当控制浇水,保持土壤见干见湿,经常中耕松土,促进根系生长,结合培土,并进行适当蹲苗,防止徒长。切忌大水漫灌,否则易徒长疯秧,还可诱发疫病等土传病害的发生。门椒坐果后进入坐果期,经常保持土壤湿润。盛果期肥水充足,才能获得丰产。浇水一定要均匀,不可忽大忽小,以防止出现果实生理性病害。

④科学追肥 定植后至门椒坐住果以前,一般不进行追肥,尤其不能追施氮肥,以防徒长。在门椒坐果后,80%以上长到2~3 cm时,开始进行追肥,应氮磷钾配合施用,一般每667 m² 追施三元复合肥20 kg,应以水带肥。为促进坐果和果实发育,在开花期、生长中后期除进行正常追肥外,还可适当进行根外追肥,用0.3%~0.5%磷酸二氢钾和0.5%~1%的尿素溶液叶面喷施2~3次。

⑤喷施植物生长调节剂 若秧苗发生徒长,可用50 mg/kg缩结胺喷洒,或用500 mg/kg矮壮素喷洒,抑制秧苗徒长。

⑥保花保果 大棚秋延后栽培,开花期外界温度较高、湿度大,不利于坐果,易落花落果而诱发徒长。采用熊蜂授粉或使用植物生长调节剂,可以起到防止落花落果,促进坐果和果实的快速发育的作用。

⑦及时防治病虫害 病虫害的防治按照"预防为主,综合防治"的原则,关键时期及时用药预防,减轻病虫害的发生和危害。

任务 9.3　茄子生产技术

活动情景　茄子露地生产主要安排在春夏季节,夏秋季节上市;设施生产主要进行塑料大棚和日光温室栽培。生产上要选择适合各茬次栽培的优良品种,根据当地的气候特点适期播种育苗和定植,进行科学的水肥管理、温光调控、植株调整等。该任务是通过资料查询、教师讲解、任务驱动等,学习茄子的生产管理技术。

工作过程设计

工作任务	任务 9.3　茄子生产技术	教学时间	
任务要求	熟悉茄子的生物学特性、类型和优良品种、栽培季节和茬口安排,掌握茄子不同栽培方式的高产栽培技术要点		
工作内容	1. 生物学特性 2. 类型与优良品种 3. 栽培方式与茬口安排 4. 栽培技术		
学习方法	以课堂讲授和自学完成相关理论知识学习,以田间项目教学法和任务驱动法,使学生掌握茄子露地各季栽培技术和温室、大棚设施栽培技术		
学习条件	多媒体设备、资料室、互联网、生产工具、实训基地等		
工作步骤	资讯:教师由茄子消费市场需求和营养价值、经济价值引入教学任务内容,进行相关知识点的讲解,并下达工作任务 计划:学生在熟悉相关知识点的基础上,查阅资料收集信息,划分工作小组,进行工作任务构思,设计工作计划方案 决策:各小组汇报工作计划方案,师生进行问题答疑、交流讨论、审查修改、确定方案,并准备完成任务所需的工具与材料 实施:学生在教师辅导下,按照计划分步实施,进行知识学习和技能训练 检查:为保证工作任务保质保量地完成,在任务的实施过程中要进行学生自查、学生互查、教师检查指导 评估:对任务完成情况进行学生自评、小组互评和教师点评		
考核评价	课堂表现、学习态度、任务完成情况、作业报告完成情况		

工作任务单

工作任务单			
课程名称	蔬菜生产技术	学习项目	项目 9　茄果类蔬菜生产
工作任务	任务 9.3　茄子生产技术	学　时	

续表

工作任务单						
班　级		姓　名		工作日期		
工作内容 与目标	熟悉茄子的生物学特性、类型和优良品种、栽培季节和茬口安排,掌握茄子嫁接育苗技术,及不同栽培方式的高产栽培技术					
技能训练	1.茄子嫁接育苗技术 2.茄子保花保果技术 3.茄子露地栽培管理技术要点 4.茄子设施栽培管理技术要点					
工作成果	完成工作任务、作业、报告					
考核要点 (知识、能力、素质)	熟悉茄子的特性、类型和优良品种及当地主要栽培方式与茬口安排 能熟练进行茄子嫁接及种植管理的各项农事操作 独立思考,团结协作,创新吃苦,按时完成作业报告					
工作 评价	自我评价	本人签名:		年	月	日
	小组评价	组长签名:		年	月	日
	教师评价	教师签名:		年	月	日

任务相关知识

茄子,别名落苏,原产于东印度,公元 3～4 世纪传入我国。

9.3.1　生物学特性

1)形态特征

①根　发达,深达 130～170 cm,横向伸长可达 100～130 cm,主要根群集中分布在 33 cm 以上的土层内。茄子根系木质化较早,不易发生不定根,根系再生能力相对较差,移栽或育苗时应注意保护根系。

②茎　直立、粗壮、木质化,分枝较规则,为假二叉分枝。即主茎生长到一定节位后,顶芽变为花芽,花芽下的两个侧芽生成一对同样大小的分枝,为第一次分枝。分枝着生 2～3 片叶后,顶端又形成花芽和一对分枝,循环往复无限生长。每一次分枝结一次果实。按果实出现的先后顺序,习惯上称为门茄、对茄、四母斗、八面风、满天星,见图 9.2。实际上,一般只有 1～3 次分枝比较规律。

③叶　单叶互生,叶卵圆形或长椭圆形,叶缘波浪状。紫茄品种的嫩枝及叶柄带紫色,白茄和青茄品种呈绿色。

④花　两性花,花瓣 5～6 片,基部合成筒状,白色或紫色。花萼宿存,上具硬刺。可分为长柱花、中柱花及短柱花。长柱花的花柱高出花药,花大色深,为健全花;中柱花的柱头

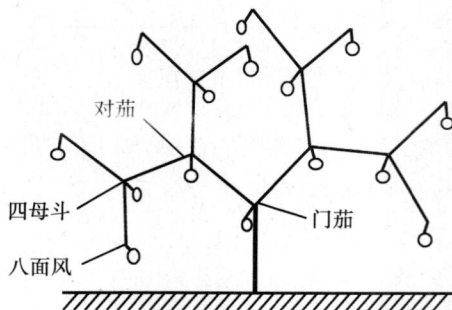

图9.2　茄子分枝习性示意图

与花药平齐,能正常授粉结实,但授粉率低;短柱花的柱头低于花药,花小,花梗细,为不健全花,一般不能正常结实。茄子花一般单生,但也有2～3朵簇生的。一般是自花授粉,晴天7～10时授粉,阴天下午才授粉;茄子花寿命较长,花期可持续3～4 d,夜间也不闭花,从开花前1 d到花后3 d内都有受精能力。

⑤果实与种子　果实肉质浆果,果皮、胎座的海绵组织为主要食用部分。果形有圆、扁圆、长形及倒卵圆形,果色有深紫、鲜紫、白色与绿色。种子为扁平肾形,黄色或灰褐色,新种子有光泽。千粒重4～5 g,种子寿命4～5年,使用年限2～3年。

2)生长生育周期

①发芽期　从胚根突出种皮到真叶出现。发芽期要求较高的温度,在30 ℃左右需6～8 d,且发芽率较高,在20 ℃条件下,发芽期可延长至20多天,且发芽率低。

②幼苗期　从真叶出现到门茄现蕾。幼苗生长至4片真叶、幼茎粗度达2 mm左右时开始花芽分化,分苗应在4片真叶展平前进行。

③开花着果期　从门茄现蕾至门茄"瞪眼",需10～15 d。茄子果实基部近萼片处生长较快,开始因萼片遮光不见光照呈白色,等长出萼片外见光2～3 d后着色,这一部分称"茄眼睛",当白色部分很少时,表明果实已达到商品成熟期了。开花着果期为营养生长为主向生殖生长为主的过渡期,此期适当控制水分,可促进果实发育。

④结果期　从门茄"瞪眼"到拉秧。门茄"瞪眼"以后,茎叶和果实同时生长,光合产物主要向果实输送,茎叶得到的同化物很少,要注意加强肥水管理。对茄与"四母斗"结果期,植株处于旺盛生长期,对产量影响很大,尤其是设施栽培,是产量和产值的主要形成期;"八面风"结果期,果数多,但较小,产量开始下降。

3)对环境条件的要求

①温度　茄子较耐高温。发芽适温25～30 ℃,生长发育适温为22～30 ℃,低于20 ℃生长缓慢,15 ℃以下引起落花落果,10 ℃以下停止生长。生长最低地温要在12 ℃以上。在适温范围内,温度偏低、花芽分化推迟,长柱花多。温度高,特别是夜温高时多产生短柱花。

②光照　喜光作物,光饱和点为40 klx,补偿点为2 klx。光照弱或光照时数短,光合作用能力降低,植株长势弱,花的质量降低(短柱花增多),果实着色不良。

③水分　适宜的土壤湿度为田间最大持水量的70%～80%,适宜空气相对湿度为

70% ~ 80%,湿度过大时易烂根,空气湿度过大易流行病害。水分不足,植株易老化,短柱花增多,果肉坚实,果面粗糙。

④土壤与营养　对土壤适应性广,适宜的土壤 pH6.8 ~ 7.3。在疏松肥沃、保水保肥力强的壤土上生长最好。对营养需求上以氮肥为主、钾肥次之、磷肥较少。每生产 1 000 kg 茄子,需吸收氮 3.0 ~ 4.0 kg,磷 0.7 ~ 1.0 kg,钾 4.0 ~ 6.6 kg。

9.3.2　类型与优良品种

根据茄子果形、株形的不同,可把茄子的栽培种分为圆茄、长茄、矮茄三个变种。

①圆茄　植株高大,茎直立粗壮,叶片大而肥厚,生长旺盛,果实为球形、扁球形或椭球形,果色有紫黑色、紫红色、绿色、绿白色等。多为中晚熟品种,肉质较紧密,单果质量较大。圆茄属北方生态型,适应于气候温暖干燥、阳光充足的夏季大陆性气候。多作露地栽培品种,如北京六叶茄、北京九叶茄、天津大民茄、济南大红袍、河南安阳大圆茄、西安绿茄、洛阳青茄、新乡糙青茄、辽茄1号等。

②长茄　植株高度及长势中等,叶较小而狭长,分枝较多。果实细长棒状,有的品种可长达 30 cm 以上。果皮较薄,肉质松软,种子较少。果实有紫色、青绿色、白色等。单株结果数多,单果质量小,以中早熟品种为多,是我国茄子的主要类型。长茄属南方生态型,喜温暖湿润多阴天的气候条件,比较适合于设施栽培。优良品种较多,如南京紫线茄、北京线茄、杭州红茄、鹰嘴长茄、徐州长茄、苏崎茄、吉林羊角茄、大连黑长茄、沈阳柳条青、荷兰紫长茄布利塔等。

③矮茄　又称卵茄。植株低矮,茎叶细小,分枝多,长势中等或较弱。着果节位较低,多为早熟品种,产量低。此类茄子适应性较强,露地栽培和设施栽培均可。果皮较厚,种子较多,易老,品质较差。果实小,果形多呈卵球形或灯泡形,果色有紫色、白色和绿色。如北京灯泡茄、天津牛心茄、荷包茄、孝感白茄等。

9.3.3　栽培方式与茬口安排

茄子对光周期要求不严格,只要温度适宜一年四季均可栽培。黄淮地区茄子栽培方式与茬次见表9.3。

表9.3　黄淮地区茄子栽培方式与茬次表

茬　次	栽培设施	播种期 旬/月	定植期 旬/月	始收期 旬/月	终收期 旬/月	备　注
春茬	露地	上/2	中下/4	上/6	上/7	阳畦育苗
夏茬	露地	上/4	上中/6	中下/7	下/10	
秋茬	露地	上/6	上中/7	上/9	中下/10	少有栽培
早春茬	小拱棚	上中/12	中下/3	上/5	中下/6	温室育苗

续表

茬　次	栽培设施	播种期 旬/月	定植期 旬/月	始收期 旬/月	终收期 旬/月	备　注
春早熟	塑料大棚	上中/11	上中/3	上/4	上中/7	温室育苗
秋延后	塑料大棚	上/7	上中/8	上/10	中下/11	遮阴育苗
越冬茬	日光温室	中下/8	中下/9	上/12	上中/6	
冬春茬	日光温室	中下/11	中下/1	上/3	上中/7	
秋冬茬	日光温室	中下/7	中下/8	上/10	中下/1	遮阴育苗

9.3.4　露地栽培技术

黄淮地区多作露地春早熟栽培,主要栽培技术如下:

（1）品种选择

以早熟为主要栽培目的时,应选择早熟品种;以丰产为主要栽培目的时,应选择中晚熟品种。并且还要考虑市场对茄子色泽、形状等的要求。

（2）播种育苗

1月下旬至2月上旬,可采用阳畦或大棚内套小拱棚等方式。每亩用种50～75 g,播种前进行种子处理。幼苗生长期间白天控制温度在20 ℃～25 ℃,夜晚15～17 ℃,地温在15 ℃以上。经35～40 d幼苗2～3片真叶时,采用营养钵分苗,6～8叶期为移栽适期。定植前5天,进行低温炼苗以适应外界环境。

（3）整地、施肥

定植前,选好地,忌连作;施足基肥,亩施优质腐熟有机肥5 000 kg,深翻30 cm。起垄、作畦,畦面宽60～65 cm,沟宽35～40 cm,畦高15～20 cm,每畦栽2行。

（4）定植

一般采用高垄栽培;合理密植,株行距因品种而异,中早熟品种,株距35～42 cm,亩栽2 000～3 000株;晚熟品种:株距40～45 cm,亩栽1 500～2 000株。

（5）定植后管理

①追肥浇水　结果前主要是中耕蹲苗,防止徒长,至门茄瞪眼期结束蹲苗,随浇水冲施人粪尿1 000 kg或二铵20～30 kg。对茄至四母斗相继坐果膨大时,为茄子需肥高峰期。对茄鸡蛋大小时需一次重追肥,亩用腐熟人粪尿或尿素20～30 kg,结合浇水追一次。四门斗果实膨大时再重追一次。同时还要进行叶喷肥。一般用0.2% KH_2PO_4 加0.2%尿素叶面喷用。

②植株调整　茄子开花后,门茄下部的叶芽易迅速萌发,生产上一般除留一个强壮侧枝外,其余全部摘除,并将老茎叶片全部打掉,按照"门茄、对茄、四门斗、八面风、满天星"的方式留果,但生产中到达八面风时,茄子明显变小,需适当剪除一部分侧枝。

③防止落花、落果　低温、干旱、高温、多雨皆可引起茄子落花落果,一般采用激素涂

沫：用 2,4-D30 ppm 或防落素 40 ppm 处理，效果都不错。

④植株更新 春种中早熟品种，夏季高温多雨季节、长势衰弱、结果不良，可在 7 月中下旬，距地面 15～20 cm 短截，去除老叶后，追施人粪尿 1 000 kg/亩，并及时松土，选留 1 个强壮侧枝生产，每株可再采"西北风"茄子 7 个左右。

(6)采收

"茄眼睛"消失是茄子达到商品成熟度的标准。采收时要用剪刀剪下果实，防止撕裂枝条。不要在中午气温高时采收，此时采的茄子含水量低，品质差。

9.3.5 设施栽培技术

1)塑料大棚春早熟茄子栽培技术

(1)品种选择

应选择早熟、丰产、耐低温弱光，门茄节位低、易坐果，生长速度快的品种，如西安绿茄、洛阳青茄、新乡糙青茄、茄杂 12 号、茄杂 6 号、豫茄 2 号等。

(2)育苗

一般要求在加温温室或日光温室铺地热线育苗，苗龄为 80～100 d。播种期可根据当地气候、定植时间和日历苗龄确定，一般于 11 月上中旬至 12 月上中旬播种，1 月下旬至 3 月上旬定植。先进行温汤浸种，而后采取 30 ℃条件下 16 h 和 20 ℃条件下 8 h 的变温处理，进行催芽，可使种子发芽整齐、粗壮。待大部分种子破嘴露白时即可播种。育苗地温不应低于 16 ℃，3 片真叶时进行分苗，6～8 片真叶定植，定植前应低温锻炼。

(3)定植

当棚内 10 cm 地温稳定在 12 ℃以上即可定植。定植前 10～15 d 闷棚，以提高地温。亩施有机肥 5 000～7 000 kg、磷酸二铵 50 kg、过磷酸钙 50 kg、硫酸钾 30 kg。定植前 2 d 开定植沟，行距 60 cm，沟深 15～20 cm。选晴天上午进行带土移栽。一般株距为 30 cm，栽 2 行，每穴只栽 1 苗，栽后及时浇"压兜水"，以利成活。

(4)田间管理

①温度管理 定植后一周内不通风或少通风，以提高地温，促进缓苗。待秧苗恢复生长后，应适当通风降温，以防苗徒长，保持秧苗蹲实，叶色深紫。待进入结果期后，随着外界温度的升高和浇水量的增大，开始加大通风量。

②水肥管理 定植后一周浇一小水，即缓苗水。以后以控水蹲苗为主，促进根系发育。待大部分门茄开始膨大时，结束蹲苗，结合浇催果水施入少量速效化肥。门茄采收后即可封垄，并结合封垄施入 20 kg 二铵或 50 kg 腐熟鸡粪干。进入采收期后，因气温升高，通风量增大，应加强水分管理，提高产量。

③中耕松土 缓苗后及时松土，提高根系温度。待门茄采收后开始封沟，将原来的定植沟封土，成为小高垄，而行间开出浇水沟。

④植株调整及保花保果 打掉门茄以下的侧枝，以免通风不良。当门茄采收后，可摘去门茄以下的老叶以增加植株的通风透光性，减少病害发生。大棚内湿度较大，通风不良，

不易授粉,因此必须采用激素处理才能坐果。一般用 20~30 mg/kg 的 2,4-D 涂抹柱头或喷花。每天一次,不能重复。

(5)采收

门茄容易坠秧,因此应及早采收,以促进植株生长和对茄的发育。

2)日光温室越冬茬栽培

(1)品种选择

应选择耐低温弱光、生长健壮,适应性好,抗病虫能力强,早熟性好的高产品种。如西安绿茄、洛阳青茄、新乡糙青茄、鲁茄1号、辽茄七号、豫茄2号、尼罗、布利塔等。

(2)嫁接育苗

为提高茄子对枯萎病、青枯病、根结线虫病和根腐病的抗性,一般采用嫁接栽培。

(3)定植

①整地施肥 茄子比较耐肥,在日光温室栽培追肥不太方便,所以基肥要多施一些。一般每亩施农家肥7 000 kg 以上,磷二铵 20~30 kg、硫酸钾 20~30 kg、过磷酸钙 50~100 kg,混合均匀,2/3 撒入地面深翻作垄,其余 1/3 集中施入垄底。作垄高度 15~20 cm,垄宽 80 cm,垄沟宽 50 cm。

②定植覆膜 选晴天上午进行定植。在垄面按行距 50 cm,株距 30~40 cm。定植取土过程中在垄面自然形成深 10 cm 左右灌水暗沟。定植后浇稳苗水,封窝盖膜,在秧苗位置开口引出苗子,将膜四周压紧埋实,用土封住定植孔口。也可以在垄做好后盖膜,做好灌水暗沟,定植时在膜上开穴定植,封好定植孔。

(4)定植后管理

①温度管理 定植后要保持较高温、湿度,以利缓苗。白天保持 30 ℃,夜间 20 ℃左右。如果夜间温度达不到时,可在行间扣小拱棚保温。缓苗后适当降温,白天 23~28 ℃,夜间 13~18 ℃,进入结果期也正是严冬季节,尽量保持温室内温度白天 25~30 ℃,午间出现短时间 30~35 ℃高温可不放风,以蓄热保温。使夜间达到 15~20 ℃(前半夜在 18~22 ℃,后半夜在 15 ℃),清晨 12 ℃以上。如因天气或温室结构性能等原因,室温下降到 7 ℃时,就应加盖草帘保温,以免影响坐果及果实生长发育。当进入春夏茄子正处在结果盛期,要注意通风,不可使棚温过高。外界温度稳定在 13 ℃以上时,不再闭棚,昼夜进行通风。

②肥水管理 一般在定植后一周,浇一次缓苗水,以后适当控水蹲苗,促进根系发育。在门茄"瞪眼"(幼果露出萼片,圆茄如枣大,长茄约 4~6 cm)时,植株旺盛生长,果实迅速膨大,需水肥量逐步增加,这时要浇第一次水。浇水过迟影响植株生长和果实发育。浇水过早会导致植株徒长,引起落花落果。以后随门茄、对茄采收,及时浇水追肥,见干就浇不能缺水。茄子生长旺盛,产量高,耗水量大。如果缺水抑制植株生长,促使植株老化,发生落花落果,或坐果后果实膨大慢、色暗、无光泽、品质下降,降低商品价值。灌水应采用膜下暗灌或滴灌。在晴天上午进行,浇水后放风排湿。在门茄采收后就应结合灌水进行追肥。第一次追肥每亩施尿素 15~30 kg,以后可每次尿素 10 kg、磷二铵 10 kg,间隔一、二次浇水,就追一次肥。

③光照调节　茄子对光照要求不严,但在日光温室严冬季节低温、寡光情况下,不能满足茄子光照,特别是光照对茄子着色影响很大,光照不足时茄子着色不好,影响商品价格,因此要采取多种措施满足茄子对光照的需要。例如,采用透光率好的棚膜,保持棚膜清洁;在不影响保温前提下尽量早揭、晚盖草帘,延长日照时间;阴天也要揭帘见光;有条件时可以张挂反光幕;定植时适当控制植株密度等。另外,及时进行植株调整使其通风透光十分重要。

④植株调整　为了改善植株内部光照,合理分配营养,提高品质和产量,日光温室栽培多用严格的单杆、双杆整枝。以双杆整枝为例,即在门茄下只保留1个强壮侧枝,与主杆并生形成双杆,等对茄坐住后,去掉外侧枝,留主枝向上生长,以后采取同样处理,始终保持双杆向上生长结果。结果多时,植株生长过长,须立支架支撑或吊秧。

⑤保花保果　由于温室内湿度大,开花后花药不开裂,茄子授粉困难,必须采用生长素保花保果。2,4-D浓度为30~40 ppm、防落素浓度为50 ppm。蘸花方法与番茄相同。也可在药液中加0.1%用量的50%速克灵可湿性粉剂2 000倍液,对防治灰霉病有很好的效果。

(5)采收

一般门茄应早采,避免影响以后果实生长发育。日光温室越冬茬茄子上市期,有较长一段时间处在寒冷季节。为保持产品鲜嫩,最好每个茄子都用纸包起来,装在筐中或箱中,四周衬上薄膜,运输时用棉被保温。

任务9.4　茄果类蔬菜主要病虫害识别与防治技术

活动情景　茄果类蔬菜病虫害较多,往往对生产造成严重影响,科学防治病虫害是茄果类蔬菜生产中的一项重要任务。本任务是结合《植物保护》有关知识,通过资料查询、教师讲解和任务驱动等,学习正确识别茄果类蔬菜主要病虫害,并掌握其防治方法。

任务相关知识

9.4.1　主要病害识别与防治

1)番茄早疫病

(1)症状识别

叶片初呈针尖的小黑点,后发展为不断扩展的轮纹斑,边缘多具浅绿色或黄色晕环,中部现同心轮纹,且轮纹表面生毛列关不平坦物别于圆纹病;茎部染病,多在分枝处产生褐色至深褐色不规则圆形或椭圆形病斑,凹或不凹,表面生灰黑色霉状物,叶柄受害生椭圆形轮纹斑,深褐色或黑色,一般不将茎包住。花染病,始于花萼附近,初为椭圆形或不定形褐色或黑色斑,凹陷,直径10~20 mm,后期果实开裂、病部较硬、密度、生黑色霉层。

（2）防治方法

①实行轮作。②保护地番茄防止温湿度过高。③叶面喷施"抗毒剂1号""农丰菌"可抑制病菌,增强作物免疫力。④设施内施用45%百菌清烟雾剂或10%速克灵烟雾剂,每次3.0～3.75 kg/hm²。⑤药剂防治,发病初期交替喷洒50%扑海因可湿性粉剂1 000～1 500倍液,或75%百菌清可湿性粉剂600倍液,或58%甲霜灵锰锌可湿性粉剂500倍液,或64%杀毒矾粉剂500倍液。

2）番茄晚疫病

（1）症状识别

叶片染病,多以下部叶尖或叶缘开始发病,初为暗绿色水浸状不整形病斑,扩大后转为褐色,高湿时,叶背病健部交界处长白霉;茎上病斑呈黑褐色腐败状,引致植株萎蔫;果实染病主要发生在青果上病斑呈油浸状暗绿色,多变成暗褐色至棕褐色稍凹陷,边缘明显,果实一般不变软,湿度大时其上长少量白霉,迅速腐烂。

（2）防治方法

①种植抗病品种,实行3年以上的轮作。②发现病株,保护地每667 m²用45%百菌清烟剂200～250 g预防或熏治。③药剂防治,发病初期开始喷洒72.2%普力克水剂800倍液,或64%杀毒矾可湿性粉剂500倍液喷雾。

3）灰霉病

（1）症状识别

果实染病青果受害重,残留的柱头或花瓣先被侵染后向果面或果柄扩展,致果皮呈灰白色、软腐、病部长出大量绿色霉层,果实失水后僵化,叶片染病多始自叶尖,病斑呈"V"字形向内扩展,初水浸关,浅褐色,边缘不规则,具深浅相同轮纹,后干枯表面生有灰霉致叶片枯死;茎染病,开始变呈水浸状小点,后扩展为长椭圆形或长条形斑,湿度大时病斑上长出灰褐色霉层,严重时引起病部以上枯死。

（2）防治防治

①保护地加强通风。②浇水宜在上午进行,发病初期适当节制浇水,严防过量,防止结露。③发病后及时摘除病果,病叶和侧枝。④药剂防治,发病初期可用50%的腐毒利(速克灵)可湿性粉剂2 000倍液,或50%的异菌脲(扑净因)可湿性粉剂1 500倍液,或2%的武夷霉素水剂150倍液,或50%乙稀菌核利(农利灵)可湿性粉剂1 500倍液,或40%施工佳乐悬浮剂800倍液喷雾;烟霉施药可选用10%连克灵烟剂,或45%百菌清烟剂,每667 m²每次250 g;粉类施药可用5%百菌清粉尘,每亩1 kg,每7～10 d 1次,连施2～3次。

4）番茄叶霉病

（1）症状识别

番茄叶霉病主要为害叶片,严重时也为害茎、花果实。叶片染病,叶面出现不规则形成椭圆形淡黄色褪绿斑,叶背病部初生白色霉层,后霉层变为灰褐色或黑褐色绒状条件适宜时,病斑正面也可长出黑霉,随病情扩展,叶片由内下向上逐渐卷曲,植株呈黄褐色干枯。果实染病,果蒂附近或果面形成黑色圆形或不规则形斑块,硬化凹陷,不能食用。嫩茎或果柄染病,症状与叶片类似。

(2)防治方法

①选用抗病品种、种子消毒、实行轮作。②加强温湿度管理,适当密植,提高植株抗病力。③药剂防治,初见病叶时喷洒药液,要注意叶背面的防治。可用2%武夷菌素水剂150倍液,或40%的氟硅唑(福星)乳油6 000 ~ 8 000倍液,或50%异菌脲(扑海因)可湿性粉剂1 500倍液喷雾,每7 d 1次,连续2 ~ 3次;也可用粉尘或释放烟雾防治,用5%加瑞农药尘,或5%百菌清粉尘剂,或7%叶面净粉尘剂等,每667 m² 每次1 kg,7 ~ 8 d 1次。

5)枯萎病

(1)症状识别

枯萎病开花结果期始发病初仅茎一侧自下而上出现凹陷区,致一侧叶片发黄,变绿的枯死;有的半个叶序或半边变黄,也有的从植株距地面近的叶育始发逐渐向上蔓延,除顶端数片完好外,其余均枯死,剖开病茎,维管束变褐,湿度大时,病部产生粉红色霉层,无乳白色黏液流出,别于青枯病。

(2)防治方法

①实行轮作,加强管理,提高植株抗病力。②种子消毒处理、育苗床土消毒。③药剂防治,发病初期可选用50%的多菌灵可湿性粉剂500倍液,或70%(甲基硫菌灵)甲基拖布津可湿性粉剂700倍液,或75%百菌清可湿性粉剂800倍液,或10%双效灵水剂200倍液灌根,每株灌兑好的药液200 mL。隔7 ~ 10 d 1次,连续3 ~ 4次。

6)番茄病毒病

(1)症状识别

①花叶型:叶片显黄绿相间或深浅相间的斑驳、或略有皱缩现象;②蕨叶型:植株矮化、上部叶片成线状、中下部叶片微卷,花冠增大成巨花;③条斑型:叶片发生褐色斑或云斑、或茎蔓上发生褐色斑块,变色部分仅处在表皮组织,不深入内部;④卷叶型:叶脉间黄化,叶片边缘向上方弯卷,小叶扭曲、畸形,植株萎缩或丛生;⑤黄顶型:顶部叶片褪绿或黄化,叶片变小,叶面皱缩,边缘卷起,植株矮化,不定枝丛生;⑥坏死型:部分叶片或整株叶片黄化,发生黄褐色坏死斑,病斑呈不规则状,多从边缘坏死、干枯,病株果实呈淡灰绿色,有半透明状浅白色斑点透出。

(2)防治方法

①选用抗病品种。②定植前后各喷1次NS-83增抗剂100倍液,增强寄主抗病力。③药剂防治,早期防蚜;发病初期可喷洒1.5%植病灵乳剂1 000倍液,或20%病毒A可湿性粉剂500倍液进行防治。④用弱病毒疫菌和卫星病毒S52处理幼苗,提高植株免疫力。

7)番茄脐腐病

(1)症状识别

又称蒂腐病,属生理病害,初在幼果脐部出现水浸状斑,反逐渐扩大,至果实顶部凹陷变褐,通常直径1 ~ 2 cm严重时扩展到小半个果实,后期湿度大腐生霉菌寄生其上现出黑色霉状物病果提早变红且多发生在一、二穗果上,同一花序上的果实几乎同时发病。

（2）防治方法

①地膜覆盖栽培。②适量及时灌水，尤其结果期更应注意水分均衡供应，灌水应在9～12时进行。③药剂防治，采用配方施肥技术，根外追施钙肥，番茄着果后1个月内是吸收钙的关键时期，可喷洒1%的过磷酸钙，或0.1%硝酸钙及爱多收6 000倍液，从初花期开始，隔15 d 1次，连续喷洒2次。④使用遮阳网覆盖。

8）辣椒疫病

（1）症状识别

叶片染病，病斑圆形或近圆形，边缘黄绿色，中央暗褐色，果实染病始于蒂部，初生暗绿色水浸状斑，迅速变褐软腐，湿度大时表面长出白色霉层；干燥后形成暗褐色僵果，残留在枝上茎和枝染病时，被害茎木质化前染病，病部明显溢缩，造成地上部折倒。

（2）防治方法

①选用早熟抗病品种。②床土消毒，培育适龄壮苗。③加强田间管理，尤其要注意暴雨后及时排除积水，严防棚室温度过高。④药剂防治，发现中心病株后，喷洒与浇灌并举，及时喷洒72.2%普力克水剂600～800倍液，或58%甲霜灵、锰锌可湿性粉剂400～500倍液，或64%杀毒矾可湿性粉剂500倍液。棚室保护地可选用烟熏法，发病初期每亩用45%百菌清烟雾剂25～300 g，每隔9 d左右1次，连续防治2～3次。

9）辣椒病毒病

（1）症状识别

①花叶：分为轻型花叶和重型花叶，轻型花叶病叶初现明脉微褪绿，或现浓、淡绿相间的斑驳，病株无明显的畸形或矮化，不造成落叶，重型花叶除表现褪绿斑驳外，叶面凹凸不平坦，叶脉皱缩畸形，或形成线形叶，生长缓慢，果实变小，严重矮化。②黄化：病叶明显变黄，出现落叶现象。③坏死：病株变形，如叶片变成线状，即蕨叶，或植株矮小，分枝较多，呈丝枝状有时几种症状同在一株上出现，或引起落叶、落花、落果、严重影响甜（辣）椒的产量和品质。

（2）防治方法

①种子消毒。培育适龄壮苗，及时防治蚜虫、红蜘蛛和温室白粉虱，防止传播病毒。②药剂防治，喷洒病毒A可湿性粉剂500倍液，或1.5%植病灵乳剂1 000倍液，隔10 d左右1次，连续防治3～4次。

10）辣椒炭疽病

（1）症状识别

果实染病，初现水浸状黄褐色圆斑，边缘褐色，中央呈灰褐色，斑面有隆起的同心轮纹，往往由许多小点集成，小点有时为黑色有时呈橙红色，潮湿时，病斑表面溢出红色黏稠物，被害果内部组织斗软腐，中间淡灰色，近圆形，其上轮生小点，果梗有时被害，生褐色凹陷斑，病斑不规则。干燥时往往开裂。

（2）防治方法

①种子消毒。②农业防治。采用营养钵等育苗器育苗，减少伤根，实行轮作，采用高垄

栽培地膜覆盖,小水沟浇,注意放风排湿,不造成高湿环境。③药剂防治,发病初期交替喷施 65% 代森锌 500 倍液,或 70% 代森锰锌 400 倍液,或 50% 炭疽福美 300 ~ 400 倍液,或 74% 甲基托布津 500 倍液,或 75% 百菌清 600 倍液。

11)辣椒疮痂病

(1)症状识别

叶染病,初现许多圆形或不整齐水浸关斑点,黑绿色至黄褐色,有时出现轮纹,病部具不整形隆起,呈疮痂状,病斑大小 0.5 ~ 1.5 mm,多时可融合较大斑点,引起叶片脱落,茎蔓染病、病斑呈不规则条斑或斑块,后木栓化,或纵裂为疮痂状。果实染病,出现圆或长圆形病斑,稍隆起黑绿色后期木栓化。

(2)防治方法

①种子消毒。②农业防治:加强管理避免出现高温高湿环境。③药剂防治,发病初期可喷洒 70% 农用链霉素素 4 000 倍液,或新植霉素 4 000 ~ 5 000 倍液,7 ~ 10 d 喷 1 次,连续喷洒 2 ~ 3 次。

12)辣椒软腐病

(1)症状识别

病果初生水浸状暗绿色斑,后变褐软腐,具恶臭味,内部果肉腐烂,果皮变白,整个果实失水后干缩,挂在枝蔓上,稍用外力即脱落。

(2)防治方法

①实行轮作。②培育壮苗,适时定植,合理密植,雨季及时排水。③保护地防止棚内湿度过高。④及时防治烟青虫等蛀果害虫。⑤药剂防治,喷施 72% 农用硫酸链霉素可溶性粉剂 4 000 倍液,或 77% 可杀得可湿性粉剂 500 倍液,或 14% 络氨铜水剂 300 倍液。

13)茄子黄萎病

(1)症状识别

多在坐果后开始表现症状,且多自下而上或从一边向全株发展。叶片初在叶缘及叶脉间变黄,后发展至半边叶片或整片叶变黄,早期病叶晴天高温时呈萎蔫状,早晚沿可恢复,后期病叶由黄变褐,终至萎蔫下垂以至脱落,严重时全株叶片变褐萎垂以至脱落光仅剩茎秆,本病为全株性病害,剖检病株根、茎、分枝及叶柄等部,可见维管束变褐,在茄子引起黄萎病的症状有枯死型、黄斑型、黄色斑型 3 种类型。

(2)防治方法

①种子消毒。②实行轮作。③嫁接育苗防病。④带土移植,防止伤根;适时灌水,防止地面干裂伤根。⑤药剂防治,发病初期用 50% 多菌灵可湿性粉剂 1 000 倍液,或 50% 琥胶肥酸铜(DT)可湿性粉剂 350 倍液灌根,每株灌根 100 mL。

14)茄子褐纹病

(1)症状识别

幼苗染病,茎基部出现褐色凹陷斑,叶片初生苍白色小点,扩大后呈近圆形多角形斑,边缘深褐,中央浅褐或灰白有轮纹,上生大量黑点。茎基部染病,病斑梭形,边缘深紫色,中间灰白色,上生许多深褐色小点,病斑多时连续成几厘米的坏死区,病部组织干腐、皮层脱落、露出木质部容易折断;果实染病,产生褐色圆形凹陷斑,上生许多黑色小粒点;排列成轮纹状,病斑不断扩大,可达整个果实、病果后期落地软腐或留在枝干上,呈干腐状僵果。

（2）防治方法

①实行轮作,选用抗病品种。②种子消毒、苗床土消毒。③药剂防治,发病初期用50%多菌灵1 000倍液,或75%百菌清600倍液,或70%的甲基托布津800倍液交替使用,每7～10D喷1次,连续3～4次。

15）茄子绵疫病

（1）症状识别

近地面果实先发病,受害果初现水浸关圆形斑点,稍凹陷,果肉变黑褐色腐烂,易脱落,湿度大时,病部表面长出茂密的白色棉絮状菌丝,迅速扩展,病果落地很快腐败;茎部染病初呈水渍状,后变暗绿色或紫褐色,病部溢缩,其上部枯叶萎垂,湿度大时生稀疏白霉;叶片被害呈不规则或近圆形水浸状淡褐色至褐色病斑,有较明显的轮纹,潮湿时病斑上生稀落白霉,幼苗被害引起猝倒。

（2）防治方法

①选用抗病品种,实行轮作,高垄或半高垄栽植。②药剂防治,发病初期可用25%甲霜灵锰锌可湿性粉剂500倍液,或64%恶霜锰锌（杀毒矾）可湿性粉剂400～500倍液,或77%氢氧化铜（可杀得）可湿性粉剂500倍液喷雾,每7～10 d喷1次,连喷2～3次。

9.4.2　主要虫害识别与防治

1）白粉虱

（1）为害症状

白粉虱俗称小白蛾子,成虫和若虫吸食植物汁液,被害叶片褪绿、变黄、萎蔫,甚至全株枯死。此外,由于其繁殖力强,繁殖速度快,种群数量庞大,群聚为害,并分泌大量蜜液严重污染叶片和果实,往往引起煤污病的大发生。除严重为害番茄、辣椒、茄子等茄科作物外,也是严重为害黄瓜、菜豆的害虫。

（2）防治方法

参见项目8。

2）蚜虫

（1）为害症状

蚜虫又称棉蚜,以成虫及虫在叶背和嫩茎上吸食作物汁液,幼苗嫩叶及生长点被害后,叶片卷缩,萎蔫,甚至枯死。老叶受害,提前枯死落。同时传播番茄病毒病等造成减产。

（2）防治方法

①可利用黄板诱杀蚜虫,中小棚还可用银灰色地腊驱避蚜虫。②施用10%吡虫啉（康福多、一遍净、大功臣）可湿性粉剂2 000倍液,或50%抗蚜威（辟蚜雾）可湿性粉

剂2 000～3 000倍液,或2.5%的溴氰菊酯乳油3 000倍液,或40%的氰戊菊脂乳油3 000倍液喷雾。喷雾时应注意使喷头向上,重点喷施叶的背面,将药液尽可能身到蚜虫体上。

3）红蜘蛛

①为害症状　红蜘蛛别名叶螨,成螨和幼螨集中在作物幼嫩部分刺吸为害,受害叶片背面呈灰褐或黄褐具油质光泽或油浸状,叶片边级向下卷曲;受害嫩茎,嫩枝变黄褐色,扭曲畸形,严重者植株顶部干枯,受害的蕾和花,重者不能开花、坐果、果实受害、果柄、萼叶及果皮变为黄褐色,丧失光泽,木栓化、最终导致茄子全裂,呈开花馒头状,不能食用。

②防治方法　因叶螨生活周期较短,繁殖力极强,就特别注意早期防治,一般在初花期要第一次喷药,以后每隔10 d 1次,连续3次可控制为害。可选用药剂有73%克螨特乳油2 000倍液,或21%增效氰马乳油2 000倍液喷雾,也可在点片发生时,用生物药剂浏阳霉素防治。

项目小结

茄果类蔬菜在生物学特性及栽培技术方面有许多共同特点。分枝结果习性相似,营养生长和生殖生长同时进行,栽培上应调节营养生长和生殖生长的平衡;中光性植物,温度适宜,可四季栽培,但对光照强度要求较高,并需良好的通风条件;根系较发达,有一定的耐旱的能力,空气湿度大易落花落果。采用育苗方式进行栽培,必须培育壮苗;生长迅速,生长量大,要施足底肥,早施及多次追肥;植株生长健壮,分枝强,连续结果,需进行植株调整,以调节营养生长和生殖生长的平衡,改善通风透光条件;有许多互传病虫害,栽培上应实行2～3年以上的轮作。

复习思考题

1.试比较番茄、辣椒、茄子对环境条件要求有何区别?

2.比较番茄、辣椒、茄子的分枝结果习性及利用特点。

3.简述合理密植的意义及在茄果类蔬菜上的应用。

4.简述番茄畸形果发生的原因及其对策。

5.番茄常见的整枝方式有哪些? 试说明其技术要点。

6.日光温室番茄落花落果的原因及对策。

7.一年生辣椒可分为哪几种类型? 各有何特点?

8.分析辣椒"三落"形成的原因,并提出防治方法。

9.试述茄子的嫁接育苗栽培意义和前景、嫁接方法和砧木选用。

10.绘图比较茄子长柱花、中柱花和短柱花的异同。

实训指导

实训　茄果类蔬菜分枝结果习性观察与植株调整

1）材料用具

处于结果期的番茄,辣椒,茄子植株若干。

2) 方法步骤

①番茄、辣椒、茄子各选取 10 株,观察开花、结果位置,和花朵数目并作记录(包括番茄有限生长型和无限生长型)。

②对辣椒和茄子,进行双干整枝,观察结果情况。

③练习番茄搭架、绑蔓的基本操作方法;分别用单干整枝、改良式单干整枝和双干整枝三种方法对不同番茄植株进行整枝,并观察结果情况。

3) 作业要求

①绘示意图,说明番茄、辣椒和茄子的开花结果习性。

②根据实际操作,简述番茄不同植株调整的方法。

豆类蔬菜生产

项目描述　豆类蔬菜主要包括菜豆、豇豆、荷兰豆等。熟悉豆类蔬菜的生物学特性、品种类型、栽培季节与茬口安排、栽培技术及病虫害防治在生产中有极其重要的意义。本项目学习的重点是：菜豆、豇豆的分枝结果习性、播种技术、肥水管理技术、花果管理技术及病虫害综合防治技术。

学习目标　掌握豆类蔬菜的生物学特性，熟悉菜豆和豇豆的分枝结果习性，掌握其播种技术、肥水管理技术和花果管理技术；掌握豆类蔬菜的病虫害防治技术。

能力目标　能进行豆类蔬菜的播种和培育出壮苗；能进行豆类蔬菜的施肥、浇水、搭架和花果管理等操作；能科学预防控制豆类蔬菜的田间病虫害。

项目任务

专业领域：园艺技术　　　　　　　　　　　　　　学习领域：蔬菜生产技术

项目名称	项目 10　豆类蔬菜生产
项目 10 豆类蔬菜生产	任务 10.1　菜豆生产技术
	任务 10.2　豇豆生产技术
	任务 10.3　豆类蔬菜主要病虫害识别与防治技术
项目任务要求	能熟练掌握豆类蔬菜生产中的各项基本技术。

任务 10.1　菜豆生产技术

活动情景　菜豆生产必须根据其生物学特性，选择适宜的品种类型，安排合理的栽培茬口，结合相应的栽培管理技术，才能取得好的生产收益。本工作任务是通过资料查询、教师讲解、任务驱动等，学习菜豆的播种、肥水管理和花果管理等生产中的关键技术。

工作过程设计

工作任务	任务 10.1　菜豆生产技术	教学时间	
任务要求	1. 了解菜豆的生物学特性 2. 学会菜豆生产中的关键技术		
工作内容	1. 品种选择和播种 2. 肥水管理和花果管理		
学习方法	以课堂讲授和自学完成相关理论知识学习,以田间项目教学法和任务驱动法,使学生学会菜豆生产的关键操作技术		
学习条件	多媒体设备、资料室、互联网、生产工具、菜豆生产田等		
工作步骤	资讯:教师由菜豆消费、生产引入任务内容,进行相关知识点的讲解,并下达工作任务 计划:学生在熟悉相关知识点的基础上,查阅资料收集信息,划分工作小组,进行工作任务构思,设计工作计划方案 决策:各小组汇报工作计划方案,师生进行问题答疑、交流讨论、审查修改、确定方案,并准备完成任务所需的工具与材料 实施:学生在教师辅导下,按照计划分步实施,进行知识学习和技能训练 检查:为保证工作任务保质保量地完成,在任务的实施过程中要进行学生自查、学生互查、教师检查指导 评估:对任务完成情况进行学生自评、小组互评和教师点评		
考核评价	课堂表现、学习态度、任务完成情况、作业报告完成情况		

工作任务单

工作任务单			
课程名称	蔬菜生产技术	学习项目	项目 10　豆类蔬菜生产
工作任务	任务 10.1　菜豆生产技术	学　时	
班　级		姓　名	工作日期
工作内容 与目标	1. 了解菜豆的生物学特性 2. 学会菜豆生产中的关键操作技术		
技能训练	1. 整枝 2. 搭架 3. 引蔓 4. 保花保荚		
工作成果	完成工作任务、作业、报告		
考核要点 (知识、能力、素质)	知道菜豆的生物学特性 能正确熟练地完成菜豆花果管理中的各项操作内容 独立思考,团结协作,创新吃苦,按时完成作业报告		

续表

工作任务单					
工作评价	自我评价	本人签名：	年	月	日
	小组评价	组长签名：	年	月	日
	教师评价	教师签名：	年	月	日

任务相关知识

菜豆，又称四季豆、刀豆、芸豆、玉豆、芸扁豆等，起源于中南美洲地区。

10.1.1　生物学特性

1）形态特征

①根　发达，主根深可达 90 cm，根系扩展范围 60 cm，吸收能力很强。根部有根瘤共生。根系木栓化程度高，须根少，再生能力弱，不耐移栽。

②茎　细弱，有缠绕性，分枝能力强，可以分为有限生长和无限生长两种类型。

③叶　子叶肾形对生，基生叶 2 片，心脏形，单叶对生；其上均为三出复叶，互生。

④花　总状花序，花梗生于叶腋或茎顶，生 2～8 朵花。蝶形花冠，花有红、白、黄、紫等颜色。蔓生种由下向上渐次开放，花期 30～40 d；矮生种上部花先开，渐及下部花序，花期 20～25 d。同一花序基部花先开。为典型的自花授粉植物，天然杂交率极低。

⑤果实　荚果，圆柱形或扁圆柱形，嫩荚多为绿色、白绿色，有些品种有紫斑。成熟时转为黄白色，完熟后呈黄褐色。每个果荚内有种子 14～15 粒。

⑥种子　多为肾形，有黑、白、红、黄、褐及花斑等颜色。种子较大，种子寿命 2～3 年，生产中应采用第一年的新种子。种皮较薄，浸种时易破裂而受伤，故不宜浸种。

2）生育周期

①发芽期　从种子萌动到基生叶初展。露地直播需 13 d 左右，温室播种需 10～12 d。

②幼苗期　从基生叶初展到形成 4～6 片复叶。矮生种需 20～30 d，蔓生种需 20～25 d。主要进行营养生长，同时开始花芽分化，根系开始木栓化，且有少量根瘤发生。

③抽蔓期　从 4～6 片真叶展开到现蕾开花。需 10～15 d，茎叶生长加快并孕育花蕾。

④开花结荚期　从始花到结荚结束。单花开放 2～4 d，开花到成熟需 10～15 d，连续采收期约 30～70 d。此期开花结荚与茎蔓生长同时进行，需要大量的养分和水分。

3）适宜环境

①温度　喜温暖，不耐霜冻，不耐高温；矮生种较蔓生种耐寒性强。发芽适温 20～25 ℃，低于 10 ℃ 或高于 40 ℃ 不能发芽；开花结荚适温 18～25 ℃，低于 10 ℃ 生长不良，高于 32 ℃ 授粉不良，易落花落荚。根瘤在气温 23～28 ℃ 时发育良好；气温和地温低于 13 ℃ 时，几乎无根瘤着生。

②光照　喜光,光照过弱,植株容易徒长,节数减少,开花、结荚减少。大多品种对光周期反应不敏感,不同纬度地区间相互引种,能顺利开花、结荚。

③水分　较耐旱,适宜土壤湿度为60%~70%,适宜空气湿度为65%~75%。开花结荚期干旱或阴雨均会导致大量落花落荚;高温干旱时嫩荚生长缓慢,荚小,种子数减少,发育差,果荚粗硬,产量明显降低;空气湿度大、土壤水分多,容易发生病害。

④营养　菜豆生育过程中需要较多的钾和氮,开花结荚时对钾和氮的吸收量迅速增加,蔓叶中的钾、氮也随着生长中心的变化逐渐转移到果荚中。对磷的需要量虽然较少,但缺磷时,会影响开花、结荚和种子的发育。

10.1.2　类型与优良品种

1)矮生种

矮生种又称地芸豆。植株矮小而直立,株高40~60 cm,不需搭架。主茎长至4~8节,顶芽形成花芽,不再继续伸长;各叶腋形成侧枝,侧枝生长数节后,顶芽又形成花芽,开花封顶。生育期较短,早熟,采收期集中,适于机械化生产;但产量较低,多数品种品质不佳。优良品种有优胜者、供给者、新西兰3号、冀芸2号、推广者、江户川等。

2)蔓生种

蔓生种又称架豆、架芸豆。茎蔓生长点为叶芽,无限生长,主蔓长2.5~3.3 m。叶腋生花序或侧枝,花序多,陆续开花结荚,成熟较晚,采收期长,产量高于矮生种,品质也好。优良品种有超长四季豆、丰收1号、春丰4号、双丰1号、碧丰、齐菜豆1号、秋抗19号、甘芸1号、芸丰623、九粒白、双季豆、青岛架豆、早白羊角等。

10.1.3　栽培方式与茬口安排

1)露地生产

菜豆的露地生产要适期播种,才能获得高产。除高寒地区夏播秋收外,其余各地均春、秋播种,以春播为主。春季露地播种,一般在10 cm地温稳定在10 ℃以上后进行。华北地区4月中旬到5月上旬播种,东北地区4月下旬到5月上旬播种,高寒地区进行夏播。秋菜豆为越季生产,一般夏播秋收,均为直播。华北地区多在7月播种。

2)设施生产

塑料大棚以春茬生产为主,棚内温度稳定在0 ℃以上后直播或育小苗。华北地区大棚多层覆盖生产,2月播种育苗,5月采收;塑料大棚秋延生产,一般8月中、下旬至9月上旬直播,10月中、下旬扣棚。温室生产主要以秋冬茬和冬春茬为主。日光温室冬春茬生产,华北地区11月中、下旬到12月上旬播种育苗,春节期间采收上市;如果1月下旬至2月上旬播种,4月上旬到5月上旬采收,可以补充春淡季市场。

10.1.4 露地栽培技术

1）地块准备

选择土层深厚、疏松透气的土壤生产。连作生长不良,宜进行 2~3 年轮作。早熟生产应选择升温快的沙质土;中、晚熟生产应选择粘壤土。深翻、精细整地并做成深沟高畦。每 667 m² 施厩肥 1 000~2 500 kg,过磷酸钙 40~50 kg,草木灰 100~150 kg,撒施或开沟施入。

2）种子处理

播前精选种子,早熟生产可以浸种 3~4 h;或晒种 1~2 d,再用 1% 福尔马林浸种 20 min,预防炭疽病。一般进行干籽播种。

3）直播和育苗

北方地区 4 月中旬至 5 月上旬播种,露地在终霜前一周左右播种。春菜豆常用地膜覆盖直播或小拱棚内用营养钵育苗,以防播后低温多雨而烂种。秋菜豆断霜前 100 d 左右播种,华北地区 6 月至 8 月上旬播种。一般进行直播。蔓生种行株距 50 cm×(40~50)cm,每穴 3~4 粒,每 667 m² 用种量为 3~4 kg;矮生种行株距(33~40)cm×26 cm,每穴 3~4 粒,每 667 m² 用种量 5~6 kg。播种前浇足底水,出苗后再浇水,以免种子霉烂;有缺株时,应及时补苗。

4）定植

播种后 20 d 左右,株高 5 cm,2 片真叶期定植,选晴天进行。秋菜豆生长后期,温度渐低,侧枝形成较少,应酌情密植。每穴栽植 2~3 株。矮生种,畦宽 1.7 m,行距 20~30 cm,穴距 15~23 cm。蔓生种,畦宽 1.2~1.3 m,每畦 2 行,穴距 20~25 cm。

5）田间管理

①植株调整　蔓生种植株进入抽蔓期,应及时搭架引蔓,多采用人字架。植株基部侧枝生长 6 cm 时、中部侧枝生长到 30~50 cm 时摘心;生长中后期主蔓摘心,减少无效分蘖,促进花、荚的发育。

②肥水管理　矮生种和蔓生种的早熟种,生长期短,生长势弱,花序形成早,宜早追肥。由于菜豆的根瘤形成较差,开花前应适当追施氮肥,结荚期用磷酸二氢钾及钼、硼等微肥进行叶面喷肥。开花结荚期保持土面湿润;生育后期,生长缓慢、结荚少、畸形荚增多,采收后可追肥 2~3 次,促发腋芽,使主、侧蔓的顶部形成大量花序,提高产量。

秋菜豆苗期应浇水降温保湿,第一真叶展开后加强水肥管理,促使植株在低温来临前生长量较大,提早开花结荚。

蔓生种植株生长弱时,应在第一复叶抽出后追施 10% 的人粪尿;若植株生长健壮,第一次追肥可延迟至抽蔓期,开花结荚后加强追肥,每隔 7~8 d 追肥一次,可施 50% 的人粪尿。

6）采收

菜豆的豆荚豆粒略显时,应及时采收;若采收过晚,豆荚的纤维素增多,品质变劣。矮生种每 667 m² 产 750 ~ 1 000 kg;蔓生种每 667 m² 产 1 000 ~ 1 500 kg。

10.1.5 设施栽培技术（温室冬春茬）

1）品种选择

应选用耐寒性强、抗病、品质优良、丰产的早、中熟蔓生品种,如丰收 1 号、春丰 4 号、双季豆等。也可以选用耐寒、早熟、丰产的矮生品种,如优胜者、供给者等。

2）播种

①直播 重施基肥,每 667 m² 施鸡粪 4 m³,过磷酸钙 60 kg,草木灰 100 kg。深翻土壤 30 cm,做成高垄。大行距 60 ~ 70 cm,小行距 50 ~ 60 cm,垄高 10 ~ 15 cm,垄宽 40 ~ 50 cm,垄沟宽 40 cm。每垄种 1 行,穴距 25 ~ 30 cm,每穴播种 3 ~ 4 粒。

②育苗 育苗可以保证菜豆苗齐、苗壮。日光温室冬春茬生产菜豆时,通常利用加温温室、电热温床或酿热温床等设施,进行护根育苗;之后再移栽到日光温室内生产。

播种时期一般应根据产品上市时期来确定。华北地区若准备春节期间供应市场,可以在 11 月中、下旬至 12 月上旬播种;若准备在 4 月上旬至 5 月上旬供应春淡季市场,可以在 1 月下旬至 2 月上旬播种。育苗移栽时,当幼苗第 2 片复叶展开后、苗龄 30 d 左右时,进行移植。

3）定植

定植前 1 d,向苗床浇 1 水,防止起苗时散坨。定植时,在畦面上开 10 cm 深的沟两行,沟距 50 ~ 60 cm,按株距 35 cm 开穴。顺沟浇定植水,待水下渗后,栽苗覆土。两行间开 1 浅沟,再覆盖地膜,边覆膜边打孔引苗。注意勿伤幼苗,植株周围用土压实、封严。也可以先铺地膜,再打孔栽苗。

4）田间管理

①温度管理 播种后保持温度 28 ~ 30 ℃,出苗后降低温度至 18 ~ 20 ℃。定植初期,因外界温度很低,管理上以保温为主,密闭温室不通风,以利于植株缓苗。保持白天温度 25 ~ 30 ℃,夜间 15 ~ 20 ℃。缓苗后,即抽蔓期,适当降温,昼温保持 20 ~ 25 ℃,夜温 12 ~ 15 ℃,以免植株徒长。开花结荚期温度保持 20 ~ 25 ℃,不超过 30 ℃,夜间 15 ~ 20 ℃。此期注意控制温度,防止温度过高,引起落花。结荚盛期,随着外界温度不断升高,应逐渐加大通风量。外界气温达到 15 ℃以上时,应昼夜通风。

②肥水管理 底水充足时,从播种至定植一般不浇水。定植水后,至开花前,不浇水不追肥,以控秧促根。开花结荚后,应加强肥水,一般每 5 ~ 7 d 浇水、追肥 1 次。每 667 m² 追施尿素 5 ~ 10 kg,也可顺水追施大粪水 1 000 kg;选晴天下午膜下暗水浇灌,浇后通风降湿。

③植株调整 齐苗后间苗,每穴选留 2 ~ 3 株健壮苗。抽蔓期用吊绳吊蔓、引蔓,吊绳上端应固定在植株上方与行向一致的固定铁丝上;铁丝距离棚面 30 cm 以上,以防菜豆旺盛生长时,茎蔓、叶片封住棚顶,影响田间光照,同时避免棚面对植株产生高温危害。植株生长后期,及时摘除病叶、老叶。蔓伸至接近薄膜时摘心。结荚后期,植株趋于衰老,应及

时剪蔓,摘除采荚节位以下的病叶、老叶、黄叶,改善田间通风透光,促发侧枝,促进潜伏芽开花结荚,延长采收期,提高产量。

④保花保荚 伸蔓期开始喷施200 mg/kg的增豆稳,15 d喷一次,连喷3~4次;或花期用5~25 mg/kg的萘乙酸喷花,均能预防落花落荚。

5)采收

菜豆开花后10~15 d,豆荚饱满、荚呈淡绿、种子未显时,应及时采收嫩荚;采收过早,产量低,营养不足;采收过晚,豆荚纤维素增加,荚壁粗硬,品质差,也不利于植株继续生长和开花结荚,易造成落花落荚。通常每隔3~4 d采摘1次,每667 m² 产量可以达到3 000~5 000 kg以上。

常见案例

菜豆落花落荚现象

菜豆花芽分化的数量很大,但成荚率却极低,落花落荚现象非常严重。一般菜豆的结荚率只有20%~30%,高者不超过40%~50%。产生此现象的原因有:

①温度 花芽分化或开花期的温度过高或过低,花芽发育不全。

②湿度 开花期土壤、空气过于干旱,使花粉畸形或失活;或开花期湿度过大,花药不能开裂散粉,不能正常的授粉受精。

③营养 植株营养不良,不能充分满足茎叶和荚果生长所需的营养;或植株生长过旺,营养生长与生殖生长不协调,使果荚营养不足。另外,病虫为害或采收不及时,也会使植株营养不良,花芽发育不全而落花,幼荚无力伸长而脱落。

任务10.2 豇豆生产技术

活动情景 豇豆生产应根据其生物学特性,选择适宜的品种类型,安排合理的栽培茬口,结合相应的栽培管理技术,才能取得好的生产收益。本任务是通过资料查询、教师讲解、任务驱动等,学习豇豆播种、肥水管理和花果管理等生产中的关键技术。

工作过程设计

工作任务	任务10.2 豇豆生产技术		教学时间	
任务要求	1.了解豇豆的生物学特性 2.学会豇豆生产中的关键技术			

续表

工作任务	任务 10.2　豇豆生产技术		教学时间	
工作内容	1. 品种选择和播种 2. 肥水管理和花果管理			
学习方法	以课堂讲授和自学完成相关理论知识学习,以田间项目教学法和任务驱动法,使学生学会豇豆生产的关键操作技术			
学习条件	多媒体设备、资料室、互联网、生产工具、豇豆生产田等			
工作步骤	资讯:教师由豇豆消费、生产引入任务内容,并进行相关知识点的讲解,并下达工作任务 计划:学生在熟悉相关知识点的基础上,查阅资料收集信息,划分工作小组,进行工作任务构思,设计工作计划方案 决策:各小组汇报工作计划方案,师生进行问题答疑、交流讨论、审查修改、确定方案,并准备完成任务所需的工具与材料 实施:学生在教师辅导下,按照计划分步实施,进行知识学习和技能训练 检查:为保证工作任务保质保量地完成,在任务的实施过程中要进行学生自查、学生互查、教师检查指导 评估:对任务完成情况进行学生自评、小组互评和教师点评			
考核评价	课堂表现、学习态度、任务完成情况、作业报告完成情况			

工作任务单

工作任务单				
课程名称	蔬菜生产技术	学习项目	项目 10　豆类蔬菜生产	
工作任务	任务 10.2　豇豆生产技术	学　时		
班　级		姓　名	工作日期	
工作内容 与目标	1. 了解豇豆的生物学特性 2. 学会豇豆生产中的关键操作技术			
技能训练	1. 整枝 2. 搭架 3. 引蔓 4. 保花保荚			
工作成果	完成工作任务、作业、报告			
考核要点(知识、能力、素质)	知道豇豆的生物学特性 能正确熟练地完成豇豆花果管理中的各项操作内容 独立思考,团结协作,创新吃苦,按时完成作业报告			
工作评价	自我评价	本人签名:	年　月　日	
	小组评价	组长签名:	年　月　日	
	教师评价	教师签名:	年　月　日	

任务相关知识

豇豆,又称豆角、长豆角、带豆等,起源于亚洲东南地区,以嫩荚和种子供食。

10.2.1　生物学特性

1)形态特征

①根　深根系,主根入土深达 80 ~ 100 cm,侧根不发达,根群较小,吸收根群分布在 15 ~ 25 cm 土层中。根系容易木栓化,侧根稀少,再生力弱,育苗移栽时,应注意保护根系。根部根瘤稀少,不如其他豆类蔬菜发达。

②茎　有矮生、半蔓性、蔓性三种,蔓生种易产生分枝。

③叶　真叶 2 枚,单叶、对生;之后为三出复叶,叶片全缘,叶面光滑,深绿色,基部有小托叶。叶柄长 15 ~ 20 cm,绿色,近节部常带紫红色。

④花　总状花序,腋生。主蔓早熟种在 3 ~ 5 节、晚熟种 7 ~ 9 节产生第一花序;侧蔓在 1 ~ 2 节产生第一花序。花梗长 10 ~ 16 cm,每花序生 2 ~ 4 对花,互生于花序近顶部。蝶形花,花瓣黄色、白色或淡紫色;为比较严格的自花授粉植物。各花序第 1 对花坐荚后,5 ~ 6 d 第 2 对花开放,环境条件适宜时,可以陆续坐荚 2 ~ 4 对。

⑤果实　荚果细长,线型,为产品器官。果荚有深绿、淡绿、紫红或有花斑彩纹等多种色泽。长荚种果荚长 30 ~ 90 cm;短荚种长度仅 10 ~ 30 cm。果荚内含 8 ~ 20 粒种子。

⑥种子　肾形、无胚乳,有白、黑、褐、紫红或花斑等色,千粒重 120 ~ 150 g。

2)生育周期

豇豆的生育过程与菜豆类似。矮生种生育期一般为 90 ~ 100 d,蔓生种为 120 ~ 150 d,其长短因品种、栽培地区和季节不同而差异较大。

3)适宜环境

①温度　耐热,不耐霜冻。发芽期适宜温度为 25 ~ 35 ℃;35 ℃时,发芽率和发芽势最好;低于 20 ℃时,发芽缓慢,发芽率降低。幼苗期适温为 30 ~ 35 ℃。抽蔓后适温 20 ~ 25 ℃,35 ℃以上仍可正常开花结荚;温度低于 10 ℃,生长不良,低于 5 ℃,植株受冻。

②光照　喜光,较耐阴;光照不足时,会引起落花落荚。为短日照蔬菜,多数品种对日照时间要求不严;一般矮生种较蔓生种对日照反应更为敏感些。

③水分和营养　较耐土壤干旱。发芽期和幼苗期不宜水分过多,以免发芽率降低、幼苗徒长,或烂根死苗。开花结荚期需要适宜的空气湿度和土壤水分,但土壤水分不适时,如积水或干旱均会引起落花落荚,干旱时还会引起果荚品质下降、植株早衰、产量下降。

④土壤营养　对土壤的适应性广泛,稍耐盐碱,最适宜选用疏松透气、排水良好的壤土或沙质壤土;pH 6.2 ~ 7,以中性或微酸性土壤最为适宜;若土壤酸性过强,不利于根瘤菌的生长,也影响植株的生长发育。豇豆结荚期需要大量的营养,由于豇豆的根瘤菌不很发达,

必须供应一定数量的氮肥,增施磷肥,促进根瘤活动,使豆荚充实,产量增加。

10.2.2　类型与优良品种

豇豆分为长荚豇豆、普通豇豆、短荚豇豆 3 个亚种。长荚豇豆即为菜用豇豆,按照其生长习性,又可将其分为 3 种类型:

1)矮生种

植株矮小,呈丛生状,株高 40~70 cm;茎直立或半开放,分枝多;花序顶生,不支架;生长期短,早熟,产量较低。优良品种有五月鲜、皖青 512、美国无架豇豆、早矮青、寿县躁豇豆。

2)半蔓生种

与蔓生种生长习性相似,但茎蔓较短,长度 1~2 m;可以不支架。

3)蔓生种

茎蔓长,顶端为叶芽,主蔓在适宜条件下不断生长,长度可达 3 m 以上;叶腋分生侧蔓,侧蔓旺盛,能不断结荚,花序腋生;植株需要支架,生育期长,成熟较晚,产量高,品质优。此类型的生产最为普遍,可进一步分为青荚种、白荚种和红荚种。优良品种有之豇 28-2、之豇 14、之青 3 号、宁豇 1 号、宁豇 3 号、扬豇 40、红嘴燕、成豇 3 号、白豇 2 号、白豇 3 号、湘豇 1 号、湘豇 4 号、长豇 3 号、杂交 4 号、高产 4 号、夏宝、穗青 1 号、郑豇 2 号、秋豇 512 等。

10.2.3　栽培方式与茬口安排

1)栽培方式

①露地栽培　豇豆生长期长,选用适当品种,从春季开始至秋季均可播种,通常作春播夏收,寒冷地区也可以作夏播秋收,华南地区可以进行秋播。东北和华北大多地区一年一茬,4 月中、下旬至 6 月中、下旬播种,7—10 月采收。

②设施栽培　豇豆的设施栽培,主要为春提早栽培。利用地膜覆盖,可以早播种、早采收,可以比露地生产提前 20~40 d。利用大棚,可在 2 月播种,3 月定植,4 月中、下旬开始采收。北方地区还可以利用塑料大棚或温室,进行春提早生产或秋延后生产。

2)茬口安排

豇豆栽培时忌连作,应与非豆科植物进行 3 年以上轮作。北方前作通常选用冬闲地,后作可以选用以叶菜为主的秋冬菜地。豇豆生产中多采用间、套作,北方设施生产中,常与番茄、黄瓜、辣椒等蔬菜套作,尤其是在黄瓜的生产后期套作,黄瓜拉秧后便可以上架栽培。

10.2.4 露地栽培技术

1)地块准备

豇豆不宜连作,最好选择3年未种过豆类植物的地块;早耕深翻,施用充足的有机肥料作基肥,每667 m² 施腐熟的有机肥5 000 kg以上,过磷酸钙25~30 kg,草木灰50~75 kg或硫酸钾10~20 kg;并做成宽度65~75 cm的垄畦或宽度1.3 m的高畦。

2)播种

春季生产宜在土温稳定在10~12 ℃以上时播种。多采用直播,行株距(60~75 cm)×(25~30 cm),每穴播3~4粒,播种厚度约3 cm,每667 m² 用种量3~4 kg。

为了提早采收,提高产量,生产中也可先育苗再移栽。种子精选后,用直径约8 cm的纸筒或营养钵护根育苗,用园土、锯末、棉籽壳等疏松物装填苗盘,每容器播种3~4粒,播种后搭建小拱棚覆盖。幼苗出土后至定植前,保持温度20~25 ℃,床土保持湿润,避免过湿徒长。注意定时通风换气。苗龄15~20 d,2~3片复叶。

3)定植

幼苗长至适宜苗龄时定植,选择晴暖天气进行。一般育苗的挖穴栽植,尽量多带母土;容器育苗的开穴或开沟定植。行株距(60~80 cm)×(25×30 cm),每穴2~3株,夏秋季节每穴3~4株。矮生种比蔓生种栽植密度大。深度以钵(块)不高出地面为宜,摆好苗后浇水,水下渗后覆土平穴。注意不要碎坨散土。

4)植株调整

植株长至5~6片叶时搭架并引蔓上架,多采用人字架。去除第一花序以下的侧枝。主蔓生长至2 m以后摘心,使结荚集中,促进下部产生侧花芽;基部侧芽长约10 cm时,全部摘除;植株生长中后期,对中上部的侧枝留2~3片叶摘心。

注意植株调整最好选晴天中午或下午进行,可防止茎蔓折断,并有助于伤口的愈合,减少病害。

5)肥水管理

豇豆植株开花结荚前,应控制肥水供应,防止植株徒长;若肥水过多,蔓叶生长旺盛,开花结荚节位升高,花序数目减少,侧芽萌发,形成中、下部空蔓。当植株开花结荚以后,应增加肥水,促进生长,增多开花和结荚。第一花序开花结荚后,其后几节花序显现时,浇足第一水。中下部豆荚伸长,上部花序显现时,浇第二水。以后保持土面湿润。盛收期开始后,植株需要更多肥水,若脱肥脱水,会产生落花落荚。此期应连续追肥,促进翻花,延长采摘期,提高产量。追肥可以每667 m² 施人粪尿1 000 kg、尿素3 kg、过磷酸钙15 kg、氯化钾7 kg,7月上旬施入,至采收结束停止。

豇豆的追肥可结合浇水进行,一般隔一水一肥。7月中、下旬植株出现伏歇现象时可适当增加肥水用量,促使发生侧枝,形成侧花序,也可促进副花芽开花结荚。

6）采收

植株开花后 15～20 d，嫩豆荚发育饱满、豆粒略微显露时采收。豇豆每个花序有 2 对以上花芽，第 1 对荚果宜早采；采收时应按住豆荚基部，可留 1 cm 左右果荚摘下果实，避免伤及其他花芽。

10.2.5　设施栽培技术（塑料大棚春早熟）

豇豆是耐热蔬菜，利用大棚覆盖生产，可以将播种期提早到 2 月下旬，到 5 月上、中旬采收，比露地提早 20～30 d 上市，前期产量提高 2～3 倍，产值也明显增加。

1）选择品种

豇豆的大棚生产应选择早熟、抗病、丰产、豆荚长、品质好的蔓生型品种，并要求品种符合当地消费习惯，如之豇 28-2、之豇特早 30、成豇 1 号、成豇 3 号、红嘴燕、宁豇 1 号、宁豇 3 号、丰产 3 号、扬豇 12 等。

2）播种育苗

豇豆根系的再生能力差，早春气温低，发芽慢，容易烂种，成苗差。大棚豇豆需要提早进行护根育苗，可以采用酿热温床或电热温床育苗。于 2 月下旬，当大棚内 10 cm 土温稳定在 12 ℃以上时播种。精选种子，苗钵内装填园土、农家肥配制的营养土，播种前浇足底水，每穴播 3～4 粒，播种厚度约 2 cm。

豇豆种子发芽适温为 25～35 ℃，播种后白天保持 30 ℃左右，夜间 25 ℃左右。子叶展开后，适当降低温度，白天保持 20～25 ℃，夜间 15～20 ℃，温度不能低于 5 ℃。床土保持湿润，注意通风换气。定植前 7 d 低温炼苗。苗龄 20～25 d，3～4 片复叶时定植。

3）定植

豇豆对土壤的适应性较广，宜选择疏松、透气、富含有机质的壤土生产。定植前 1 月或头一年秋季扣棚，以提高地温。待棚内 10 cm 地温稳定在 15 ℃以上，气温稳定在 12 ℃以上时定植。温度偏低时，可以加盖地膜或小拱棚增温。

定植前深翻土壤，施足基肥，每 667 m² 施腐熟的有机肥 5 000 kg、过磷酸钙 25 kg、草木灰 150 kg 或硫酸钾 20 kg。深耕前施入迟效性肥料，翻入土壤下层；整地时表土再施入充分腐熟的速效性肥料，并做成宽 0.6 m 的垄或宽 1.2 m 的畦，覆盖地膜。

幼苗长至适宜苗龄时，于 3 月上中旬选择晴暖天气进行定植。行株距 60 cm×30 cm，每 667 m² 栽植 3 000～4 000 穴，每穴 2～3 株。栽植时将地膜用刀片划开，栽苗后用细土将幼苗四周封严。

4）管理

（1）缓苗期和抽蔓期

①温度　定植后 3～5 d 内闭棚升温，以利于缓苗。缓苗后，适当降温，晴天中午要揭膜通风，白天保持 25～30 ℃，夜间 15 ℃以上。植株进入抽蔓期后，生长加快。

②水肥　豇豆生产中容易出现营养生长过旺，管理上应促控结合，防止植株徒长，产生

落花落荚现象。生长前期不浇水不追肥,现蕾期干旱时,可轻浇一水。初花期不浇水不施氮素肥料,以免植株徒长。

③植株调整　植株长至5~6片叶时,蔓茎抽生时,及时支架或吊蔓引蔓。主蔓第1花序以下的侧枝,长至3~4 cm时打掉。

(2)开花结荚期

时间长短差异很大,长的达70 d,短的仅45 d。

①温度　开花结荚期适温为25~28 ℃,温度在35 ℃以上,植株仍能正常结荚。随着气温的升高,应逐渐加大通风量;外界气温超过20 ℃时,应揭掉棚膜,转入露地生产,避免因温度过高引起植株徒长和落花落荚。

②水肥　植株的第1花序坐荚时,开始浇水追肥。豇豆的开花结荚期对湿度要求比较严格,过湿过干均会引起落花落荚。此期增施磷钾肥,有利于促进植株生长,提高果荚的产量和品质。

植株下部花序开花结荚期,大部分出现花序时要施重肥,不能使叶片出现黄化。隔2周左右浇1水;每采收2~3次追1次肥,每667 m² 追复合肥、尿素和硫酸钾各7.5 kg。整个开花结荚期应保持土壤湿润,掌握"浇荚不浇花,干花湿荚"的浇水原则。苗期和盛花期可以采用0.2%硼砂和0.2%磷酸二氢钾溶液进行叶面追肥。

③植株调整　豇豆的侧蔓容易开花坐荚,植株主蔓长至1.5~1.6 m时摘心,以促进主蔓中上部侧蔓的花芽开花结荚。主蔓上的侧枝均要摘心,促进侧蔓第1花序的发育,利用侧枝上发生的结果枝结荚。不同部位发生的侧枝,摘心节位不同。主蔓上第1花序以下的侧枝应全部打掉;较下部侧枝发生较早,保留10节左右摘心;中部发生侧枝,保留5~7节摘心;上部发生侧枝,保留2~3节摘心。

5)采收

豇豆果荚为线型,每个花序结荚2~4个。一般待豆荚充分发育饱满、种子略显时,即达到商品成熟期时采收。采收时,不要伤及其他嫩荚和花芽,更不能连花序一并摘掉。采收前期每4~5 d采摘1次,盛果期每1~2 d采摘1次。

任务10.3　豆类蔬菜主要病虫害识别与防治技术

活动情景　生产中正确识别豆类蔬菜的病虫害,并通过科学的预防措施,可以杜绝或减轻病虫为害,提高豆类蔬菜的生产技术水平。本任务是结合《植物保护》有关知识,通过资料查询、教师讲解、任务驱动等,学习识别豆类蔬菜的主要病虫害,并掌握其综合防治技术。

任务相关知识

10.3.1 主要病害识别与防治

1) 锈病

①症状识别　发病初期叶背有黄白色、微隆起的小斑点,扩大后呈红褐色疱斑(夏孢子堆),破裂后散出红褐色粉末(夏孢子);后期形成黑褐色疱斑(冬孢子堆),破裂散出黑褐色粉末(冬孢子)。病情严重时,叶片上病斑密集,叶柄、茎蔓及豆荚均受侵染,叶片枯黄脱落。

②防治方法　选用抗病品种;实行轮作;调整播种期,避开发病盛期;合理密植,及时排水降湿;初发病时,及时摘除感病叶片,并用粉锈宁、萎锈灵、硫黄粉、波美 0.1~0.2 度石硫合剂、丰收醇、烯唑醇、敌力脱、代森锌等交替喷雾,防止病菌继续扩散传播。

2) 炭疽病

①症状识别　叶片发病时,叶背沿叶脉处形成三角形或多角形黑褐色小条斑。叶柄、茎蔓上病斑与幼茎相似。豆荚发病时,先呈褐色小点,后扩大成圆形或椭圆形病斑,直径 3.5~4.5 mm,有些病斑相互合并成大斑,后期中部凹陷成黑色,边缘呈红褐色隆起。种子上形成黑褐色斑点。

②防治方法　选用抗病品种;种子消毒;实行轮作;初发病时,用百菌清、甲基托布津、福美双、炭疽福美、代森锰锌等交替喷雾。

3) 细菌性疫病(叶烧病、火烧病)

①症状识别　叶片从叶尖或叶缘开始发病,有暗绿色油渍状小斑点,后扩大成深褐色不规则大斑,周围有黄色晕圈;后期病斑干枯变薄、易破,状如火烧。茎蔓发病,病斑长条形,红褐色,稍凹陷,常环绕茎部,其上部茎叶萎蔫枯死。豆荚发病,病斑呈浅褐色云纹形,中央下陷;发病严重时,种皮皱缩,有黄色或暗褐色凹陷斑。田间湿度大时,病斑及感病豆粒脐部可溢出浅黄色菌脓。

②防治方法　选用抗病品种;种子消毒;实行轮作;发病时,及时摘除感病叶,用波尔多液、抗菌剂 401、农用链霉素、可杀得、加瑞农、络氨铜、绿乳铜等交替喷雾防治。

4) 花叶病

①症状识别　叶片上有浅绿、浓绿嵌合的花叶症状,植株矮缩,开花延迟,严重时,不结果荚。

②防治方法　选用抗病品种;种子用 1.5% 植病灵 1 000 倍液浸种;加强管理,及时防治蚜虫;初发病时,用植病灵、抗病毒剂 1 号等喷雾防治,隔 7 d 喷 1 次,连喷 3~4 次。

5) 煤霉病(叶霉病)

①症状识别　开始发病时,叶片上产生细小的紫褐色斑点,逐渐扩大成圆形或近圆形的红褐色或褐色病斑,边缘不明显;病斑受到叶脉限制时,成多角形;病斑背面密生煤烟状

霉层。病斑一般无轮纹,不穿孔。病斑连片时,引起早期落叶,只留下顶部嫩叶。发病叶片小,结荚少。

②防治方法　及时清除病残体;排湿降温,提高田间通风透光;初发病时,可以选用速克灵、混杀硫、可杀得、络氨铜喷雾防治,6~8 d 喷 1 次,连喷 2~3 次。

6)菜豆灰霉病

①症状识别　苗期发病时,子叶呈水渍状、下垂,之后子叶边缘产生灰色霉层。叶片发病时,叶面形成较大的轮纹斑,后期容易破裂。果荚染病时,先侵染败落的花,再扩展到果荚,病斑初期淡褐色至褐色,之后软腐,表面生灰白色霉层。

②防治方法　及时摘除感病叶片或果荚;初发病时,可以选用速克灵、扑海因、农利灵、混杀硫、甲霜灵、多霉灵等喷雾防治。

7)菜豆根结线虫病

①症状识别　仅为害植株根部,侧根最容易受害。被害植株的根部形成大小不等的结瘤状物,即根结。剖开后,可见到许多白色小梨状物,即为雌线虫。受害植株地上部生长衰弱,矮小,叶色变为污绿色,不结果荚或结荚不良。天气干旱或土壤缺水时,中午前后植株会出现萎蔫。

②防治方法参见项目8。

8)豇豆枯萎病

①症状识别　秋豇豆多在苗期发病,发病时,从下部叶片边缘,尤其是叶尖,出现不规则水渍状病斑,之后叶片变黄枯死,并向上部叶片扩展,直到全株萎蔫死亡。剖开病株茎基部和根部,维管束组织变褐;严重时,外部皮层变成黑褐色,根部腐烂。湿度大时,病部表面有粉红色霉层。

②防治方法　选择抗病品种;实行轮作;选择高燥地块栽植,酸性粘壤土中增施石灰;初发病时,可以选用绿叶丹、甲基硫菌灵、加瑞农喷雾防治。

9)豇豆疫病

①症状识别　只为害豇豆。以茎节部发病最为常见,病部初为水渍状,之后环绕茎部湿腐缢缩、变褐,其上蔓叶萎蔫,直到全株枯死。受害叶片初呈暗绿色、水渍状病斑,之后扩大成圆形、淡褐色病斑。果荚染病后常腐烂。

②防治方法　选用抗病品种;轮作;加强田间管理,减轻病害发生;初发病时,可以选用杀毒矾、甲霜铜、安克锰锌喷雾防治,隔10 d 左右喷 1 次。

10)豇豆轮纹病

①症状识别　感病叶片表面生深紫色小斑点,之后变为圆形、赤褐色的轮纹。茎部发病时,产生深褐色的条斑,扩展至茎四周后引起上端枯死。感病果荚上生赤紫色斑点,扩大后呈褐色轮纹斑。

②防治方法　及时清除病残体,集中烧毁或深埋;轮作;初发病时,可以选用波尔多液、可杀得、悬浮剂等 7~10 d 喷 1 次,连喷 2~3 次。

10.3.2　主要虫害识别与防治

1）豆野螟（豆荚野螟、豇豆荚螟）

①危害症状　幼虫黄绿色，有时带紫色。以幼虫蛀食植株的花蕾和豆荚，还蛀食茎和叶柄，能吐丝卷叶，在卷叶中取食叶肉。蛀食花蕾，造成花蕾或幼荚脱落，蛀食后期豆荚产生蛀孔，堆积粪便，引起豆荚腐烂；蛀食嫩茎，造成枯梢。

②防治方法　于5—10月在菜田设置黑光灯诱杀成虫；盛花期，于上午9时左右豆花开放时，用敌敌畏、晶体敌百虫、苏云金杆菌、功夫、溴氰菊酯、杀螟松等交替喷雾杀灭。

2）豆荚螟

①危害症状　又名豆蛀虫，以幼虫钻蛀豆荚，食害豆粒，产生瘪荚、空荚。

②防治方法　在卵孵化盛期前和成虫发生盛期前，用功夫、敌敌畏、杀螟松、溴氰菊酯、杀灭菊酯等交替喷雾；老熟幼虫入土前，用白僵菌粉（每667 m² 用干菌粉 0.5 kg 加细土5 kg）进行生物灭杀；或在成虫产卵盛期前释放卵寄生蜂进行天敌捕杀。

3）截形叶螨

①危害症状　以若螨和成螨群集叶背，吸取叶片汁液，被害叶片呈灰白色或枯黄色细斑。严重时，卷缩成黄褐色，形如火烧，甚至干枯脱落成光秆。一般6—8月发生严重。

②防治方法　高温、干旱时易发生，应合理灌溉、施肥；发生时，可以采用爱福丁、克螨特、灭螨猛等交替喷雾杀灭；设施生产时，也可选用虫螨净烟剂防治。

4）种蝇

①危害症状　杂食性，为灰色或灰黄色。幼虫钻入种子或幼苗，会引起烂种或死苗；幼虫还可生活在人粪尿、饼肥或其他腐败的有机物上。成虫喜欢在干燥的晴天活动，潮湿的土地可以吸引成虫产卵。土壤潮湿有机质多的情况下发生重。4—5月为幼虫为害盛期。

②防治方法　有机肥应充分腐熟；用二嗪农粉剂拌种；成虫盛发期，可以选用亚胺硫磷、晶体敌百虫喷雾或灌根防治。

5）小地老虎（土蚕、地蚕）

①危害症状　主要以幼虫为害植株，杂食性，每年发生2～7代。3龄前仅取食叶片，产生半透明白斑或小孔；3龄后咬断嫩茎，造成缺株，甚至毁种。

②防治方法　除草灭卵；用黑光灯或糖醋液诱杀成虫；3龄前幼虫抗药性差，且常暴露在植株或地面上，为药剂防治最佳时期，可以选用灭杀毙、溴氰菊酯喷雾防治。

项目小结 》》

豆类蔬菜为豆科植物中主要以果荚为产品的一类蔬菜，主要包括菜豆、豇豆、豌豆等。这类蔬菜的产品中含有丰富的蛋白质，营养价值高，为重要的果菜类蔬菜。本项目主要介绍了菜豆和豇豆的分枝结果习性、生产管理技术和豆类蔬菜的主要病虫害防治技术。学习重点是蔓生菜豆和蔓生豇豆的田间管理技术，并掌握豆类蔬菜落花落荚现象的预防措施。

复习思考题)))

1. 比较蔓生菜豆和矮生菜豆在生长习性上的差异。
2. 豆类蔬菜的肥水管理有哪些要求？
3. 菜豆和豇豆为什么要育苗？育苗中应注意哪些问题？
4. 生产中如何防止菜豆落花落荚？
5. 豆类蔬菜的主要病虫害有哪些？试述其综合防治策略。

实训指导

实训 豆类蔬菜开花结果习性观察

1）材料用具

矮生菜豆、蔓生菜豆、矮生豇豆、蔓生豇豆的开花结荚期植株；米尺等。

2）方法步骤

①观察比较菜豆、豇豆不同类型植株的主蔓和分枝的顶芽生长情况及开花结荚规律。

②选取开花结荚期的菜豆、豇豆的矮生种和蔓生种植株各 3 ~ 5 株，观测其主蔓高度、分枝节位和数量、主侧蔓产生花序的部位、开花顺序、每一花序的花数和结果数及其部位。

3）作业要求

①图示比较菜豆、豇豆的矮生种和蔓生种的分枝、结果习性。

②将菜豆、豌豆的各项观测结果填入下表。

豆类蔬菜开花结果习性记载表

种类	品种	第一花序			第二花序			第三花序			备注
		花数	节位	结果数	花数	节位	结果数	花数	节位	结果数	

项目11 白菜类蔬菜生产

项目描述 白菜类蔬菜主要包括大白菜、结球甘蓝、花椰菜等,在我国北方地区栽培普遍,而且是主要的冬季贮藏菜类,以叶球或花球为产品,喜温和的气候条件,最适宜的栽培季节是秋冬季,也可以进行春夏季栽培,深受人们喜爱。本项目主要学习白菜类蔬菜播种、育苗、肥水管理和产品采收等生产技术。

学习目标 熟悉白菜类蔬菜的生物学特性、类型与优良品种、栽培方式和茬口安排,掌握主要白菜类蔬菜的高产栽培技术以及主要病虫害的识别与防治。

技能目标 学会白菜类蔬菜一播全苗技术、育苗技术、肥水管理技术和产品收获技术。

📖 项目任务

专业领域:园艺技术　　　　　　　　　　　　　　　　　　学习领域:蔬菜生产

项目名称	项目11　白菜类蔬菜生产	
工作任务	任务11.1　大白菜生产技术	
	任务11.2　甘蓝生产技术	
	任务11.3　花椰菜生产技术	
	任务11.4　白菜类蔬菜主要病虫害识别与防治技术	
项目任务要求	掌握主要白菜类蔬菜高产栽培技术	

任务11.1　大白菜生产技术

活动情景 大白菜以露地生产为主,北方地区选择不同品种,可以在早春季节、夏季、秋季安排生产,其产品可以供应夏季、秋冬季到早春季节;特别是秋冬茬大白菜,栽培面积大、产量高、品种好、供应期长,产品主要在秋末冬初收获上市,经过冬季贮藏可以供应到早春季节。本任务是通过资料查询、教师讲解和任务驱动等,学习大白菜各茬次的品种选择和高产优质栽培技术。

工作过程设计

工作任务	任务 11.1 大白菜生产技术	教学时间	
任务要求	熟悉大白菜的生物学特性、类型和优良品种、栽培季节和茬口安排,掌握大白菜不同栽培方式的高产栽培技术		
工作内容	1.大白菜生物学特性 2.类型与优良品种 3.栽培方式与茬口安排 4.栽培技术		
学习方法	以课堂讲授和自学完成相关理论知识的学习,以田间项目教学法和任务驱动法,使学生学会大白菜播种技术、育苗技术和田间管理技术		
学习条件	多媒体设备、资料室、互联网、生产田、生产资料、生产工具等		
工作步骤	资讯:教师由日常生活和当地大白菜生产、消费情况引入任务内容,并进行相关知识点的讲解,下达工作任务 计划:学生在熟悉相关知识点的基础上,查阅资料收集信息,划分工作小组,进行工作任务构思,设计工作计划方案 决策:各小组汇报工作计划方案,师生进行问题答疑、交流讨论、审查修改、确定方案,并准备完成任务所需的工具与材料 实施:学生在教师辅导下,按照计划分步实施,进行知识学习和技能训练 检查:为保证工作任务保质保量地完成,在任务的实施过程中要进行学生自查、学生互查、教师检查指导 评估:对任务完成情况进行学生自评、小组互评和教师点评		
考核评价	课堂表现、学习态度、任务完成情况、作业报告完成情况		

工作任务单

工作任务单			
课程名称	蔬菜生产技术	学习项目	项目11 白菜类蔬菜生产
工作任务	任务 11.1 大白菜生产技术	学时	
班 级		姓 名	工作日期
工作内容与目标	熟悉大白菜的生物学特性、类型和优良品种、栽培季节和茬口安排,掌握大白菜不同栽培方式的高产栽培技术		
技能训练	大白菜播种技术、育苗技术、水肥管理技术、采收技术		
工作成果	完成工作任务、作业、报告		
考核要点 (知识、能力、素质)	熟悉大白菜的特性、类型和优良品种及当地主要栽培方式 能熟练地进行大白菜种植管理的各项农事操作 独立思考,团结协作,创新吃苦,按时完成作业报告		

续表

工作任务单					
工作 评价	自我评价	本人签名:	年	月	日
	小组评价	组长签名:	年	月	日
	教师评价	教师签名:	年	月	日

任务相关知识

11.1.1 生物学特性

1)形态特征

①根　直根系,较发达,主根基部肥大,其上发生多级侧根,主要根群分布于土壤30 cm耕作层中。

②茎　营养生长期,茎为变态短缩茎,呈球形或短圆锥形;生殖生长时期,短缩茎顶端发生花茎,高60~100 cm。

③叶　大白菜的叶片为异型变态叶,全株先后发生子叶、基生叶、中生叶、顶生叶和茎生叶(见图11.1)。

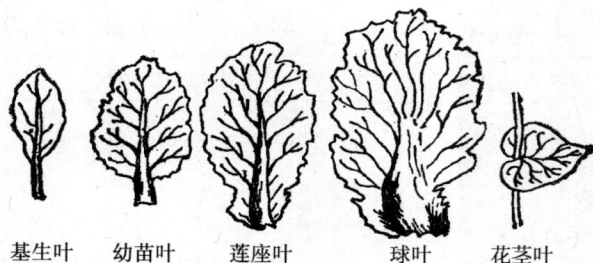

基生叶　幼苗叶　莲座叶　球叶　花茎叶

图 11.1　大白菜的叶型

子叶肾形、对生,有叶柄;基生叶(又叫初生叶)对生,与子叶垂直排成十字形;中生叶着生于短缩茎中部,包括幼苗叶和莲座叶,互生,椭圆形(幼苗时)或倒卵圆形(莲座叶);顶生叶即球叶,着生于短缩茎的顶端,互生;茎生叶着生在花茎(茎)和花枝上,呈三角形,叶柄不明显,叶面有蜡粉。

④花、果实及种子　总状花序,十字形花冠,花瓣互生4枚,鲜黄色,异花授粉,虫媒花。果实为长角果,种子圆球形稍扁,红褐或褐色,千粒重为2~4 g。

2)生长发育周期

(1)营养生长期

从种子萌动到叶球长成,分为以下几个时期:

①发芽期　从种子萌动至基生叶展开。在适宜的条件下,约需5~6 d,基生叶展开与

子叶垂直交叉呈十字形,这一长相称为"拉十字",是发芽期结束的标志。

②幼苗期　从"拉十字"至形成第一个叶环,多数品种长出 7～9 片叶。幼苗期结束,叶丛成盘状,称为"团棵"或"圆棵",是幼苗期结束的标志。早熟品种需 12～13 d,晚熟品种需 17～18 d。

③莲座期　从团棵到长出第 2、3 叶环的叶片。莲座叶全部长大时,植株中心幼小的球叶以一定的方式抱合,称为"卷心",是莲座期结束的标志。早熟品种需 20～21 d,晚熟品种需 27～28 d。莲座叶是最主要的光合器官。

④结球期　从卷心到叶球长成。时间约占营养生长期的一半,可分为前期、中期和后期。前期叶球外层叶片迅速生长,形成叶球的轮廓,称为"抽筒"或"长框",约需 15 d;中期叶球内部叶片迅速生长,充实内部,称为"灌心",约需 15～20 d;结球前期和中期是叶球生长最快的时期,叶球重量的 80%～90% 在前中期形成;后期叶球的体积不再增加,只是继续充实内部,养分由外叶向叶球转移,约需 15 d。

大白菜叶球形成后遇低温被迫进入休眠,依靠叶球贮存的养分和水分生活。休眠期内继续形成幼小花蕾,为转入生殖生长作准备。

(2)生殖生长期

经休眠的种株于第二年春季开始生长,发生新根并抽生花薹,经开花、结荚到种子成熟,完成生殖生长。

3)对环境条件的要求

①温度　大白菜是半耐寒蔬菜,喜冷凉气候。生长期间的适温在 10～22 ℃,高于 25 ℃ 生长不良,10 ℃ 以下生长缓慢,5 ℃ 以下停止生长。耐轻霜而不耐严霜。在适宜的温度范围内,较大的昼夜温差有利于大白菜正常生长。大白菜春化适宜温度为 2～4 ℃,春化时间 14 d 以上。

②光照　大白菜是长日照蔬菜,但对日照时数要求不严格,一般在 12～13 h 的日照和较高的温度(约 18～20 ℃)下,就能通过光周期阶段。大白菜在营养生长期需要充足的阳光,光照不足光合作用减弱,叶片变黄、叶肉变薄,叶球坚实程度会受影响。

③水分　大白菜对土壤湿度要求较高,在不同生长时期对水分的要求不同。苗期对水分要求不多;莲座期需水量较多,但需酌情中耕蹲苗;结球期需水量最大,须经常保持土壤湿润,保证叶球迅速生长。大白菜要求空气相对湿度为 70% 左右。

④土壤和矿质营养　以土层深厚、疏松、富含有机质的砂壤土、壤土和粘壤土为宜。土壤中性或弱碱性。大白菜以叶球为产品,需要充足的氮肥;磷能促进叶原基的分化,使球叶分化增加;钾能使叶球紧实,产量增加,提高品质。因此要注意适当增施磷、钾肥。另外,大白菜生长还需要一定的钙、硼等元素,植株缺钙易发生"干烧心"。

11.1.2　类型与优良品种

1)类型

大白菜亚种分为散叶、半结球、花心、结球 4 个变种,其中结球变种栽培最为普遍。结球变种又可分为 3 个基本生态型,即卵圆形、平头形、直筒形。

①卵圆形　叶球卵圆形,球形指数(叶球高度与宽度的比值)1.5 左右,球叶褶抱,近于闭合。起源于山东的胶东半岛,属海洋性气候类型。

②平头形　叶球倒圆锥形,球形指数接近 1,球叶叠抱,完全闭合。起源于河南中部地区,属大陆性气候类型。

③直筒形　叶球细长呈圆筒状,球形指数大于 4,球叶拧抱,近于闭合。起源于河北东部,属海洋气候和大陆气候交叉类型。

生产中多是由这些变种或生态型,互相杂交并进行人工选择,形成平头直筒形、平头卵圆形、圆筒形、花心直筒形、花心卵圆形等次生类型。

2)优良品种

当前华北和黄淮地区栽培的主要品种有:

①秋白菜　要求对三大病害有较强的抗性,品质好,产量高,且有一定的耐低温能力,早秋栽培的结球白菜品种还要有一定的耐热能力。如豫白 4 号、6 号、7 号、9 号、10 号、鲁白 11 号、秦白 3 号、4 号、5 号、6 号、晋菜 3 号、青杂 5 号、中白系列品种、秋珍白 6 号、11 号、北京新 3 号义和系列、德高系列等。

②夏白菜　要求耐热性强,生长期短,生长速度快,能在较高的温度条件下正常结球,且品质较好。如豫早 1 号、2 号、新早 56、青研 1 号、夏阳、夏白 45、50、超级夏王、夏优 1 号、2 号、3 号、优夏王、亚蔬 1 号、德阳 01、青夏 1 号、3 号、义和夏等。

③春白菜　要求冬性较强,耐抽薹,生长期短,前期能耐一定的低温,后期能耐一定的高温。如小杂 55、56、鲁春白 1 号、春珍白 1 号、6 号、春冠、春秋王、春秋 54、春大将、京春早、胶春王、义和春、新早 56 等。

11.1.3　栽培方式与茬口安排

1)栽培方式

大白菜主要以露地栽培为主,黄淮地区主要栽培方式为:

①秋白菜　又叫秋冬茬大白菜。8 月上中旬直播或播种育苗,育苗可提早 3 ~ 5 d 播种,9 月上旬定植,11 月中下旬采收。

②夏白菜　又叫夏秋大白菜。7 月下旬至 8 月上旬直播,9 月中下旬采收。

③春白菜　一般在 3 月份利用温室、阳畦、小拱棚育苗,4 月份定植于有地膜或拱棚保护的田间;也可于 3 月下旬拱棚直播,5 月下旬前采收,生长期 50 ~ 60 d。

2)茬口安排

多选用豆类、瓜类、茄果类、大蒜、洋葱等茬口,在粮区可接小麦、油菜、马铃薯等茬口,避免与同科蔬菜连作。

11.1.4　栽培技术

1）秋白菜栽培技术

（1）整地施肥

结合整地，每亩施腐熟、细碎的有机肥 5 000 kg，混入过磷酸钙 30 kg、硫酸钾 15 ~ 20 kg 或复合肥 25 ~ 30 kg。施肥要施匀，最好把基肥的 2/3 结合前期深耕施入，耙地时再把其余的 1/3 耙入浅土层中。

北方多采用作平畦或高垄栽培，为预防病害，最好采用高畦栽培。高畦有两种，一种是单行畦垄，适合种植中晚熟品种，畦垄宽 20 ~ 25 cm，垄高 15 ~ 20 cm，垄距 50 cm 左右；另一种是双行畦垄，适合种植早熟或直筒白菜，畦垄宽 35 ~ 40 cm，垄高 10 ~ 20 cm，平均行距 35 ~ 40 cm。

（2）播种与育苗

①直播　多采用条播或穴播。条播是在垄面中间，或平畦内按预订的行距开约 1.0 ~ 1.5 cm 深的浅沟，将种子均匀捻入沟内，覆土镇压，每亩用种量 125 ~ 200 g。穴播时按株距，开直径 12 ~ 15 cm，深 1.0 ~ 1.5 cm 的浅穴，每穴 5 ~ 6 粒种子，平穴镇压，每亩用种量为 100 ~ 125 g。最好先浇水再播种。

②育苗移栽　育苗移栽便于苗期集中管理，便于控制温度和水分条件，也有利于延长前作的生长期。一般苗床宽 1.0 ~ 1.5 m，长 8 ~ 10 m，栽植亩约需苗床 35 m²，每 35 m² 苗床应施充分腐熟的厩肥 200 kg、硫酸铵 1.0 ~ 1.5 kg、过磷酸钙 1.5 kg、草木灰 5 kg。苗床播种多采用条播，要提前浇足底水，待水渗下后，每隔 10 cm 开深 1 ~ 2 cm 的浅沟，将种子均匀撒入沟内，耙平畦面，覆盖种子。每 35 m² 苗床约需种子 100 ~ 120 g。播种面积大时，也可以用撒播法。播后可进行地面覆盖，待幼苗出土后及时揭去覆盖物。

（3）苗期管理

①水分管理　播种后若土壤墒情好，发芽期间可不浇水，若底墒不足或遇高温干旱年份，宜采用"三水齐苗，五水定棵"的浇水方法，即播种后浇一水，种子拱土时浇第二水，子叶展开浇第三水，间苗、定苗后再各浇一水。

②间定苗与追肥　苗出齐后要及时间苗，第一次在幼苗"拉十字"时，间去出苗过迟生长拥挤的细弱幼苗，苗距 4 ~ 5 cm；第二次间苗在 2 ~ 3 片叶时，苗距为 7 ~ 10 cm，结合浇水每亩施硫酸铵 10 ~ 15 kg 提苗肥，对长势较弱的幼苗可施偏肥；第三次在幼苗长出 5 ~ 6 片叶时进行，苗距 10 ~ 12 cm；间苗时发现缺苗及时补栽。幼苗"团棵"时定苗，密度根据品种而定，一般每亩：小型品种 2 500 ~ 3 000 株，中型品种 2 000 株左右，大型品种 1 500 株左右。

（4）定植

当苗龄 20 d 左右、长出 5 ~ 6 片真叶时，即可定植。起苗前浇起苗水，起苗时要多带土，少伤根，选晴天下午或阴天进行，以减轻幼苗的萎蔫；栽苗深度以土坨与垄面相平为宜，以免浇水后土壤下沉，淹没菜心而影响生长。定植后立即浇透水。

（5）莲座期管理

①追肥　为了促进莲座叶旺盛生长，团棵时（定苗或定植后）重施一次发棵肥，每亩施人粪尿1 000～1 500 kg或硫酸铵15～20 kg和过磷酸钙10 kg，草木灰50～100 kg，在距离植株8～10 cm处开穴施入。

②浇水　追肥后浇透水，过3～4 d再浇一水，加速肥料分解，之后掌握"见干见湿"的原则，即地面发白时再浇，保证充分供水，又防止浇水过多引起植株徒长，而延迟结球。生产上常采取蹲苗措施，即在包心前10～15 d浇一次透水，然后中耕保墒，进行蹲苗，当叶片变厚，叶色变深，略有皱纹，中午稍有萎蔫，早晚恢复正常，特别是当植株中心的幼叶也呈绿色时，就标志着蹲苗结束。蹲苗不可过度；否则，植株受抑制过重，影响生长而延迟成熟。

（6）结球期管理

①浇水　蹲苗结束后，大白菜开始包心，要浇一次水，隔2～3 d浇第二水，以免土壤发生裂缝，而使侧根断裂，细根枯死。以后5～6 d浇一水，始终保持土壤湿润，到收获前5～7 d停止浇水，以免叶球含水量过多而不耐贮藏。

②追肥　结球期是吸肥量最多时期，结球前期、中期是叶球生长最快的时期，因此，结球期追肥重点应放在前期，一般追肥2～3次。第一次在蹲苗结束后，结合浇水进行，每亩施腐熟厩肥1 000～1 500 kg（或硫酸铵15～25 kg）、草木灰50～100 kg（或硫酸钾15 kg）、过磷酸钙10 kg；10 d左右进入结球中期，施一次灌心肥，每亩施尿素15～20 kg，使大白菜充分灌心，防止外叶早衰。到结球后期，为了使大白菜叶球充实和防止白菜早衰应再追施少量化肥。

（7）中耕除草与培土

中耕一般在浇水后或雨后进行，做到"干锄浅，湿锄深"，开头浅，中间深，开盘以后不伤根，"深锄垄沟，浅锄垄帮"，待外叶封垄，根系布满全畦，停止中耕，以免伤根、损叶。每次中耕应结合起垄培土。

（8）束叶与采收

在早霜前后可进行束叶，即将外叶合拢捆在一起，可防止或减轻冻害，促进外叶养分向球叶转运，软化叶球，便于收获和贮存。

作为鲜食供应的早熟品种，可在叶球八成紧时陆续采收上市；冬贮用的大白菜多在11月中下旬采收，但应在-2 ℃以下寒流来临之前抢收完毕。收获后晾晒，待外叶萎蔫，根部伤口愈合后，再进行贮藏或销售。

2）夏白菜栽培技术要点

夏白菜栽培，除注意品种选择和适期播种外，还要注意：

①苗期管理　苗期温度高，水分蒸发快，管理的重点是浇水。如无降雨，每1～2 d浇一次水，浇水最好在早晨或傍晚地温较低时进行。出苗后及时间苗，防止过密引起徒长。

②合理密植，早促肥水　每亩一般早熟品种留苗4 000～5 000株，中熟品种2 300～2 700株。苗期、莲座期要注意适当浅锄，去除杂草，并及时浇水，一般不蹲苗；在水分管理上要求均衡供给，无雨时每隔5～6 d浇一次水；追肥分3次，第一次在4～5片真叶时，每亩追施硫酸铵10～15 kg；第二次在定苗后，每亩追施硫酸铵15～25 kg；第三次在莲座末期至

结球初期,每亩追施硫酸铵 25～30 kg。一般随水冲施。

在叶球基本形成后,根据市场需要及时采收上市。

3)春白菜栽培技术要点

春季大白菜属于反季节生产,栽培难度较大,措施不当很容易发生未熟抽薹现象,不能形成正常产品。栽培要点如下:

①选择适宜的品种　应选用早熟、不易抽薹和耐热的品种,如春秋王、强势、鲁春白1号、春夏50、春冠等,并注意用新鲜的种子。大白菜种子萌动后,在 1～12 ℃条件下,经10～30 d 即可完成春化,再经高温和长日照就会抽薹开花,防止未熟抽薹是春白菜栽培成功与否的关键。

②设施育苗　露地生产要在终霜前后播种才能避免未熟抽薹,但此时生长适期太短,植株生长不良,产量低,品质差。因此,春季栽培最好先在温室、阳畦等设施内育苗,然后移栽于露地,尽量避免低于 10 ℃的低温出现,这样就可以提早播种,从而延长白菜的生长期,抽茎率也较低。在天气转暖,夜间温度不低于 8～10 ℃时定植。

③合理密植　春白菜栽培密度一般为行距 40～50 cm,株距 30～40 cm,每亩 3 500～4 000 株。

④加强肥水管理　加强肥水管理,促进营养生长可抑制未熟抽薹。苗期温度低,应不浇或少浇水,以免降低地温影响发根;定植后 2～3 d 浇缓苗水,并中耕保墒;缓苗后浇水追肥,结球初期重施一次速效氮肥,每亩追施尿素 15～20 kg;莲座期不蹲苗,生长期间 5～7 d 浇一水,结球后期不能浇水过多,保持土壤间干间湿,以免高湿高温引发病害。

任务 11.2　结球甘蓝生产技术

活动情景　结球甘蓝简称甘蓝,别名包菜、圆白菜、卷心菜等,以露地生产为主。北方地区选择不同品种,可以在春、夏、秋、冬四季安排生产,其产品在蔬菜周年供应中起到重要作用;甘蓝喜冷凉气候,最适宜栽培季节是秋冬茬,栽培面积大、产量高、品质好。本任务是通过资料查询、教师讲解和任务驱动等,学习甘蓝生产各茬次的品种选择和高产优质栽培技术。

工作过程设计

工作任务	任务 11.2　结球甘蓝生产技术	教学时间	
任务要求	熟悉结球甘蓝的生物学特性、类型和优良品种、栽培季节和茬口安排,掌握不同栽培方式的高产栽培技术		

续表

工作任务	任务 11.2　结球甘蓝生产技术	教学时间	
工作内容	1.甘蓝生物学特性 2.类型与优良品种 3.栽培方式与茬口安排 4.栽培技术		
学习方法	以课堂讲授和自学完成相关理论知识的学习,以田间项目教学法和任务驱动法,使学生学会结球甘蓝播种技术、育苗技术和田间管理技术		
学习条件	多媒体设备、资料室、互联网、生产田、生产工具等		
工作步骤	资讯:教师由日常生活和当地结球甘蓝生产、消费情况引入任务内容,并进行相关知识点的讲解,下达工作任务 计划:学生在熟悉相关知识点的基础上,查阅资料收集信息,划分工作小组,进行工作任务构思,设计工作计划方案 决策:各小组汇报工作计划方案,师生进行问题答疑、交流讨论、审查修改、确定方案,并准备完成任务所需的工具与材料 实施:学生在教师辅导下,按照计划分步实施,进行知识学习和技能训练 检查:为保证工作任务保质保量地完成,在任务的实施过程中要进行学生自查、学生互查、教师检查指导 评估:对任务完成情况进行学生自评、小组互评和教师点评		
考核评价	课堂表现、学习态度、任务完成情况、作业报告完成情况		

工作任务单

工作任务单			
课程名称	蔬菜生产技术	学习项目	项目 11　白菜类蔬菜生产
工作任务	任务 11.2　结球甘蓝生产技术	学　时	
班　级		姓　名	工作日期
工作内容 与目标	熟悉甘蓝的生物学特性、类型和优良品种、栽培季节和茬口安排,掌握甘蓝不同栽培方式的高产栽培技术		
技能训练	甘蓝播种技术、育苗技术、水肥管理技术、采收技术		
工作成果	完成工作任务、作业、报告		
考核要点 (知识、能力、素质)	熟悉甘蓝的特性、类型和优良品种及当地主要栽培方式 能熟练地进行甘蓝种植管理的各项农事操作 独立思考,团结协作,创新吃苦,按时完成作业报告		
工作评价	自我评价	本人签名:	年　　月　　日
	小组评价	组长签名:	年　　月　　日
	教师评价	教师签名:	年　　月　　日

任务相关知识

11.2.1　生物学特性

1）形态特征

①根　主根系,分布广,较浅,呈圆锥形,主要根群分布在 33 cm 左右土层,易发生侧根、不定根,根系再生能力强。

②茎　茎分为营养生长期的短缩茎和生殖生长期的花茎。

③叶　包括子叶、基生叶、幼苗叶、莲座叶、球叶和茎生叶。子叶 2 片,肾形,对生,叶片较厚。基生叶 2 片,对生,与子叶呈十字形排列。莲座叶叶柄短,叶片大,呈宽倒卵形、宽椭圆形或圆形,暗绿色,有蜡粉。莲座叶形成后进入结球期,发生的叶片中肋向内弯曲,形成叶球。球叶无叶柄、黄白色。茎上的小叶为茎生叶,互生,无叶柄或叶柄很短。

④花　总状花序,完全花,4 片花瓣,呈十字形,异花授粉,虫媒花。

⑤果实和种子　长角果,种子圆球形,千粒重 3.3～4.5 g,种子使用年限为 2～3 年。

2）生长发育周期

（1）营养生长期

①发芽期　从播种到第一对基生叶显露。夏秋季节 6～10 d,冬春季节 15 d 左右。

②幼苗期　从真叶显露到第一叶环形成即达到"团棵"为幼苗期。夏秋季节 25～30 d,冬春季节 40～60 d。

③莲座期　从第二叶环出现到形成第三叶环。早熟品种 20～25 d,中晚熟品种 30～40 d。此期结束时,中心叶片开始向内抱合。

④结球期　从开始结球到叶球形成。早熟品种 20～25 d,中晚熟品种 30～50 d。

（2）生殖生长期

经休眠的种株于第二年春季开始生长,发生新根并抽生花薹,经开花、结荚到种子成熟,完成生殖生长。

3）对环境条件的要求

①温度　甘蓝喜凉爽,较耐寒。种子发芽适温为 18～20 ℃,最低 2～3 ℃;幼苗一般能忍受较长期-1～-2 ℃低温及较短期的-3～-5 ℃的低温,也能耐 35 ℃的高温;叶球生长适温为 17～20 ℃,气温高于 25 ℃,影响包心,品质和产量下降,甚至腐烂。

甘蓝是冬性较强的绿体春化型蔬菜,早熟品种长到 3 片叶、茎粗 0.6 cm 以上,中晚熟品种长到 6 片叶、茎粗 0.8 cm 以上,感受 0～10 ℃(2～5 ℃最快)的低温一定时间,就容易完成春化阶段而抽薹。

②湿度　甘蓝根系浅,外叶大蒸腾作用强,适宜在比较湿润的环境下生长。一般在 80%～90% 的空气相对湿度和 70%～80% 的土壤湿度条件下生长良好。

③光照　结球甘蓝属于长日照蔬菜。适宜强光照,喜晴朗天气,但在自然环境中,往往因过强光照而伴随高温的影响,造成生长不良。

④土壤与营养　甘蓝对土壤的要求不严格,以中性或微酸性(pH5.5~6.5)土壤为宜,且有一定的耐盐碱能力,在含盐总量达0.75%~1.2%的盐碱地上仍能正常生长;生产上应选择土质肥沃、疏松、保肥、保水力良好的土壤栽培。甘蓝生长前期消耗氮素较多,莲座期对氮素的需要量达到高峰,叶球形成期则消耗磷、钾较多,施肥时要在施足氮肥的基础上,配合磷、钾肥。

11.2.2　类型与优良品种

1)类型

甘蓝按叶片特征可分为普通甘蓝、紫甘蓝、皱叶甘蓝,以普通甘蓝栽培最普遍;按叶球形状可分为扁球形、圆球形、尖球形;按栽培季节可分为春甘蓝、夏甘蓝、秋冬甘蓝、越冬甘蓝等;按成熟期还可分为早、中、晚熟三种类型。

2)优良品种

①早熟品种　从定植到收获需40~50 d,优良品种如中甘12号、18号、22号、洛甘1号、鲁甘蓝2号、春甘45、津甘8号、强夏、春棚极早、四季39等。

②中熟品种　从定植到收获需55~80 d,优良品种如中甘15号、19号、20号、庆丰1号、夏光、园春、苏甘9号、东农609等。

③晚熟品种　从定植到收获需80 d以上,优良品种如晚丰、秋丰、寒光1号、新丰、惠丰1号、3号、世农205、黄苗等。

目前,紫甘蓝的栽培面积也在逐步扩大,常用的紫甘蓝品种有红亩、巨石红、宝石红、紫甘1号、德国紫甘蓝、鲁比紫球等。

11.2.3　栽培方式与茬口安排

甘蓝适应性强,既耐寒又耐热,黄淮地区春、夏、秋均可栽培,还可以越冬栽培。华北、东北和西北地区,以春秋两季栽培为主,也可进行多茬保护栽培。现以黄淮地区为例:

1)露地栽培

①春季栽培　1月上中旬阳畦播种育苗,3月中下旬定植,早定植的可在5月上旬采收,晚定植的可于6月上旬收获。

②夏季栽培　5月上旬露地播种育苗,6月中旬定植,8—9月采收。

③秋季栽培　7月上中旬露地播种育苗,8月中下旬定植,10月份采收。

④越冬栽培　一般7月播种育苗,8月定植,翌年3月份前采收。

2)设施栽培

①拱棚早春茬　12月上中旬温室或温床育苗,2月中下旬拱棚定植,3—4月采收。

②日光温室冬春茬　11月上旬温室播种育苗,12月下旬日光温室定植,2月下旬至3月上旬采收。

11.2.4 栽培技术

1）结球甘蓝春茬栽培技术

①品种选择 春茬甘蓝以早熟为主，应选择耐低温、冬性强、抽薹率低、高产、优质的品种，如春棚极早、中甘8398、丹麦王、千禧111等。

②播种育苗 春甘蓝栽培要采取设施育苗，注意适期播种。播种后出苗前，苗床温度白天20～25℃，夜间15℃左右；出苗后通风降温，白天18～23℃，夜间10℃左右；3叶期进行分苗，分苗后白天畦温控制在25℃左右，缓苗后，应及时进行通风，白天畦温控制在20℃左右，夜间不低于10℃，以减少低温影响，避免定植后发生先期抽薹。苗龄40d左右，6～8片叶时，选叶丛紧凑，叶色深，叶片厚，外茎粗壮，根系发达的幼苗定植。

③定植 定植前，选择土层深厚、疏松、肥沃的土壤，结合整地每亩施有机肥5000kg、过磷酸钙25kg、氯化钾10kg或草木灰150kg，采用深沟高畦栽培，选晴天下午定植，早熟品种5000～6000株，中熟品种3000～4000株，晚熟品种1500～2500株，定植后浇足底水。

④田间管理 甘蓝喜湿耐肥。生长前期要适当控制浇水，而结球期要保持土壤湿润，采收前5d停止浇水，以免出现"炸球"现象。整个生长期一般追肥3～4次，重点在莲座期和结球前期、中期，结合浇水每次每亩追施人粪尿2000～2500kg或硫酸铵25kg，以促进结球和提高品质。

⑤采收 甘蓝叶球停止膨大且紧实时，即可采收，采收不及时易出现裂球现象。

⑥防止未熟抽薹 一是选用冬性强的品种；二是适时播种，适时定植，不要过早播种或提前定植；三是加强肥水管理。

2）结球甘蓝夏茬栽培技术要点

（1）品种选择

选择耐热、抗病、优质品种，如夏光、中甘8号、热带等。

（2）育苗与定植

夏甘蓝适宜苗龄30～35d，要适时播种，培育壮苗，5～6片叶时定植。一般株距35cm，行距45cm，每亩3500～4000株，定植后及时浇水降温。

（3）田间管理

①遮阴降温 甘蓝喜冷凉、湿润，定植后可用遮阳网覆盖降温，还可减轻菜青虫的危害；也可与番茄、豇豆、黄瓜等隔畦间作。

②肥水管理 前期勤浇井水降温，多雨时注意排水，及时清除杂草；采取少量多次的方法进行追肥，一般缓苗后每亩追施尿素8～10kg，并立即浇水，4～5d后再浇一水，然后中耕；在第一次追肥后10～15d，进行第二次追肥，以后再追1～2次。夏季日照强，水分消耗多，要小水勤浇，一般5～6d一水，于傍晚或早晨进行。

3）结球甘蓝秋茬栽培技术要点

（1）整地施肥

结合整地，每亩施有机肥 2 500 ~ 4 000 kg、过磷酸钙 25 kg、草木灰 150 kg，整平耙细后做畦，北方一般做成宽 1.5 ~ 2 m 的低畦。

（2）育苗与定植

要进行遮阴育苗，3 ~ 4 片叶分苗，6 ~ 7 片叶定植。定植密度：早熟品种每亩 3 000 株左右，中晚熟品种每亩 2 000 ~ 2 500 株。

（3）田间管理

①查苗补苗　秋甘蓝定植后，温度高，易造成部分弱苗枯死，缓苗期应及时查苗补苗。

②肥水管理　浇过定植水后，每隔 3 ~ 4 d 浇一水，浇水后中耕；缓苗后结合浇水追一次提苗肥，每亩追施尿素 10 kg；卷心前 10 ~ 15 d 控水蹲苗，心叶开始抱合时结束蹲苗，进行追肥浇水，每亩追施有机肥 1 000 ~ 2 000 kg 或复合肥 25 kg 左右，结球中期再追肥一次；勤浇水保持土壤湿润，收获前 7 d 停止浇水。

4）结球甘蓝越冬栽培技术要点

①适期播种，培育壮苗　选择抗寒性强、冬性强的品种，如新丰、天正冬冠 1、2、3 号、强力冬宝、春丰 007 等，以免提前通过春化和受冻。采用搭凉棚或遮阳网育苗，保持苗床湿润，以利出苗；及时间苗、分苗、清除杂草、防治病虫害，加强管理，培育壮苗。

②适期定植，加强管理　选择土层深厚、疏松、肥沃不重茬的地块，结合整地每亩施有机肥 5 000 kg、复合肥 100 kg。根据品种每亩栽植 3 000 ~ 4 200 株。定植时浇水，缓苗后每亩追施尿素 10 ~ 15 kg，莲座期前后追肥 2 次，结合浇水每亩追施复合肥 15 ~ 20 kg，使年前形成八成球以上，避免春季抽薹。入冬后加盖地膜或小拱棚保护，以利于增加产量。10 月底结球后，减少浇水，11 月下旬浇越冬水，提高抗寒能力，停止肥水管理，进入露地越冬阶段。

③及时采收　最好在春节前后销售效益较高。由于越冬茬甘蓝植株已通过春化作用，须在 3 月份收获完毕，防止后期抽薹和裂球，影响质量。

5）拱棚早春茬栽培技术要点

（1）品种选择

选择冬性较强的早熟品种，如鲁甘蓝 2 号、中甘 11、中甘 12、8132 等。

（2）育苗

一般采用温床、阳畦、日光温室等设施育苗。出土前白天保持 20 ~ 25 ℃，夜间 15 ℃ 左右；出苗后通风降温，白天 18 ~ 23 ℃，夜间不低于 10 ℃，以减少低温影响，避免定植后先期抽薹。一般苗龄 70 ~ 80 d，长出 6 ~ 8 片真叶时定植。

（3）定植

定植前，结合整地每亩施有机肥 2 000 ~ 3 000 kg、尿素 50 kg、磷酸二氢钾 20 kg，整平耙细，做宽 1.6 m 的低畦。定植前 7 d，在畦上搭建小拱棚，及时扣棚，提高地温，当 10 cm 地温稳定在 5 ℃，气温稳定在 8 ℃ 以上后定植。早熟品种每畦栽 4 行行距 40 cm，株距 30 cm，每亩栽苗 5 000 ~ 5 200 株；中熟品种按 50 cm 见方栽植，每亩 2 500 ~ 3 000 株；晚熟品种按

60 cm 见方栽植,每亩1 500～2 000 株。

（4）田间管理

①温度管理　棚内温度超过 25 ℃时,应适当放风,促进棚内气体交换。3 月底、4 月初,外界气温已升高,可根据天气情况,逐渐全部揭开棚膜。

②肥水管理　定植后,浇一次缓苗水;进入莲座期,结合浇水每亩追施尿素 20 kg,促进茎叶生长;结球初期第二次追肥,每亩追施复合肥25 kg,或腐熟的有机肥 700～800 kg;此后 5～7 d 浇一水,保持土壤湿润;叶球生长盛期第三次追肥,每亩追施尿素 25 kg。

任务 11.3　花椰菜生产技术

活动情景　花椰菜,又名菜花、花菜、西兰花,是甘蓝的一个变种,以露地生产为主,深受消费者的喜爱。花椰菜喜冷凉气候,最适宜栽培季节是秋冬茬,栽培面积大、产量高、品质好。本任务是通过资料查询、教师讲解和任务驱动等,学习花椰菜各茬次的品种选择和高产优质栽培技术。

工作过程设计

工作任务	任务 11.3　花椰菜生产技术	教学时间	
任务要求	熟悉花椰菜的生物学特性、类型和优良品种、栽培季节和茬口安排,掌握不同栽培方式的高产栽培技术		
工作内容	1. 花椰菜生物学特性 2. 类型与优良品种 3. 栽培方式与茬口安排 4. 栽培技术		
学习方法	以课堂讲授和自学完成相关理论知识的学习,以田间项目教学法和任务驱动法,使学生学会花椰菜播种技术、育苗技术和田间管理技术		
学习条件	多媒体设备、资料室、互联网、生产田、生产工具等		
工作步骤	资讯:教师由日常生活和当地花椰菜生产、消费情况引入任务内容,并进行相关知识点的讲解,下达工作任务 计划:学生在熟悉相关知识点的基础上,查阅资料收集信息,划分工作小组,进行工作任务构思,设计工作计划方案 决策:各小组汇报工作计划方案,师生进行问题答疑、交流讨论、审查修改、确定方案,并准备完成任务所需的工具与材料 实施:学生在教师辅导下,按照计划分步实施,进行知识学习和技能训练 检查:为保证工作任务保质保量地完成,在任务的实施过程中要进行学生自查、学生互查、教师检查指导 评估:对任务完成情况进行学生自评、小组互评和教师点评		
考核评价	课堂表现、学习态度、任务完成情况、作业报告完成情况		

工作任务单

工作任务单			
课程名称	蔬菜生产技术	学习项目	项目11 白菜类蔬菜生产
工作任务	任务11.3 花椰菜生产技术	学 时	
班 级		姓 名	工作日期
工作内容与目标	熟悉花椰菜的生物学特性、类型和优良品种、栽培季节和茬口安排,掌握花椰菜不同栽培方式的高产栽培技术		
技能训练	花椰菜播种技术、育苗技术、水肥管理技术、采收技术		
工作成果	完成工作任务、作业、报告		
考核要点（知识、能力、素质）	熟悉花椰菜的特性、类型和优良品种及当地主要栽培方式 能熟练地进行花椰菜种植管理的各项农事操作 独立思考,团结协作,创新吃苦,按时完成作业报告		
工作评价	自我评价	本人签名:	年 月 日
	小组评价	组长签名:	年 月 日
	教师评价	教师签名:	年 月 日

任务相关知识

11.3.1 生物学特性

1)形态特征

花椰菜根系较发达,多集中于土层30 cm内,再生能力强,适合育苗移栽。茎较结球甘蓝粗而长,营养生长时期为短缩茎,营养阶段发育完成后抽生花茎。叶狭长,有蜡粉,在即

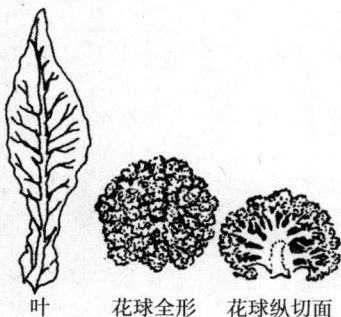

将出现花球时,心叶向内卷曲或扭转,可保护花球免受阳光照射而变色或受霜害。花球由花茎、花技、花蕾短缩聚合而成,是养分贮藏器官,一个花球约有80多个花球体组成(见图11.2)。花为复总状花序,完全花,异花授粉。果实为长圆筒形角果,内有种子10~20粒。种子近圆形,褐色,千粒重2.5~4.0 g。

2)生长发育周期

(1)营养生长阶段

①发芽期 从种子萌动至子叶展开、真叶显露。

叶　　花球全形　　花球纵切面

图11.2　花椰菜叶片和花球

②幼苗期 从真叶显露至第一叶序5～8片叶展开、形成团棵。

③莲座期 从第一叶序展开至莲座叶全部展开。莲座期结束时，开始孕育并逐渐形成花球。

（2）生殖生长阶段

①花球生长期 从花球开始分化至花球生长充实适于商品采收。时间长短因品种而异，一般需20～50 d。

②抽薹期 从花球边缘开始松散，花薹伸长至初花。

③开花期 从初花至整株花谢。

④结荚期 从花谢至角果成熟。

3）对环境条件的要求

①温度 花椰菜属半耐寒性蔬菜，喜冷凉气候，忌炎热干旱，也不耐霜冻，它的耐热耐寒能力都不如结球甘蓝。种子发芽适温为25 ℃左右；营养生长适温范围为8～24 ℃，以15～20 ℃最好；花球形成的适温为15～18 ℃，8 ℃以下花球生长缓慢，0 ℃以下花球易受冻害，高于25 ℃时，花球小，花枝松散，品质差；5～25 ℃均能通过春化阶段，在10～17 ℃大幼苗通过最快。

②光照 花椰菜属于长日照植物，但对日照长短要求不如结球甘蓝严格，生长期间要求充足光照，但花球在阳光直射下易变黄，品质下降。

③水分 花椰菜喜湿润，耐旱、耐涝能力都较弱，对水分要求较较高，特别是叶簇旺盛生长和花球形成时期，需要大量水分，若水分不足，生长受抑制，水分过多时，影响根系生长，花球易松散，发病霉烂。

④土壤与营养 花椰菜喜质地疏松，耕作层深厚，富含有机质，保水、排水良好的肥沃土壤，适宜土壤pH5.5～6.6。在整个生长期，特别是叶簇旺盛生长时期，要供应充足的氮素营养，氮能促进茎叶生长和花球发育膨大，而花芽分化和花球发育过程中，还需大量磷、钾营养，对硼、镁等微量元素敏感，缺硼时常引起茎轴中心形成空洞，严重时花球变成褐色，味苦，缺镁时下部叶变黄。

11.3.2 类型与优良品种

1）按花球颜色分类

按花球颜色分为花椰菜（白色）和木立花椰菜（绿菜花、青菜花、西兰花）两种。木立花椰菜是野生甘蓝进化为花椰菜过程中的中间产物，与花椰菜的不同之处在于：主茎顶端产生的并非由畸形花枝所组成的花球，而是由完全正常分化的花蕾组成的青绿色扁球形的花蕾群，同时叶腋的芽较花椰菜活跃，主茎顶端的花茎及花蕾群一经摘除，下面叶腋便抽生侧枝，在侧枝顶端又生花蕾群，如此反复可多次采摘。优良品种如里绿、玉冠、中青1号、2号、绿秀、早生绿、阿波罗、绿岭等。

2）按生长期长短分类

生产上一般按生长期长短将花椰菜分为早熟、中熟、晚熟与四季品种四种类型。不同类型花球发育对温度要求有较大差异,早熟品种要求不严格,22~23 ℃以下即可发育花球;晚熟品种要求严格,只在 10 ℃左右才能进行花球发育;中熟和四季品种居中。

①早熟品种　定植后 40~60 d 收获,花球重 0.3~1.0 kg,冬性较弱。主要品种有龙峰特大 60 天、日本雪山、京研 45 号、秋玉、夏雪 50、雪峰魁首等。

②中熟品种　定植后 70~90 d 收获,花球重 1.5 kg 左右,冬性较强,较耐热。主要品种有龙峰特大 80 天、荷兰雪球、福农 10 号、珍珠 80 天、雪莲、雪盘、艾菲等。

③晚熟品种　定植后 100~120 d 收获,花球重 1.5~2.0 kg 或 2.0 kg 以上,耐寒性和冬性都较强。主要品种有龙峰特大 120 天、上海早慢种、淄菜花 1 号、申花 5 号、杭州 120 天、兰州大雪球等。

④四季品种　主要为春季栽培,亦称春花椰菜。生长期与中熟品种相近,约 90 d,生长势中等,单球重 1.5 kg 左右,耐寒性强,花球发育要求温度约 15 ℃。主要品种有瑞士雪球、法国雪球等。

11.3.3　栽培方式与茬口安排

花椰菜露地生产的栽培季节因地区和品种特性不同而异。长江、黄河流域,春茬 10—12 月播种,翌年 3—6 月收获;秋茬 6—8 月播种,10—12 月收获。华北地区,春茬于 2 月上、中旬设施育苗,3 月中下旬定植,5 月中下旬收获;秋茬于 6 月下旬至 7 月上旬露地育苗,8 月上旬定植,10 月上旬至 11 月上旬收获。北方寒冷地区,春茬 2—3 月播种,6—7 月收获;夏茬 4 月播种,8 月收获;秋茬 6 月播种,9—10 月收获。

11.3.4　栽培技术

1)春茬花椰菜栽培技术

①品种选择　适合春季栽培的品种如云山 1 号、津雪 88、雪峰、荷兰雪球、法国雪球、瑞士雪球、日本雪山等。

②播种育苗　花椰菜壮苗标准:具有 6~7 片叶,茎粗壮,节间短,叶片肥厚,叶丛紧凑,根群发达并密集于主根周围。

花椰菜育苗方法与结球甘蓝大致相同,但技术要求较为精细。春季要在温室、温床、普通阳畦等保护设施内育苗,常采用撒播法,将种子均匀撒在育苗床上,覆盖细土 1 cm 左右,每 10 m² 左右的苗床需播种子 50 g 左右。

③整地施肥　选择疏松肥沃、保肥、保水强的土壤并施足基肥,结合翻耕每亩施腐熟有机肥 5 000 kg、过磷酸钙 20 kg、草木灰 75 kg。

④定植　花椰菜虽喜湿润环境,不耐涝,在多雨地区及地下水位高的地方应采用高畦栽培,以利排水,其他地区可平畦栽培。定植时,尽量带土坨,少伤根。定植的行株距因品种而异,一般早熟品种为(60~70)cm×(30~40)cm;中晚熟品种为(70~80)cm×(50~60)cm。

⑤肥水管理　肥水管理的关键是使花球在形成前达到一定的同化面积,为获得高产、优质的花球打下良好的基础。前期追肥以氮肥为主,到花球形成期,须适当增施磷、钾肥。

一般定植缓苗后,进行第一次追肥,每亩施硫酸铵 15 ~ 20 kg,并浇水;第一次追肥后 15 ~ 20 d,植株进入莲座期,进行第二次追肥,每亩施腐熟的粪干或鸡粪 400 ~ 500 kg,浇水 1 ~ 2 次,促进莲座叶生长;叶丛封垄前,结合中耕适当蹲苗,在花球直径 2 ~ 3 cm 时,结束蹲苗,进行第三次追肥,每亩施氮、磷、钾复合肥 20 ~ 25 kg,并浇水;以后保持地面湿润。

⑥中耕、除草、束叶　一般中耕 3 ~ 4 次,结合中耕清除田间杂草,后期中耕适当培土,防止植株倒伏。在花球形成初期,将老叶内折,盖住花球,但不要将叶片折断,可避免阳光直射,防止花球颜色变黄、浅绿或发紫,保持花球洁白,使花球品质柔嫩。

⑦采收　花球形成和成熟期往往不一致,可分批采收。采收的标准:花球充分长大、洁白鲜嫩、球面圆整、边缘尚未散开。收获过早影响产量;过晚,花球松散,品质降低。采收时,每个花球外面留 3 ~ 5 片小叶,以保护花球,避免在包装运销过程中受到损伤或污染。

2)秋茬花椰菜栽培技术要点

(1)品种选择

选择耐热、早熟、抗病力强的品种,如一代天使、龙峰 50 天、龙峰 55 天、龙峰 60 天、龙峰 70 天、雪山、玛利亚等。

(2)培育壮苗

夏季和秋初育苗时,天气炎热,苗床应设置荫棚或用遮阳网覆盖,床土要求肥沃,床面力求平整。幼苗长出 1 片叶后逐渐增加光照,3 ~ 4 片叶时,按大小进行分级分苗,苗距 10×10 cm,并遮阴 3 d;定植前在苗畦上划土块取苗,带土移栽。有条件也可采用穴盘育苗。

(3)整地施肥

结合翻耕每亩施腐熟有机肥 3 000 ~ 5 000 kg、过磷酸钙 15 ~ 20 kg、草木灰 50 kg。一般采用深沟高畦栽培。

(4)定植

当苗龄 40 d 左右、6 ~ 7 片叶时,于晴天傍晚或阴天定植。每亩定植密度:早熟品种 3 000 株左右,中熟品种 2 500 株左右,晚熟品种 2 000 株左右。

(5)田间管理

①肥水管理　在叶簇生长期用速效性肥料分期施用,花球开始形成时加大施肥量,并增加磷、钾肥。追肥结合浇水进行,结球期要肥水并重,花球膨大期 2 ~ 3 d 浇一水,缺硼时可叶面喷 0.2% 硼酸溶液。

②中耕、除草、束叶　参照春茬管理。有霜冻的地区,可将内层叶上端束扎起来,防止霜冻,但不要过紧,以免影响花球生长。

常见案例

1)毛花

毛花又称绒毛花球,指花球表面形成绒毛状物的现象。

原因分析:多在花球临近成熟时骤然降温、升温或重雾天发生。

预防措施:适时播种,加强管理,长期高温强光要摘叶盖花球,适期收获。

2)黄花球、焦蕾

花球长到拳头大小时,花蕾粒变黄和花球中心凹陷变成干褐色的现象。

原因分析:花球膨大期高温多雨、少日照;植株徒长,花茎伸长;外叶过于繁茂使花球颜色变淡发黄,品质降低;遇强光易出现焦蕾;生长期间缺硼,常引起花球表面变褐色、味苦。

预防措施:栽培时适量施肥,忌偏施氮肥,根据植株生长状况,适量补充微量元素;高温季节光照过强,可摘叶盖花球。

3)紫花

花球表面出现紫色、紫黄色等不正常的颜色。

原因分析:在突然降温情况下,花球内的糖苷转化为花青素,使花球变为紫色,秋季栽培,收获太晚时易发生。

预防措施:适期播种,适期收获;花球生长期如遇到低温,可以盖球防冻,或对过小花球植株进行假植。

4)散球

花球表面高低不平,松散不紧实的现象。

原因分析:花芽分化期遇高温,花芽分化不完全;幼苗生长后期或定植后遇低温,花芽发育不良;收获过晚,花球老熟等。

预防措施:培育适龄壮苗;春季浇水要适量,加强中耕,提高地温;秋季及时浇缓苗水,降低地温,中耕松土,促进缓苗;田间保持一定的湿度,使根系充分扩展,防止根腐病;忌一次追肥量过大;及时采收。

3)绿花菜栽培技术要点

①品种选择 露地栽培宜选用早熟耐热品种;设施栽培宜选择耐寒性强的中晚熟品种。

②整地施肥 每亩施腐熟有机肥5 000 kg、过磷酸钙30~40 kg、草木灰50 kg。一般做成1.3~1.5 m宽的低畦。

③定植 幼苗长到5~6片真叶时定植。一般每畦栽2行,株距30~40 cm,每亩定植2 500株左右,早熟品种可适当密植至3 000株左右。

④肥水管理 绿花菜需水量大,在花球形成期要及时浇水,保持土壤湿润;多雨季节或地区要及时排水,防止积水沤根。

⑤适时采收 青花菜采收时期比较短,必须适时采收,采收标准为花球充分长大,色彩翠绿,球面稍凹,花蕾紧密,花球坚实。宜在早上露水干后采收,采收时用小刀斜切花球基部带嫩花茎7 cm一起割下,侧花球带嫩花茎7~10 cm。青花菜不耐贮运,采收后及时包装后销售,在运输过程中要防震防压。

任务 11.4 白菜类蔬菜主要病虫害识别与防治技术

活动情景 白菜类蔬菜病虫害较多,往往对生产造成严重影响,科学防治病虫害是白菜类蔬菜生产中的一项重要任务。本任务是结合《植物保护》有关知识,通过资料查询、教师讲解和任务驱动等,正确识别白菜类蔬菜主要病虫害,并掌握其综合防治方法。

任务相关知识

11.4.1 主要病害识别与防治

1)病毒病

(1)症状识别

病毒病以蚜虫带毒传播,苗期可使心叶叶脉失绿,产生浓淡不均的绿色斑驳或花叶;成株期叶片严重皱缩,质硬而脆,常生许多褐色小斑点,叶背主脉上生褐色稍凹陷坏死条状斑,植株明显矮化。

(2)防治方法

①选用抗病品种;②清洁田园;③适期播种;④避免与十字花科作物连作;⑤加强肥水管理;⑥抓好防治工作:苗期做好蚜虫防治,50%辟蚜雾可湿性粉剂 2 000 ~ 3 000 倍液或10%吡虫啉可湿性粉剂 2 000 倍液喷施防蚜;发病初期喷洒抗毒丰 300 倍液或病毒 1 号油乳剂 500 倍液或 20%病毒 A500 倍液或 5%菌毒清水剂 500 倍液,隔 7 ~ 10 天喷 1 次,连喷2 ~ 3 次。

2)霜霉病

(1)症状识别

叶片染病,初生边缘不甚明晰的水渍状褪绿斑,后病斑扩大,因受叶脉限制而呈多角形黄褐色病斑,叶背面则生白色稀疏霉层,湿度大时霉层更为明显。病情进一步发展时,多角形斑常连成大斑块,终致叶片变褐干枯。

(2)防治方法

①选用抗病品种;②抓好栽培防病:避免在连作地育苗;实行高窄畦深沟栽培;合理密植;施足基肥,增施磷钾肥,适时追肥和喷施叶面肥,防植株早衰,增强抗病力;适度浇水,防大水漫灌和晴天中午浇水,包心后不可缺水;③喷药控病:发病初期或中心病株出现时即喷药控病,可喷 25%甲霜灵可湿粉、或 64%杀毒矾,或 58%瑞毒霉锰锌可湿粉 500 ~ 700 倍液,或 65.5%普力克水剂,或 72%克露可湿粉 500 ~ 700 倍液,或 69%安克锰锌+75%百菌清(1:1)1 000 倍液,3 ~ 4 次,10 天左右 1 次,交替施用,喷匀喷足。

3）软腐病

（1）症状识别

结球期开始发病,病株由接触地面的叶柄和根尖部开始发病,病部初为水浸状半透明,后扩大为淡灰褐色湿腐,病组织黏滑,失水后表面下陷,常溢出污白色菌脓,并有恶臭,有时引起髓部腐烂,失水后干缩。

（2）防治方法

①选用抗病品种;②适时播种;③精细整地、高垄种植、做好田间管理;④药剂防治:发病地块应连续用药 3 ~ 4 次,间隔一周左右交替喷施:农用链霉素 150 ~ 200 PPM;70% 敌克松可湿性粉剂 800 ~ 1 000 倍液;DT 杀菌剂 700 倍;新植霉素 200 PPM;60% 百菌通可湿性粉剂 500 倍;或喷洒 50% 代森铵可湿性粉剂 600 ~ 800 倍液。

4）黑斑病

（1）症状识别

叶片发病多从外叶开始,初期产生近圆形褪绿斑,后扩大变为灰褐色或褐色病斑,病斑上有同心轮纹,病斑周围有黄色晕圈,病斑多时叶片变黄干枯;茎、叶柄及花梗上病斑呈褐色、条状、凹陷;潮湿条件下病部常产生黑色霉层。

（2）防治方法

①选用抗病品种;②加强栽培管理:适期播种;小高垄栽培利;及时施肥,增施磷钾肥;及早拔除病株深埋;包心期防止大水漫灌;收获后及时清除病残体深埋;③药剂防治:可用 40% 乙磷铝可湿性粉剂 200 ~ 300 倍液,或 80% 疫毒灵可湿性粉剂 500 倍液,或 75% 百菌清可湿性粉剂 600 倍液,或 40% 代森锰锌悬剂 400 倍液,每隔 7 d 喷一次,连喷 3 ~ 5 次。

11.4.2 主要虫害识别与防治

1）菜青虫

（1）危害症状

初孵幼虫在叶背仅啃食叶肉,留下一层透明表皮,稍大幼虫蚕食叶片呈孔洞或缺口,严重时只残留粗叶脉和叶柄,易引起软腐病的流行,边取食边排出粪便污染。

（2）防治方法

①清洁田园,减少菜青虫繁殖场所和消灭部分蛹;深耕细耙,减少越冬虫源;②用黑光灯诱杀成虫;③低龄幼虫发生初期,喷洒苏芸金杆菌 800 ~ 1 000 倍液或菜粉蝶颗粒体病毒每亩用 20 幼虫单位,喷药时间最好在傍晚;④幼虫发生盛期,可选用 20% 天达灭幼脲悬浮剂 800 倍液、10% 高效灭百可乳油 1 500 倍液、50% 辛硫磷乳油 1 000 倍液、20% 杀灭菊酯 2 000 ~ 3 000 倍液、21% 增效氰马乳油 4 000 倍液或 90% 敌百虫晶体 1 000 倍液等喷雾 2 ~ 3 次。

2）小菜蛾

①危害症状　幼虫多在心叶取食,并吐丝结网,心叶受害后硬化,影响生长。幼虫有时

也吃食叶片成孔,密度高时几乎无叶片可幸免,危害严重时可达到绝产的程度。

②防治方法　参考菜青虫。

项目小结)))

　　白菜类蔬菜属于十字花科芸薹属植物,起源于温带,喜温和冷凉的气候,有相同的病虫害,生产中要求实行合理的轮作。各地应根据当地气候条件适期播种,并通过选种、精细播种、覆盖等措施,力争一播全苗;定植后科学进行田间管理,特别是产品器官形成前 10~15 d,应根据植株长势适当蹲苗,防止徒长,产品器官形成期保证水肥供应,产品器官形成后及时收获。春季栽培应注意品种选择,低温期育苗应注意控制幼苗的大小,并加强管理,防止感受低温通过春化而造成先期抽薹现象。青花菜作为营养型蔬菜,很受人们喜爱,种植面积有逐渐扩大的趋势。

复习思考题)))

　　1. 怎样才能保证秋播大白菜苗全、苗壮?

　　2. 秋播大白菜为什么会出现抱心不实? 怎样防止?

　　3. 怎样才能成功栽培春茬大白菜?

　　4. 比较春茬甘蓝和秋茬甘蓝栽培有何异同?

　　5. 生产中经常会出现哪些花球异常现象? 分析原因,怎样防止?

　　6. 简述青花菜栽培技术要点。

实训指导

实训　白菜类蔬菜植株形态与产品器官结构观察

1)材料用具

不同球形的大白菜、结球甘蓝、花椰菜完整植株,台秤、水果刀、尺子等。

2)方法步骤

①观察大白菜的根系特点、不同类型叶球的形状、叶片的形态特征及球叶的抱合形式;测量不同球形大白菜的球形指数;分别称量外叶与球叶的重量,计算净菜率;分别统计球叶数量和平均单叶重,比较不同球形大白菜的叶球构成差异。

②观察结球甘蓝的根系特点、叶片形态及抱合方式,观察叶球内中心柱的形状。

③观察花椰菜的根系特点、叶片形态及花球的组成。

3)作业要求

①列表说明三种大白菜在球形指数、叶数、叶重等方面的差异。

②图示结球甘蓝和花椰菜的产品器官结构特征。

项目12 根菜类蔬菜生产

项目描述 根菜类蔬菜主要包括萝卜、胡萝卜、根用芥菜、牛蒡等,其中萝卜和胡萝卜栽培普遍,而且是主要的冬季贮藏菜类,以地下肉质根为产品,喜温和的气候条件,最适宜的栽培季节是秋冬季,也可以进行春夏季栽培,深受人们喜爱。本项目主要学习根菜类蔬菜播种、肥水管理和产品采收等生产技术。

学习目标 熟悉根菜类蔬菜的生物学特性、类型与优良品种、栽培方式和茬口安排,掌握主要根菜类蔬菜的高产栽培技术以及主要病虫害的识别与防治方法。

技能目标 学会根菜类蔬菜一播全苗技术、肥水管理技术和产品收获技术。

项目任务

专业领域:园艺技术   学习领域:蔬菜生产

项目名称	项目12 根菜类蔬菜生产
工作任务	任务12.1 萝卜生产技术
	任务12.2 胡萝卜生产技术
	任务12.3 根用芥菜生产技术
	任务12.4 根菜类蔬菜主要病虫害识别与防治技术
项目任务要求	掌握主要根菜类蔬菜高产栽培技术

项目相关知识

我国北方地区栽培的根菜类蔬菜主要有萝卜、胡萝卜、根用芥菜、牛蒡等,其产品器官是由直根膨大而成的肉质根。肉质根在外部形态和内部结构上有以下特点:

1)肉质根外部形态

肉质根外部形态可分为根头、根颈部和根部3部分(见图12.1)。

①根头 即短缩茎,由幼苗上胚轴以上部分发育而成,上面着生芽和叶片。芜菁甘蓝和根用芥菜的根头部特别发达。

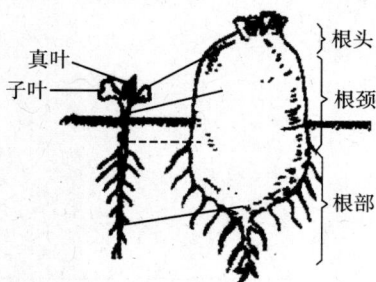

图12.1 萝卜肉质根的外部形态

②根颈　也称轴部,由幼苗子叶以下的下胚轴发育而成,为主要食用部分,表面没有叶痕和侧根。

③根部　由幼苗的胚根上部发育而成,其上着生侧根,伞形花科的侧根为四列,十字花科的侧根为两列,且与子叶伸展方向一致。

2)肉质根内部结构

在解剖学上有以下三种类型(见图12.2)。

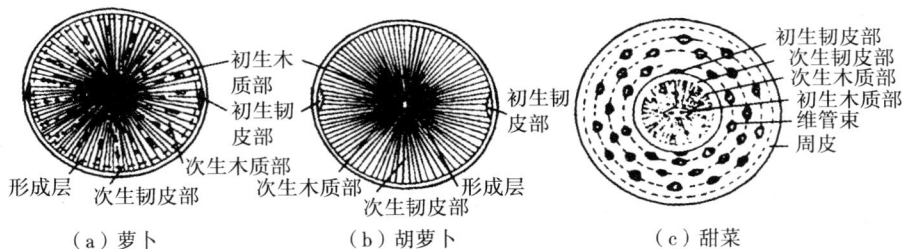

图12.2　萝卜、胡萝卜、甜菜根的横切面

任务 12.1　萝卜生产技术

活动情景　萝卜以露地生产为主,宜直播栽培。北方地区选择不同品种,可以在春、夏、秋季安排生产,其产品可以供应夏季、秋、冬季到早春季节;特别是秋冬萝卜,栽培面积大、产量高、品种好、供应期长,产品主要在秋末冬初收获上市,经过冬季贮藏可以供应到早春季节。本任务是通过资料查询、教师讲解和任务驱动等,学习萝卜各茬次的品种选择和高产优质栽培技术。

工作过程设计

工作任务	任务 12.1　萝卜生产技术		教学时间	
任务要求	熟悉萝卜的生物学特性、类型和优良品种、栽培季节和茬口安排,掌握萝卜不同栽培方式的高产栽培技术			
工作内容	1.萝卜生物学特性 2.类型与优良品种 3.栽培方式与茬口安排 4.栽培技术			
学习方法	以课堂讲授和自学完成相关理论知识的学习,以田间项目教学法和任务驱动法,使学生学会萝卜播种技术和田间管理技术			
学习条件	多媒体设备、资料室、互联网、生产田、生产工具等			

续表

工作任务	任务 12.1　萝卜生产技术	教学时间	
工作步骤	资讯:教师由日常生活和当地萝卜生产、消费情况引入任务内容,并进行相关知识点的讲解,下达工作任务 计划:学生在熟悉相关知识点的基础上,查阅资料收集信息,划分工作小组,进行工作任务构思,设计工作计划方案 决策:各小组汇报工作计划方案,师生进行问题答疑、交流讨论、审查修改、确定方案,并准备完成任务所需的工具与材料 实施:学生在教师辅导下,按照计划分步实施,进行知识学习和技能训练 检查:为保证工作任务保质保量地完成,在任务的实施过程中要进行学生自查、学生互查、教师检查指导 评估:对任务完成情况进行学生自评、小组互评和教师点评		
考核评价	课堂表现、学习态度、任务完成情况、作业报告完成情况		

📚 工作任务单

工作任务单			
课程名称	蔬菜生产技术	学习项目	项目 12　根菜类蔬菜生产
工作任务	任务 12.1　萝卜生产技术	学时	
班　级		姓　名	工作日期
工作内容与目标	熟悉萝卜的生物学特性、类型和优良品种、栽培季节和茬口安排,掌握萝卜不同栽培方式的高产栽培技术		
技能训练	萝卜播种技术、水肥管理技术、采收技术		
工作成果	完成工作任务、作业、报告		
考核要点（知识、能力、素质）	熟悉萝卜的特性、类型和优良品种及当地主要栽培方式 能熟练地进行萝卜种植管理的各项农事操作 独立思考,团结协作,创新吃苦,按时完成作业报告		
工作评价	自我评价	本人签名:　　　　　年　　月　　日	
	小组评价	组长签名:　　　　　年　　月　　日	
	教师评价	教师签名:　　　　　年　　月　　日	

📚 任务相关知识

萝卜,别名莱菔、芦菔,属十字花科一二年生蔬菜,原产于我国和地中海沿岸。

12.1.1 生物学特性

1)形态特征

①根 直根系作物,主根可深达1m左右,主要根群分布在20~40 cm的耕层内;肉质根的形状有长圆筒形、圆锥形、圆形、扁圆形等,外皮颜色有绿、红、白、紫等,肉质呈白、淡绿、紫红等颜色;品种不同,肉质根入土深浅也不同。

②茎 有出苗后的幼茎、营养生长时期的短缩茎和生殖生长时期抽生的花茎。

③叶 子叶2片对生,肾形;初生叶2片,匙形;以后在营养时期长出的叶统称莲座叶,丛生于短缩茎上,按其形态可分为板叶(枇杷叶)和花叶(羽状叶)两种类型,叶色有深绿、浅绿等,叶片生长方向有直立、平展、下垂等方式。

④花 十字花科,总状花序,完全花,异花授粉虫媒花,留种时须注意隔离。

⑤果实与种子 果实为长角果,成熟时不开裂。种子褐色,不规则圆球形,千粒重7~15 g,使用年限1~2年。生产上宜用当年新种子。

2)生育周期

(1)营养生长时期

从播种后的种子萌动到肉质根膨大收获的整个过程。

①发芽期 从种子萌动到第一片真叶显露(破心),需5~6 d。

②幼苗期 从第一片真叶显露到长出7~9片真叶,一般需15~20 d。当幼苗长出5~6片真叶时,根的中柱开始膨大,由于表皮和初生皮层不能相应膨大,而先由下胚轴的皮层在近地面处开裂(破肚),然后逐渐沿纵向开裂,直至皮层完全裂开,历时5~7 d。"破肚"是幼苗期结束,也是肉质根膨大的开始。

③莲座期(叶生长盛期或肉质根生长前期)从"破肚"到"露肩",需20~30 d。随着莲座叶的不断生长,肉质根也不断膨大,由于肉质根的根头肩部生长迅速、显著变宽,明显可见,俗称"露肩"。

④肉质根生长盛期 从"露肩"到肉质根充分膨大收获,约需40~50 d。此期叶片的生长速度趋缓而达到稳定状态,肉质根的生长量占总重量的80%。

(2)生殖生长时期

二年生萝卜品种,肉质根经低温冬贮,翌年春季定植,植株抽薹、开花、结籽;一年生的早熟品种,春播后当年就可抽薹、开花、结实。萝卜从显蕾至开花需20~30天;花期30~40天,谢花至种子成熟需30天左右。

3)对环境条件的要求

①温度 萝卜原产温带,属半耐寒性蔬菜,喜温和冷凉的气候。种子发芽适温20~25 ℃;茎叶生长适温15~20 ℃;肉质根膨大适温15~18 ℃。5 ℃以下生长基本停止,且易通过春化阶段,造成未熟抽薹;低于0 ℃,肉质根易遭受冻害。

②水分 萝卜叶大根浅不耐旱。土壤适宜含水量:发芽期和幼苗期80%,叶片生长盛

期60%,肉质根膨大时70%~80%。空气湿度以80%~90%为宜,干旱和炎热影响产量,且肉质根容易糠心、味苦、味辣、皮粗糙。

③光照　萝卜属长日照作物,要求中等光照强度。因此长日照下易抽薹,短日照下营养生长期延长,利于有机物质的积累和贮藏。在叶和肉质根生长盛期,光照充足,同化产物增加;光照不足,则肉质根不能充分肥大而减产。

④土壤与营养　萝卜以土层深厚、疏松透气、肥沃、排水良好的沙壤土为最好;适宜的土壤pH值为5.0~8.0。萝卜幼苗期和莲座期对氮的需求较多,基肥须施入磷肥,中后期一定要注意钾肥的施用。

12.1.2　类型与优良品种

①秋冬萝卜　秋种冬收,生长期60~120 d,多为大型或中型品种,产量高,品质好,耐贮运,北方地区栽培面积大。优良品种如豫萝卜1号、潍县青、北京心里美、天津卫青1号、济南青圆脆、沈阳红丰1号等。

②冬春萝卜　于长江流域,晚秋至初冬播种,露地越冬,翌年2~3月采收,耐寒性强,不易空心,抽薹迟。优良品种如杭州览桥大缨洋红萝卜、武汉春不老、成都春不老、鄂萝卜1号等。

③春夏萝卜　春季播种,夏季收获,生长期45~70 d,多为中型品种,产量较低,供应期短,如栽培不当易抽薹。优良品种如南京五月红及泡黑红、陕西野鸡红、山东寿光春萝卜、北京六缨水萝卜、山西春红1号等。

④夏秋萝卜　夏季播种,秋季收获,生长期50~90 d。正值夏季高温,要求品种耐热、耐旱、抗病虫能力强。优良品种如南京中秋红、成都满身红、武汉热杂4号、正大夏长白、北京热白萝卜、广东短叶13等。

⑤四季萝卜　小型萝卜,生长期很短,极早熟。露地栽培除严寒、酷暑季节外,随时可播种,该类型萝卜耐热耐寒,适应性强,抽薹迟。优良品种如上海小红萝卜、南京扬花萝卜、烟台红丁、成都枇杷缨萝卜等。

12.1.3　栽培方式与茬口安排

1)栽培方式
萝卜以露地栽培为主,且适合直播栽培。以黄淮地区为例:
①秋冬萝卜　8月上旬至中旬播种,10月下旬至11月上旬收获。
②夏秋萝卜　6月中旬至7月下旬播种,8月中旬至9月份收获。
③春夏萝卜　3月下旬至4月中旬播种,5月上旬至下旬收获。

2)茬口安排
为减少病虫害的发生,应避免与十字花科蔬菜连作,最好选择施肥多而消耗少的前茬,如瓜类、豆类等。

12.1.4 栽培技术

1）秋冬萝卜栽培技术

（1）整地施肥

前茬收获后立即清田，结合整地施足基肥，667 m² 施充分腐熟的优质厩肥 3 000 ～ 5 000 kg、草木灰 50 kg、过磷酸钙 25 ～ 30 kg，深耕 20 ～ 30 cm，耙细整平。北方地区多采用垄栽，可窄垄单行或宽垄双行，行距 30 ～ 35 cm，株距 25 ～ 30 cm，垄高 15 ～ 20 cm。窄垄面宽 15 cm 左右，沟宽 15 ～ 20 cm，垄中间播一行；宽垄面宽 35 ～ 40 cm，垄沟 25 ～ 30 cm，垄面两侧各播一行。干旱地区或肉质根出土部分较多的品种可采用沟畦栽培，畦长 20 m 左右，宽 1.2 ～ 1.5 m。

（2）播种

播前精选种子，同时造好底墒。秋萝卜多点播或条播。点播挖 3 cm 深的穴，3 ～ 4 粒种子/穴，条播开 3 cm 深的沟，将种子播在沟内，覆土 2 cm 厚并稍镇压。

（3）田间管理

①间苗和定苗　幼苗出土后要间苗二次。第一次在子叶充分展平时，点播的每穴留 2 ～ 3 株，条播每 3 cm 留 1 株；第二次在 3 ～ 4 片真叶时，点播的每穴留 2 株，条播的按 8 ～ 10 cm 株距留苗，去杂去劣拔除病苗。当幼苗长出 6 ～ 7 片真叶（破肚）时定苗，株行距依品种而定，一般 667 m² 保苗 8 000 株左右。

②中耕、除草、培土　中耕除草一般结合每次间苗、定苗后的浇水和雨后进行。前两次中耕宜浅，定苗后可适当深中耕并结合培垄。生长后期除老叶通风，植株封垄后停止中耕，采用人工除草。

③肥水管理　秋播萝卜播种后应立即浇水，保持畦面湿润，若天气干旱，应勤浇小水；幼苗期需水量较少；叶片生长盛期需水多，后期适当控水蹲苗防徒长；肉质根生长盛期，对水分需求量增加，应经常保持土壤湿润，直至收获。浇水要均匀，忽干忽湿易造成裂根。收获前 5 ～ 7 d 停止浇水，以提高肉质根的品质和耐贮藏性能。

大型品种一般追肥 2 ～ 3 次。定苗后追施一次提苗肥，每 667 m² 施氮、磷、钾复合肥 10 ～ 15 kg；蹲苗结束肉质根"露肩"时，进行第二次追肥，每 667 m² 施复合肥 25 ～ 30 kg；肉质根生长盛期需肥量最大，应及时进行第三次追肥，每 667 m² 施尿素 15 ～ 20 kg、磷酸二氢钾 10 kg。在萝卜开始膨大期和膨大盛期叶面喷 0.1% 硼砂，有利于肉质根肥大。

（4）收获

萝卜的收获期因品种、气候条件及供应要求而定，当肉质根充分膨大，具有本品种特征，基部已"圆腚"，叶色黄绿时可收获。收获后堆于田间，天冷后切去根头窖藏。

2）夏秋萝卜栽培技术要点

①地块选择　应选择能灌易排的高燥地块，采用小高畦或小高垄栽培，防止田间积水和雨涝水淹，注意土壤的疏松透气。

②播种方法　应在雨后土壤湿润时进行，如果土壤干旱，应浇水造墒。夏秋萝卜多采

用条播,密度要大于秋冬萝卜,一般行距 20~25 cm,株距 15~20 cm。播种后保持土壤湿润,如天气干旱,小水勤浇,降低地温,同时注意排水防涝。

③田间管理　可在子叶展平和 2~3 片真叶时各间苗一次,4~5 片真叶时定苗;结合除草中耕 2~3 次;"破肚"时,每 667 m² 施尿素 10~15 kg,肉质根膨大期再追肥 2 次,每次每 667 m² 施复合肥 15~20 kg;整个生长期每 2~3 d 浇水一次,保持土壤湿润,并注意排水。夏秋萝卜要及早采收,减少因高温、干旱造成的糠心,提高经济效益。

3)春夏萝卜栽培技术要点

①品种选择　应选择生长势强、抗寒、早熟、不易抽薹的速生品种。

②整地施肥　结合整地每 667 m² 施腐熟的优质厩肥 5 000 kg、草木灰 50 kg、过磷酸钙 50 kg,整平地面,一般采用低畦栽培,畦宽 1.2~1.6 m。

③播种　以 10 cm 地温稳定在 8 ℃以上播种为宜。播种过早,气温低,种子萌动后能感受低温而通过春化,造成先期抽薹;播种晚,收获期后延,影响效益。播种时可按行距 20~25 cm 开浅沟,播后覆土 1~1.5 cm。

④田间管理　一般播种后 7~10 d 出苗,可分别在子叶期和 2~3 片叶时各间苗一次,4~5 片叶定苗,保持株距 15~20 cm。苗期浅中耕 1~2 次,以提高地温、疏松土壤、消灭杂草,促进根系发育。播种早的,为避免降低地温,苗期尽量少浇水,但定苗以后要加强肥水供应,一般在定苗后每 667 m² 追施尿素 10~15 kg,并及时浇水。肉质根膨大期要保持土壤湿润状态,并结合浇水追一次复合肥,每 667 m²15~20 kg。但要注意水量不可过大,以免降低地温和造成根腐烂、畸形。

⑤收获　考虑到市场的价格影响,一般是拔大留小、陆续采收上市,每采收一次应立即浇水,防止土壤松动而影响没有收获的萝卜根系。

常见案例

1)畸形根

表现为肉质根短小、细弱、分叉、弯曲等。

(1)原因分析

肉质根上的侧根,正常情况下不会膨大,但当主根生长受阻或主根被破坏时,侧根就会膨大,致使整个直根弯曲或畸形。主要原因:

①土壤物理性状差　土质黏重,土壤板结,耕层过浅,土壤中有石块或杂物存在,致使主根生长受阻。

②施肥的影响　施用了未腐熟的有机肥或化肥浓度过大引起烧根,主根受损。

③地下害虫的侵害　地下害虫咬伤幼根,抑制了直根的生长。

④种子生活力弱　陈种子与秕籽往往生活力弱,发芽不良,幼根先端生长缓慢,中部的侧根往往代之生长。

⑤机械损伤　中耕或管理时碰伤主根等。

(2)防止措施

针对上述原因,可采取相应合理的措施防止畸形根的发生。

2）裂根

表现为3种情况:一是沿直根纵向开;二是在靠近叶柄部横向开裂;三是在根头部呈放射状开裂。

①原因分析　裂根的主要原因是土壤水分供应不均匀造成。如果根在生长前期土壤干旱缺水,直根的生长受到抑制,周皮层木质化程度增加,而后期遇大雨或灌大水,肉质根迅速生长膨大,而周皮层不能相应膨大而开裂;如果前期土壤水分多,直根较重,随后又遇到干燥,根的生长受到抑制,也易产生裂根。一般裂根多发生在生长后期和收获过迟的情况下。

②防止措施　选择肉质根含水较少、肉质致密的品种;合理灌水,避免忽干忽湿,保持土壤有均匀的湿度;同时注意适时收获。

3）未熟抽薹

又称先期抽薹,即肉质根尚未正常膨大及作为产品收获之前而抽薹的现象。轻则使肉质根糠心或纤维增加,降低品质,重则使肉质根不再膨大而失去食用价值。

①原因分析　萝卜在北方地区春夏栽培或高寒地区秋冬栽培中,种子萌动后遇低温,通过了春化,在长日照条件下,加速萝卜抽薹。高温干旱以及品种选用不当,管理粗放等,也会发生未熟抽薹。

②防止措施　严格选择冬性强,抽薹晚的春萝卜品种并使用新种子;适期播种,加强肥水管理。注意入窖前削掉根头。

4）糠心

又叫空心,萝卜的肉质根在生长后期或贮藏期,常发生木质部中心组织出现空腔的现象。

（1）原因分析

在萝卜肉质根迅速膨大时,肉质根中离输导组织较远的木质部,其薄壁细胞组织由于水分和营养运输上的困难,以致这些组织处于"饥饿"状态,产生细胞间隙,出现气泡而形成空心。产生的原因主要有:

①品种方面　肉质疏松的大型品种易糠心;肉质根膨大过快过早的品种易糠心;薄壁细胞大、肉质软、养分含量少。水分含量大的品种易糠心。

②栽培方面　氮肥使用过多,地上部生长过旺,而钾肥不足时易糠心;栽培过稀,土壤肥力充足,肉质根生长旺盛,地上部迅速生长易糠心;土壤水分供应不均匀,尤其是肉质根膨大初期土壤水分充足,而后期干旱,肉质根的部分细胞缺水而糠心;萝卜先期抽薹或在贮藏期间抽薹也会出现糠心。

③环境方面　夜温较高,呼吸作用旺盛,营养消耗过多易糠心;光照不足,同化物不足易糠心;收获过晚,叶片衰老,营养物质制造少,不能满足肉质根需要也会引起糠心;贮藏期间,高温干燥,呼吸旺盛易糠心。

（2）防止措施

选用肉质致密、干物质含量高的品种;合理水肥管理,平衡施肥,均匀供应水分;合理掌握播期,适时收获;合理密植,特别是大型品种,适当增加密度;防止先期抽薹;在肉质根形成初期,可在叶面喷洒5%的蔗糖溶液,或5 mg/L的硼溶液,每7~10 d喷一次,共喷2~3

次,可减少糠心的发生;贮藏时保持 1~2 ℃低温条件和较高的空气湿度。

5)辣味与苦味

①原因分析　肉质根辣味是肉质根中辣芥油量过高而产生的,主要是由于干旱、炎热,肥水不足,病虫危害等使肉质根不能充分膨大而造成。苦味主要是由于高温、干旱或偏施氮肥,而磷、钾肥不足引起肉质根中苦瓜素(一种含氮的碱性化合物)含量增加造成。

②防止措施　栽培上须加强肥水管理,合理施肥,及时浇水。

任务 12.2　胡萝卜生产技术

活动情景　胡萝卜以露地生产为主,宜直播栽培。北方地区选择不同品种,可以在春、夏、秋季安排生产,其产品可以供应夏季、秋、冬季到早春季节;特别是秋冬胡萝卜,栽培面积大、产量高、品种好、供应期长,产品主要在秋末冬初收获上市,经过冬季贮藏可以供应到早春季节。本任务是通过资料查询、教师讲解和任务驱动等,学习胡萝卜各茬次的品种选择和高产优质栽培技术。

工作过程设计

工作任务	任务 12.2　胡萝卜生产技术		教学时间	
任务要求	熟悉胡萝卜的生物学特性、类型和优良品种、栽培季节和茬口安排,掌握胡萝卜不同栽培方式的高产栽培技术			
工作内容	1.胡萝卜生物学特性 2.类型与优良品种 3.栽培方式与茬口安排 4.栽培技术			
学习方法	以课堂讲授和自学完成相关理论知识的学习,以田间项目教学法和任务驱动法,使学生学会胡萝卜一播全苗技术和田间管理技术			
学习条件	多媒体设备、资料室、互联网、生产田、生产工具等			
工作步骤	资讯:教师由日常生活和当地胡萝卜生产、消费情况引入任务内容,并进行相关知识点的讲解,下达工作任务 计划:学生在熟悉相关知识点的基础上,查阅资料收集信息,划分工作小组,进行工作任务构思,设计工作计划方案 决策:各小组汇报工作计划方案,师生进行问题答疑、交流讨论、审查修改、确定方案,并准备完成任务所需的工具与材料 实施:学生在教师辅导下,按照计划分步实施,进行知识学习和技能训练 检查:为保证工作任务保质保量地完成,在任务的实施过程中要进行学生自查、学生互查、教师检查指导 评估:对任务完成情况进行学生自评、小组互评和教师点评			
考核评价	课堂表现、学习态度、任务完成情况、作业报告完成情况			

工作任务单

工作任务单							
课程名称	蔬菜生产技术		学习项目		项目12　根菜类蔬菜生产		
工作任务	任务12.2　胡萝卜生产技术		学时				
班　级		姓　名			工作日期		
工作内容与目标	熟悉胡萝卜的生物学特性、类型和优良品种、栽培季节和茬口安排,掌握胡萝卜不同栽培方式的高产栽培技术						
技能训练	胡萝卜播种技术、水肥管理技术、采收技术						
工作成果	完成工作任务、作业、报告						
考核要点（知识、能力、素质）	熟悉胡萝卜的特性、类型和优良品种及当地主要栽培方式 能熟练地进行胡萝卜种植管理的各项农事操作 独立思考,团结协作,创新吃苦,按时完成作业报告						
工作评价	自我评价		本人签名:		年	月	日
	小组评价		组长签名:		年	月	日
	教师评价		教师签名:		年	月	日

任务相关知识

胡萝卜又叫红萝卜、黄萝卜、番萝卜、丁香萝卜、黄根、金笋等,原产于近东平原,属伞形科胡萝卜属的二年生草本植物。

12.2.1　生物学特性

1)形态特征

①根　深根性植物,根系可深达2 m,宽达1 m,主要根群分布在20~40 cm土层中。真根部占肉质根的绝大部分,次生韧皮部特别发达,是主要食用部分,木质部较小称为心柱。根表面有凹沟或小突起的气孔,便于根内部与土壤中的气体进行交换。在粘重土壤里气孔扩大,使根皮粗糙,甚至形成瘤状畸形根。

②茎　营养生长期有出苗后的幼茎和肉质根膨大后的短缩茎,短缩茎上着生叶片;生殖生长期抽生花茎,有很强的分枝能力。

③叶　出苗后先长出1对披针形子叶,其后长出真叶,真叶丛生于短缩茎上,为三回羽状复叶,叶色浓绿面积小,叶面密生茸毛,是耐旱特征的表现。

④花、果实和种子　复伞形花序,完全花,白色或淡黄色,异花授粉,虫媒花。双悬果可分成两个独立的半果,各半果的背面呈弧形,并有4~5条小棱着生刺毛,但易黏结在一起

不易分开,造成播种困难,带刺毛也会使播种不均匀且不利吸水、发芽,故播种前应搓去刺毛。千粒重 1.1~1.5 g,种子无胚乳,发芽率低,出土缓慢。

2)生育周期

胡萝卜为二年生作物。第一年为营养生长时期,形成肥大的肉质直根,并通过低温春化;第二年在高温长日照条件下抽薹、开花、结实。

(1)营养生长期

从播种后的种子萌动到肉质根膨大收获。

①发芽期　从播种到真叶露心,需 10~15 d。保持土壤疏松、透气及良好的温、湿条件,是确保苗齐、苗全的关键。

②幼苗期　从真叶露心到 5~6 片叶,约 25 d。幼苗生长缓慢,抗旱能力弱,且易发生草荒,要注意及时除草和适度浇灌。

③叶片生长盛期　又称莲座期,从 5~6 片真叶到团棵,约 30 d。叶面积扩大,肉质根开始缓慢生长,生长中心仍在地上部分。

④肉质根生长盛期　从团棵到收获,约 50~60 d。肉质根迅速膨大,是需肥水最多的时期。

⑤贮藏期　肉质根收获以后,冬季贮藏越冬,适宜窖温为 0~3 ℃。

(2)生殖生长期

肉质根经冬季休眠,通过春化阶段,第二年春季抽薹、开花、结果。

3)对环境条件的要求

①温度　胡萝卜为半耐寒性蔬菜,性喜冷凉,其耐寒性和耐热性均比萝卜稍强,可以比萝卜提早播种和延后收获。4~6 ℃时,种子可萌动,发芽的适温为 20~25 ℃;茎叶生长的适温为 23~25 ℃,幼苗能耐短时间 -3~-4 ℃的低温和 27~30 ℃的高温;肉质根膨大期的适温是 13~20 ℃。3 ℃以下停止生长,高于 24 ℃,根膨大缓慢,色淡,根形短且尾端尖细,产量低,品质差。

胡萝卜属绿体春化型植物。早熟品种 5 片真叶、晚熟品种 10 片真叶,在 1~3 ℃,经 60~80 d 通过春化阶段,因此胡萝卜相对不易先期抽薹。

②光照　长日照作物,要求中等光照强度。生长期间光照充足,肉质根大,品质好,否则产量和品质下降。

③水分　耐旱性较强。但过干肉质根小而粗糙,水分过多,地上部易徒长,影响肉质根膨大,适宜土壤含水量为 60%~80%。

④土壤与营养　要求土层深厚、肥沃、排水良好、pH5~8 的壤土或砂壤土。每生产 1 000 g 胡萝卜需吸收氮 3.2 g,磷 1.3 g,钾 5 g,胡萝卜对钾肥的需求量最大,增施磷、钾肥有利于丰产和改善品质。

12.2.2　类型与优良品种

依据肉质根的颜色可分为紫红、红色、橘红色、橘黄色、黄色、浅黄色等。按皮色分为红、黄、紫三类。根据肉质根形状可分为长圆柱形、短圆柱形、长圆锥形和短圆锥形等。

①长圆柱形胡萝卜　肉质根长圆柱形，根长 30 ~ 60 cm，肩部粗大，尾部钝圆，晚熟。生育期 150 d 左右。优良品种有上海长红胡萝卜、江苏扬州红 1 号、北京京红五寸和春红五寸 1 号、三红胡萝卜、济南胡萝卜、青海西宁红等。

②短圆柱形胡萝卜　根长 25 cm 以下，短柱状，尾部钝圆，侧根少。中早熟，生育期 90 ~ 120 d。优良品种有陕西的西安齐头红，大荔野鸡红，岐山透心红，华北、东北地区的三寸胡萝卜。目前用于加工的多为进口的杂交种。

③长圆锥形胡萝卜　肉质根圆锥形，细长，一般长 20 ~ 40 cm，先端尖，味甜，耐贮藏，多为中、晚熟品种。优良品种如北京鞭杆红、济南蜡烛台、天津新红胡萝卜、日本新黑田五寸等。

④短圆锥形胡萝卜　肉质根圆锥形，根长不足 20 cm，早、中熟，冬性强，耐热，产量低，春栽抽薹迟。优良品种有烟台三寸、江苏四季胡萝卜、河南永城小顶胡萝卜、红福四寸、从荷兰引进的巴黎市场、内蒙古金红 1 号等。

12.2.3　栽培方式与茬口安排

1）栽培方式

胡萝卜主要进行露地直播栽培。以黄淮地区为例：

①秋冬胡萝卜 7 月中下旬播种，11 月中下旬采收。是主要栽培方式。

②夏秋胡萝卜 6 月下旬播种，10 月份采收。

③春夏胡萝卜 3 月中旬播种，6 月下旬至 7 月上旬采收。

2）茬口安排

秋胡萝卜的前作适宜春甘蓝、春花菜、菜豆、豇豆、茄果类、葱、蒜和瓜类等蔬菜及水稻、小麦等。

12.2.4　栽培技术

1）秋冬胡萝卜栽培技术

（1）整地施肥

选择土层深厚，疏松透气，排灌良好、富含有机质的砂壤土或壤土，耕前施足基肥，每 667 m² 施腐熟的优质厩肥 3 000 ~ 4 000 kg、草木灰 50 kg、过磷酸钙 10 ~ 15 kg，深耕 20 ~ 30 cm，耙细整平。作畦方式因地区和品种而异，可采用低畦或小高畦。

（2）播种

播种前 7 ~ 10 d 晒种、并搓去种子上的刺毛，可干籽播种也可浸种催芽；浸种催芽可用 40 ℃温水浸泡 3 ~ 4 h，捞出用湿布包好，置于 20 ~ 25 ℃黑暗条件下催芽，胚根露出种皮时播种，播量加大以保全苗，一般 667 m²1 ~ 1.5 kg。

胡萝卜宜条播，按行距 15 ~ 20 cm 开沟，深、宽各 1.5 ~ 2 cm，顺沟播种，耙平稍镇压，覆草或地膜保湿。注意勤浇小水,降低地温,保持湿度。为防止杂草,播种后出苗前可用25%除草醚0.75~1 kg,加水稀释150~200倍喷洒畦面。

(3)田间管理

①间苗、中耕、除草　间苗2~3次。第一次在幼苗1~2片真叶时,按3~4 cm距离留苗;3~4片真叶进行第二次间苗,苗距6 cm左右;幼苗5~6片真叶时定苗。中小型品种苗距10 cm,大型品种13~15 cm。

每次间苗结合中耕除草,降雨后要及时清沟排涝、培垄、护根。

②肥水管理　胡萝卜种子发芽慢,从播种到出苗需浇水2~3次,保持地面经常湿润;幼苗期适当浇水,保证幼苗生长需要;叶片生长盛期应适当控水蹲苗,防止叶部徒长,当肉质根有手指粗(定棵)时,应浇水结束蹲苗。肉质根生长盛期要经常保持土壤湿润,避免忽干忽湿,一般5~7天浇一水,水量不宜过大。

定苗后或肉质根膨大初期,结合浇水进行第一次追肥,每667 m² 追施尿素10 kg左右;约15 d后进行第二次追肥,每667 m² 追施复合肥20~30 kg;15~20 d后可进行第三次追肥,每667 m² 追施复合肥20 kg。胡萝卜对肥料的浓度很敏感,施肥时切忌浓度过高。

(4)收获

当心叶呈黄绿色,外叶稍呈枯黄状,有半数叶片倒伏,根部停止肥大时及时收获。准备贮藏的胡萝卜应在严霜到来之前采收,入窖贮藏。

2)春夏胡萝卜栽培技术要点

(1)品种选择

应选择生长期短、冬性强、抗抽薹、耐热、早熟的优良品种,如红丽五寸、春红、红红誉五寸、红芯1号、红芯2号、丹富士等。

(2)播种

由于春播时地温低,出苗慢,播前应搓去刺毛,并浸种8~12 h,在20~25 ℃条件下催芽,待60%胚根露出种皮时播种。由于春胡萝卜产量低,应适当增加播种量,667 m² 用种量1.5~2 kg。平畦撒播或高垄条播,后者效果较好,一般垄距40 cm左右,条播2行,播种深度1.5 cm左右,播后畦面每隔0.5 m放一玉米秸,上覆地膜,齐苗后逐渐炼苗,而后去膜。

(3)田间管理

①苗期管理　播种前或播种后,只要浇一水保证出苗,苗期除非特别干旱,一般不浇水。当幼苗2~3片真叶时间苗,苗距4~5 cm;4~5片叶时定苗,苗距8~12 cm。

②叶片生长盛期管理　要适量浇水,使土壤不过于干旱,忌勤浇水,以免影响地温提高和土壤透气,对根的生长不利;对于肥力不足的地块,结合浇水,每667 m² 追施复合肥10 kg或尿素5 kg,封垄前注意中耕培土。

③肉质根生长盛期管理　此期气温已开始升高,对肉质根品质有不良影响,因此要勤浇水,保持地面湿润,降低地面温度,保证水分供应;可追肥1~2次,每667 m² 追施复合肥25 kg、硫酸钾10 kg或尿素10~15 kg。

(4)收获

收获时,根头上留5 cm长的叶柄,包装上市。

任务 12.3　根用芥菜生产技术

活动情景　根用芥菜多直播栽培,可以育苗移栽,其产品器官肉质根以腌渍加工为主,北方地区多秋播生产,秋末冬初收获。本任务是通过资料查询、教师讲解和任务驱动等,学习根用芥菜的品种选择和高产优质栽培技术。

工作过程设计

工作任务	任务 12.3　根用芥菜生产技术	教学时间	
任务要求	熟悉根用芥菜的生物学特性、类型和优良品种、栽培季节和茬口安排,掌握根用芥菜高产栽培技术。		
工作内容	1. 根用芥菜生物学特性 2. 类型与优良品种 3. 栽培方式与茬口安排 4. 栽培技术		
学习方法	以课堂讲授和自学完成相关理论知识的学习,以田间项目教学法和任务驱动法,使学生学会根用芥菜播种技术、育苗技术和田间管理技术		
学习条件	多媒体设备、资料室、互联网、生产田、生产工具等		
工作步骤	资讯:教师由日常生活和当地根用芥菜生产、消费情况引入任务内容,并进行相关知识点的讲解,下达工作任务 计划:学生在熟悉相关知识点的基础上,查阅资料收集信息,划分工作小组,进行工作任务构思,设计工作计划方案 决策:各小组汇报工作计划方案,师生进行问题答疑、交流讨论、审查修改、确定方案,并准备完成任务所需的工具与材料 实施:学生在教师辅导下,按照计划分步实施,进行知识学习和技能训练 检查:为保证工作任务保质保量地完成,在任务的实施过程中要进行学生自查、学生互查、教师检查指导 评估:对任务完成情况进行学生自评、小组互评和教师点评		
考核评价	课堂表现、学习态度、任务完成情况、作业报告完成情况		

工作任务单

工作任务单			
课程名称	蔬菜生产技术	学习项目	项目12　根菜类蔬菜生产
工作任务	任务 12.3　根用芥菜生产技术	学时	
班　级		姓　名	工作日期

续表

工作任务单						
工作内容 与目标	熟悉根用芥菜的生物学特性、类型和优良品种、栽培季节和茬口安排,掌握根用芥菜高产栽培技术					
技能训练	根用芥菜播种技术、育苗技术、水肥管理技术、采收技术					
工作成果	完成工作任务、作业、报告					
考核要点 (知识、能 力、素质)	熟悉根用芥菜的特性、类型和优良品种及当地主要栽培方式 能熟练地进行根用芥菜种植管理的各项农事操作 独立思考,团结协作,创新吃苦,按时完成作业报告					
工作 评价	自我评价	本人签名:		年	月	日
	小组评价	组长签名:		年	月	日
	教师评价	教师签名:		年	月	日

任务相关知识

根用芥菜,又名大头菜、辣疙瘩、芥菜疙瘩等,属十字花科一、二年生草本植物,原产于中国,南北方均有栽培。

12.3.1 生物学特性

大头菜根较深,根群主要分布在 30 cm 的土层内;肉质根根头较大,上面着生叶片,根部灰白色,侧根较多;肉质根有圆锥形、圆柱形和扁圆柱形等类型,长 10 ~ 20 cm,横径 7 ~ 11 cm,上粗下细;肉质根有的全部埋入土中,有的大部分露在地面,露在地面部分淡绿色,埋入土中部分灰白色。大头菜叶椭圆或倒卵圆形,有板叶和花叶两个类型,叶片较薄,绿色,叶面粗糙。

根用芥菜生长发育过程与萝卜基本相似,整个生育期约 120 d。

根用芥菜适应性强,为半耐寒性蔬菜,耐短期霜冻,喜冷凉湿润的气候。生长适温:叶片为 15 ~ 20 ℃、肉质根膨大为 13 ~ 15 ℃。根用芥菜为种子春化感应型,冬性弱,适于秋冬季栽培。生长期间要求光照充足,通过春化阶段后,在 12 h 以上的长日照下抽薹、开花、结实。要求土层深厚、肥沃、疏松透气、pH 5.0 ~ 7.0 的粘壤土。对肥料的要求以氮肥最多,其次为钾肥、磷肥。

12.3.2 类型与优良品种

依肉质根的形状,分为圆柱形、圆锥形和近圆球形三类。

①圆柱形根用芥菜 肉质根长 16 ~ 18 cm,粗 7 ~ 9 cm,上下大小基本接近。优良品种

有四川缺叶大头菜和小叶大头菜、昆明花叶大头菜、湖北来凤大花叶、广东粗苗等。

②圆锥形根用芥菜　肉质根长 12 ~ 17 cm,粗 9 ~ 10 cm,上大下小,类似圆锥形。优良品种如四川白缨子和合川大头菜、江苏大五缨和小五缨、济南辣疙瘩、湖北襄樊狮子头、昆明油菜叶、浙江慈溪板叶、云贵鸡啄叶等。

③近圆球形根用芥菜　肉质根长 9 ~ 11 cm,粗 8 ~ 12 cm,纵横径基本接近。优良品种如四川文兴大头菜及马鞭大头菜、广东细苗等。

12.3.3　栽培方式与茬口安排

多秋播。东北和西北地区 7 月上、中旬播种,10 月上、中旬收获;华北和淮河以北地区 7 月下旬至 8 月上旬播种,10 月下旬至 11 月中旬收获;长江以南及四川、云南等省 8 月下旬至 9 月上旬播种,翌年 1 月收获;华南地区 9 ~ 10 月份播种,12 月至翌年 1 月收获。

根用芥菜的前作一般是各种夏季作物,如菜豆、茄果类、瓜类以及大蒜、小麦等。如果前作是大田作物则更好。

12.3.4　栽培技术

1)整地施肥

选择土层深厚、肥沃、疏松透气的粘壤土,以基肥为主,提前半月结合整地每 667 m² 施 4 000 kg 腐熟的有机肥,深耕 20 ~ 30 cm,耙细整平做垄,以利于肉质根膨大和排水。

2)播种与育苗移栽

①育苗移栽　秋季栽培为避免前期高温危害或因前茬来不及倒茬等原因,许多地方采用育苗移栽法。育苗播种期较直播早 7 ~ 10 d,栽植 667 m² 需苗畦 40 ~ 50 m²,用种量 50 ~ 80 g;当苗龄 20 ~ 25 d,有 4 ~ 5 真叶时即可移栽。一般株行距为(17 ~ 25 cm)×(33 ~ 50 cm)。

②高垄直播　垄距 50 cm,垄高 15 cm,垄背宽度 20 ~ 25 cm,垄面土细碎平整,用竹棍在垄背中央划浅沟,捻籽条播,用锄板轻推覆土,踩实,覆土厚不超过 1 cm,浇水,每 667 m² 用种量 200 ~ 250 g。

子叶展开后进行第一次间苗,主要是疏开单株,2 ~ 3 叶时进行第二次间苗,株距 4 ~ 5 cm,植株 5 ~ 6 叶时定苗,株距 17 ~ 25 cm,每亩留苗 3 000 株。定苗后及时浇水,中耕除草、培土,蹲苗抑制叶片生长过旺。

3)肥水管理

植株 12 ~ 13 叶,肉质根迅速膨大时,应结束蹲苗,浇水追肥,每 667 m² 施硫酸铵 20 kg,一般根据天气情况 6 ~ 7 d 浇一次水,在第一次追肥后半个月进行第二次追肥,灌稀粪水或化肥,在霜降至立冬间第三次追肥,促肉质根膨大。

4)收获

当基部叶片已枯黄,叶腋间抽生侧芽,肉质根由绿变黄时即可收获,早收产量低,迟收品质硬化。收获时摘去叶子,削净侧根毛。

任务 12.4　根菜类蔬菜主要病虫害识别与防治技术

活动情景　根菜类蔬菜病虫害往往对生产造成严重影响,科学防治病虫害是根菜类蔬菜生产中的一项重要任务。本任务是结合《植物保护》有关知识,通过资料查询、教师讲解等,正确识别根菜类蔬菜主要病虫害,并掌握主要病虫害的防治方法。

任务相关知识

12.4.1　主要病害识别与防治

1)病毒病

①症状识别　早发病的植株明显矮缩,叶片皱缩,凹凸不平,叶色浓淡不均花叶状,有的病叶沿叶脉产生耳状突起;迟发病的,心叶表现明脉,或花叶斑驳皱缩。

②防治方法　参考白菜类病毒病。

2)霜霉病

①症状识别　苗期至采种期均可发生,可危害叶片、茎部、种株、种荚等器官。病叶初时产生水浸状、不规则的褪绿斑点,很快扩大形成多角形或不规则形的黄褐色病斑,有时叶正面病斑边缘不甚明晰,叶背面病斑较为明显,湿度大时,长出白色霉层;病重时,病斑连片,导致叶片变黄、干枯。

②防治方法　参见项目 11。

3)黑斑病

①症状识别　主要为害叶片,叶面初生黑褐色至黑色稍隆起小圆斑,后扩大边缘呈苍白色,中心淡褐色病斑,湿度大时,病斑上生淡黑色霉状物,病部发脆易破碎;发病重时,病斑汇合致叶片局部枯死。叶、茎、荚均可发病,茎上病斑多为黑褐色椭圆形斑状。

②防治方法　选用抗病品种;实行轮作,收获后及时翻晒土地,清洁田园,减少田间菌源;加强田间肥水管理,提高萝卜抗菌力和耐病性;种子消毒,用种子重量 0.4% 的 50% 异菌尿可湿性粉剂拌种;药剂防治:发病初期用 75% 百菌清可湿性粉剂 500~600 倍液、或 50% 异菌尿可湿性粉剂 1 000 倍液、或 50% 腐霉利可湿性粉剂 1 500 倍液、58% 甲霜灵锰锌可湿性粉剂 500 倍液、70% 代森锰锌可湿性粉剂 600 倍液,每 7~10 d1 次,连续防治 3~4 次。

4)黑腐病

①症状识别　黑腐病俗称黑心、烂心,主要危害叶和根。叶片发病,叶缘多处产生黄色

斑,后变"V"字形向内发展,叶脉变黑呈网纹状,逐渐整叶变黄干枯,病菌沿叶脉和维管束向短缩茎和根部发展,最后使全株叶片变黄枯死;肉质根受浸染后,透过日光可看到暗灰色病变,横切可看到维管束呈放射线状、黑褐色,重者呈干缩空洞,维管束溢出菌脓。

②防治方法　注意种子消毒;加强栽培管理,及时防治地下害虫,注意减少伤口;药剂防治:发病初期用72%农用硫酸链霉素可溶性粉剂4 000倍液,或47%加瑞农可湿性粉剂700倍液,或77%可杀得可湿性微粒粉剂500倍液,或60%百菌通可湿性粉剂600倍液,或50%琥胶肥酸铜可湿性粉剂700倍液,或10%高效杀菌宝水剂300倍液等药剂喷雾防治,每7 d 1次,连续防治2~3次。

5)根结线虫病

①症状识别　发病轻时,地上部无明显症状。发病重时,地上部表现生长不良、矮小、黄化、萎蔫,似缺肥水或枯萎病症状,拔起植株,细观根部,可见肉质根变小,畸形,须根很多,其上有许多葫芦状根结,严重时植株枯死。

②防治方法　参考瓜类根结线虫病。

12.4.2　主要虫害识别与防治

主要虫害有菜粉蝶、菜蛾等,危害症状与防治方法参照项目11。

项目小结 》》

根菜类蔬菜是指直根膨大而成为肉质根的蔬菜植物。我国北方地区栽培面积较大的主要有萝卜、胡萝卜和根用芥菜,它们多是原产温带的二年生植物。根菜类蔬菜宜在土层深厚、疏松、保水保肥能力强的壤土或轻壤土栽培,适宜春秋两季栽培,尤以秋季栽培较为普遍。除根用芥菜育苗移栽外,其他根菜类蔬菜不适合育苗移栽而应直播;播种前深翻土壤,施足底肥,基肥中要增加磷钾肥的用量,有机肥应充分腐熟,并且要均匀施肥,避免烧根;播种后要创造适宜条件,保证苗全、苗齐、苗壮;肉质根膨大前注意蹲苗,防止叶片徒长;产品形成期均匀浇水,合理追肥,保证肉质根膨大及品质的提高,同时要注意适期采收。

复习思考题 》》

1. 从外部形态和内部结构上比较萝卜与胡萝卜的区别。
2. 简述秋季萝卜栽培的技术关键。
3. 萝卜发生糠心、裂根、畸形根、辣味与苦味、未熟抽薹的原因是什么? 如何预防?
4. 胡萝卜种子发芽困难,采取哪些措施来提高出苗率?

📖 实训指导

实训　根菜类蔬菜肉质直根的形态与结构观察

1)材料用具
萝卜、胡萝卜、根用芥菜等根菜类蔬菜的成株标本数个、放大镜、水果刀、尺子等。

2）方法步骤

①外部形态观察　观察根头、根颈和根部的形态特点，萝卜、胡萝卜和根用芥菜肉质根上的侧根列数以及根头、根颈与根部三部分比例大小。

②解剖结构观察　将萝卜、胡萝卜和根用芥菜的肉质根横切，观察其内部结构。

3）作业要求

①绘图比较萝卜、胡萝卜、根用芥菜的肉质直根的外形，注明各部分名称及不同之处。

②绘萝卜、胡萝卜和根用芥菜的肉质直根横切面构造简图，并注明各部分名称。

薯芋类蔬菜生产

项目描述　北方地区栽培的薯芋类蔬菜主要包括喜冷凉气候的马铃薯和喜温暖气候的生姜、山药、芋等,以淀粉含量比较高的地下变态器官:块茎、根茎、块根和球茎为产品,生产中均采用无性繁殖。不同地区要根据当地气候条件,选择适宜的栽培季节和优良品种安排生产。本项目主要学习薯芋类蔬菜播前处理技术、播种技术、中耕培土技术、肥水管理技术和产品采收技术等。

学习目标　熟悉薯芋类蔬菜的生物学特性、类型与优良品种、栽培方式和茬口安排,掌握主要薯芋类蔬菜的高产栽培技术以及主要病虫害的识别与防治方法。

技能目标　学会薯芋类蔬菜播前处理技术、播种技术、中耕培土技术、肥水管理技术和产品收获技术等。

项目任务

专业领域:园艺技术　　　　　　　　　　　　　　　　　　学习领域:蔬菜生产

项目名称	项目13　薯芋类蔬菜生产
工作任务	任务13.1　马铃薯生产技术
	任务13.2　生姜生产技术
	任务13.3　山药生产技术
	任务13.4　芋生产技术
	任务13.5　根菜类蔬菜主要病虫害识别与防治技术
项目任务要求	掌握主要薯芋类蔬菜高产栽培技术。

任务13.1　马铃薯生产技术

活动情景　马铃薯喜冷凉气候,耐轻微霜冻,均进行露地生产,以营养器官繁殖,栽培前应重视种薯的播前处理工作。北方各地的气候条件不同,其栽培季节有差异,主要在春、秋季安排生产,其产品淀粉含量高、耐贮藏、供应期长。本任务是通过资料查询、教师讲解和任务驱动等,学习马铃薯的品种选择、种薯播前处理和高产优质栽培技术。

工作过程设计

工作任务	任务 13.1　马铃薯生产技术	教学时间	
任务要求	熟悉马铃薯的生物学特性、类型和优良品种、栽培季节和茬口安排,掌握马铃薯不同栽培方式的高产栽培技术		
工作内容	1.马铃薯生物学特性 2.类型与优良品种 3.栽培方式与茬口安排 4.栽培技术		
学习方法	以课堂讲授和自学完成相关理论知识的学习,以田间项目教学法和任务驱动法,使学生学会马铃薯栽培管理技术		
学习条件	多媒体设备、资料室、互联网、生产田、生产工具等		
工作步骤	资讯:教师由日常生活和当地马铃薯生产、消费情况引入任务内容,并进行相关知识点的讲解,下达工作任务 计划:学生在熟悉相关知识点的基础上,查阅资料收集信息,划分工作小组,进行工作任务构思,设计工作计划方案 决策:各小组汇报工作计划方案,师生进行问题答疑、交流讨论、审查修改、确定方案,并准备完成任务所需的工具与材料 实施:学生在教师辅导下,按照计划分步实施,进行知识学习和技能训练 检查:为保证工作任务保质保量地完成,在任务的实施过程中要进行学生自查、学生互查、教师检查指导 评估:对任务完成情况进行学生自评、小组互评和教师点评		
考核评价	课堂表现、学习态度、任务完成情况、作业报告完成情况		

工作任务单

工作任务单			
课程名称	蔬菜生产技术	学习项目	项目 13　薯芋类蔬菜生产
工作任务	任务 13.1　马铃薯生产技术	学时	
班　级		姓　名	工作日期
工作内容与目标	熟悉马铃薯的生物学特性、类型和优良品种、栽培季节和茬口安排,掌握马铃薯不同栽培方式的高产栽培技术		
技能训练	种薯播前处理技术、播种技术、中耕培土技术、水肥管理技术、采收技术		
工作成果	完成工作任务、作业、报告		
考核要点（知识、能力、素质）	熟悉马铃薯的特性、类型和优良品种及当地主要栽培方式 能熟练地进行马铃薯种植管理的各项农事操作 独立思考,团结协作,创新吃苦,按时完成作业报告		

续表

工作任务单					
工作 评价	自我评价	本人签名:	年	月	日
	小组评价	组长签名:	年	月	日
	教师评价	教师签名:	年	月	日

任务相关知识

马铃薯,别名土豆、山药蛋、洋芋、洋山药等,原产于南美洲高山地区,富含淀粉(10% ~ 25%)和蛋白质(2% ~ 4%),可粮菜兼用。

13.1.1 生物学特性

1)形态特征

①根 马铃薯根系由初生根和匍匐根组成。块茎萌动后由芽基部发出初生根或称芽眼根,形成主要吸收根系。以后随着芽的生长,在地下茎的各节上发生不定根,称为匍匐根,水平生长。用块茎繁殖的植株无主根,为须根系;用种子繁殖的植株根系为直根系。

②茎 马铃薯的茎按生长部位、形态和功能的不同分为地上茎、地下茎、匍匐茎和块茎4种(见图 13.1)。直立生长在地上部分的为地上茎,主茎以花芽封顶。地下茎呈负向地性生长,一般有6~8节,其上着生根系和匍匐茎。匍匐茎由地下茎的腋芽长成,一般有4~8条,呈水平方向伸展,生长到一定时期先端积累养分膨大生长形成产品器官块茎。覆土过浅或栽培条件不良时,匍匐茎露出地表直立生长成为地上茎。同样,地上茎的腋芽本应该发育成侧枝,深覆土

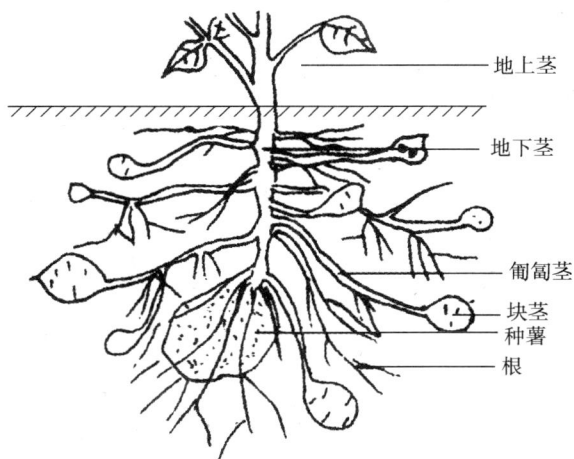

图 13.1 马铃薯植株形态

埋在地下时便发育成匍匐茎。根据这一特点生产上往往采取深覆土措施来增加匍匐茎的数量从而提高产量。

块茎的形状有圆、椭圆、卵圆、扁圆等形状,皮色有红、紫、黄、白等色,薯肉有黄色和白色两种。块茎与匍匐茎相连的一端为薯尾,相对一端为薯顶。块茎上有芽眼,越近顶端,芽眼越密,芽眼由芽和芽眉组成。芽眉是变态叶鳞片脱落后的叶痕。每个芽眼中有3个芽,居中主芽,两侧各为一个副芽。主芽具有明显的顶端优势,副芽一般不萌发,只有主芽受到

抑制或使用生长调节剂处理才能萌发。薯顶芽眼分布较密,发芽势较强。生产中切块时采用从薯顶至薯尾的纵切法。

③叶　初生叶为单叶,心脏形或倒心脏形,全缘。以后发生的叶为奇数羽状复叶,由顶生小叶、侧生小叶和数枚小叶柄上及小叶之间中肋上着生裂片叶组成。

④花　天然自花授粉,聚伞形花序,着生在茎的顶端,早熟品种第一花序,中晚熟品种第二花序开放时,地下块茎开始膨大,因此花序的开放系马铃薯植株由发棵期生长转入结薯期生长的形态标志。

⑤果实与种子　果实为浆果,球形或椭圆形。种子小,千粒重 0.4～0.6 g。

2)生长发育周期

①发芽期　从块茎上的幼芽萌动至出苗,需 20～35 d。

②幼苗期　从出土苗到幼苗完成一个叶序的生长(6～8 片叶),俗称团棵,历时 15～20 d。团棵前后开始形成块茎。

③发棵期　从团棵到现蕾,历时 25～30 d。生长中心由茎叶向产品器官转移,块茎膨大到鸽蛋大小、幼薯渐次增大。

④结薯期　由现蕾到收获,一般在 30～50 d。此期以块茎膨大和增重为主。

⑤休眠期　收获后的马铃薯块茎呈生理休眠状态,品种和贮藏温度不同,休眠期长短不一。0～4 ℃,块茎可长期保持休眠。在 26 ℃左右,因品种不同休眠期从 1 个月左右到 3 个月以上。

3)对环境条件的要求

①温度　马铃薯喜气候温和。块茎在 4 ℃以上就能萌发,12～18 ℃发芽较好。茎叶生长适温为 20 ℃左右,块茎膨大的土壤适温为 16～18 ℃,25 ℃以上不利于块茎发育。

②光照　发芽期黑暗条件有利于成苗,促进芽加粗、组织硬化和色素产生。较强的光照有利于马铃薯的光合作用,光照不足,茎叶徒长,结薯延迟。长日照促进茎叶生长和开花,短日照有利于块茎的形成,一般在每天 11～13 h 日照下,马铃薯发育良好。

③水分　发芽期间种薯中所含水分就能满足生长的需要,但土壤中水分含量影响初生根的生长和茎的伸长,播种前必须保证土壤水分充足;幼苗期前期保持干旱,后期湿润有利于幼苗生长;发棵期前期要求土壤水分充足,后期要逐渐降低,防止茎叶徒长;结薯期块茎以细胞分裂和膨大为主,要求土壤水分供给充足且均匀。

④土壤及营养　适宜的土壤是土层深厚、质地疏松透气、排水良好、富含有机质的轻沙壤土和壤土,pH5.6～6.0。

马铃薯吸收钾肥最多,钾肥充足对生长发育和产量形成非常重要,其次是氮、磷。

4)马铃薯种性退化

马铃薯用块茎繁殖,植株长势逐年削弱、矮化,叶片皱缩,分枝变少,结薯变小,产量逐年下降,这种现象称为种性退化现象。种性退化主要是由病毒引起,高温既能加重病毒病的发生,还能使块茎芽的生长锥细胞发生衰老,也使种性退化。

防止措施主要是:选育推广抗老化品种,利用茎尖组织培养的方式生产无病毒的种苗,冷凉季节或地区保种,用种子繁殖等。

13.1.2 类型与优良品种

栽培上通常依块茎成熟期分为早熟,中熟、晚熟三种类型。

①早熟品种 从出苗至收获需 50~70 d。植株低矮,产量低,淀粉含量中等,不耐贮存,芽眼多而浅。优良品种有丰收白、白头翁、泰山 1 号、鲁马铃薯 1 号、鲁马铃薯 2 号、郑薯 5 号、郑薯 6 号、中薯 5 号、中薯 6 号、克新 4 号等。

②中熟品种 从出苗到收获需 80~90 d。植株较高,产量中等,薯块中的淀粉含量中等偏高。优良品种有克新 1 号、克新 3 号、协作 33 和乌盟 601、晋薯 2 号等。

③晚熟品种 从出苗到收获需 100 d 以上。植株高大,产量高,淀粉含量高,较耐贮存。优良的品种有高原 3 号、高原 7 号、沙杂 15、晋薯 7 号、虎头等。

13.1.3 栽培方式与茬口安排

1)栽培方式

根据北方地区自然条件不同,形成了不同的栽培区。

①北方一主作区 主要包括克山、沈阳、呼和浩特、兰州、西宁、乌鲁木齐等马铃薯产区。无霜期较短,仅 110~170 d,只能进行一熟栽培,但气候凉爽、日照充足、昼夜温差大,适于马铃薯的生长。一般 4 月下旬至 5 月上旬播种,9 月份收获。适用休眠期长、耐贮性强的中、晚熟品种。

②中原二作区 主要包括北京、西安、徐州、上海、南昌等马铃薯产区。无霜期较长,为 180~300 d,但因夏季长、温度高,不利于马铃薯生长,故进行春、秋两季栽培。春季 2 月下旬到 3 月上旬播种,5 月下旬至 6 月中旬收获,以生产商品薯为主;秋季 8 月份播种,11 月份收获,以生产翌年春季的种薯为主。宜选用早熟、抗病、休眠期短的优良品种。

2)茬口安排

马铃薯忌连作,也不能与茄科蔬菜及烟草连作,宜实行 3~4 年轮作。

13.1.4 栽培技术

1)春季马铃薯栽培技术

(1)整地施肥

前茬收获后结合施肥进行秋耕,深翻 30 cm 左右,为春播做好准备。基肥也可在春季土壤解冻后,播种前结合浅耕耙地施用,一般每 667 m² 施用 4 000~5 000 kg 腐熟有机肥,钾肥 20 kg。

（2）种薯处理

①暖种、晒种　在播种前30～40 d将种薯置于15 ℃左右条件下15 d左右，这一措施为暖种。当顶部芽萌发至1 cm大小时，将种薯放在散射光或阳光下晒种壮芽，保持15 ℃左右，约需20 d，使芽绿化粗壮。暖种、晒种可在室内、阳畦、日光温室内进行。催芽期间经常检查水分，及时剔除烂薯。

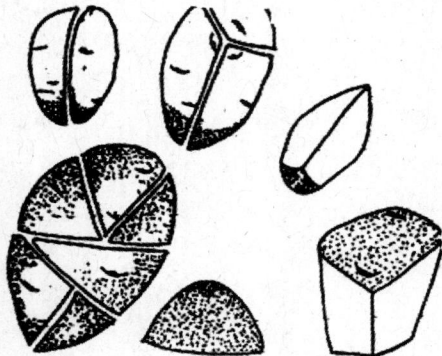

②赤霉素浸种　未经催芽的种薯，可在切块后用0.4～0.5 mg/L的赤霉素溶液浸种10～15 min。整薯浸种时，因周皮完整，吸收困难，应适当加大浓度，以3～5 mg/L为宜。

（3）切块及育苗

①切块　催芽的方法有切块催芽和整薯催芽。切块催芽因为打破了种薯的顶端优势，切块后各切块上的芽眼得到了相似的养分条件，萌芽速度快，大小一致。切块也是淘汰病薯的过程。种薯切块要大小均匀，重20～25 g，每个薯块上不少于两个芽眼。切块应呈立体三角形，多带薯肉（见图13.2）。

好的切块：切立块多带薯肉

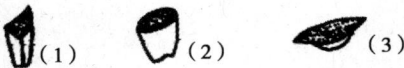

（1）　（2）　（3）

不好的切块：（1）切小块　（2）挖芽眼　（3）切薄片

图13.2　种薯切块

切块时切刀、切板要用75%的酒精或开水消毒，切到病薯要随即剔除，同时将切刀再次消毒。切好的种薯置于15 ℃左右黑暗条件下催芽，使伤口愈合，然后播种。也可切块后用草木灰拌匀，促进伤口愈合。

②育苗　为了节约种薯或前作尚未收获时应采用育苗移植。于晚霜前20～30 d对种薯暖晒后，用冷床育苗。将种薯切块，密排于苗床上，覆土约4 cm，整薯育苗覆土7～10 cm，保持15～20 ℃土温。栽植前低温炼苗，苗高20 cm左右定植。

（4）播种

①播种期　10 cm地温稳定回升到5～7 ℃，或当地晚霜前20～30 d即可播种。适期早播种可增加产量。

②种植密度　马铃薯的播种密度依土壤肥力、栽培条件、品种、播种方法而定。一般每667 m²播种4 500～6 000穴，保持茎数8 000条左右。

③播种方式　马铃薯有垄作、畦作等几种方式。东北、华北等地垄作较多。马铃薯的播种深度对产量和薯块质量影响很大，一般7～10 cm，培土过浅，地下匍匐茎就会钻出地面，变成地上茎的枝条，不结薯。

（5）田间管理

①出苗前管理　北方春季播种后地温尚低，需经20～30 d才能出苗，应及时松土、锄灭杂草，出苗前如果异常干旱，应及时浇小水并中耕防止板结。

②幼苗期管理　马铃薯出苗后应中耕松土，提高地温，促进根系的生长，苗期中耕力求

深,灭尽杂草。在施足基肥的基础上,幼苗期要早追肥,以速效氮为主,每667 m² 追施尿素10 kg 左右,施后浇水,浇水后及时中耕保墒、提高地温。

③发棵期管理　主要是促进植株生长。在水分管理上一般不旱不浇,干旱年份浇2 ~ 3次水,浇水后及时中耕培土,待植株拔高封垄时进行大培土,培土时注意保护茎及功能叶。发棵期追肥要慎重,一般情况下不追肥,若需要补肥可在发棵早期,可在现蕾后结薯初期,每667 m² 追施尿素10 ~ 15 kg,切忌发棵中期追肥,否则易引起植株徒长。

④结薯期管理　主要是促进产品器官形成,控制地上部徒长,同时防止植株早衰。结薯期需水量较大,应保持土壤湿润,遇雨及时排水。收获前几天停止浇水,促使薯皮老化,以利贮运。

⑤收获贮藏　一般植株达到生理成熟即可收获。标志是大部分茎叶由绿变黄,地上部分倒伏,块茎停止膨大,块茎容易从植株上脱落。收获应选在晴天,土壤适当干爽时进行。

2)秋季马铃薯栽培技术要点

(1)种薯处理

种薯播种前必须解除休眠,然后催芽。切块催芽用种量小,易打破休眠,出芽快,但高温高湿下易感染病毒和各种病菌,发生大量烂种,影响秋薯的安全生产;整薯催芽烂薯少,播种后抗逆性强,出苗率高,产量高,但用种量大;现在较多采用小整薯催芽,小整薯为冬春阳畦密植栽培,提前收获的种薯。

①整薯催芽　应提前20 d 进行。可用10 ~ 30 mg/L 的赤霉素溶液浸泡10 min 左右,捞出控干,在沙床上催芽。催芽期间保持湿润,为防止烂薯,可用多菌灵、农用链霉素等向摆好的薯块喷雾。整薯催芽出芽不太整齐,催芽10 d 左右应扒开床土,把芽长2 ~ 3 cm 的种薯拣出来,放在通风阴凉处,使之见光(散射光)进行绿化锻炼;再把未发芽的种薯重新埋好,继续催芽,一般20 d 左右可以出齐芽,即可播种。

②切块催芽　可用10 ~ 20 mg/L 的赤霉素浸泡10 min,为防止感染,晾干后,尽量使刀口切面向上喷洒一次杀菌剂(多菌灵或农用链霉素),晾薯0.5 ~ 1 d,使切口尽快干燥并形成愈伤组织。晾干后的切块堆积催芽,经一周左右芽长1 ~ 2 cm 时,将种薯置于散射光下炼芽。

(2)播种

一般于当地枯霜前70 ~ 80 d 播种。秋薯生长量小于春薯,应适当增加密度,一般60 cm×20 cm,每667 m² 6 000 穴为宜。

(3)田间管理

秋薯不蹲苗,播种后即可浇水降低地温,浇水后及时中耕、除草、疏松土壤;追肥宜早施,促使薯秧旺盛生长,秋季有秧就有薯。其他管理同春薯。

任务 13.2　生姜生产技术

活动情景　　生姜喜温暖气候,不耐霜冻,主要进行露地生产,以营养器官繁殖,栽培前应重视种姜的播前处理工作。北方各地应根据当地气候条件,选择适宜的栽培季节,保证生姜的生长时间,以保证产量。姜产品具有辛辣味、耐贮藏、供应期长,是厨房中一年四季不可缺少的调味品。本任务是通过资料查询、教师讲解和任务驱动等,学习种姜的播前处理和高产优质的栽培技术。

工作过程设计

工作任务	任务 13.2　生姜生产技术	教学时间	
任务要求	熟悉生姜的生物学特性、类型和优良品种、栽培季节和茬口安排,掌握生姜高产栽培技术。		
工作内容	1.生姜生物学特性 2.类型与优良品种 3.栽培方式与茬口安排 4.栽培技术		
学习方法	以课堂讲授和自学完成相关理论知识的学习,以田间项目教学法和任务驱动法,使学生学会生姜栽培管理技术		
学习条件	多媒体设备、资料室、互联网、生产田、生产工具等		
工作步骤	资讯:教师由日常生活和当地生姜生产情况引入任务内容,并进行相关知识点的讲解,下达工作任务 计划:学生在熟悉相关知识点的基础上,查阅资料收集信息,划分工作小组,进行工作任务构思,设计工作计划方案 决策:各小组汇报工作计划方案,师生进行问题答疑、交流讨论、审查修改、确定方案,并准备完成任务所需的工具与材料 实施:学生在教师辅导下,按照计划分步实施,进行知识学习和技能训练 检查:为保证工作任务保质保量地完成,在任务的实施过程中要进行学生自查、学生互查、教师检查指导 评估:对任务完成情况进行学生自评、小组互评和教师点评		
考核评价	课堂表现、学习态度、任务完成情况、作业报告完成情况		

工作任务单

工作任务单			
课程名称	蔬菜生产技术	学习项目	项目13 薯芋类蔬菜生产
工作任务	任务13.2 生姜生产技术	学时	
班 级		姓 名	工作日期
工作内容与目标	熟悉生姜的生物学特性、类型和优良品种、栽培季节和茬口安排,掌握生姜高产栽培技术		
技能训练	姜种播前处理技术、播种技术、中耕培土技术、水肥管理技术、采收技术		
工作成果	完成工作任务、作业、报告		
考核要点（知识、能力、素质）	熟悉姜的特性、类型和优良品种及当地栽培季节安排 能熟练地进行生姜种植管理的各项农事操作 独立思考,团结协作,创新吃苦,按时完成作业报告		
工作评价	自我评价	本人签名:	年 月 日
	小组评价	组长签名:	年 月 日
	教师评价	教师签名:	年 月 日

任务相关知识

生姜,简称姜,别名黄姜,是襄荷科姜属多年生草本植物,做一年生栽培。原产于中国及东南亚等热带地区。北方以山东为主要产区。

13.2.1 生物学特性

1)形态特征

①根 生姜无性繁殖,没有主根,属浅根性作物,根的数量少而短。根的形态包括纤维根和肉质根,纤维根从幼芽基部发生,为初生的吸收根,因芽的基部膨大成姜母,故吸收根多分布在姜母的基部。肉质根着生姜母及子姜的茎节上,兼有吸收和支持植株的功能。

②茎 分为地上茎和地下茎两部分。地上茎直立,绿色,茎端由叶片和叶鞘包被。种姜发芽后长出的第一个姜苗称主茎(主枝),以后在主茎两侧依次形成一次侧枝、二次侧枝等。地下茎是产品器官,简称根茎,由若干个分枝的基部膨大而形成的姜球构成,主茎的根茎叫"姜母",一次、二次侧枝基部膨大的根茎依次叫"子姜""孙姜",依次类推(见图13.3)。一般地上茎分枝越多,地下部姜块也越多,姜块也大,产量高。

③叶 长披针形,绿色,互生,平衡叶脉。

④花 穗状花序,橙黄色或紫红色。夏秋之间于地下茎抽生花茎,北纬25°以北地区不

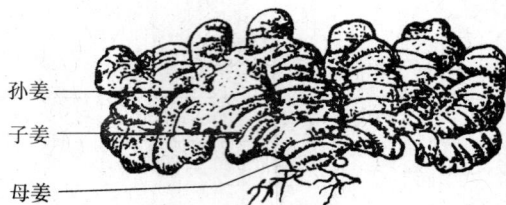

图 13.3　生姜的根茎形态与组成

能开花。

2）生长发育周期

①发芽期　从种姜幼芽萌发到第 1 片姜叶展开,一般需 40 ~ 50 d。此期生长量很小,主要依靠种姜的养分生长发芽。

②幼苗期　从第 1 片姜叶展开到具有两个较大的侧枝(即"三股杈"时期),需 65 ~ 75 d。此期以主茎和根系生长为主,生长缓慢,生长量不大。

③旺盛生长期　幼苗期后为茎、叶和根茎旺盛生长期,是产品形成的主要时期。历时 70 ~ 75 d,旺盛生长前期以茎叶为主,后期以根茎生长和充实为主。

④根茎休眠期　姜不耐寒、不耐霜,初霜到来茎叶便枯死,根茎被迫进入休眠。收获后入窖贮藏,适宜的贮藏温度是 11 ~ 13 ℃,空气相对湿度大于 90%。

3）对环境条件的要求

①温度　生姜要求温暖的环境条件,15 ℃开始发芽,22 ~ 25 ℃条件下发芽较快,易培育壮芽;茎叶生长期以 20 ~ 28 ℃为宜;根茎生长期,要求一定的昼夜温差,白天最好保持 20 ~ 25 ℃,夜间夜间保持 17 ~ 18 ℃,有利于光合产物的制造和积累。15 ℃以下植株生长停滞,茎叶遇霜即枯死。

②光照　生姜喜阴不耐强光,不同时期对光照要求不同。发芽要求黑暗条件,幼苗要求中等光照,光照过强,植株矮小,叶片发黄,生产上应采取遮阴措施造成花荫状,以利幼苗生长,旺盛生长期也不耐强光,但因群体大,植株自身互相遮阴,故要求较强光照。生姜对日照长短要求不严格。

③水分　生姜为浅根性作物,吸收能力弱,叶片的保护组织亦不发达,水分蒸发快,因而不耐干旱。苗期生长量小,需水不多,旺盛生长期需水量大,需保持土壤湿润。

④土壤及营养　生姜适应土壤深厚肥沃、有机质丰富、通气良好、便于排水呈微酸性(pH5 ~ 7)的肥沃壤土。生姜为喜肥耐肥作物,在旺盛生长期吸肥量最大,应加强肥水管理,防止植株脱肥早衰。

13.2.2　类型与优良品种

根据植株形态和生长习性姜可分为疏苗型和密苗型两种类型。

①疏苗型　植株高大,茎秆粗壮,分枝少,叶深绿色,根茎节少而稀,姜块肥大,多单层排列,代表品种如山东莱芜大姜、广东疏轮大肉姜、安丘大姜、藤叶大姜等。

②密苗型　生长势中等,分枝多,叶色绿,根茎节多而密,姜块多数双层或多层排列,代表品种如山东莱芜片姜、广东密轮细肉姜、浙江临平红瓜姜、江西兴国生姜、陕西城固黄姜等。

13.2.3　栽培方式与茬口安排

1)栽培方式

生姜不耐霜,必须将整个生长期安排在温暖的无霜季节。确定生姜露地栽培的播种期一般是当地春季断霜后且最低温度稳定在 15 ℃以上,秋季初霜到来前收获。一般要求适宜于生姜生长的时间要达到135~150 d,尤其是根茎旺盛生长期,要有一定日数的最适温度,才可获得较高的产量。

我国东北、西北高寒地区无霜期过短,露地条件下不适宜于种植生姜。长江流域各省露地栽培一般于谷雨至立夏播种,而华北一带多在立夏至小满播种。现在有些生姜产区采用塑料大、中棚、地膜覆盖等保护措施栽培生姜,可以适当提早播种或延迟收获,从而延长生姜生长期,收到显著增产效果。

2)茬口安排

姜瘟病菌可在土壤中存活 2 年以上,为减少土壤发病,姜需进行 2~3 年轮作,以农作物作前茬较好。姜生长前期需遮阴且生长量小,可与麦、大蒜、春马铃薯、架豆等作物间套作。

13.2.4　栽培技术

1)培育壮芽

种姜应选择品种纯正、姜块肥大、芽头饱满、个头大小均匀、皮色黄亮、肉质新鲜、不干缩、不腐烂、未受冻、质地硬、无冻害、无病虫、无机械损伤的健康姜块作种用,严格淘汰姜块瘦弱干瘪,肉质变褐及发软的种姜。

培育壮芽是生姜优质丰产的首要措施,主要措施是晒姜、困姜和催芽。

①晒姜和困姜　于播种前 1 个月左右,从贮藏窖中取出种姜,用清水洗净泥土,用1%石灰水浸种 30 min,或用5%高锰酸钾浸种 10 min 后,平铺在避风向阳处,在阳光下晾晒1~2 d,即晒姜。晒姜能提高姜体温度,打破休眠,促进发芽,减少姜块中的水分,防止催芽和播种后种姜腐烂。晒种还可使病姜干缩变褐,症状明显,便于及时淘汰;晒姜宜适度,不能暴晒,晒种时随时翻动姜块,中午光照过强时需适当遮阴,夜间要注意保温防冻。晒姜后,将姜种置于室内堆放 2~3 d,姜堆上盖以草帘,保持 11~16 ℃,称为困姜。困姜能促进种姜内养分分解,促进发芽的生理生化活动,有利于出芽。一般晒姜和困姜交替 2~3 次后即可开始催芽。

②催芽　催芽可采用火炕催芽、温室催芽等方法。催芽的适宜温度为 22~25 ℃,超过

28 ℃,芽瘦弱、徒长;低于 20 ℃,发芽时间长,影响播种。一般当姜芽长至 0.5 ~ 1.2 cm、芽基部见到根突起时开始播种。

2)整地施肥

姜生长期长,产量高,需肥量大,最好秋翻风化土壤,结合翻地,一般每 667 m² 施腐熟有机肥 5 000 kg、过磷酸钙 50 kg。土壤解冻后,耙细作畦。作畦形式因地区而异,整平耙细,准备播种;北方地区雨水少,一般采用平畦种植或沟畦种植,沟播时,沟距 50 ~ 55 cm,沟宽 25 cm,沟深 10 ~ 12 cm。

3)播种

应选晴暖天气进行。每 667 m² 用种量为 400 ~ 500 kg,种姜大,出苗快、苗壮,产量高。

①掰姜种 播种前,把已催好芽的大姜块掰成 70 ~ 80 g 重的小块,每个种块选留 1 个壮芽,其余芽除掉,保证苗壮,掰姜的过程实际上又进行了块选和芽选。将掰好的姜块放在 250 ~ 500 mg/kg 的乙烯利溶液中浸泡 15 min,捞出后随即播种,可促进植株分枝,增强长势,提高产量。

②浇底水 姜出苗很慢,土壤缺水会影响出苗,一般提前一天浇足底水,出苗前一般不再浇水。

③排放种姜 底水渗下后即可排放种姜,有平播法和竖播法,平播时,将种块水平排放在沟内,幼芽方向保持一致;竖播时,种芽一律向上播种。一般每 667 m² 保苗 5 500 株左右。

④覆土 种播后随即盖细土 4 ~ 5 cm,覆土太厚地温低,发芽慢;覆土太薄表土易干燥,影响出苗。

4)田间管理

①遮荫 入夏以后,插荫草是大多数姜产区管理的主要措施,一般于播种后趁土壤湿润,在沟南侧(东西沟向)或西侧(南北沟向)7 ~ 10 cm 处插一排高 70 ~ 80 cm 的高秆秸秆,或用遮阳网搭荫棚,棚高 1.3 ~ 1.6 m,为姜遮阳,遮阴程度以 3 ~ 4 分阳、6 ~ 7 分阴为宜。入秋以后,及时拆除遮阴物,以增强光合作用和同化养分的积累。

②浇水 在浇足底水的情况下,除非土壤特别干燥,一般不浇水。70% 幼苗出土后再浇水;之后勤中耕,防止土壤板结,提高地温,促根系扩展,促进幼苗的生长。幼苗期长,生长缓慢,但其根系弱,吸水能力弱,土壤要保持湿润。进入旺盛生长期后,需水量大,要早晚勤浇凉水,保持地面湿润,每 4 ~ 5 d 浇水一次,促进分枝和膨大。收获前 1 个月左右应根据天气情况减少浇水,促使姜块老熟。收获前 3 d 最后一次浇水,以便收获时姜块上可带潮湿泥土,便于保存。雨季要及时清沟排水,防止积水烂种。

③追肥 姜极耐肥,除施足基肥外,应多次追肥,应前轻后重。苗高 15 cm 左右时追施一次提苗肥,每 667 m² 用尿素或磷酸二铵 15 ~ 20 kg,在距姜苗 15 cm 处沟施;8 月上、中旬拆除遮阴物时进行第二次追肥,每 667 m² 施饼肥约 75 kg 或复合肥 30 ~ 50 kg,此次追肥应将肥料施入沟内,然后覆土封沟培垄,使原来的播种沟变为垄,垄变为沟,随即浇透水;9 月上中旬根茎旺盛生长期,为促进姜块膨大,防止早衰,应追 1 次补充肥,每 667 m² 施复合肥

15~30 kg。

④中耕除草　生姜根系主要分布在土壤表层,因此,不宜多次中耕,以免伤根。一般在前期结合浇水中耕1~2次,进入旺盛生长期,植株逐渐封垄,杂草发生减少,可人工拔除杂草。

⑤培土　姜根茎生长要求黑暗和潮湿,因此要进行多次培土。一般于立秋前后结合拔草和大追肥进行第一次培土,变沟为垄,以后结合浇水再进行2~3次培土,逐渐把垄面加宽增厚。

5)收获

生姜的采收可分为收种姜、嫩姜、鲜姜三种。

①收种姜　成熟后种姜既不腐烂也不干缩,可与鲜姜同时收获或提前收获。提前收获种姜,可在幼苗后期选择晴天收获,前一天浇小水使土壤湿润,具体方法是:顺着生姜摆种方向,用窄形铲刀将土层扒开,露出种姜后,左手压住姜苗不动,右手用窄形刀片将种姜从根茎上切下,然后及时封沟。

②收嫩姜　初秋天气转凉,在根茎旺盛生长期,植株旺盛分枝,趁姜块鲜嫩,提前收获。嫩姜组织鲜嫩,含水量较高,辣味轻,纤维少,适宜于加工腌渍,酱渍和糖渍。

③收鲜姜　姜栽培的主要目的是收鲜姜,一般在当地初霜来临之前,植株大部分茎叶开始枯黄,地下根状茎已充分老熟时采收。收获时可用手将生姜整株拔起,留2 cm左右的地上残茎,摘去根,不用晾晒即可贮藏,以免晒后表皮发皱。

任务13.3　山药生产技术

活动情景　山药喜温暖气候,不耐霜冻,主要进行露地生产,以营养器官繁殖。北方各地应根据当地气候条件选择适宜的栽培季节和优良品种安排生产。山药产品淀粉含量高、耐贮藏、供应期长,有较高的营养保健作用。本任务是通过资料查询、教师讲解和任务驱动等,学习山药的繁殖方法及高产优质的栽培技术。

工作过程设计

工作任务	任务13.3　山药生产技术	教学时间	
任务要求	熟悉山药的生物学特性、类型和优良品种、栽培季节和茬口安排,掌握山药高产栽培技术		
工作内容	1.山药生物学特性 2.类型与优良品种 3.栽培方式与茬口安排 4.栽培技术		

续表

工作任务	任务 13.3　山药生产技术	教学时间	
学习方法	以课堂讲授和自学完成相关理论知识的学习,以田间项目教学法和任务驱动法,使学生学会山药栽培管理技术		
学习条件	多媒体设备、资料室、互联网、生产田、生产工具等		
工作步骤	资讯:教师由日常生活和当地山药生产、消费情况引入任务内容,并进行相关知识点的讲解,下达工作任务 计划:学生在熟悉相关知识点的基础上,查阅资料收集信息,划分工作小组,进行工作任务构思,设计工作计划方案 决策:各小组汇报工作计划方案,师生进行问题答疑、交流讨论、审查修改、确定方案,并准备完成任务所需的工具与材料 实施:学生在教师辅导下,按照计划分步实施,进行知识学习和技能训练 检查:为保证工作任务保质保量地完成,在任务的实施过程中要进行学生自查、学生互查、教师检查指导 评估:对任务完成情况进行学生自评、小组互评和教师点评		
考核评价	课堂表现、学习态度、任务完成情况、作业报告完成情况		

工作任务单

工作任务单			
课程名称	蔬菜生产技术	学习项目	项目 13　薯芋类蔬菜生产
工作任务	任务 13.3　山药生产技术	学时	
班级		姓名	工作日期
工作内容与目标	熟悉山药的生物学特性、类型和优良品种、栽培季节和茬口安排,掌握山药高产栽培技术		
技能训练	山药播种技术、中耕培土技术、水肥管理技术、采收技术		
工作成果	完成工作任务、作业、报告		
考核要点 (知识、能力、素质)	熟悉山药的特性、类型和优良品种及当地主要栽培方式 能熟练地进行山药种植管理的各项农事操作 独立思考,团结协作,创新吃苦,按时完成作业报告		
工作评价	自我评价	本人签名:	年　　月　　日
	小组评价	组长签名:	年　　月　　日
	教师评价	教师签名:	年　　月　　日

任务相关知识

山药,又名薯芋、白苕、长芋、山薯等,有很高的营养价值,既可菜用,又是上等滋补品。我国是山药重要的原产地驯化中心。

13.3.1 生物学特性

1)形态特征

①根 须根系,块茎发芽后,根着生在茎基部,水平伸展。

②茎 山药为多年生藤本植物,茎细长右旋,长可达 3 m 以上,须支架栽培。地下块茎有长圆柱形、圆筒形、纺锤形、掌状和团块状。皮色有红褐、黑褐和紫红等颜色,肉白色,也有淡紫色,表面密生须根。

③叶 对生或轮生,三角状、卵形、至广卵形,基部戟状心形,先端锐长尖,叶柄长。叶腋发生侧枝或气生块茎名"零余子",俗称"山药蛋"。

④花、果实 单性花,雌雄异株,穗状花序,雄花序直立,雌花序下垂,花极小,白色。蒴果扁圆形,具三翅,花期 6—9 月。栽培种很少结实。

山药植株形态见图 13.4。

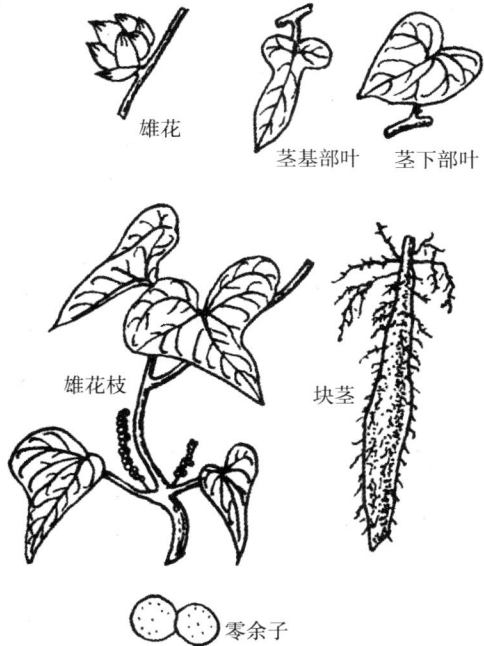
图 13.4 山药植株形态

2)生长发育周期

①发芽期 从休眠芽萌动到出苗为发芽期,需 35～40 d。

②发棵期 从幼芽出土到现蕾,或叶腋产生气生块茎为止,约需 60 d。此期以茎叶生长为主,地下部生长缓慢。

③块茎生长盛期 从现蕾到茎叶停止生长,需 60 d 左右。此期是茎叶和块茎生长主要时期,块茎干重的 85% 以上在该时期形成。

④休眠期 初霜后地上部茎叶渐枯,块茎进入休眠状态。

3)对环境条件的要求

山药茎叶喜高温、干燥,畏霜冻,最适生长温度为 25～28 ℃;块茎耐寒,在土壤冻结状态下也能露地越冬,最适生长温度为 20～24 ℃。喜光,耐阴。对土壤的适应性强,以排水性能良好,土层深厚,疏松肥沃的砂壤土为适宜。黏土栽培,块茎形态不良,须根增多。

13.3.2 类型与优良品种

①普通山药 又名家山药,茎圆形无棱翼,叶对生。按其块茎形态分为三个变种,即扁块种、圆筒种和长柱种。现在主要的栽培的品种有河南怀药、太谷山药、沛县水山药、细毛长山药、粗毛长山药、牛腿、麻山药等。

②田薯 又名大薯、柱薯,茎多角形并具棱翼,叶柄短,薯块很大,有的可达40 kg以上。依块茎形状也分为三个变种,即扁块种、圆筒种和长柱种。主要分布在南方各省,北方较少,如广东葵薯、福建雪薯等。

13.3.3 栽培方式与茬口安排

北方山药一年只能栽培一茬,一般要求土壤温度稳定在10 ℃时栽植,秋末霜降前收获。华北大部分地区在4月中、下旬种植,东北多在5月上旬种植。可单作,也可间作。春季可与速生蔬菜间作,夏季与茄果类蔬菜间作,秋季可与秋菜间套作。在同一地块上,每年隔行挖沟,可三年不重沟。为减轻病害,最好与其他作物轮作。

13.3.4 栽培技术

1)整地施肥

冬前深耕30 cm左右,利用冬闲挖沟,沟深与山药产品器官长度相当,一般0.8~1.2 m,沟距1 m左右,沟宽30 cm左右。春季随解冻分次填土,每填土30 cm踩压一次,当回填土距地面30 cm时,结合施肥进行填土,每667 m² 混入充分腐熟的有机肥5 000 kg。回填完毕后,做成宽50 cm的高畦。在黏重的土壤上可采用打洞栽培技术,按行距1 m左右,株距25~30 cm打洞,洞径8 cm,深1.2~1.4 m。

2)栽植

无性繁殖,常用以下3种繁殖材料:

①山药栽子栽植法 山药栽子又叫嘴子、龙头,即山药块茎上端有芽的一节,在收获山药时获取。要求粗壮、无分枝、无病虫,一般长17~20 cm。

当10 cm地温稳定在10 ℃时栽山药栽子,于畦中央开10 cm深沟,施少量种肥后,将栽子平放沟中。株距15 cm,最后覆土10 cm。

②山药段子栽植法 将地下块茎横切成长4~7 cm的小段,作种直播于大田。山药段子繁殖出芽较晚,应在正常播期前15~20 d切断,置温室或阳畦中催芽,发芽后按上述方法栽植。

③零余子栽植法 零余子繁殖系数高,复壮效果好。选大型零余子按1 m畦两行,株距8~10 cm栽植。第一年形成小山药,30 cm长。秋后挖取整个块茎栽植,用于更换老山药栽子。

3）田间管理

①疏苗　山药出苗后,应及早疏去弱苗,每穴保留 1~2 株健苗。

②搭架、整枝、理蔓　当芽长到 1 cm 时,将多覆的土扒开成沟,以便浇水。伸蔓后及时支架,一般用人字架,高 150~200 cm。利用茎的右旋生长特性,引蔓上架,生长前期主茎基部的侧枝妨碍通风透光,及时摘除,入伏后及时摘除零余子,使养分集中供应块茎。

③浇水　播种前浇足底水,生育前期即使稍有干旱,一般也不浇水,以促使块茎向下生长。如果过于干旱,只能浇小水。块茎膨大时期注意浇水,始终保持湿润,雨涝及时排水。每次浇水后,应及时中耕松土除草。

④施肥　出苗后穴施提苗肥,每 667 m² 施尿素 10~15 kg、过磷酸钙 20 kg;块茎和茎叶迅速生长期,结合浇水每 667 m² 施尿素 20 kg、过磷酸钙 25 kg、草木灰 50 kg。

4）收获

霜降前后,茎叶枯黄时开始收获块茎。一般在土壤冻结前,采挖完毕。收获一般从畦的一端开始,先挖出 60 cm 见方的坑,人坐于坑沿,然后用山药铲沿着山药在地面下 10 cm 处两边的侧根,铲除根侧泥土,一直铲到山药沟底见到块茎尖端。最后,用铲轻试尖端已有松动时,一手提住山药栽子的上端,一手沿块茎向上铲断其后的侧根,直到铲断山药栽子贴地层的根系。挖掘时应保持山药的完整性,一次采挖干净。

任务 13.4　芋生产技术

活动情景　芋喜温暖气候,不耐霜冻,北方地区一般一年只种植一茬,春种秋收。芋以营养器官繁殖,其产品淀粉含量高、耐贮藏、供应期长。本任务是通过资料查询、教师讲解和任务驱动等,学习芋高产优质栽培技术。

工作过程设计

工作任务	任务 13.4　芋生产技术	教学时间	
任务要求	熟悉芋的生物学特性、类型和优良品种、栽培季节和茬口安排,掌握芋高产栽培技术		
工作内容	1. 芋生物学特性 2. 类型与优良品种 3. 栽培方式与茬口安排 4. 栽培技术		
学习方法	以课堂讲授和自学完成相关理论知识的学习,以田间项目教学法和任务驱动法,使学生学会芋的栽培管理技术		
学习条件	多媒体设备、资料室、互联网、生产田、生产工具等		

续表

工作任务	任务 13.4　芋生产技术	教学时间	
工作步骤	资讯:教师由日常生活和当地芋的生产、消费情况引入任务内容,并进行相关知识点的讲解,下达工作任务 计划:学生在熟悉相关知识点的基础上,查阅资料收集信息,划分工作小组,进行工作任务构思,设计工作计划方案 决策:各小组汇报工作计划方案,师生进行问题答疑、交流讨论、审查修改、确定方案,并准备完成任务所需的工具与材料 实施:学生在教师辅导下,按照计划分步实施,进行知识学习和技能训练 检查:为保证工作任务保质保量地完成,在任务的实施过程中要进行学生自查、学生互查、教师检查指导 评估:对任务完成情况进行学生自评、小组互评和教师点评		
考核评价	课堂表现、学习态度、任务完成情况、作业报告完成情况		

工作任务单

工作任务单			
课程名称	蔬菜生产技术	学习项目	项目 13　薯芋类类蔬菜生产
工作任务	任务 13.4　芋生产技术	学时	
班　级		姓　名	工作日期
工作内容与目标	熟悉芋的生物学特性、类型和优良品种、栽培季节和茬口安排,掌握芋的高产栽培技术		
技能训练	芋的育苗技术、中耕培土技术、水肥管理技术、采收技术		
工作成果	完成工作任务、作业、报告		
考核要点 (知识、能力、素质)	熟悉芋的特性、类型和优良品种及当地栽培季节的确定 能熟练地进行芋种植管理的各项农事操作 独立思考,团结协作,创新吃苦,按时完成作业报告		
工作评价	自我评价	本人签名:　　　　　　年　　月　　日	
	小组评价	组长签名:　　　　　　年　　月　　日	
	教师评价	教师签名:　　　　　　年　　月　　日	

任务相关知识

　　芋,又名芋芃、芋头、毛芋,属天南星科多年生单子叶草本植物,作一年生植物栽培。芋富含淀粉及蛋白质,可作菜用或粮用。

13.4.1　生物学特性

1）形态特征

①根　白色肉质纤维根。着生在母芋与子芋下部节上。

②茎　茎短缩成地下球茎,是食用部分及繁殖材料,有圆、椭圆、卵圆、圆筒等多种形状。球茎上具有明显的叶痕环,节上有棕色鳞片毛,是叶鞘的残迹。球茎节上均有腋芽,部分健壮腋芽能发育成为新的球茎。

作繁殖材料的球茎称为种芋,种芋萌发后,顶芽基部首先生根,顶端不断抽生新叶,随着生长,顶芽基部形成短缩茎,逐渐膨大为球茎,称为母芋;母芋每伸长一节,地面上就长出一个叶片,当地上部光合产物丰富时,母芋中下部的腋芽会膨大而形成小的球茎,称为"子芋";在适宜条件下子芋形似母芋又形成新的小球茎,称"孙芋"。如此而曾孙芋、玄孙芋等(见图13.5)。

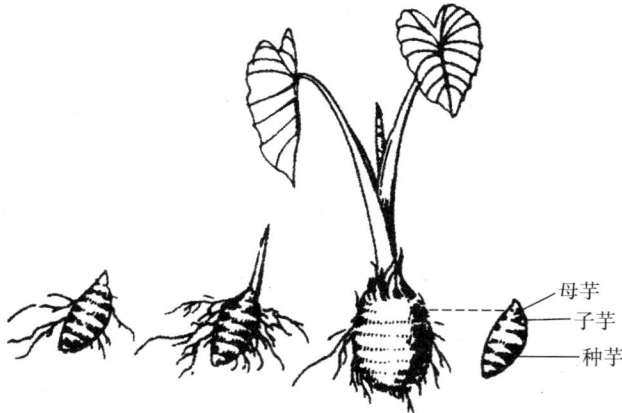

图 13.5　芋头球茎形成形态

③叶　互生,盾状卵形或略呈箭头形,先端渐尖。

④花　佛焰花序,在温带很少开花,热带和亚热带只有少数品种开花,多不结子。

2）生长发育周期

①发芽期　从播种到第一片叶展开。属自养阶段。

②幼苗期　从第一片叶展开到第四片叶展开。茎基部开始膨大,逐渐形成母芋,此期植株生长缓慢。

③球茎生长盛期　从第四片叶展开后即进入球茎旺盛生长期。叶片数迅速增加,叶面积急剧扩大,球茎迅速膨大,是形成产量的主要时期。

④休眠期　收获贮藏后,球茎处于休眠状态。

3）对环境条件的要求

①温度　喜温,生长期间要求 20 ℃以上的温度,球茎适宜的生长的温度为 27 ~ 30 ℃,13 ~ 15 ℃球茎开始发芽。

②湿度　芋原产沼泽地带,芋叶、根及叶柄组织均显示其水生植物特征,除水芋栽于水田外,旱芋也应选湿地栽培才能生长良好。

③光照　芋为短日照植物,短日照有利于球茎的膨大;对光照强度要求不严,甚至在长久荫蔽散射光下也能良好生长。

④土壤和营养　芋产品器官在地下形成,适宜的土壤条件是土层深厚、质地疏松、排水良好、富含有机质的壤土或黏土,pH5.5~7.0为宜。芋对钾肥要求较高,钾可加强光合作用强度,增加淀粉含量。

13.4.2　类型与优良品种

根据栽培所需的环境不同可分为旱芋和水芋两类。根据球茎生长习性和生长发育特性等可分为多子芋、魁芋和多头芋三种。

①魁芋　植株高大,以食用母芋为主,子芋少而小,母芋重可达1.5~2.0 kg,品质优于子芋,我国南方较多;如福建竹芋、台湾面芋、福建白芋、广西荔浦芋等。

②多子芋　子芋大而多,无柄,易分离,品质优于母芋,质地一般为黏质,如山东莱阳毛芋头等。

③多头芋　植株低矮,分蘖丛生,母芋、子芋、孙芋无明显差别,互相密接重叠,球茎质地介于粉质与黏质之间,如广州狗爪芋、四川莲花芋等。

13.4.3　栽培方式与茬口安排

芋不耐霜冻,播种期以出苗后不受霜冻的前提下尽量早种,植株进入高温季节前已达到旺盛期。北方各地一般一年只种植一茬,春种秋收,春季5 cm地温稳定在12 ℃时为适宜播种期,终霜过后开始种植,秋季10 cm地温降至12 ℃,多在霜降前后收获。

芋忌连作,连作一般减产20%~30%,且腐烂严重,应实行3年以上的轮作。

13.4.4　栽培技术

1)整地施肥

芋头根系分布较深,直播或育苗栽植地块应秋耕晒垡,使土壤疏松,结合整地,每667 m² 施入充分腐熟的有机肥4 000~5 000 kg。

2)种芋选择

选择顶芽饱满、球茎充实、形状整齐,单重25~50 g及以上的芋作种芋。播前要晒种2~3 d,使芋失水,以增强酶活性及呼吸强度,打破休眠。

3)育苗

芋生长期长,催芽育苗可以延长生长季节,提高产量。早春提前20~30 d在冷床育苗,床温保持 20~25 ℃和适宜湿度,当种芽长 4~5 cm,露地无霜冻时,及早栽植。

4)定植

芋较耐阴,应适当密植。为便于培土,一般采用大垄双行栽培。大行距 70 cm 左右,小行距 25 cm,株距 45 cm 左右,每 667 m²3 000 株左右。芋宜深栽,覆土深度以种芋距垄顶 10 cm、微露顶芽为宜,过钱影响发根。

5)田间管理

①浇水　出苗前一般不浇水,否则地温降低,土壤板结,不利于发根、出苗。幼苗期气温较低,生长量小,维持土壤湿润即可,防止积水,以免影响根系生长。中、后期生长旺盛及球茎形成时需充足水分,应及时灌溉。

②追肥　追肥原则是苗期轻施或不追肥,在子芋和孙芋生长旺盛时期大量追肥,最后一次追肥应施长效肥并配合钾肥。

③中耕　出苗前后应多次中耕、除草,疏松土层,增加地温,促进生根、发苗,发现缺苗时及时补苗。

④培土　培土目的是促进顶芽抽生,促进子、孙芋膨大,并增加侧根生长,增进吸收及抗旱能力,并调节温、湿度。一般在 6 月份地上部迅速生长,母芋迅速膨大,子、孙芋形成时培土,以后每 20 d 进行 1 次,厚约 7 cm,共培土 2~3 次。

6)采收

霜降前后叶变枯黄是球茎成熟象征。收获前不应浇水,采收前几天割去叶片,伤口愈合后选晴天挖掘,收获时切勿造成机械损伤,收获后去除残叶,不要摘下子芋,晾晒 1~2 d,选择高燥温暖处窖藏或在壕沟内用土层积堆藏,顶层盖 35 cm 厚土层,使堆内温度稳定在 10~15 ℃,不受冻害,也不能高于 25 ℃,否则会引起烂堆。

任务 13.5　薯芋类蔬菜主要病虫害识别与防治技术

活动情景　薯芋类蔬菜病虫害往往对生产造成严重影响,科学防治病虫害是薯芋类蔬菜生产中的一项重要任务。本任务是结合《植物保护》有关知识,通过资料查询、教师讲解和任务驱动等,正确识别薯芋类蔬菜主要病虫害,并掌握主要病虫害的防治方法。

任务相关知识

13.5.1　主要病害识别与防治

1)马铃薯环腐病

①症状识别　环腐病是一种细菌性维管束病害,表现为叶片萎蔫,逐渐黄化凋萎,甚至

枯死,但不脱落;病薯纵切后可见维管束呈黄色或黄褐色,严重的连成一圈,用手挤压,有乳白色或黄白色细菌溢出,无气味。

②防治方法　带菌种薯是初侵染的主要来源,病菌从伤口侵入。因此要选用抗病品种,挑选无病种薯;整薯催芽;切刀用0.2%升汞液或5%石炭酸液消毒;播种前每100 kg种薯用75%敌克松可溶性粉剂280 g加适量干细土拌种,或用36%甲基托布津悬浮剂800倍液浸种薯,或用50%托布津可湿性粉剂500倍液浸种薯,均有一定防治效果。

2)马铃薯晚疫病

①症状识别　真菌性病害,又称马铃薯瘟。初期在叶尖和叶缘产生水浸状黄褐色斑点,逐渐扩大并变为深褐色,雨后或有露水时,叶背病斑出现一层白霜状霉层,病斑外围退绿,无明显界限,最后叶片腐烂。块茎发病时,表面有淡褐色、凹陷的不规则病斑,内部变褐,干燥时病部干硬,潮湿时变软、腐烂,有臭味。

②防治方法　种植抗病品种;精选无病种薯;起垄种植,注意雨后排水;有发病提早割蔓,两周后收获;药剂防治:开花前后加强田间检查,发现中心病株后,立即拔除,撒上石灰,对病株周围的植株用1:1:100～200波尔多液喷雾封锁,隔10 d再喷1次;也可用25%瑞毒霉可湿性粉剂1 000～1 500倍液,或65%代森锌可湿性粉剂500倍液,或50%敌菌灵可湿性粉剂500倍液,或40%乙磷铝可湿性粉剂300涪液,或75%百菌清可湿性粉剂600～800倍液喷雾。

3)姜腐烂病

①症状识别　细菌性病害,又称姜瘟。多从近地面处发病,发病初,叶片卷缩、下垂而无光泽,而后由下至上变枯黄色,病株基部初呈暗紫色,后变水渍状褐色,继而根茎变软腐烂,有白色发臭黏液,最后地上部凋萎枯死。

②防治方法　姜瘟是土传病害,生产中要实行2年以上的轮作;挑选无病种姜;拔除病株,挖出带菌土壤,并施石灰;药剂防治:发病前期,可用20%叶枯宁1 300倍液或50%代森铵1 000倍液喷洒植株中下部或浇根,每隔7 d1次,连续3～4次;发病中期继续进行药剂防治,用农用链霉素5 000倍液或50%多丰农可湿性粉剂600倍液喷雾或浇根,每隔8～10 d 1次,连续2～3次。

4)山药炭疽病

①症状识别　真菌性病害。叶片或茎蔓染病,初生褐色凹陷的斑点,后变为黑褐色,扩大后病斑中央褐色,斑面散生黑色小点;严重时叶片早落,茎蔓枯死,植株死亡;病斑在空气潮湿时常产生淡红色黏稠物质。

②防治方法　选用耐病品种,实行2年以上的轮作;加强田间管理,适当增施磷钾肥,增强植株抗病性;播种前将山药种切块,用40%福尔马林80倍液浸种20 min,或用50%多菌灵可湿性粉剂500倍液浸种30 min,置阴凉处晾干后播种;出苗后喷洒1:1:50的波尔多液预防,每10 d1次连喷2～3次;发病后用25%使百克乳油1 300倍液,或58%甲霜灵锰锌500倍液,或25%雷多米尔可湿性粉剂800～1 000倍液喷雾,间隔7～10 d,连用2～3次,施药后4 h内遇雨需补喷。

5)山药根结线虫病

①症状识别 地上部表现叶色淡、生长弱,地下块茎表皮产生大小不等的近似馒头形的瘤状物,瘤状物重叠形成更大的瘤状物;除表皮变深褐色,内部组织变成深褐色腐烂,似朽木。

②防治方法 种子处理:对留种用的山药栽子或山药段,伤口处(即截面)要立即用石灰粉沾一下,起到消毒灭菌的作用,接着将山药种在太阳光下晾晒,促进伤口愈合,增强种薯的抗病性;化学防治:在种植之前,每667 m² 用3%的米乐尔颗粒剂3～5 kg,撒施于种植行土表后,用抓勾搂一下,深度10 cm左右,与土壤掺匀;生物防治:主要是利用生物农药,定植前每667 m² 用1.8%北农爱福丁乳油450～500 mL,拌20～25 kg细砂土,均匀撒施地表,然后深耕10 cm,防效可达90%以上,持效期60 d左右。

6)芋头疫病

①症状识别 叶片初生黄褐色圆形斑,逐渐扩大融合成圆形或不规则形轮纹斑,斑边缘围有暗绿色水渍状环带,病斑多自中央腐败成裂孔;叶柄产生大小不等的黑褐色不规则病斑;地下球茎变褐并腐烂。

②防治方法 种植抗病品种;实行水旱轮作;选用无病芋种,种植前进行种苗消毒;清洁田园,增施磷钾肥,避免偏施氮肥;发病初期可用64%杀毒矾500倍、50%丁子酚霜脲氰1 000倍、65%烯酰吗啉阿米西达600倍、98%烯酰吗啉1 500倍或58%甲霜灵锰锌500倍液喷雾,每隔5～7 d防治1次,连续防治2～3次;药剂应注意轮换使用或者两种配合使用,以提高药效。

13.5.2 主要虫害识别与防治

1)马铃薯块茎蛾

①危害症状 幼虫危害马铃薯叶片时,专食叶肉,留下叶片上下表皮,呈半透明状;危害块茎时在块茎内食成隧道;成虫夜出,有趋光性,在茎、叶背和块茎上产卵。

②防治方法 发生初期可喷洒10%赛波凯乳油2 000倍液或0.12%天力 E 号可湿性粉剂1 000～1 500倍液。

2)茶黄螨

①危害症状 喜食马铃薯嫩叶,中上部叶片受害较重,叶片受害后变厚、变小、变硬,叶反面茶锈色,油渍状,叶缘向背面卷曲,嫩茎呈锈色,梢颈端枯死,花蕾畸形。

②防治方法 发生初期可用15%哒螨酮乳油3 000倍液,或5%唑螨酯悬浮剂3 000倍液,或10%除尽乳油3 000倍液,或1.8%阿维菌素乳油4 000倍液,或20%灭扫利乳油1 500倍液,或20%三唑锡悬浮剂2 000倍等药剂喷雾。

项目小结)))

薯芋类蔬菜是以淀粉含量比较高的地下变态器官供食用的蔬菜。薯芋类蔬菜都是无性繁殖作物,繁殖系数低,发芽时间长,用种量比较大;春季播种前应先对播种材料作催芽、切块等处理;由于产品器官形成于地下,土壤湿度、温度、肥沃程度和透气性对产品的产量和质量有很大影响,要求土质疏松肥沃,土层深厚和通气良好;生产上宜采取深耕,施足基肥,有时还需垄作或高畦栽培,栽培过程中需多次培土;增施磷钾肥可提高薯芋类蔬菜的产量和品质。

复习思考题)))

1. 马铃薯种薯播种前需进行哪些处理?
2. 姜块是怎样形成的?
3. 种姜播前有哪些处理方法?
4. 试述栽培山药的三种繁殖方法。
5. 芋田间管理的技术关键是什么?

实训指导

实训 薯芋类蔬菜植株形态与产品器官特征观察

1)材料用具

马铃薯、姜、山药的成熟植株及产品器官或标本、挂图。

2)方法步骤

①观察马铃薯地上植株及地下块茎的着生情况、每株地下茎节上的匍匐茎数量和长度以及块茎的形状、大小、皮色、肉色、芽眼深浅及分布情况。

②观察姜地上植株及地下种姜、姜母、子姜、孙姜的着生部位、个数、大小等。

③观察山药地上植株及地下块茎的形状、大小等。

3)作业要求

绘出所观察的马铃薯、姜、山药的产品器官形态图。

葱蒜类蔬菜生产

项目描述 葱蒜类蔬菜主要包括大蒜、韭菜、大葱、洋葱等,因具有特殊的辛辣气味和形成鳞茎的特点,又称辛辣类蔬菜或鳞茎类蔬菜。葱蒜类蔬菜产品含有丰富的糖类、蛋白质、维生素、矿物质及独特的辛辣物质,既开胃消食、增进食欲,又是一种抗菌保健食品,是深受人民喜爱的一类蔬菜和厨房中不可缺少的调味品蔬菜,在蔬菜周年均衡供应上起着重要作用。本项目主要学习葱蒜类蔬菜播前处理、播种、肥水管理和产品采收等生产技术。

学习目标 熟悉葱蒜类蔬菜的生物学特性、类型与优良品种、栽培方式和茬口安排,掌握主要葱蒜类蔬菜的高产栽培技术以及主要病虫害的识别与防治方法。

技能目标 学会葱蒜类蔬菜播前处理技术、播种技术、肥水管理技术和产品收获技术等。

📖 项目任务

专业领域:园艺技术　　　　　　　　　　　　　　　　　　学习领域:蔬菜生产

项目名称	项目14　葱蒜类蔬菜生产
工作任务	任务14.1　大蒜生产技术
	任务14.2　韭菜生产技术
	任务14.3　大葱生产技术
	任务14.4　洋葱生产技术
	任务14.5　葱蒜类蔬菜主要病虫害识别与防治技术
项目任务要求	掌握主要葱蒜类蔬菜高产栽培技术

任务 14.1　大蒜生产技术

活动情景 大蒜以蒜头、幼苗、蒜薹和蒜黄为产品,富含大蒜素,有很强的杀菌、抗菌作用,北方各地栽培普遍。生产中以营养器官繁殖,播种前应注意种蒜的选择和处理,根据北方地区气候条件的不同,各地可进行春播或秋播。本任务是通过资料查询、教师讲解和任务驱动等,学习大蒜不同产品的高产优质栽培技术。

工作过程设计

工作任务	任务 14.1　大蒜生产技术		教学时间	
任务要求	熟悉大蒜的生物学特性、类型和优良品种、栽培季节和茬口安排,掌握大蒜不同产品的高产栽培技术			
工作内容	1. 大蒜生物学特性 2. 类型与优良品种 3. 栽培方式与茬口安排 4. 栽培技术			
学习方法	以课堂讲授和自学完成相关理论知识的学习,以田间项目教学法和任务驱动法,使学生学会大蒜栽培管理技术			
学习条件	多媒体设备、资料室、互联网、生产田、生产工具等			
工作步骤	资讯:教师由日常生活和当地大蒜生产、消费情况引入任务内容,并进行相关知识点的讲解,下达工作任务 　计划:学生在熟悉相关知识点的基础上,查阅资料收集信息,划分工作小组,进行工作任务构思,设计工作计划方案 　决策:各小组汇报工作计划方案,师生进行问题答疑、交流讨论、审查修改、确定方案,并准备完成任务所需的工具与材料 　实施:学生在教师辅导下,按照计划分步实施,进行知识学习和技能训练 　检查:为保证工作任务保质保量地完成,在任务的实施过程中要进行学生自查、学生互查、教师检查指导 　评估:对任务完成情况进行学生自评、小组互评和教师点评			
考核评价	课堂表现、学习态度、任务完成情况、作业报告完成情况			

工作任务单

工作任务单				
课程名称	蔬菜生产技术	学习项目	项目 14　葱蒜类蔬菜生产	
工作任务	任务 14.1　大蒜生产技术	学时		
班　级		姓　名		工作日期
工作内容 与目标	熟悉大蒜的生物学特性、类型和优良品种、栽培季节和茬口安排,掌握大蒜不同产品的高产栽培技术			
技能训练	大蒜播前处理技术、播种技术、水肥管理技术、不同产品采收技术			
工作成果	完成工作任务、作业、报告			

续表

工作任务单					
考核要点(知识、能力、素质)	熟悉大蒜的特性、类型和优良品种及当地主要栽培方式 能熟练地进行大蒜种植管理的各项农事操作 独立思考,团结协作,创新吃苦,按时完成作业报告				
工作评价	自我评价	本人签名:	年	月	日
	小组评价	组长签名:	年	月	日
	教师评价	教师签名:	年	月	日

任务相关知识

　　大蒜别名胡蒜,百合科一、二年生蔬菜。蒜头、蒜薹、蒜黄、嫩叶(青蒜或称蒜苗)均可成为食用产品。

14.1.1　生物学特性

1)形态特征(见图14.1)

　　①根　弦线状须根系,着生于短缩茎基部,属浅根性作物,主要根群分布于5~25 cm的土层内,横展直径约30 cm,根毛极少,吸收力弱,具有喜湿、耐肥、怕旱的特点。

　　②茎　营养生长期茎短缩呈不规则盘状,称为茎盘,其上部长叶和芽的原始体。生殖生长期顶芽分化为花芽,以后抽生成花薹即蒜薹。同时内部叶鞘的基部开始形成侧芽,逐渐发育成鳞芽。

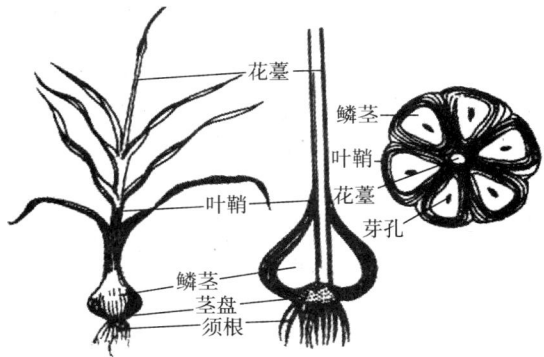

图14.1　大蒜各器官形态图

　　③叶　叶由叶片及叶鞘组成。叶片扁平披针形,叶表有蜡粉,较耐旱。叶鞘圆筒状,环绕茎盘而生,多层叶鞘套合着生于短缩茎盘上,形成假茎,叶数越多,假茎越粗。

　　④鳞茎　即蒜头,包括鳞芽、叶鞘和短缩茎三部分,是鳞芽的集合体,是大蒜的产品器官,也是繁殖器官。

2)生长发育周期

　　从蒜瓣播种到形成新的蒜瓣、休眠,而完成生育周期。春播大蒜当年完成生育周期,生育期短,为90~110 d,秋播大蒜二年内完成生育周期,生育期长达220~250 d。整个生育周期可分为萌芽期、幼苗期、花芽及鳞芽分化期、蒜薹伸长期、鳞茎膨大期和生理休眠期。

　　①萌芽期　从播种到初生叶展开,一般需10~15 d。萌芽期根、叶的生长依靠种瓣供

给营养。

②幼苗期 从初生叶展开到花芽和鳞芽开始分化。秋播需 5 ~ 6 个月,春播 25 ~ 30 d。此期根系增长速度达到高峰,新叶分化完成,植株由异养生长逐渐过渡到自养生长,幼苗后期种瓣内养分逐渐消耗殆尽,开始干瘪,生产上称"退母"或"烂母"。

③花芽和鳞芽分化期 从花芽和鳞芽开始分化到分化结束,约需 10 ~ 15 d。一般花芽分化早于鳞芽分化。此期植株的生长点形成花原基,同时在内层叶腋处形成鳞芽。

④蒜薹伸长期 从花芽分化结束到蒜薹采收,约需 30 d。此期分化的叶已全部长成,叶面积、株高达到最大值,鳞芽缓慢生长,是大蒜植株旺盛生长时期,鳞芽的膨大前期,是水肥管理的重要时期。

⑤鳞茎膨大期 从鳞芽分化结束到鳞茎采收,需 50 ~ 60 d。其中鳞芽膨大前期与蒜薹伸长期重叠。采薹前鳞芽膨大生长缓慢,蒜薹采收后,顶端优势被解除,鳞芽得到充足的养分而迅速膨大,进入鳞芽膨大盛期。鳞芽膨大盛期叶片不再增长;鳞芽膨大后期,随着叶片、叶鞘种的营养物质向鳞芽中转移,地上部逐渐枯黄变软,外层鳞片则干缩呈膜状。

⑥休眠期 鳞茎成熟后即进入生理休眠。一般早熟品种休眠期 65 ~ 75 d,晚熟品种 35 ~ 45 d。

3)对环境条件的要求

①温度 大蒜是喜冷凉气候的耐寒性蔬菜。通过休眠后的种瓣,在 3 ~ 5 ℃便可萌芽,12 ℃以上发芽迅速加快,16 ~ 20 ℃为发芽适温;幼苗生长适宜温度为 12 ~ 16 ℃,可耐短时间 -10 ℃低温;蒜薹伸长和鳞茎膨大期的适宜温度为 15 ~ 20 ℃,低于 10 ℃生长缓慢,超过 26 ℃叶子发黄,鳞茎停止发育进入休眠期。大蒜属绿体春化型,一般幼苗期,如遇 0 ~ 4 ℃的低温,经过 30 ~ 40 d 即通过春化阶段。

②光照 大蒜抽薹和鳞茎的形成都需要长日照的诱导,长光照的临界长度则因品种而异。大蒜低纬度类型,对低温要求低,短日照下(8 ~ 10 h)也能随着温度的升高而形成鳞茎,早熟;高纬度类型,要求在一定时间的低温(5 ℃下 3 个月)和长日照(大于 14 h)才能形成鳞茎,中晚熟。因此,大蒜应注意不同纬度间相互引种时鳞茎的形成对光周期的要求。光照时数不足,则只长蒜叶而不能抽薹和形成鳞茎。

③水分 大蒜叶片属耐旱生态型,但根系浅吸收水分能力弱,因而喜湿怕旱,对土壤水分要求较高。萌发期要求土壤湿度较高,以利于发根萌芽;幼苗前期土壤湿度不宜过大,防止种瓣湿烂;退母期要提高土壤湿度,防止土壤过干,促进植株生长,减少"黄尖";蒜薹伸长期和鳞茎膨大期是大蒜生长旺盛期,是大蒜需水最多的阶段,要经常保持土壤湿润;在鳞茎接近采收时,应控制浇水,降低土壤湿度,以促进鳞茎成熟和提高耐藏性,以免湿度过大,使叶鞘基部腐烂散瓣,蒜皮变黑,从而降低品质。

④土壤与营养 大蒜对土壤适应性广,但根系弱小,以土层深厚、疏松、排水良好、微酸性、富含腐殖质的壤土为宜,pH 5.5 ~ 6.0。大蒜吸收氮最多,其次是钾、磷。

4)品种退化及复壮

大蒜品种退化表现为生长减弱,植株矮小,叶色变淡,鳞茎变小,小蒜瓣和独头蒜增多,产量逐年下降。长期无性繁殖是品种退化的内因,不良气候条件和栽培技术是外因,另外选种不严格、营养不良及高温干旱和强光诱发病毒病等均可导致品种退化。

复壮方法:采取异地换种、用气生鳞茎繁殖、严格选种、用脱毒蒜种、改良栽培条件、适当稀植、加强水肥管理等综合技术措施,均有复壮品种的效果。

14.1.2 类型与优良品种

大蒜品种繁多,按鳞茎大小可分为大瓣蒜和小瓣蒜;按对低温或长日照的感受性不同可分为低纬度类型和高纬度类型;按鳞茎外皮色泽的不同分为白皮蒜和紫皮蒜。

①白皮蒜类型 鳞茎外皮白色,生长势较强,生育期较长,耐寒性较好,耐贮藏,具有味辣、香浓、味足的特点。

②紫皮蒜类型 鳞茎外皮浅红色或深紫色,大多属早熟,辛辣味浓,品质好,蒜头大小不一,蒜瓣数因品种不同差异很大,一般每头4～10瓣,多者达20瓣以上。

主要栽培品种有紫家坡紫皮蒜、阿成大蒜、开原大蒜、北京紫皮蒜、河北定县紫皮蒜、天津宝坻六瓣红、嘉定白蒜、苍山大蒜、徐州白蒜、白皮马芽蒜、安丘大蒜和川西大蒜等。

14.1.3 栽培方式与茬口安排

1)栽培方式

大蒜以露地生产为主。北纬38°以北地区,冬季严寒,幼苗露地越冬困难,宜春播;北纬38°以南地区,以秋播为主。春播宜早,一般日平均温达3～6℃,土壤表层解冻,即可播种。秋播地区,适宜播种的日均温为20～22℃,应使幼苗在越冬前长有4～5片叶,以利幼苗安全越冬。华北地区播种期一般在9月中下旬,过早,植株易衰老,产量下降;过迟,蒜苗生长期短,冬前幼苗小,抗寒力弱,不能安全越冬,影响蒜头产量。

2)茬口安排

大蒜忌与葱、韭菜等百合科作物连作,应与非葱蒜类蔬菜轮作3～4年。春播大蒜多以白菜、秋番茄和黄瓜等蔬菜为前茬,冬季休闲后播种。秋播大蒜,以豆类、瓜类、茄果类、马铃薯、玉米和水稻等作物为前茬。

14.1.4 栽培技术

1)蒜薹和蒜头栽培技术

(1)整地施肥

秋播地一般耕深15～20 cm,结合耕地每667 m² 施腐熟有机肥5 000 kg左右,过磷酸钙50 kg(或复合肥50 kg),耙平作畦,常做成低畦,畦宽1.3～1.7 m,畦长以能均匀灌水为度。地膜覆盖栽培多采用小高畦,一般畦高10～15 cm,宽70 cm,沟宽20 cm。整地作畦时,地表面一定要土细平整、松软,不能有大土块和坑洼。

（2）选种及种瓣处理

应选择蒜头圆整、蒜瓣肥大、色泽洁白，顶芽肥壮，无病斑，无伤口的蒜瓣作种蒜。选瓣时应按大（5 g 以上）、中（4 g）、小（3 g 以下）分级，分畦播种，选用大、中瓣作为蒜薹和蒜头的播种材料，过小的不用。选瓣时去除蒜蹄（即干缩茎盘）。

播种前一天，将种瓣放入 40 ℃温水中浸泡 1 d，期间换水 2～3 次，可提前出苗；也可用 50% 多菌灵可湿性粉剂或 25% 多菌灵水剂 500 倍液，将种瓣浸泡 1 d 后，晾干表面水分后立即播种，100 kg 药液可浸种 100 kg。药剂浸种可有效抑制蒜衣内外部病菌的滋生和蔓延，减少烂瓣，提高出苗率。

（3）播种

播种方法有两种：一种是插种，即将种瓣插入土中，播后覆土，踏实；一种是开沟播种，即用锄头开一浅沟，播后覆土厚度 2 cm 左右，用脚轻度踏实，浇透水。

播种密度与品种、种瓣大小、播期、土壤肥力、栽培方式等有关。一般行距 15～25 cm，株距 8～12 cm。每 667 m^2 3 万～4 万株，用种量 100～150 kg。

大蒜播种深浅与生长发育、蒜头产量有密切关系，一般以顶芽埋入土中 2～3 cm 为宜。过深，出苗迟，假茎过长，蒜头形成受到土壤挤压难于膨大；播种过浅，出苗时容易"跳瓣"，幼苗期容易根际缺水，根系发育差，越冬时易受冻死亡，而且蒜头容易露出地面，受到阳光照射，蒜皮容易粗糙，组织变硬，颜色变绿，降低蒜头的品质。

（4）田间管理

大蒜播种后的田间管理，要以不同生育期而定。

①萌芽期 春播大蒜，若土壤湿润，一般不浇水，以免降低地温和土壤板结，影响出苗。秋播大蒜若墒情不好，播后可浇 1 水，土壤板结前再浇一小水促出苗，然后中耕疏松表土。

②幼苗期 春播大蒜出苗后要少灌水，以中耕、保墒提高地温为主，一般于"退母"前开始灌水追肥。秋播大蒜出苗后冬前控水，以中耕为主，促进扎根。2～3 片叶时结合浇水每 667 m^2 施尿素 15 kg 左右。封冻前适时浇越冬水，每 667 m^2 可施畜杂肥 2 000 kg 左右，然后中耕，寒冷地区还可盖草防冻，保证幼苗安全越冬。立春后，当气温稳定在 1～2 ℃以上时及时清除覆草，浇返青水并追返青肥，每 667 m^2 施尿素 10 kg 或复合肥 20 kg。浇水后及时中耕保墒。

③蒜薹伸长期 是水肥管理的主要时期，应保持土壤湿润，当"露苞"时结合灌水追肥 1 次，每 667 m^2 施复合肥 15～20 kg，促薹、促芽、催秧，使假茎上下粗度一致，采薹前 3～4 d 停止浇水，以免脆嫩断薹。

④鳞茎膨大期 采薹后要及时浇水追肥，延长叶、根寿命，防止植株早衰，促进鳞茎充分膨大，每 667 m^2 施尿素 15 kg 左右，以后小水勤浇，保持土壤湿润，收蒜头前 1 周停水，以防湿度过大造成散瓣，同时有利于起蒜，提高蒜头的耐贮性。

（5）收获

①收蒜薹 一般蒜薹开始甩弯时，是收获的适宜时期，从甩尾到采薹约 15～20 d，最迟应在总苞变白时采收。采薹过早，产量低，易断，商品性差；采薹过晚，影响蒜头生长，且蒜薹老化，纤维增多。采薹宜在晴天的中午或下午进行，不易折断，可减少伤叶。采薹方法有

提薹、夹薹和划破叶鞘取薹等方法。

②收蒜头　蒜薹采收后 20 ~ 30 d,当上部叶片退色成灰绿色,叶尖干枯下垂,假茎处于柔软状态,为蒜头收获适期。收藏早,蒜头嫩而水分多,叶中养分尚未完全转移到鳞芽,组织不充实,不饱满,贮藏后易干瘪;收藏过晚,蒜头容易散头,拔蒜时蒜瓣易散落,失去商品价值。收蒜时,用蒜叉挖松蒜头周围的土壤,将蒜头提起抖净泥土后就地晾晒,后一排的蒜叶搭在前一排的头上,只晒秧,不晒头,忌阳光直射蒜头,防止蒜头灼伤或变绿。经常翻动 2 ~ 3 d 后,当假茎变软后编成蒜辫在通分、遮雨的凉棚中挂藏。

2)蒜黄栽培技术

（1）品种选择

选用蒜瓣多,大瓣的品种,发芽快,生长粗壮,产量高。选种时剔除冻、烂、伤、弱的蒜瓣,再将蒜头在清水中浸泡一昼夜,然后剔除茎盘。

（2）囤蒜

蒜黄主要在冬春低温季节栽培,凡是有一定温度条件的场所均可进行,可选择日光温室或改良阳畦,将地翻耕耙平后作成 1 ~ 1.5 m 宽的低畦,浇透底水,把蒜头挨紧排入,空隙处用散瓣填满,每平方米可囤蒜 10 ~ 20 kg。

（3）管理

①遮阴　蒜芽大部分出土时,可覆盖 2 cm 的细沙,栽培床上盖苇帘或草苫子遮光,亦可盖黑色塑料薄膜遮光,以软化蒜叶,保证蒜黄的质量。

②温度管理　萌芽前,白天保持 25 ~ 28 ℃,夜温不能低于 16 ~ 18 ℃;出苗后至苗高 10 cm 时,为使苗粗壮,白天可降低温度至 18 ~ 22 ℃,夜温 16 ~ 18 ℃;苗高 20 ~ 25 cm 时,通风量还应加大。白天保持 18 ~ 20 ℃,夜温 14 ~ 16 ℃,以促进蒜苗粗壮,高产,改善品质。收获前 4 ~ 5 d,尽量加大通风,白天保持 10 ~ 15 ℃,夜间 10 ~ 15 ℃,防止秧苗徒长倒伏。

③水分管理　蒜黄栽培中,第一水应充足,一定要淹没蒜瓣。以后每 2 ~ 4 d 浇 1 次水,保持栽培床经常湿润。收割前 2 ~ 3 d 应浇水,以保持蒜苗细嫩。

④通风　栽培床内有时积聚大量二氧化碳或保护地加温时放出一氧化碳等有害气体。在中午温度高时,应放风换气。出于保温需要,一般不必过多地通风。

（4）采收

蒜黄高 25 ~ 30 cm 时,即可收割。从播种至收获约 20 ~ 25 d。收割时刀要快,留茬 1 cm 高。割后 2 ~ 3 d 后浇水,促进第二茬生长,约过 25 d 后可收第二刀,20 d 收第三刀时连瓣拔起。一般每千克干蒜可生产蒜黄 1.3 ~ 1.8 kg。

任务 14.2　韭菜生产技术

活动情景　韭菜以嫩叶、花茎、花蕾和嫩果为产品,气味芳香,富含营养,深受人们喜爱,其适应性强而耐寒,可进行露地栽培或设施栽培。生产中以分根繁殖或种子繁殖,北方地区春、夏、秋三季可露地生产青韭,晚秋、冬季和早春季节可进行设施栽培。本任务是通过资料查询、教师讲解和任务驱动等,学习韭菜不同产品的高产优质栽培技术。

工作过程设计

工作任务	任务 14.2　韭菜生产技术		教学时间	
任务要求	熟悉韭菜的生物学特性、类型和优良品种、栽培季节和茬口安排,掌握韭菜不同产品的高产栽培技术			
工作内容	1. 韭菜生物学特性 2. 类型与优良品种 3. 栽培方式与茬口安排 4. 栽培技术			
学习方法	以课堂讲授和自学完成相关理论知识的学习,以田间项目教学法和任务驱动法,使学生学会韭菜栽培管理技术			
学习条件	多媒体设备、资料室、互联网、生产田、生产工具等			
工作步骤	资讯:教师由日常生活和当地韭菜生产、消费情况引入任务内容,并进行相关知识点的讲解,下达工作任务 计划:学生在熟悉相关知识点的基础上,查阅资料收集信息,划分工作小组,进行工作任务构思,设计工作计划方案 决策:各小组汇报工作计划方案,师生进行问题答疑、交流讨论、审查修改、确定方案,并准备完成任务所需的工具与材料 实施:学生在教师辅导下,按照计划分步实施,进行知识学习和技能训练 检查:为保证工作任务保质保量地完成,在任务的实施过程中要进行学生自查、学生互查、教师检查指导 评估:对任务完成情况进行学生自评、小组互评和教师点评			
考核评价	课堂表现、学习态度、任务完成情况、作业报告完成情况			

工作任务单

工作任务单				
课程名称	蔬菜生产技术	学习项目	项目 14　葱蒜类蔬菜生产	
工作任务	任务 14.2　韭菜生产技术	学时		
班　级		姓　名	工作日期	
工作内容与目标	熟悉韭菜的生物学特性、类型和优良品种、栽培季节和茬口安排,掌握韭菜不同产品的高产栽培技术			
技能训练	韭菜种子处理技术、播种技术、育苗技术、水肥管理技术、不同产品采收技术			
工作成果	完成工作任务、作业、报告			

续表

工作任务单	
考核要点(知识、能力、素质)	熟悉韭菜的特性、类型和优良品种及当地主要栽培方式 能熟练地进行韭菜种植管理的各项农事操作 独立思考,团结协作,创新吃苦,按时完成作业报告

工作评价	自我评价	本人签名:	年 月 日
	小组评价	组长签名:	年 月 日
	教师评价	教师签名:	年 月 日

📚 任务相关知识

韭菜,又名起阳草,百合科多年生宿根蔬菜。原产我国,以嫩叶和柔嫩的花茎为主要食用器官,南北各地均有栽培。

14.2.1 生物学特性

1)形态特征

①根 弦线状须根系,主要分布在 10～30 cm 的耕层内,除吸收机能外,还有贮藏功能。随着株龄的增加,植株不断分蘖,新根不断增生,老根则逐渐枯死,使新老根系不断更替,生根的位置在根茎上也逐年上移,谓之"跳根"(见图 14.2)。生产上需不断培土或盖土

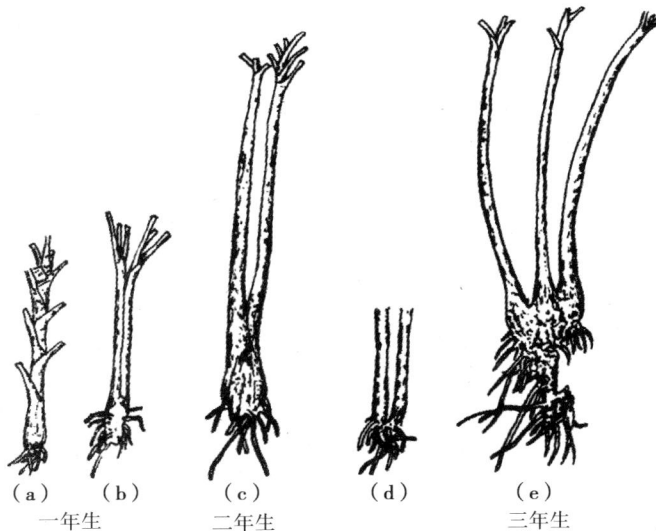

| (a) | (b) | (c) | (d) | (e) |
一年生　　　二年生　　　三年生

图 14.2　韭菜的分蘖与跳根

(a)分蘖已形成,但被包在封闭的叶鞘中　(b)分蘖的生长状态　(c)鳞茎下部呈纤维状的鳞片

(d)剥去纤维鳞片,鳞茎盘上有明显着生痕迹和刚生出来的幼根　(e)分枝的幼根

肥,防止根茎裸露,使其正常生长。根的寿命长,为 1 ~ 2 年。

②茎 分为营养茎和花茎两种。1 ~ 2 年生韭菜的营养茎为短缩的茎盘,随着株龄的增长,营养茎不断向上生长,由逐次发生的分蘖和茎盘连接成杈状分枝,称根状茎。叶鞘基部的假茎膨大呈葫芦状鳞茎,是贮藏养分的器官。植株通过春化进入生殖生长后,鳞茎的顶芽分化为花芽,在长日照下,抽生花茎,称为韭薹,嫩茎可食用。

③叶 由叶片及叶鞘组成,叶片扁平带状,叶面覆有蜡粉,较耐旱。叶鞘闭合形成筒状假茎。叶的分生带在叶鞘基部,收割后可继续生长。

④花 伞形花序,每花序有花 20 ~ 30 朵,白色或粉红色,虫媒花。幼嫩花薹和花可食用。二年生以上的韭株多于大暑至立秋抽薹,立秋至处暑开花。

⑤果实与种子 果实为蒴果,成熟时,种子便崩裂出来。种子黑色,表皮布满细密皱纹,千粒重约 4 g,寿命短,生产上宜选用当年新籽。

2)生长发育周期

生长发育周期可分为营养生长和生殖生长两个阶段。一年生韭菜一般只进行营养生长;二年生以上的韭菜,营养生长和生殖生长交替进行。

(1)营养生长时期

从播种到花芽分化为营养生长期。可分为:

①发芽期 从种子萌动到第一片真叶显露,历时 10 ~ 20 d。

②幼苗期 从一片真叶出土到苗高 20 cm 左右,具有 5 ~ 6 片真叶定植为幼苗期。此期地上部生长缓慢,根系生长较快,构成须根系,历时 60 ~ 80 d。

③营养生长盛期 从定植到花芽开始分化。此期随着叶数、根量的增加,植株大量分蘖,分蘖能力强的品种一年可分蘖 4 ~ 5 次,应加强肥水管理,促进分蘖,提高生长量。

北方地区冬季寒冷,当月平均气温降到 2 ℃ 以下,叶片开始枯萎,植株养分转运到鳞茎、根状茎和根茎中,进入休眠状态,此过程称为"回根"。翌春土壤解冻,韭菜返青生长。

(2)生殖生长期

韭菜属绿体春化型,植株达到一定的大小,积累一定的营养物质后,感受低温完成春化,分化花芽,在长日照下抽薹、开花,进入生殖生长阶段。二年生以上的韭菜,营养生长与生殖生长交替进行或同时并进生长。

3)对环境条件的要求

①温度 韭菜喜冷凉气候,耐寒性强。叶片生长的适宜温度为 12 ~ 24 ℃,超过 25 ℃ 植株生长缓慢,纤维增多,品质下降。叶片能耐 -4 ~ -5 ℃ 的低温,甚至更低。地下根茎在气温至 -40 ℃ 时叶不致遭受冻害。翌春当温度上升至 2 ~ 3 ℃,开始返青,萌发新叶。

②光照 在中等光照强度下生长良好,较耐阴,光照过强植株生长受抑制,纤维增多,叶肉组织粗硬,品质显著下降,甚至引起叶片凋萎;光照过弱时植株的同化作用减弱,叶片发黄,叶小,分蘖少,产量低。

③水分 韭菜根系吸收力弱,喜湿,要求土壤经常湿润;韭菜叶片具有耐旱的特点,生长要求较低的空气湿度。适宜的空气湿度为 60% ~ 70%,土壤相对湿度为 80% ~ 85%。

④土壤和营养 韭菜对土壤的适应性强,但以土质疏松、保土层深厚、保水保肥能力强

的壤土较好,土壤 pH5.6~6.5 为宜。韭菜喜肥、耐肥,生产上应施足有机肥,对肥料的要求以氮肥为主,适当配合磷钾肥,氮肥充足,叶片肥大柔嫩,色深绿,产量高。

14.2.2　类型与优良品种

韭菜依食用器官不同可分为根韭、花韭、叶韭和叶花兼用韭四个类型。普遍栽培的为叶韭和叶花兼用韭,两类韭菜按叶片宽窄又分为宽叶韭和窄叶韭。

①宽叶韭　叶片宽厚,叶鞘粗壮,品质柔嫩,香味稍淡,产量高,易倒伏,适于露地或软化栽培。优良品种有汉中冬韭、天津大黄苗、北京大白根、791、寿光独根红、豫韭菜 1 号、洛阳钩头韭等。

②窄叶韭　叶片狭长,叶鞘细高,纤维稍多,香味较浓,直立性强,不易倒伏,适于露地栽培。优良品种有北京铁丝苗、保定红根韭、太原黑韭、天津青韭、诸城大金钩等。

14.2.3　栽培方式与茬口安排

韭菜适应性广而耐寒,北方地区春、夏、秋三季可露地生产青韭,晚秋、冬季和早春季节可进行设施栽培。以黄淮地区为例:

1)**露地栽培**

春季 3 月中下旬至 5 月、秋季 8~9 月均可播种。3~4 月播种可以在 6 月中下旬定植,5 月播种可在 9 月份定植,8~9 月播种于翌年 4 月份定植。

2)**设施栽培**

①春早熟栽培　利用阳畦、大小拱棚等设施,在晚冬或早春进行覆盖保护,促使早萌发、早上市。

②秋冬连续栽培　利用日光温室、阳畦和多层覆盖的拱棚,选择无休眠的韭菜品种,在秋末冬初覆盖,冬春连续生产韭菜。

③温室与阳畦囤韭　囤韭就是高密度的假植栽培。可于 10 月下旬至 11 月上旬将韭根从田间刨除并囤植于温室或阳畦,元旦前收割第一刀,春节前可收第二刀,第三刀收后换茬。

3)**韭黄栽培**

韭菜可选用二年生的健壮根株,利用各种保护设施并根据设施的温度性能进行不同季节的韭黄栽培。

14.2.4　露地栽培技术

韭菜可用种子或分株繁殖,分株繁殖系数低,植株生活力弱,寿命短,产量偏低,生产上多用种子繁殖。

1）播种育苗

①播种期　北方地区春播效果好，春播养根时间长，且易将发芽期和幼苗期安排在月均温 15～18 ℃的月份里，有利于培育壮苗。秋播应使幼苗在越冬前有 60 余天的生长期，保证幼苗具有 3～4 片真叶，以保证幼苗安全越冬。

②整地作畦　育苗床应选择通透性好、能浇易排、土质肥沃的沙壤土地块。结合整地施腐熟的有机肥 5 000 kg/667 m² 左右，北方多做成低畦，畦宽 1.2～1.7 m。

③种子处理　春季土壤墒情好，播种期早时，可用干籽播种。其他季节采用浸种催芽处理：播种前 4～5 d，用 20～30 ℃的清水浸种 24 h，洗净控去水分，用湿布包裹，置于 15～20 ℃的环境中催芽，每天用清水冲洗 1 次，约 3～4 d，60%左右种子露白即可播种。

④播种方法　可撒播或条播。撒播时，先从畦面取一层 1～2 cm 细土，耙平畦面，浇足底水，待水渗下后，撒播种子，然后覆土 1～2 cm，播后可以盖地膜保湿，1/3 左右出苗时，及时撤膜。条播时，开行距 10～12 cm，深 1.5～2 cm、宽 2 cm 的浅沟，沟内撒种，覆土平沟，用脚轻度踩实，浇明水，要始终保持土壤湿润，直至出苗。一般每 667 m² 播种量 4～5 kg。

直播多用开沟条播或穴播，按 30 cm 间距开宽 10～12 cm，深 6～8 cm 的浅沟，蹚平沟底浇水，水渗后按宽 5 cm 条播，覆土 2 cm 左右。用种量 3～6 kg/667 m²。

⑤苗期管理　播种到出苗阶段应保持地面湿润，苗期采取先促后控的管理方法。水分管理采取轻浇、勤浇的方法，以促进发根和幼苗生长，后期适当控制浇水，防止幼苗过细引起倒伏烂秧。结合浇水，追肥 2～3 次，每次 667 m² 施腐熟人粪尿 1 000 kg 或尿素 8～10 kg。雨季及时排水防涝。韭菜苗期易滋生杂草，应注意除草。

2）定植

定植前结合深翻每 667 m² 施入腐熟的农家肥 5 000～10 000 kg，耙平作畦。北方地区宜做成 1.2～1.5 m 宽的低畦，畦埂高 13～15 cm，以备每年培土后畦面不断升高。定植前 1～2 d 苗床浇起苗水，起苗时多带根抖净泥土，将幼苗按大小分级、分区栽植。

定植方法有宽垄丛植和窄行密植两种，前者适于沟栽，后者适于低畦。沟栽时，按 30～40 cm 的行距、15～20 cm 的穴距，开深 12～15 cm 的马蹄形定植穴，每穴栽苗 20～30 株。低畦栽，按行距 15～20 cm、穴距 10～15 cm 开马蹄形定植穴，每穴定植 8～10 株。

定植深度以叶片与叶鞘交接处与地面相齐平为准。此处是韭菜的生长点，如埋土过深，抑制秧苗生长；埋土太浅，根系太近地表，影响根系生长发育。栽后立即浇水，促发根缓苗。

3）定植当年的管理

定植当年以养根壮棵为重点，一般不收割。定植后及时灌水，促进缓苗；新叶出现时，浇缓苗水，促进发根长叶，而后中耕蹲苗，促进根系下扎，有利于新叶分化，保持土壤见干见湿；夏季注意排水防涝。入秋后，天气凉爽，日照充足，叶片生长旺盛，分蘖增多，应加强肥水管理，一般每 7～10 d 浇一水，结合灌水追肥 2～3 次，每次每 667 m² 施尿素 10～15 kg。寒露后减少浇水，保持地面见干见湿，防止植株贪青旺长，影响根系养分积累而降低抗寒力。立冬之后，根系活动基本停止，叶片经过几次霜冻后枯黄凋萎，被迫进入休眠。土壤上冻前浇足稀粪水。

4）定植第二年及以后的管理

①春季管理　春季返青前及时清除地面枯叶杂草,并中耕培土。每年中耕1~2次,一般培土2~3 cm。

早春气温低,土壤蒸发量小,多浇水或早浇水会降低地温、抑制生长,只要地表下5 cm处土壤呈湿润状态,即不用浇水。浇水时水量宜小,能渗透地下10~15 cm深即可。返青后结合浇水追一次粪稀水或尿素,每667 m² 冲施尿素15 kg左右,之后加强中耕。韭菜需刀刀追肥,每次收割后,待伤口愈合,新叶长出2~3 cm时,结合浇水每667 m² 冲施腐熟的人粪尿1 500~2 000 kg或尿素10~15 kg。

②夏季管理　夏季高温多雨,韭菜长势减弱,叶纤维增多,品质下降,生长缓慢,几乎处于停滞状态,出现"歇伏"现象,一般不收割,管理上注意控水养根,及时清除田间杂草,雨后排涝,防止倒伏和腐烂,除留种田外,及时剪除花薹,以利养根。

③秋季管理　入秋后气候凉爽,韭菜生长旺盛,应加强肥水管理。一般秋分后每7~10 d浇一次水,保持土壤湿润,结合浇水追肥2~3次。10月中旬后停肥,并减少浇水,保持地面见干见湿,10月下旬至11月上旬逐步停水,上冻前浇足稀粪水。

④冬季管理　因第二年以后的韭菜发生"跳根",多在冬季进行培土。一般植株地上部干枯后,畦面铺施一层土杂肥,也可盖一层土,为新根发生创造适宜的土壤条件。

5）采收

韭菜以叶为主要食用器官,韭薹和韭花气味芳香,是蔬菜中的佳品。

①青韭采收　定植当年的韭菜不宜采收,以利发棵养根,保证越冬和来年的产量。采收的标准为:株高30~35 cm,单株5~6片叶,每茬生长期在25 d以上。一般春季收割2~3次,夏季不收割,秋季收割1~2次,秋分后不再收割,增加根茎养分积累以养根。

韭菜收割以晴天清晨为好,收割时注意留茬高度,以在鳞茎上3~4 cm黄色叶鞘处为宜,刀口处叶鞘绿色,说明下刀过浅,刀口处白色说明下刀过深,割口以绿白相间(黄色)为宜。以后每割一刀,都应比前一茬高1 cm左右。

②采薹与采花　韭菜在播种第二年以后每年的7~8月份抽薹开花,韭薹可在花苞待放,薹茎尚未纤维化时及时采收;不采收花薹的,可采收韭花,宜在花序上的花全部开放、并有部分果实的种子开始灌浆时进行。

14.2.5　设施栽培技术

1）春早熟栽培

(1)栽培方式

①地膜覆盖栽培　在早春土壤解冻前10~15 d(河南省约2月中旬)覆盖地膜,可提高地温,使韭菜提早7~10 d上市。

②风障阳畦栽培　风障阳畦保温好,可根据需要,随时扣膜生产。

③塑料大、中棚栽培　若是单层覆盖,栽培不宜过早,河南省一般2月上旬扣棚,4月中下旬撤膜,一般收3~4刀。

④塑料小拱棚栽培　用草苫覆盖可于2月上旬扣棚,无覆盖的一般2月中旬扣棚生产。

(2)韭根培育

多选用二、三年生根株。选用2年生植株,第一年春季应适期早播,保证有足够的生长期,培育健壮植株;选用3年生植株,生长旺盛,产量高。

(3)田间管理

①清理田园　扣膜后,地面解冻即清理畦面枯草碎叶,并进行中耕,促进萌发。

②肥水管理　过早浇水会降低地温,若土壤墒情好,第一刀前可不浇水,待第一刀后3~4 d,根据墒情浇一次水。从开始浇水起应"刀刀追肥",每次每667 m² 冲施腐熟的人粪尿500~700 kg或复合肥10~15 kg。

③温度管理　扣棚后保持白天18~24 ℃,夜间8~12 ℃。前期防低夜温(不低于3~4℃),可加盖草苫等;白天防高温(不超过30 ℃)。4月份以后根据温度情况,及时撤膜。

2)秋冬连续栽培

①品种选择　选择冬季不休眠可连续生长的韭菜品种,如平韭4号、791等。

②根株培养　方法同露地韭菜。

③扣膜　宜在当地最低气温降至-5 ℃以前扣膜。河南省多在10月下旬至11月上旬初霜后扣膜,过晚韭菜转入被动休眠,扣棚后生长缓慢。

④田间管理　温度管理参照春早熟栽培;为保证充足的光照,应保持薄膜清洁,草苫适当早揭晚盖,阴雨、雪天中午也应揭苫见光;扣棚后一般半月左右浇一次水,每次收割后,应待植株长至7~10 cm高时再浇水,防止刀口遇水引起腐烂。

⑤采收　可连续收割5~6刀,直至植株生长衰弱;若下年冬季还继续生产,则要控制收割次数,以便养根壮棵,一般收割4~5次;收割间隔时间1个月左右。

3)韭黄栽培

韭黄栽培方法很多,按照生产场所可分为原地生产和囤栽生产。原地生产就是在培养韭菜根株的原地,直接进行遮光覆盖生产韭黄;囤栽就是将培养好的韭菜根株挖出囤栽于软化场所(地窖、温室等),在黑暗或遮光条件下生产韭黄。但无论哪种方式,培养健壮的根株是韭黄生产的关键。

自然条件下,春、秋季均可原地生产韭黄,春季生产需要在秋季培养根株,秋季生产则要在春季培养根株。每一生产季节一般可收割2~3刀,但不宜在同一根株连续生产韭黄,最好是韭黄生产与青韭生产相间进行,用根和养根相结合,即收割一茬韭黄,撤除遮光物再收割2~3刀青韭。原地生产韭黄,除遮光外,栽培技术与青韭生产基本相同。

囤栽韭黄,一般于初冬挖取健壮根株,按鳞茎大小捆成10 cm左右的捆,码紧密囤于设施场所,囤完后浇一次大水,到收割浇水5~6次,培土2~3次,每次2 cm左右。囤栽初期为促进根株萌动,温度保持在25 ℃左右,中期20 ℃左右,临近收割时16~18 ℃,一般可收割3刀,后两刀各阶段温度应较头刀提高2~3 ℃。

任务 14.3　大葱生产技术

活动情景　大葱以假茎(葱白)和嫩叶为产品,其适应性强、产量高、栽培比较容易,病虫害也较少,产品既耐贮藏又耐运输,可以周年供应。生产中主要进行露地生产,种子繁殖;干葱生产对产品大小、播种和收获季节的要求较为严格,青葱生产对产品大小、播种和收获季节的要求不严格。本任务是通过资料查询、教师讲解和任务驱动等,学习大葱的茬口安排和高产优质的栽培管理技术。

工作过程设计

工作任务	任务 14.3　大葱生产技术	教学时间	
任务要求	熟悉大葱的生物学特性、类型和优良品种、栽培季节和茬口安排,掌握大葱的高产栽培技术		
工作内容	1. 大葱生物学特性 2. 类型与优良品种 3. 栽培方式与茬口安排 4. 栽培技术		
学习方法	以课堂讲授和自学完成相关理论知识的学习,以田间项目教学法和任务驱动法,使学生学会大葱栽培管理技术		
学习条件	多媒体设备、资料室、互联网、生产田、生产工具等		
工作步骤	资讯:教师由日常生活和当地大葱生产、消费情况引入任务内容,并进行相关知识点的讲解,下达工作任务 计划:学生在熟悉相关知识点的基础上,查阅资料收集信息,划分工作小组,进行工作任务构思,设计工作计划方案 决策:各小组汇报工作计划方案,师生进行问题答疑、交流讨论、审查修改、确定方案,并准备完成任务所需的工具与材料 实施:学生在教师辅导下,按照计划分步实施,进行知识学习和技能训练 检查:为保证工作任务保质保量地完成,在任务的实施过程中要进行学生自查、学生互查、教师检查指导 评估:对任务完成情况进行学生自评、小组互评和教师点评		
考核评价	课堂表现、学习态度、任务完成情况、作业报告完成情况		

工作任务单

工作任务单				
课程名称	蔬菜生产技术	学习项目		项目14 葱蒜类蔬菜生产
工作任务	任务14.3 大葱生产技术	学时		
班 级		姓 名		工作日期
工作内容与目标	熟悉大葱的生物学特性、类型和优良品种、栽培季节和茬口安排,掌握大葱的高产栽培技术			
技能训练	大葱播前处理技术、播种技术、育苗技术、水肥管理技术、产品采收技术			
工作成果	完成工作任务、作业、报告			
考核要点(知识、能力、素质)	熟悉大葱的特性、类型和优良品种及当地主要栽培方式 能熟练地进行大葱种植管理的各项农事操作 独立思考,团结协作,创新吃苦,按时完成作业报告			
工作评价	自我评价	本人签名:	年 月 日	
	小组评价	组长签名:	年 月 日	
	教师评价	教师签名:	年 月 日	

任务相关知识

大葱原产于我国西部及中亚、西亚地区,可周年供应,是日常生活必备的调味品。

14.3.1 生物学特性

1)形态特征

①根 白色弦丝状浅根性须根系,发根力强,生长盛期根的数量多达百条以上,主要分布在27~30 cm土层中,根毛少,吸收能力差。

②茎 营养生长期为短缩茎,圆锥形,由管状的叶鞘基部包裹,幼叶藏于叶鞘内,与多层叶鞘共同组成假茎,俗称"葱白"。花芽分化后,茎盘顶芽伸长为花茎,中空,内层叶鞘基部可萌发1~2个腋芽,形成分蘖,发育成新的植株。

③叶 有管状叶身和筒状叶鞘两部分组成。叶片中空,长圆锥形,表面有蜡质物,耐旱。绿叶下部白色的葱白为叶鞘,层层包裹形成假茎。大葱的叶鞘既是营养贮藏器官,又是主要的产品器官,叶身生长越壮,叶鞘越肥厚,假茎越粗大。假茎的长度因品种不同而长短不一,同时还与培土密切相关,通过多次培土,为假茎提供黑暗、湿润的环境,可使叶鞘不断伸长、加粗,提高产品的质量和产量。

④花、果实和种子 春夏季抽生花枝,先端形成圆头状的花苞,花苞破裂出现伞形花

序,有膜状总苞。每序上着生小花朵,花白色或紫红色,虫媒花。结实后老叶枯黄,种子成熟。蒴果,种子盾形,种皮黑色,三角形,千粒重3~5 g,发芽率一般只能保持一年。

2)生长发育周期

大葱为二年生植物,但可作为三年生栽培。

(1)营养生长期

从种子萌动到花芽开始分化。包括:

①发芽期　从种子萌动到子叶出土直钩。最适温度20 ℃左右,约需7 d。

②幼苗期　从直钩到定植。春播80~90 d,秋播则长达8~9个月。一般将秋播大葱的幼苗期分为生长前期、休眠期和生长盛期。

③葱白生长期　定植后经过短期缓苗进入葱白生长期到收获。初期生长缓慢,秋凉后假茎迅速伸长和加粗;霜冻后,停止旺盛生长,生长点开始分化花芽,叶身和外层叶鞘的养分向内转移,充实假茎。需90 d以上。

(2)生殖生长期

依次经过抽薹期、开花期、结果期完成生殖生长。

3)对环境条件的要求

①温度　大葱属耐寒性蔬菜,在凉爽气候条件下生长良好。营养生长的适宜温度为13~25 ℃,低于10 ℃植株生长缓慢,高于25 ℃叶身发黄,易感染病害。种子在2~5 ℃条件下能发芽,在7~20 ℃内,随温度的增高而种子萌芽出土所需的时间缩短。

大葱为绿体春化植物,幼苗3~4片真叶、茎粗0.4 cm以上、株高达10 cm以上时,在2~5 ℃下经60~70 d可通过春化。因此大葱成株在露地或贮藏越冬时,可感受低温,通过春化。

②光照　大葱要求中等光照强度,对日照长度要求为中光性,只要在低温下通过了春化,不论在长日照下还是短日照下都能正常抽薹开花。

③水分　大葱叶片管状,表面多蜡质,耐干旱,但根系无根毛,吸水力差,喜湿,生长期间要求较高的土壤湿度和较低的空气湿度。不耐涝,炎夏高温多雨时,应控制灌水防涝,以免沤根死苗。

④土壤与营养　大葱适于土层深厚,排水良好,富含有机质的疏松壤土,要求土壤pH7.0~7.4中性壤土。大葱对土壤中的氮肥最敏感,生长前期应以氮肥为主,葱白形成期宜增施磷钾肥,缺磷植株长势弱,质劣低产。

14.3.2　类型与优良品种

在植物学分类上可分为普通大葱、分蘖大葱和细香葱三个变种。以普通大葱栽培最为普遍,普通大葱按假茎高度和形态又可分为长白型、短白型和鸡腿葱。

①长葱白大葱　假茎高大,长/粗比值大于10,产量高,需要良好的栽培条件,如章丘大葱、盖平大葱、辐射大葱、北京高脚白大葱等。

②短葱白大葱　叶片排列紧凑,叶和假茎均较粗短,栽培较易,如山东寿光八叶齐、西

安竹节葱、拉萨藏葱等。

③鸡腿葱　假茎短,基部膨大呈鸡腿状或蒜头状。对栽培条件要求不太严格,如山东莱芜鸡腿葱、大名鸡腿葱等。

14.3.3　栽培方式与茬口安排

1)栽培方式

大葱适应性广,而且从幼苗到抽薹前均可食用,收获期灵活,适于分期播种,周年供应。大葱的产品主要有干葱和青葱。

干葱又叫冬葱、大葱,主要以葱白供食用,对产品大小、生产和收获季节的要求较为严格,一般是秋末到冬季上冻前收获,供冬贮食用。如河南、山东地区冬葱的适播期一般是9月中下旬,6月上旬至下旬定植,11月上旬收获。

青葱又叫小葱,主要以鲜嫩的绿叶和叶鞘供食用,对产品大小、生产和收获季节的要求不严格,可在露地或各种设施内随时播种,随时生产,随时收获上市。

2)茬口安排

大葱忌重茬,连作病虫害严重,生长弱,产量低,应进行3~4年轮作。可与瓜类、豆类、叶菜类等蔬菜作物轮作,也可以小麦、大麦为前茬。

14.3.4　栽培技术

1)播种育苗

①播种期　大葱可秋播,也可春播。无霜期200 d以上地区适宜春播,无霜期180 d以下地区适宜秋播,无霜期180~200 d地区既可春播也可秋播。黄河中下游主产区多秋播,但要严格控制冬前幼苗不超过3片叶;黄河以南地区多春播,当地温达到7 ℃时应抓紧播种。

②苗床准备　苗床宜选择三年内未种过葱蒜类的地块,要求土质疏松、有机质丰富、地势平坦、排灌方便的沙壤土。结合整地施入基肥,整平做成宽1.2~1.5 m、长8~10 m的低畦。

③种子处理　大葱种子寿命短,宜用当年新籽,可采用种子直播,也可先催芽后播种。催芽方法:用30 ℃温水浸种24 h,将种子上的黏液冲洗干净,用湿布包好,在16~20 ℃的条件下催芽,每天用清水冲洗1~2次,待60%种子露白时即可播种。

④播种　常用的播种方法是先浇足底水,水渗下后均匀撒播种子,播种后覆土要薄,厚0.5~1 cm。最好在苗床上覆盖地膜。

⑤苗期管理　种子出土期间苗床应保持湿润,浇水量不宜过多,防止葱苗徒长。拉弓时浇一水,真叶出现后酌情浇2~3次小水,并加强中耕除草,防止幼苗过大或徒长。保持适当的苗距,以利壮苗,一般间苗两次,同时拔除杂草。每次间苗后浇一水并追少量氮肥。

当幼苗株高 50 cm,具有 6~8 片真叶时控水炼苗,准备定植。

2)整地施肥

结合整地每 667 m² 冲施腐熟的农家肥 5 000 kg 左右,深翻把平后按 80 cm 左右行距开沟,沟深、宽均为 20~30 cm,沟内再集中施入饼肥 150~200 kg、过磷酸钙 30 kg,刨松沟底,以备定植。

3)定植

起苗前 2~3 d 浇透水,以利起苗,要随起苗,随分级、随运随栽,栽植方法有排葱和插葱两种。栽植短葱白大葱多用排葱法:把葱苗按株距排在沟壁上,把幼苗基部稍压入土中,后覆土,埋在葱秧基部厚约 4 cm,用脚踩实,然后顺沟浇水,此方法移植快,用工少,但葱白易弯曲。栽植长葱白大葱多用插葱法:先在沟内灌水,待水渗下后,一手拿葱,一手用葱杈或木棍杈压住葱的须根垂直插入沟底泥土中,深约 20 cm 左右,最深达外叶分杈处为度,勿插过深。无论用哪种方法,栽植深度都应掌握上齐下不齐的原则,葱苗以露心为度,覆土在外叶分杈处,过浅容易倒伏,不便培土;过深不便缓苗,窒息不旺,甚至腐烂。栽植时叶着生方向须与行向垂直,有利密植和管理。一般每 667 m² 定植 1.8 万~2 万株。

4)田间管理

①浇水　定植后大葱水分管理可分三个阶段:一是缓苗越夏阶段。正是高温季节,植株处于半休眠状态,应控水控肥,并注意雨后排水;一般不旱不浇水,让根系迅速更新,促进缓苗、返青;要及时中耕除草,松土保墒,促进根系发育。二是从开始旺盛生长后到霜前。立秋后,气温降低,大葱进入发叶盛期,应结合追肥培土,经常浇水保持土壤湿润,每次追肥和培土后都要及时浇水 1~2 次。三是霜降以后的葱白充实期。仍需较高的土壤湿度,每次浇水量不宜过大,保持土壤见干见湿。收获前 7~10 d 停水,提高耐贮性。

②追肥　大葱追肥应分期进行,但应着重在葱白生长初期和生长盛期进行。

葱白生长初期:炎夏刚过,天气转凉,葱株生长逐渐加快,应追 1 次攻叶肥,每 667 m² 施腐熟厩肥 1 000~1 500 kg,尿素 15 kg,中耕混匀,锄于沟内,然后浇水,促使大葱生长。

葱白生长盛期:进入 9 月份,是大葱产量形成的最快时期,应追攻棵肥,分 2~3 次追施,氮、磷、钾并重,每次每 667 m² 追施尿素 10~15 kg,硫酸钾 10 kg 或复合肥 15 kg,霜降以后生长缓慢,一般不再追肥。

③培土　培土是软化叶鞘、增加葱白长度的有效措施。培土应在葱白形成期进行,高温高湿季节不易培土,否则易引起假茎和根茎的腐烂。结合追肥,分别在立秋、处暑、白露和秋分进行培土,培土应在露水干后,土壤凉爽时进行。第一次培土在生长盛期之前,培至沟深的一半;第二次培土在生长盛期开始以后,培土至与地面相平;第三次培土成浅垄;第四次培土成高垄。每次培土以不埋没葱心为度,培土后要拍实,防止浇水后塌陷。培土过程见图 14.3。

5)采收

当气温降至 8~12 ℃时,外叶基本停止生长,叶色变黄绿,产量已达峰值时及时收获或根据市场需要收获上市。收获时应深刨轻拉,避免损伤假茎,拉断茎盘或断根而降低商品

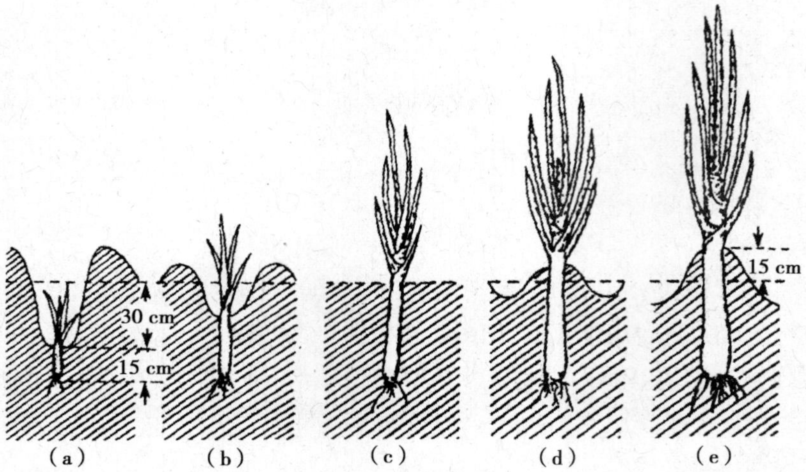

图 14.3　大葱培土过程

(a)培土前　(b)第一次培土　(c)第二次培土　(d)第三次培土　(e)第四次培土

葱白质量。收获后抖净泥土,在地里晾晒 2 ~ 3 d,待叶片柔软,须根和葱白表层半干时,除去枯叶,分级打捆,每捆 7 ~ 10 kg。大葱的收获还应避开早晨霜冻后,霜冻后叶片挺直脆硬,容易碰断伤茎,感染病害而腐烂。应选择晴好天气,在中午、下午进行为宜。

任务 14.4　洋葱生产技术

活动情景　洋葱为百合科二年生须根类草本植物,以肥大的肉质鳞茎为产品,主要进行露地生产,种子繁殖,常采用育苗移栽技术。本任务是通过资料查询、教师讲解和任务驱动等,学习洋葱的茬口安排和高产优质的栽培管理技术。

工作过程设计

工作任务	任务 14.4　洋葱生产技术	教学时间	
任务要求	熟悉洋葱的生物学特性、类型和优良品种、栽培季节和茬口安排,掌握洋葱的高产栽培技术		
工作内容	1. 洋葱的生物学特性 2. 类型与优良品种 3. 栽培方式与茬口安排 4. 栽培技术		
学习方法	以课堂讲授和自学完成相关理论知识的学习,以田间项目教学法和任务驱动法,使学生学会洋葱栽培管理技术		
学习条件	多媒体设备、资料室、互联网、生产田、生产工具等		

续表

工作任务	任务 14.4　洋葱生产技术	教学时间	
工作步骤	资讯:教师由日常生活和当地洋葱生产、消费情况引入任务内容,并进行相关知识点的讲解,下达工作任务 计划:学生在熟悉相关知识点的基础上,查阅资料收集信息,分工作小组,进行工作任务构思,设计工作计划方案 决策:各小组汇报工作计划方案,师生进行问题答疑、交流讨论、审查修改、确定方案,并准备完成任务所需的工具与材料 实施:学生在教师辅导下,按照计划分步实施,进行知识学习和技能训练 检查:为保证工作任务保质保量地完成,在任务的实施过程中要进行学生自查、学生互查、教师检查指导 评估:对任务完成情况进行学生自评、小组互评和教师点评		
考核评价	课堂表现、学习态度、任务完成情况、作业报告完成情况		

📚 工作任务单

工作任务单			
课程名称	蔬菜生产技术	学习项目	项目14　葱蒜类蔬菜生产
工作任务	任务 14.4　洋葱生产技术	学时	
班　级		姓　名	工作日期
工作内容与目标	熟悉洋葱的生物学特性、类型和优良品种、栽培季节和茬口安排,掌握洋葱的高产栽培技术		
技能训练	洋葱的播前处理技术、播种技术、育苗技术、水肥管理技术、产品采收技术		
工作成果	完成工作任务、作业、报告		
考核要点(知识、能力、素质)	熟悉洋葱的特性、类型和优良品种及当地主要栽培方式 能熟练地进行洋葱种植管理的各项农事操作 独立思考,团结协作,创新吃苦,按时完成作业报告		
工作评价	自我评价	本人签名:	年　　月　　日
	小组评价	组长签名:	年　　月　　日
	教师评价	教师签名:	年　　月　　日

📚 任务相关知识

洋葱又名圆葱、玉葱、葱头等,二、三年生草本植物,原产中亚和地中海沿岸。

14.4.1 生物学特性

1）形态特征

①根　弦线状须根系，根毛极少，着生于短缩茎盘的基部，主要集中在20 cm土层，耐旱性弱，吸收能力不强。

②茎　营养生长期鳞茎基部的短缩形成扁圆锥形的茎盘，茎盘上部环生圆筒形的叶鞘和芽，下面着生须根；生殖生长时期，生长锥分化为花芽，抽生花薹。

③叶　由叶身和叶鞘组成。叶身筒状中空，腹部有明显凹沟，表面具有蜡粉，具有抗旱的生态型。叶鞘部分形成"假茎"和"鳞茎"；生育初期，叶鞘茎部不膨大，假茎上下粗细相仿，生长中后期，叶鞘基部迅速膨大成鳞茎，圆球形、扁球形或长椭圆形，皮紫色、黄色或绿白色，鳞茎成熟前最外1~3层叶鞘基部所贮养分内移干缩成膜状鳞片，以保护内层鳞片减少蒸腾，使洋葱能够长期贮存，见图14.4。

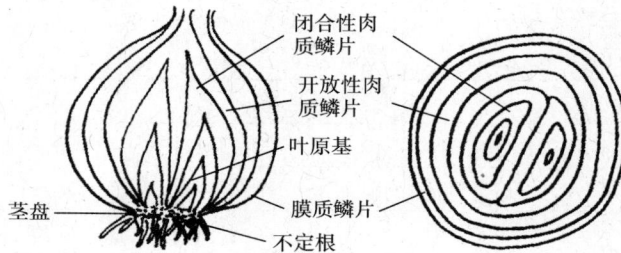

图14.4　洋葱鳞茎的构造

④花、果实和种子　洋葱一般次年春季抽薹、开花，夏季结种子。抽薹后，每个花薹顶端着生伞形花序，有膜状总苞，其上着生小花，花多淡紫色，或近于白色，异花授粉。果实为两裂蒴果，种子细小、外皮坚硬多皱纹，种皮黑色，呈盾形，千粒重3~4 g，寿命短。

2）生长发育周期

（1）营养生长期

①发芽期　从播种到第一片真叶出现，约15 d。

②幼苗期　从第一片真叶出现到长出4~5片真叶定植，秋播秋栽约需40~60 d；秋播春栽需180~210 d；春播春栽需60 d左右。

③叶片生长盛期　从4~5片真叶定植到长出8~9片真叶，叶鞘基部开始增厚，春栽约需40~60 d，秋栽约需120~130 d。

④鳞茎膨大期　从叶鞘基部开始增厚到鳞茎成熟，约30~40 d。此期植株不再增高，鳞茎迅速膨大，到膨大末期，植株倒伏，同化物质运转到鳞茎中，鳞茎最外1~3层鳞片的养分内移并逐渐干缩成膜状鳞片，此时为收获适宜时期。

收获后的鳞茎进入生理休眠期，一般约60~70 d以上。在高温干燥条件下转入被迫休眠。

（2）生殖生长期

采种用的成熟鳞茎于当年秋季栽到田里，翌年（即秋播后的第三年）抽薹、开花、结籽的过程。种子于6月中、下旬成熟。

3）对环境条件的要求

①温度　洋葱对温度适应性强，种子和鳞茎在3~5℃的低温下缓慢发芽，12℃以上发芽迅速。生长适温，幼苗期为12~20℃；叶片生长盛期为18~20℃，但健壮的幼苗可耐-6~-7℃的低温；鳞茎在15℃以下不能膨大，鳞茎膨大期的最适温度为20~26℃。

洋葱为绿体春化植物，多数品种在幼苗具有3~4片真叶、假茎粗大于0.7 cm时，在2~5℃条件下，经60~70 d可以完成春化。

②光照　要求中等光照强度；在长日照条件下，叶片生长受到抑制，叶鞘基部和鳞芽开始积累营养物质而增厚形成鳞茎，延长日照时数可以加速鳞茎的形成和成熟。抽薹开花也需长日照条件。

③水分　洋葱根系浅，吸收水分能力较弱，对土壤湿度要求较高；叶身和鳞茎具有抗旱特性，生长期间要求较低的空气湿度，一般为60%~70%。

④土壤与营养　洋葱对土壤的适应性较强，但以肥沃、疏松、通气、保水力强的壤土为宜，要求土壤pH6~8。洋葱为喜肥作物，对土壤营养要求较高，幼苗期以氮肥为主，鳞茎膨大期增施钾肥，能促进鳞茎细胞的分裂和膨大，施用磷肥，有利于氮肥的吸收，并可提高产品品质。

14.4.2　类型与优良品种

1）普通洋葱

每株通常只形成一个鳞茎，个体较大，品质好，以种子繁殖，是生产上的主要类型。按鳞茎的形状分为扁球形、圆球形、卵圆形及纺锤形；按鳞茎的皮色可分为红皮、黄皮和白皮三种类型。

①红皮洋葱　鳞茎外皮紫红色，肉质稍带红色，扁球形或圆球形，直径8~10 cm，含水量较高，辛辣味较强，产量高，休眠期较短，耐贮性稍差，多为中晚熟品种，如北京紫皮、上海红皮、西安红皮、南京红皮等。

②黄皮洋葱　鳞茎外皮黄铜色至淡黄色，鳞片肉质微黄而柔软，组织细密，辣味较浓，扁圆形，直径6~8 cm，较耐贮藏，早熟至中熟，产量比红皮种低，但品质较好，如天津莙荙扁、东北黄玉葱、南京黄皮、连云港84-1等。

③白皮洋葱　鳞茎外皮白绿色，鳞片肉质白色，扁圆球形，直径5~6 cm，品质优良，但产量较低，抗病较弱，容易先期抽薹，多为早熟品种，如哈密白皮等。

2）分蘖洋葱

基部分蘖，通常不结种子，每一分蘖基部形成鳞茎，用分蘖的小鳞茎繁殖，品质较差，但耐寒性极强。

3）顶生洋葱

仅在花序上着生许多气生鳞茎，可以用来繁殖，不开花结实。

14.4.3　栽培方式与茬口安排

洋葱在长江和黄河流域为秋播、冬前栽、翌年夏季采收；在北方较寒冷的地区秋播、翌年春栽、夏季采收，秋播后冬季对秧苗进行假植囤苗或苗床覆盖防寒等措施来保护幼苗越冬，春暖后定植露地；或早春保护地育苗，春暖定植。在夏季冷凉的山区及高纬度的北部地区春播、夏栽、秋季采收，要采用短日类型或对日照要求不严格的品种。

洋葱忌连作，最好以施肥较多的茄果类、瓜类、豆类蔬菜作为前茬。

14.4.4　栽培技术

1）播种与育苗

秋播对播期要求严格，如播种过早，幼苗太大，第二年有先期抽薹的可能；播种过迟，冬前幼苗弱小，耐寒力低，容易死苗，影响产量。具体播种期，以具 3～4 片真叶、株高 20～30 cm、茎粗 0.5～0.7 cm 的幼苗越冬为宜，黄淮地区一般 9 月中旬播种。

一般采用当年收获的新种子进行干籽播种，撒播或条播。具体操作是：播种前苗床浇一次透水，然后撒种，播种后即覆上一层细土，再盖一层稻草或麦秆，8～10 d 后待大部分幼苗出土后及时揭除覆盖物，幼苗出齐后间去密苗、劣苗、病弱苗，保持苗距 1.5～3 cm。

2）整地与施肥

结合整地，每 667 m^2 施腐熟的有机肥 4 000～5 000 kg，磷酸二铵 50 kg，硫酸钾 30 kg，使粪土掺匀，北方多做成沟畦或平畦。

3）定植

黄淮地区适宜定植期为 10 月底至 11 月初，定植时，要对幼苗进行选择和分级，分畦栽植，分别管理。一般行距 15～20 cm，株距 10～15 cm，每 667 m^2 栽植 2.5～3 万株，适宜的定植深度以假茎基部入土 1.5～3.0 cm 为宜。

4）田间管理

①浇水与中耕　秋栽洋葱从定植到越冬，气温低，蒸发量小，幼苗生长缓慢，浇 1～2 次缓苗水；土壤封冻前浇封冻水。翌年返青后，10 cm 土温稳定在 10 ℃ 左右时，及时浇返青水，促其返青生长，此次浇水量不宜过大过早，以免影响地温上升，加强中耕除草，增温保墒，促进根系发育。进入叶生长盛期，应增加灌水，保持地面间干间湿。在鳞茎开始膨大前 10 d 左右应控制灌水，进行中耕蹲苗，控制叶部生长，促进营养物质向叶鞘基部运输贮藏。进入鳞茎肥大期后，气温升高，生长量加大，需水量增加，应勤灌水，保持土壤湿润。鳞茎采收前一周左右停止灌水，以降低鳞茎中的含水量，提高耐贮性。

②追肥　返青时结合浇水追一次肥，每 667 m^2 冲施人粪尿 1 000～1 500 kg 或追施尿

素 10 kg。叶生长旺盛,每 667 m² 追施尿素 15～20 kg。鳞茎开始膨大,是追肥的关键时期,应重施催头肥,每 667 m² 追施尿素 25～30 kg,磷酸二氢钾 10～15 kg。鳞茎膨大盛期,再根据需要看苗适量追肥,确保鳞茎持续膨大,此期缺钾不仅会降低产量,而且对产品的耐贮性也有影响。鳞茎膨大后期要停止施肥,以免鳞茎中含水量大,不耐贮运,最后一次追肥要距收获 30 d 以上。

5)采收

鳞茎充分膨大,多数植株地上部管状叶自然倒伏,植株基部第一、二片叶枯黄,第三、四片叶还带绿色,外层鳞片呈革质状时为采收适期。采收宜在晴天进行,将主株连根拔起,在田间晾晒 3～4 d,晒时用叶子遮住葱头,只晒叶不晒头,使外皮干燥,以利贮藏,但不要曝晒过度,并防止雨淋。

任务 14.5　葱蒜类蔬菜主要病虫害识别与防治技术

活动情景　葱蒜类蔬菜病虫害较少,但时有发生,对葱蒜类蔬菜生产影响很大,必须重视葱蒜类蔬菜病虫害的科学防治。本任务是结合《植物保护》有关知识,通过资料查询、教师讲解和任务驱动等,正确识别葱蒜类蔬菜主要病虫害,并掌握其防治方法。

任务相关知识

14.5.1　主要病害识别与防治

1)紫斑病

①症状识别　主要侵害叶片和花梗,也可为害鳞茎。发病初期,病斑小,略凹陷,后逐渐变大,椭圆形或梭形,褐色到紫色。潮湿时病斑上生黑色霉层,并有同心轮纹,病部易折断。大葱和洋葱上的病斑紫褐色,大蒜病斑黄褐色,湿度大时布满黑褐色霉状物,轮纹状排列,重病株叶和花梗枯死。

②防治方法　与非葱类作物实行 2 年以上轮作;可选用 70% 安泰生可湿性粉剂 600 倍液,或 43% 好力克悬浮剂 3 000～4 000 倍液,或 70% 代森锰锌 500 倍液,或 75% 百菌清 600 倍液,或 64% 杀毒矾 500 倍液,或 70% 代森锰锌可湿性粉剂 500 倍液等喷施。

2)锈病

①症状识别　主要在叶片和花梗上形成椭圆至纺锤形、隆起的小疱疱,中部呈橘色,周围为黄白色,有光泽,后期纵裂,周围表皮翻起,散出铁锈色粉末(夏孢子);随着病害进展,与病斑相邻处出现新的长椭圆形至纺锤形斑点,斑点隆起后纵向破裂,散出紫褐色粉末(冬孢子)。重症植株的叶片和花梗,呈麦秆色干枯。

②防治方法　合理轮作换茬;用 25% 三唑酮乳油 3 000 倍液,加新高脂膜 500 倍液,用喷雾器喷细雾或用多菌灵和三唑酮复配剂加新高脂膜 500 倍液防治。

3)韭菜疫病

①症状识别　可侵害叶片、花薹、假茎、鳞茎和根等部位,患部初呈暗绿色沸水烫状,后因失水而明显收缩,叶片花薹下垂、湿腐;检视假茎、鳞茎和根盘,其组织亦变浅褐色湿腐状,植株生长明显受抑制,新叶抽生力弱,甚至全株枯死。潮湿时叶片、花茎等患部表面长出稀疏白色霉,

②防治方法　选择 3 年内未种过葱蒜类蔬菜的地块;整修排涝系统,大雨后畦内不积水;用 25% 甲霜灵可湿性粉剂 600 ~ 800 倍液,或 64% 杀毒矾可湿性粉剂 500 倍液灌根或喷雾;栽植时用上述药液沾根也有效果。

4)大蒜叶枯病

①症状识别　主要为害叶片、叶鞘及薹茎等部位,以叶片发病为主,表现出 4 种发病类型,即尖枯型、条斑型、紫斑型和白斑型。病害发生严重时,叶片上病斑可穿过叶节向叶鞘延伸,使叶鞘枯黄。田间潮湿时,病斑表面产生褐色至黑色霉层。

②防治方法　清洁田园;合理轮作倒茬;选用无病种蒜;发病初喷洒 75% 百菌清可湿性粉剂 600 倍液,或 50% 扑海因可湿性粉剂 1 500 倍液,或 64% 杀毒矾可湿性粉剂 500 倍液,或 50% 琥胶肥酸铜可湿性粉剂 500 倍液等,隔 7 ~ 10 d 1 次,连续防治 3 ~ 4 次。

14.5.2　主要虫害识别与防治

1)葱蝇

(1)危害症状

葱蝇又名葱地种蝇、葱蛆、蒜蛆。杂食性害虫,以幼虫蛀食地下部分,常使须根脱落成秃根,鳞茎被食后呈凸凹不平状,严重时引起腐烂、叶片枯黄、萎蔫甚至成片死亡。

(2)防治方法

①诱杀成虫　将 1 份糖、1 份醋、2.5 份水,加少量敌百虫拌匀,放入容器诱杀。

②农业措施　施充分腐熟的粪肥;当田间发生蛆(幼虫)为害时,不追施粪稀或饼肥,改施化肥;对蛆(幼虫)为害重的地块,要做到勤浇灌,必要时,采用大水漫灌。

③药剂防治　成虫发生期,可喷 21% 灭杀毙乳油 5 000 ~ 6 000 倍液,或 20% 菊·马乳油 2 000 ~ 3 000 倍液,或 2.5% 溴氰菊酯乳油 3 000 倍液,或 90% 敌百虫晶体 800 ~ 1 000 倍液,隔 7 d 喷 1 次,连喷 2 ~ 3 次。幼虫孵化盛期和田间发生幼虫为害时(越早越好),可采用药剂灌根。如用 50% 辛硫磷乳油 1 000 ~ 1 500 倍液,或 80% 敌百虫可溶性粉剂 800 ~ 1 000 倍液,或 20% 菊·马乳油 3 000 倍液灌根,隔 7 ~ 10 d 再灌 1 次。

2)葱蓟马

①危害症状　以成虫和若虫为害葱蒜类的心叶、嫩芽及幼叶,整个生长期都有各虫态虫体活动、取食,受害后在叶面上形成连片的银白色条斑,严重的叶部扭曲变黄、枯萎。

②防治方法 清除田间枯枝残叶。虫害发生时及时喷洒10%吡虫啉可湿性粉剂2 500倍液或其他药剂防治2~3次。

3）韭迟眼蕈蚊

①危害症状 幼虫称韭蛆，多从韭菜的根状茎或鳞茎一侧逐渐向内蛀食，受害部变褐腐烂。幼虫也蚕食须根，使之成为"秃根"。有时幼虫从近地面的白色的嫩茎部位蛀入，再向下至鳞茎内危害。地上部叶子发黄、萎蔫、干枯，甚至整株死亡。危害大蒜时，还造成鳞茎裂开，蒜瓣裸露，裂口处布满幼虫分泌物结成的丝网，上沾有粪便、土粒等，受害株地上部分矮化、失绿、变软、倒伏。

②防治方法 成虫羽化期用40%菊·马乳油3 000倍液，或20%杀灭菊酯乳油3 000倍液，或2.5%溴氰菊酯乳油3 000倍液，或50%辛硫磷乳油1 000倍液，或1.8%虫螨克乳油2 500~3 000倍液，或50%灭蝇胺乳油4 000~5 000倍液等喷雾。在幼虫危害期，浇灌药液防治，如48%乐斯本乳油、48%地蛆灵乳油、37%高氯·马乳油、50%辛硫磷乳油等。

项目小结 》》

葱蒜类蔬菜主要包括大蒜、洋葱、大葱、韭菜等，因具有特殊的辛辣气味和形成鳞茎的特点，又称辛辣类蔬菜或鳞茎类蔬菜，属百合科葱属的二年生或多年生草本植物。须根系，喜湿，具有短缩的茎盘、耐旱的叶形以及具有贮藏功能的鳞茎；在冷凉气候条件下生长良好，耐寒性强，耐旱性弱，适于春秋季种植。葱蒜类蔬菜宜在疏松、肥沃、保水力强的土壤中生长，并经常保持湿润；有共同的病虫害，忌连作。繁殖方法有三种：鳞茎繁殖，如大蒜；分株繁殖，如韭菜；种子繁殖，如大葱、洋葱、韭菜。种子繁殖时要求育苗移栽，育苗难度较大，种子寿命短，应选用新种子精细播种。葱蒜类蔬菜为低温长日照植物，在低温条件下通过春化阶段，植株营养体达到一定大小时感受低温通过春化，在较高温度和长日照下抽薹开花，因此在栽培上须注意播种期和栽培季节。

复习思考题 》》

1. 葱蒜类蔬菜有哪些共同点？
2. 如何使秋播大蒜安全越冬？
3. 解释韭菜的跳根与换根现象？对生产有什么指导意义？
4. 说明大葱培土的原因及操作方法。
5. 如何保证洋葱苗既能安全越冬，翌春又不会发生"未熟抽薹"现象？

实训指导

实训 葱蒜类蔬菜的形态特征和产品器官的形成

1）材料用具

①材料 韭菜1~4年生完全植株、洋葱的成株和抽薹植株、大葱、大蒜的植株、产品。
②用具 放大镜、镊子、刀具等。

2）方法步骤

（1）韭菜：取 1～4 年生韭菜的完整植株，观察以下项目：

①观察根系着生部位，跳根、换根情况，分析跳根原因。

②观察叶片和叶鞘的形状，在茎盘上的着生位置，分析假茎形成的原因。

③观察短缩茎和根状茎形状，分蘖情况、分析分蘖与跳根的关系。

（2）洋葱：取洋葱植株，观察以下项目：

①观察根系的着生部位、根量、根系分布情况。

②观察叶形、叶色、叶面状况、叶鞘的形态。

③观察鳞茎的形状、外皮色泽；纵切和横切鳞茎，观察鳞茎中开放式肉质鳞片、闭合式肉质鳞片、幼芽、茎盘、须根的着生部位、数量、肉色。

④取先期抽薹植株，与正常植株进行比较观察。

（3）大葱：取大葱植株、产品，观察以下项目：

①观察大葱根系、叶部的形态特点，比较幼叶与成叶的异同。

②将假茎纵剖和横剖，观察假茎的组成、叶鞘的抱合方式、叶鞘的层数。

（4）大蒜：取大蒜植株、产品，观察以下项目：

①观察根系的着生位置、叶身和叶鞘的形态、叶鞘的抱合情况。

②观察横剖和纵剖大蒜鳞茎，观察蒜头的组成及蒜瓣的着生部位、蒜薹的着生位置。

3）作业要求

①绘出韭菜的形态图，标出各部分的名称，说明短缩茎的生长、分蘖与跳根的关系。

②绘出洋葱鳞茎横切面与纵切面图，标出膜质鳞片、开放肉质鳞片数、闭合肉质鳞片数、幼芽数、茎盘和须根位置。

③绘出大蒜蒜头的横切面图，标出各部分的名称。

④绘出大葱的纵剖面图，并注明各部位名称。

项目15 绿叶蔬菜生产

项目描述 绿叶蔬菜是人们生活中不可缺少的重要蔬菜,其涉及的蔬菜种类很多。绿叶蔬菜生长迅速,生产期较短,产品保鲜期较短,且病虫害种类多,农残也很高。此类蔬菜生产过程简单,生产中重点是提高产品的品质。本项目学习的重点是:绿叶蔬菜的播种技术、绿叶蔬菜的生产管理技术等。

学习目标 学习绿叶蔬菜生产的特点,掌握主要绿叶蔬菜生产的关键技术;掌握提高绿叶蔬菜产品品质的技术措施。

技能目标 能科学安排绿叶蔬菜的生产;能进行主要绿叶蔬菜的生产管理。

项目任务

专业领域:园艺技术　　　　　　　　　　　　　　　学习领域:蔬菜生产技术

项目名称	项目15　绿叶蔬菜生产
项目15　绿叶蔬菜生产	任务15.1　芹菜生产技术
	任务15.2　菠菜生产技术
	任务15.3　莴苣生产技术
	任务15.4　其他绿叶蔬菜生产技术
	任务15.5　绿叶蔬菜主要病虫害识别与防治技术
项目任务要求	能熟练掌握绿叶蔬菜生产的关键技术

任务15.1　芹菜生产技术

活动情景 芹菜生产必须熟悉其生长习性,根据生产季节和气候环境条件制订生产计划,并掌握生产中的关键技术,确保产品的优质和丰产。本任务通过资料查询、教师讲解、任务驱动等,学习芹菜的生长习性,掌握其生产中的关键技术。

工作过程设计

工作任务	任务 15.1 芹菜生产技术	教学时间	
任务要求	1. 了解芹菜的生长特性 2. 学会芹菜生产的关键技术		
工作内容	1. 认识芹菜的类型与生长特征 2. 完成芹菜播种、水肥等生产技术环节		
学习方法	以课堂讲授和自学完成相关理论知识学习,以田间项目教学法和任务驱动法,使学生学会芹菜生产的关键技术		
学习条件	多媒体设备、资料室、互联网、生产工具、芹菜生产田等		
工作步骤	资讯:教师由常规蔬菜生产引入任务内容,进行相关知识点的讲解,并下达工作任务 计划:学生在熟悉相关知识点的基础上,查阅资料收集信息,划分工作小组,进行工作任务构思,设计工作计划方案 决策:各小组汇报工作计划方案,师生进行问题答疑、交流讨论、审查修改、确定方案,并准备完成任务所需的工具与材料 实施:学生在教师辅导下,按照计划分步实施,进行知识学习和技能训练 检查:为保证工作任务保质保量地完成,在任务的实施过程中要进行学生自查、学生互查、教师检查指导 评估:对任务完成情况进行学生自评、小组互评和教师点评		
考核评价	课堂表现、学习态度、任务完成情况、作业报告完成情况		

工作任务单

工作任务单			
课程名称	蔬菜生产技术	学习项目	项目 15 绿叶蔬菜生产
工作任务	任务 15.1 芹菜生产技术	学 时	
班 级		姓 名	工作日期
工作内容 与目标	1. 了解芹菜的生长特性。 2. 学会芹菜生产中的关键技术		
技能训练	完成芹菜生产中的关键技术环节: 1. 播种 2. 肥水管理 3. 收获		
工作成果	完成工作任务、作业、报告		
考核要点(知识、能力、素质)	清楚芹菜的生长特性 能正确熟练地完成芹菜的播种或其他关键技术环节 独立思考,团结协作,创新吃苦,按时完成作业报告		

续表

工作任务单					
工作评价	自我评价	本人签名：	年	月	日
	小组评价	组长签名：	年	月	日
	教师评价	教师签名：	年	月	日

任务相关知识

芹菜，又名芹、香芹、药芹，二年生草本植物，多作一年生蔬菜生产。原产于地中海沿岸及瑞典、高加索等地的沼泽地区，由高加索传入我国。

15.1.1 生物特性

1)形态特征

①根　直根系，分布较浅而密集，主要根群分布在 10～30 cm 的土层中。

②茎　营养生长期茎为短缩茎。顶端分化花芽后，抽生花茎，产生多次分枝。

③叶　奇数二回羽状复叶；叶柄细长或肥大，浅绿、黄绿、绿色或白色，内部空心或实心，轮生在短缩茎上。西芹叶柄肥大、实心。

④花　复伞状花序，由多个小花聚合成小花伞，再由小花伞聚合成大花伞。花小，白色。异花授粉，虫媒花，自花授粉也能结实。

⑤果实　双悬果，成熟时开裂，半果近似半球形，棕褐色，内含 1 粒种子。

⑥种子　细小，暗褐色，表面有纵纹，有浓郁的香味；形状为椭圆形，横切面为正五角形。千粒重约 0.4～0.5 g。种皮含有挥发油，外皮革质化，透水性差，发芽缓慢。

2)生育周期

①发芽期　从种子萌动至子叶展开；适宜温度下，需 10～15 d。新种子有 4～6 个月的休眠期，需经低温或赤霉素处理，打破休眠方可播种。

②幼苗期　从子叶展开至 4～5 片真叶；适宜温度下，需 45～60 d。此期适应性较强。

③叶丛缓慢生长期　从 4～5 片真叶至 8～9 片真叶；适宜温度下，需 30～40 d。

④叶丛生长盛期　从 8～9 片真叶至 11～12 片真叶；适宜温度下，需 30～60 d。

⑤休眠期　采种植株在低温下越冬或冬藏，强迫休眠。

⑥花芽分化期　从 3～4 叶开始花芽分化。条件是：植株具有 15 片叶，茎粗约 0.5 cm；遇到 15 ℃ 以下的低温，尤其是 5～10 ℃ 的低温。

⑦抽薹期　花芽分化后的越冬植株或采种植株，在长日照条件下，随着外界气温的升高，逐渐抽生出花薹。本芹 3 月中旬抽薹，西芹 4 月中旬抽薹。

⑧开花结果期　从陆续开花到种子发育成熟，约需 60 d。通常 5 月开花结籽。

3)适宜环境

①温度　喜冷凉,耐寒,不耐高温。种子发芽的最低温度为 4 ℃,发芽适温 15 ~ 20 ℃。幼苗可耐-4 ~ -5 ℃,成株可耐-7 ~ -10 ℃低温;幼苗可耐 30 ℃高温;成株在 25 ℃以上,会加速叶柄木质化,叶柄中空,品质变差;30 ℃以上,基本停止生长,叶片黄化。叶生长适温为白天 20 ~ 25 ℃,夜间 10 ~ 18 ℃。

②光照　幼苗需光照充足。叶丛生长期宜适中、柔弱光照。强光使植株纤维增多,品质下降。

③湿度　植株耐旱能力弱,需水量很大。芹菜喜欢湿润的生长环境,需要较高的土壤湿度和空气湿度。田间持水量以 70% ~ 80% 为宜。

④土壤　宜选择有机质丰富、保水保肥力强、中性或微酸性的壤土或粘壤土栽培。pH 低于 5 时,植株易缺钙,容易出现"干烧心";pH 高于 7 时,植株易缺硼,叶柄易开裂。栽培中需氮较多;缺氮时叶量少,叶柄伸长生长迟缓,叶片小。中后期,在供应氮肥的同时,应配合磷肥和钾肥的供应。

15.1.2　类型与优良品种

1)本芹

本芹又名中国芹菜。株高约 1 m,叶柄细长。按叶柄色泽分为青芹和白芹;按叶柄髓部大小分为实心芹和空心芹,栽培品种多为实心芹,此类型味浓、耐热。优良品种有潍坊青苗芹、保定实心芹、白秀实心芹、正大脆芹、津南实芹、香毛芹菜等。

2)西芹

西芹又名洋芹、西洋芹菜、实杆芹等。叶柄纤维较少,质脆味甜,有清香气味;叶片和叶柄中均含有丰富的营养物质,可以同时食用。株高 60 ~ 80 cm,叶柄宽扁形、肥厚,宽度达 2.4 ~ 3.3 cm。栽培品种均为实心芹。味淡,不如本芹耐热。按叶柄色泽分为青柄(绿色种、绿秆型)、黄柄(黄色种、黄化型)和杂种群(黄色和绿色的杂种)三类。

①绿色种　茎叶浓绿,叶柄多为圆形,纤维少,质脆嫩,抽薹晚。耐寒,抗病,成熟较晚,不易软化栽培,常用于冬季生产。常用的品种有美国脆嫩、高犹他 52-70、荷兰西芹、佛罗里达 683、福特胡克、文图拉、美国芹菜、意大利夏芹等。

②黄色种　茎叶淡绿或白绿,叶柄较宽,肉薄,纤维多,空心早;对低温较敏感,抽薹早,适于软化栽培。常用的品种有美国白芹、金色自漂白、西芹二号、台湾 FS 等。

③杂种群　为黄色和绿色的杂种,兼有黄色品种的早熟、易软化和绿色品种的叶绿,柄圆,肉厚,纤维少等优点。优良品种有康乃尔 19、康乃尔 619、玻璃脆等。

15.1.3　栽培方式与茬口安排

芹菜的播种期不严格,原则上只要能避开先期抽薹,将生长期安排在冷凉的气候条件下,就能获得优质丰产。北方地区可采用设施和露地多茬种植,并能周年供应(见表15.1)。

表 15.1 北方芹菜主要栽培季节

栽培方式	播种期(旬/月)	定植期(旬/月)	收获期(旬/月)
露地春茬(温室育苗)	中/1~上/4	下/3~上/4	下/5~上/6
塑料大棚秋茬(露地育苗)	上、中/6	上/8~中/8	中/10~上/11
露地秋茬(露地育苗)	下/6~上/7	上/9	中/11至1月
塑料大棚春茬(温室育苗)	上/12	上/2	中/4~中/5
日光温室冬春茬(露地育苗)	中/7~上/8	中/9~上/10	1~3月

西芹最适宜进行秋季生产,其周年供应可以分为以下生产茬口:

①春西芹 终霜期前90~100 d设施育苗,终霜前约30 d定植,苗龄60~80 d;定植后70~90 d采收。常1—3月播种育苗,4—5月定植,6—7月采收。

②夏西芹 常4—5月播种育苗,6—7月定植,8—9月采收。

③秋西芹 常6月播种育苗,8月中旬到9月中旬定植,10—11月采收。

④冬西芹 常7月播种育苗,9月下旬至10月中旬定植,12月至来年1月采收。

⑤越冬西芹 常8—9月播种育苗,10月下旬到11月下旬定植,2—4月采收。

⑥冬春西芹 常11—12月播种育苗,2—3月定植,4—5月采收。

15.1.4 露地秋芹菜生产

1)育苗

①苗床准备 选择地势较高、排灌方便、土质疏松、肥沃且前茬未种过芹菜的地块。结合土壤耕翻,施入充分腐熟的有机肥8~10 kg/m²、复合肥6~10 g/m²,做成1.2~1.5 m宽、畦埂高约20 cm的苗床。一般每667 m²定植田需要准备50~60 m²的苗床。

②品种选择 应选择晚熟高产的品种。一般可以选用高犹他52-70、美国脆嫩、文图拉、美国西芹、佛罗里达683、意大利冬芹和荷兰西芹。

③种子处理

a.低温处理 新种子经精选晾晒后,清水打湿,包入纱布包中,在5 ℃左右(冰箱冷藏室或保温瓶内放冰块)的低温下放置约2 d后取出即可。

b.浸种催芽 将低温处理后的种子,用井水浸泡12 h,捞出后搓洗2~3遍;换清水再浸12 h,浸后淘洗干净并稍晾,使种子吸足水分;用纱布包好置阴凉处(15~20 ℃)、在散射光下催芽。也可用井下催芽法,将种子吊在水井内离水面50 cm处,每天翻动种子1~2次,并补水保湿,7~8 d即可出芽。

c.播种 6月上、中旬播种,选午后或阴天进行。苗床浇足底水,水下渗后在床面上撒一薄层细土;将种子掺3~5倍的草木灰、细沙或细潮土等混匀后撒播;播种后覆盖0.5 cm厚的细土。

④苗期管理

播种后在苗床上搭棚覆盖遮阳网,并保持床面湿润;出苗后于阴天或傍晚时去掉遮阳网,用井水轻浇一水,之后保持床面湿润。雨前搭塑料薄膜防雨,雨后及时揭除薄膜,用井水轻浇一次。

2~3叶期按苗距2 cm见方间苗,间苗后浇水。3~4叶期结合浇水追一次肥,追粪稀2~3 kg/m^{2}或尿素10 g/m^2。

注意及时防治病虫害,清除杂草。与小白菜混播时,芹菜出苗后应拔掉小白菜。幼苗4~6叶、苗龄60~70 d、株高13~15 cm时可移栽至大田。

2)整地作畦

结合土壤深翻,每667 m^{2}施充分腐熟的有机肥5 000~6 000 kg、尿素30 kg、过磷酸钙50 kg,硫酸钾20~30 kg,硫酸锌2~4 kg。做成宽约1.3~1.5 m、长10~15 m的低畦。

3)定植

8月上、中旬幼苗长至4~6叶时即可定植。每畦定植5~6行,栽植深度以不埋没芹菜生长点为佳。定植的适宜密度为:本芹约10 cm见方;西芹24~28 cm见方,每667 m^{2}栽植14 000~18 000株。定植后应立即浇一次水,使植株根系与土壤密接。

4)田间管理

植株缓苗期宜小水勤浇,保持地面湿润,促进发生新根。注意大雨后及时排水。缓苗后结合浇水追第一次肥(每667 m^{2}施用尿素10~15 kg),连续浅中耕促进叶柄增粗,一般蹲苗15~20 d。之后至秋分前每隔2~3 d浇一次水,天气炎热时可每天浇小水。秋分后株高约25 cm时,结合浇水追第二次肥(每667 m^{2}施用尿素约15 kg);株高30~40 cm时,加大浇水量,使地面湿润,结合浇水追第三次肥。霜降后,应减少浇水,以免影响植株叶柄增粗;准备贮藏的芹菜,在收获前一周左右应停止浇水。

西芹具有产生分蘖的特性,分蘖苗消耗大量的营养,影响植株的生长。因此,植株生长期间,结合培土,及时摘除分蘖苗,促使养分集中供应,以提高产品的商品质量。

5)采收

定植后约90 d可陆续采收,此时植株有6~8片真叶,采收过晚,容易引起叶柄空心,品质下降。准备贮藏可适当延迟收获;最迟必须在-4 ℃低温出现以前,收获完毕,以防植株受到冻害。

15.1.5 塑料大棚秋芹菜生产

1)选择品种

应选用耐热又耐寒、生长势强、抗病、优质、丰产的品种,一般绿色品种较为适宜,如美国西芹、意大利冬芹、津南实芹、开封玻璃脆等。

2)育苗

一般于6月中、下旬播种育苗。育苗必须做好低温浸种催芽、除草、遮阳降温、防暴雨袭击等工作,最好用遮阳网育苗或搭建荫棚育苗。每 667 m² 需育苗床 65~70 m²。用种量 2.5~3.0 g/m²。播种前苗床应施足底肥,浇足底水。育苗期间小水勤浇,降温促长。最好傍晚浇水,定植前适当控水,促苗健壮,有利于定植后缓苗。1 片真叶期可疏苗;2~3 片真叶时,可进行间苗,保持苗距约 6 cm。

3)定植

秋芹菜 9 月上、中旬定植。起苗前浇 1 次透水,喷 1 次农药防病;起苗时尽量少伤根,栽植时尽量不窝根。大、小苗分畦定植。定植密度为行距约 20 cm,株距 16~18 cm,每 667 m²18 000~20 000 株。栽植后,压实根区土壤,立即浇水。

4)田间管理

①覆盖遮阳网 定植后立即覆盖遮阳网,缓苗后去除。

②追肥浇水 缓苗期保持地面湿润。缓苗后浇缓苗水,并中耕蹲苗促进新根发生。7~10 d 后结合浇水每 667 m² 追粪稀 1 m³,保持地面湿润。20 d 后结合浇水追第二次肥,每 667 m² 追尿素 20 kg。一般应经常保持地面湿润,三水一肥,连追 3~4 次。扣棚后,土壤水分蒸发量减少,浇水次数应适当减少,结合浇水再追 1~2 次肥。一般每次每 667 m² 追三元复合肥 25~30 kg。

③温度 一般在 10 月下旬至 11 月上旬,最低气温下降到 10 ℃ 以下时及时上膜。上膜后初期保持昼夜大通风,降霜时夜间放下底角膜,棚内最低温度降至 10 ℃ 以下时,夜间关闭风口;白天温度升至 25 ℃ 时放风,午后温度降至 15~18 ℃ 时关闭风口;温度低于 5 ℃ 时,夜间在大棚四周用草苫围护覆盖,并用塑料薄膜在植株上做漂浮覆盖。若前期生长量不够,可延长至 1 月采收,这就需要在大棚内插盖小拱棚进行保温。秋芹菜采收越晚,市场价格越高。若夜温能保持在 -2 ℃ 以上,植株还可以缓慢生长,等待最佳时期采收。

5)收获

整株采收,或分批采收叶柄(掰收)。掰收一般每次每株掰收 2~3 叶,分采 3 次;采收应细心,以免叶柄折断,降低品质。叶柄采收后,立即去除病、老、黄叶柄,2~3 d 后喷洒一次杀菌剂,并结合灌水追肥。

大棚秋芹菜采收期棚四周温度低,易发生冻害,采收应从四周开始,逐渐向内进行。采收后准备冬贮的芹菜应在不受冻的情况下尽量延迟采收。采收后 4~5 株并成一束,假植在菜窖中。假植后立即轻浇一水,前期中午盖席降温,外界气温降至 -4 ℃ 时,夜间盖席防寒。

任务 15.2 菠菜生产技术

活动情景 菠菜生产必须熟悉其生长习性,根据生产季节和气候环境条件制订生产计划,并掌握生产中的关键技术,确保产品的优质和丰产。本任务通过资料查询、教师讲解、任务驱动等,熟悉菠菜的生长习性,掌握其生产中的关键技术。

工作过程设计

工作任务	任务 15.2　菠菜生产技术		教学时间	
任务要求	1.了解菠菜的生长特性 2.学会菠菜生产的关键技术			
工作内容	1.认识菠菜的类型与生长特征 2.完成菠菜播种、水肥等生产技术环节			
学习方法	以课堂讲授和自学完成相关理论知识学习,以田间项目教学法和任务驱动法,使学生学会学会芹菜生产的关键技术			
学习条件	多媒体设备、资料室、互联网、实训室、生产用具、菠菜生产田等			
工作步骤	资讯:教师由绿叶蔬菜生产引入任务内容,并进行相关知识点的讲解,并下达工作任务 计划:学生在熟悉相关知识点的基础上,查阅资料收集信息,划分工作小组,进行工作任务构思,设计工作计划方案 决策:各小组汇报工作计划方案,师生进行问题答疑、交流讨论、审查修改、确定方案,并准备完成任务所需的工具与材料 实施:学生在教师辅导下,按照计划分步实施,进行知识学习和技能训练 检查:为保证工作任务保质保量地完成,在任务的实施过程中要进行学生自查、学生互查、教师检查指导 评估:对任务完成情况进行学生自评、小组互评和教师点评			
考核评价	课堂表现、学习态度、任务完成情况、作业报告完成情况			

工作任务单

工作任务单				
课程名称	蔬菜生产技术	学习项目	项目 15　绿叶蔬菜生产	
工作任务	任务 15.2　菠菜生产技术	学时		
班　级		姓　名	工作日期	
工作内容 与目标	1.了解菠菜的生长特性 2.学会菠菜生产中的关键技术			
技能训练	完成菠菜生产中的关键技术环节: 1.播种 2.肥水管理 3.收获			
工作成果	完成工作任务、作业、报告			
考核要点(知识、能力、素质)	清楚菠菜的生长特性 能正确熟练地完成菠菜的播种或其他关键技术环节 独立思考,团结协作,创新吃苦,按时完成作业报告			

工作任务单					
工作评价	自我评价	本人签名：	年	月	日
	小组评价	组长签名：	年	月	日
	教师评价	教师签名：	年	月	日

任务相关知识

菠菜,又名菠棱菜、红根菜,原产于近东平原地区,于7世纪传入中国。

15.2.1　生物特性

1)形态特征

①根　直根系,味甜,可以食用。侧根不发达,根群主要分布在25~30 cm 土层中。

②茎　营养生长时期为短缩茎,生殖生长时期为花茎。

③叶　簇生,较肥大,分为尖叶和圆叶。植株抽薹后产生的茎生叶较小。

④花　单性花,黄绿色,无花瓣。

⑤果实与种子　果实为胞果,尖叶类型上面有刺。千粒重8~10 g。

2)植株性型

①绝对雄株　植株矮小,基生叶和茎生叶少而小。只生雄花,雄花序着生于花序顶端,植株抽薹早,花期短。此株型在有刺种中居多,为低产类型。

②营养雄株　植株高大,基生叶较多、较大,茎生叶也发达。只生雄花,雄花着生于花茎的叶腋部位,抽薹较晚,花期较长。此株型在无刺种中居多,为高产类型。

③雌株　植株高大,生长旺盛,基生叶和茎生叶发达。只生雌花,雌花着生于花茎的叶腋处,抽薹晚于雄株。此株型为高产类型。

④雌雄同株　植株高大,基生叶和茎生叶均发达。植株上生雌花、雄花或两性花,抽薹晚,花期与雌株接近。此株型为高产类型。

3)生育周期

①营养生长期　从子叶展开至出现2片真叶生长较缓慢,之后生长迅速。

②生殖生长期　生长点分化形成花原基后,叶数不再增加,但叶重和叶面积仍在增加,至抽薹时停止。花芽分化到抽薹的时间短的为8~9 d,长的达140 d。

4)适宜环境

①温度　耐寒性强,4~6叶期的幼苗可忍耐短期-30 ℃的低温。不耐高温,温度高于25 ℃停止生长。叶片生长的最适宜温度是15~20 ℃。种子在4 ℃开始萌发,发芽适宜温度为15~20 ℃。萌动的种子或幼苗,在0~5 ℃下,经过5~10 d,可以通过春化阶段。

②光照　长日照植物。若温度升高,光照加长,抽薹会提早。秋季日照短,适宜菠菜的营养生长,品质佳,产量高。

③湿度　不耐干旱,对空气和土壤湿度要求较高。生长适宜的土壤湿度为70% ~ 80%,空气湿度为80% ~ 90%。

④土壤　适宜疏松肥沃、保水保肥、排水良好的土壤。pH5.5 ~ 7为宜。氮素可以使植株叶片生长旺盛,改进产品的品质,提高产量;磷肥能提高菠菜的抗寒性;植株对缺硼敏感,硼不足时心叶卷曲,停止生长。

15.2.2　类型与优良品种

①尖叶菠菜　叶片尖端箭形,基部戟形多缺刻,叶面窄且薄,叶柄细长;果实有刺。植株耐寒性强,不耐热;对长日照反应敏感,易抽薹,抽薹早。优良品种有菠杂10、菠杂15、双城尖叶、绿光、青岛菠菜等。

②圆叶菠菜　叶片椭圆形,有皱褶,叶面大且厚,叶柄粗短;果实无刺。植株耐寒性弱,耐热性强;对长日照反应迟钝,耐抽薹,抽薹晚。优良品种有春秋大圆叶、成都大圆叶、广东圆叶菠菜、法国菠菜等。

15.2.3　生产方式与茬口安排

①露地生产　露地菠菜可作春菠菜、早秋菠菜和越冬菠菜三茬栽培。春菠菜2 ~ 4月播种,播种后30 ~ 50 d可采收;早秋菠菜7月下旬至9月上旬播种,播种后30 ~ 40 d分批采收;越冬菠菜9、10月播种,11月至次年4月分批采收。

②设施生产　菠菜夏季栽培时,应采用遮阳网降温,进行遮阴栽培。

15.2.4　越冬菠菜生产

①选择品种　应选择冬性强、不易抽薹、耐寒性强、丰产的中熟或晚熟品种,如诸城刺籽菠菜、尖叶菠菜、菠杂9号、菠杂10号、青岛菠菜等。

②地块准备　选择地势平坦、背风向阳、土层深厚、土质疏松肥沃、便于排水的中性偏微酸性地块。每667 m² 施腐熟有机肥5 000 kg、复合肥30 ~ 40 kg。做成1.2 ~ 1.5 m宽的高畦。

③播种　菠菜植株5 ~ 6片真叶,主根长10 cm时,耐寒性最强,可安全越冬。一般冬前40 ~ 60 d、秋季平均温度下降到17 ~ 19 ℃时播种较为适宜。多采用干籽播种,撒播要均匀,播种后浅耙,使种子落入土中,再轻踩一遍后,轻浇一水。每667 m² 用种量5 ~ 6 kg。条播时按行距10 ~ 15 cm开沟,深2 ~ 3 cm,覆土1 ~ 2 cm厚。

④管理　发芽期保持地面湿润,齐苗后适当控水。2 ~ 3叶期间苗,保持株距约5 cm。间苗后及时浇水、追肥,每667 m² 追粪稀1 000 kg或尿素10 kg。4 ~ 5叶期,浇水追肥,每

667 m² 追粪稀 1 000 kg 或尿素 10~15 kg。越冬前保持地面见干见湿；土壤封冻前浇足封冻水，如果施肥不足，可结合浇水冲施肥料。也可同时加设风障，保护植株安全越冬。

开春后畦面加地膜覆盖，促进植株提早返青。心叶恢复生长时轻浇一水，每 667 m² 追尿素 10~15 kg，之后小水勤浇，保持地面湿润，促进植株旺盛生长，延迟抽薹期。

⑤采收　根据植株的生长情况和市场需求，分批采收，也可以分次间拔采收，以提高生产效益。

15.2.5　夏菠菜生产

①选择品种　应选择不易抽薹、耐热性强、生长迅速、对日照感应迟钝的品种，如广东菠菜、耐热菠菜、贵宾菠菜等；还可以选用荷兰必久公司的 CH1098 和 CH1100 品种。

②播种　夏菠菜可以于 5—7 月分期排开播种。播种前应用冷水浸种，低温催芽。种子用清水浸泡 12~24 h，淘洗干净后沥去水分，装入纱布袋中，在 2~5 ℃下放置 2~3 d，再在 15~20 ℃的阴凉处保湿催芽，约经 3 d 种子露白后播种。每 667 m² 用种量 6~8 kg。

播前每 667 m² 施有机肥 3 000~4 000 kg，复合肥 30~40 kg；结合施肥深翻土壤，做成宽约 1.2 m、畦埂高 15 cm 的畦。一般在遮阳网下播种。播种多采用直播法，条播时按行距 12~15 cm，划浅沟，沟深约 2 cm；按株距 3~5 cm 点播种子，刮平畦沟。再大水漫灌即可。

③管理　夏季生产菠菜要防止高温和暴雨，必须进行遮阴、降温，防止强光照射。一般多采用薄膜拱棚设施的棚架，不撤棚膜，四周卷起，上面覆盖遮阳网或稀疏盖一层草帘进行遮阴。

种子出苗后注意保持湿度，早晚灌溉，每 4~5 d 浇 1 次水；若基肥不足，可进行 1~2 次追肥，以腐熟人粪尿或速效氮肥为主，结合浇水进行。每次施肥后连续浇 5 d 清水，促进植株营养生长，延迟抽薹。植株生长期间宜小水勤浇，保持地面湿润。菠菜最忌热雨淋洗，因此上部棚膜应盖严，不能淋进雨水，四周卷起，有利于通风、降温。

④采收　夏菠菜生长迅速，通常播种后约 25 d、菠菜株高约 20 cm 时，便可以采收。

任务 15.3　莴苣生产技术

活动情景　莴苣生产必须熟悉其生长习性，根据生产季节和气候环境条件制订生产计划，并掌握生产中的关键技术，确保产品的优质和丰产。本任务通过资料查询、教师讲解、任务驱动等，熟悉莴苣的生长习性，掌握其生产中的关键技术。

工作过程设计

工作任务	任务 15.3　莴苣生产技术	教学时间	
任务要求	1.了解莴苣的生长特性 2.学会莴苣生产的关键技术		
工作内容	1.认识莴苣的类型与生长特征 2.完成莴苣播种、水肥等生产技术环节		
学习方法	以课堂讲授和自学完成相关理论知识学习,以田间项目教学法和任务驱动法,使学生学会莴苣生产的关键技术		
学习条件	多媒体设备、资料室、互联网、生产工具、莴苣生产田等		
工作步骤	资讯:教师由绿叶蔬菜生产引入任务内容,进行相关知识点的讲解,并下达工作任务 计划:学生在熟悉相关知识点的基础上,查阅资料收集信息,划分工作小组,进行工作任务构思,设计工作计划方案 决策:各小组汇报工作计划方案,师生进行问题答疑、交流讨论、审查修改、确定方案,并准备完成任务所需的工具与材料 实施:学生在教师辅导下,按照计划分步实施,进行知识学习和技能训练 检查:为保证工作任务保质保量地完成,在任务的实施过程中要进行学生自查、学生互查、教师检查指导 评估:对任务完成情况进行学生自评、小组互评和教师点评		
考核评价	课堂表现、学习态度、任务完成情况、作业报告完成情况		

工作任务单

工作任务单				
课程名称	蔬菜生产技术	学习项目	项目 15　绿叶蔬菜生产	
工作任务	任务 15.3　莴苣生产技术	学　时		
班　级		姓　名		工作日期
工作内容 与目标	1.了解莴苣的生长特性 2.学会莴苣生产中的关键技术			
技能训练	完成莴苣生产中的关键技术环节: 1.播种 2.肥水管理 3.收获			
工作成果	完成工作任务、作业、报告			
考核要点(知识、能力、素质)	清楚莴苣的生长特性 能正确熟练地完成莴苣的播种或其他关键技术环节 独立思考,团结协作,创新吃苦,按时完成作业报告			

续表

工作任务单					
工作评价	自我评价	本人签名：	年	月	日
	小组评价	组长签名：	年	月	日
	教师评价	教师签名：	年	月	日

任务相关知识

莴苣原产于地中海沿岸,于5世纪传入我国。

15.3.1　生物特性

1)形态特征

①根　根群分布在20~30 cm的土层中。

②茎　营养生长期为短缩茎;茎用莴苣在花芽分化后,营养茎可加粗生长与花茎共同形成棒状的肉质茎。

③叶　互生,披针形或长卵圆形;叶色与品种有关,有深绿、绿、浅绿和紫色;叶平展或有皱褶,全缘或有缺裂。

④花　头状花序,花序圆锥形;每花序有小花20朵左右,花浅黄色,自花授粉。

⑤果实与种子　瘦果,扁平锥形,黑褐色或银白色,有冠毛;果皮与种皮不分离,为果实类种子;种子千粒重约0.8~1.2 g。

2)生育周期

(1)营养生长期

①发芽期　从种子萌动至真叶出现,需8~10 d。

②幼苗期　从破心至第1叶环的叶展开(团棵);冬春季需50 d左右,秋季需30 d左右,直播需17~27 d。

③发棵期　从团棵至肉质茎开始膨大(茎用莴苣),或开始包心(结球莴苣)。需15~30 d。此期叶面积迅速增大。

④产品器官形成期　茎用莴苣茎叶同时快速生长,达到生长高峰后开始下降,此后约10 d即可采收。结球莴苣边展外叶边包心,外叶叶数和叶面积达到最大时,叶球基本形成,此后球叶继续扩大与充实;此期需要30 d左右。

(2)生殖生长期

茎用莴苣进入发棵期后,开始花芽分化,营养生长与生殖生长重叠时间较长,花茎在肉质茎中所占比例很大。结球莴苣叶球即将采收时开始花芽分化,之后迅速抽薹开花。

3)适宜环境

①温度　性喜冷凉,不耐炎热,较耐霜冻。种子发芽最低温度4 ℃,发芽适温15~

20 ℃。幼苗可耐-5～-6 ℃低温,高温强光下幼苗茎部会受灼伤而倒伏;茎叶生长适温为15～20 ℃,25 ℃以上生长不良,且容易抽薹。

②光照　种子萌发需散射光,黑暗下发芽不良。生长期要求中等强度光照。莴苣为长日照植物,14 h 以上光照,有助于植株抽薹、开花、结籽。

③水分　莴苣根系浅,叶面积大,叶片含水量高,生长期间要求水分均匀充足。

④土壤或基质　宜选择有机质丰富、疏松透气的壤土或基质栽培。pH6～7 为宜。苗期需氮较多,缺氮会抑制叶片的分化和生长;发棵期需充足的氮和钾;缺钙容易出现"干烧心"。

15.3.2　类型与优良品种

1)茎用莴苣(莴笋)

①尖叶莴笋　叶片先端稍尖,叶面光滑,节间较稀,肉质茎上细下粗;苗期较耐热,较晚熟。优良品种有陕西尖叶青笋、上海大尖叶、北京紫叶笋、南京青皮笋、孝感莴笋、柳叶笋、夏翠莴笋、雁翎笋等。

②圆叶莴笋　叶片先端稍圆,叶面略皱,节间较密,肉质茎中下部较粗,两端渐细;耐热性较尖叶莴笋弱,较耐寒,早熟。优良品种有济南白莴笋、南京圆叶白皮、成都挂丝红、青香秀莴笋、鱼肚莴笋等。

2)叶用莴苣(生菜)

①皱叶莴苣　植株半直立状。叶片皱缩,深裂,簇生于短缩茎上。优良品种有花叶生菜、生菜王、鸡冠生菜、紫叶生菜等。

②展叶莴苣　植株大多直立生长。叶片平展,全缘,较狭长。优良品种有油麦菜、纯香油麦菜、登峰生菜、红帆紫叶生菜、罗马直立生菜等。

③结球莴苣　又称玻璃生菜或团生菜。叶片全缘或有缺刻、锯齿;外叶开展,心叶抱合形成叶球,叶球圆形或扁圆形。优良品种有广州结球生菜、大湖 659 生菜、皇帝结球生菜、凯撒生菜等。

15.3.3　生产方式与茬口安排

茎用莴苣可作露地栽培或设施栽培,露地栽培作春季和秋季栽培,设施栽培作春季提早栽培和秋季延后栽培。叶用莴苣北方地区可采用设施和露地多茬种植,并能采用合理的栽培方式,选用适宜的品种,可以做到周年栽培与供应。

15.3.4　秋莴笋生产

1)育苗

①选种与种子处理　选择尖叶品种,如上海大尖叶、雁翎笋、柳叶莴笋等。将种子浸入

500 mg/L 的乙烯利溶液或 300~500 mg/L 的赤霉素溶液中,处理 6~8 h,再在室内见光催芽;或用凉水浸种 6~10 h 后,在 5 ℃下放置一昼夜,室内见光催芽。出芽后立即播种。

②播种　适宜在早霜前 75~90 d 播种。苗床浇足底水,播种后覆一薄层细土,也可不覆土,保证种子发芽需光。注意床面保持湿润。

③苗期管理　播种后遮花荫降温;第 1 真叶出现后间苗,苗距 1 cm×1 cm;2 叶 1 心期分苗。缓苗期保持苗床湿润;缓苗后揭除遮阴物。

2)定植

秋莴笋苗龄不宜超过 30 d,4~5 片真叶期定植。适宜的行株距为 30 cm×25 cm。选择阴天或晴天傍晚时进行,并浇足定植水。

3)田间管理

植株缓苗期保持地面湿润,促进发生新根。缓苗后浅中耕,并追第一次肥。秋莴笋不宜蹲苗,植株"团棵"时浇水并追施速效氮肥;封行前结合浇水,追施粪稀,每 667 m² 约 1 000 kg。缺水缺肥是导致秋莴笋出现未熟抽薹的主要原因,应经常保持地面湿润。

15.3.5　叶用莴苣生产

1)育苗

从播种到秧苗育成旬平均气温 10 ℃以上时,可以露地育苗;其余时期应选用适当的设施育苗。一般 8 月至来年 2 月播种,适宜播种期为 10 月中旬至 12 月中旬。冬季和早春进行塑料薄膜拱棚生产,夏季进行遮阴生产。

育苗地每 667 m² 施腐熟有机肥 1 500 kg,过磷酸钙 20 kg,结合土壤耕翻混匀。一般每 667 m² 生产田需 20~30 m² 苗床,用种量 25~30 g。高温季节播种,种子必须进行低温催芽。用井水浸泡种子约 6 h,搓洗捞出,用湿纱布包好,放在 15~18 ℃下,或吊在水井中,或放在冰箱(温度控制在 5 ℃左右)催芽 24 h,再将种子放在阴凉处保温催芽。可以采用 2 mL/L 的"九二〇"溶液浸种 24 h,打破种子休眠,2~3 d 可齐芽,80% 种子露白时播种。

播种时苗床浇透水,将种子与等量湿润细沙混匀,撒播,覆土约 0.5 cm。2~3 片真叶期间苗或分苗。低温季节注意苗床保温,控制浇水量,防止湿度过大;夏季露地育苗,须用遮阳网覆盖,每天淋水 2~3 次,使苗床保持湿润。

2)定植

结合整地,每 667 m² 施有机肥 4 000~5 000 kg、复合肥 50 kg,做成低畦。定植适宜密度结球莴苣 25~30 cm 见方,散叶莴苣 17~20 cm 见方,一般每 667 m² 栽植 4 000~8 000 株。定植前 1 d,向苗床喷水,使苗床温润。选用生长健壮、节间短、叶柄粗阔、无病虫害的秧苗,大小苗分开栽植,以便于生产管理。高温季节定植时,应在定植当天上午搭建棚架,覆盖遮阳网,下午 16 时后定植。冬春季节,可以采用地膜覆盖。定植深度以根部全部进入土中、但不埋没生长点为度,以免压住心叶或诱发软腐病。

3)田间管理

①肥水管理 生菜喜肥,整个生育期需要养分较多。植株缓苗后追1次速效氮肥,促进叶片生长;定植后15~20 d第2次追肥,每667 m² 追15~20 kg三元复合肥;定植后30 d,再追10~15 kg复合肥,保证叶片生长的营养。

浇水原则是保持土壤见干见湿。进入缓苗后浇缓苗水;叶片生长盛期,植株需水量增大,应保持地面湿润,勤浇水,但每次浇水量不宜过大。水分不足,产量降低,风味变苦;水分过多,产品易开裂,也容易诱发病害。

②中耕除草 定植后,应经常中耕、除草,春季稍深,秋季稍浅,以提高土温,保证生菜根系发育良好,促进植株生长。最好人工拔除杂草,勿用机械或化学药剂除草。

③保温或遮阴防雨 利用薄膜拱棚等设施生产时,注意控制温度,一般白天温度不应超过25 ℃,夜间不低于10~12 ℃。夏季生产时,需要遮阴防雨,多采用在棚膜上加盖遮阳网或无纺布等遮阴材料,卷起四周薄膜,以便通风、降温、排湿。

15.3.6　收获

1)茎用莴苣

宜在莴笋茎的顶端与最高叶尖平齐时(即"平口")采收。秋莴笋应在霜前采收完销售,或连根拔起假植在阳畦等设施中,在元旦、春节前后上市。

2)叶用莴苣

采收期较灵活,可分批采收。结球莴苣在叶球包紧后,应及时采收,以免裂球。

任务 15.4　其他绿叶蔬菜生产技术

活动情景 茼蒿、蕹菜、芫荽、苋菜、小白菜等绿叶蔬菜的生产也很普遍,市场需求量较大。这些绿叶蔬菜的生产,应结合其生长特性,满足其生长的适宜环境,并掌握生产中的关键技术,确保产品的优质和丰产。本任务是通过资料查询、教师讲解、任务驱动等,熟悉其生长习性,掌握其生产中的关键技术。

工作过程设计

工作任务	任务 15.4　其他绿叶蔬菜生产技术	教学时间	
任务要求	1.了解茼蒿、蕹菜、芫荽、苋菜、小白菜等绿叶蔬菜的生长特性 2.学会茼蒿、蕹菜、芫荽、苋菜、小白菜等绿叶蔬菜生产的关键技术		

续表

工作任务	任务 15.4　其他绿叶蔬菜生产技术	教学时间	
工作内容	1.熟悉茼蒿、蕹菜、芫荽、苋菜、小白菜等绿叶蔬菜的生长特征 2.完成茼蒿、蕹菜、芫荽、苋菜、小白菜等绿叶蔬菜的播种、管理等技术环节		
学习方法	以课堂讲授和自学完成相关理论知识学习,以田间项目教学法和任务驱动法,使学生学会茼蒿、蕹菜、芫荽、苋菜、小白菜等绿叶蔬菜生产的关键技术		
学习条件	多媒体设备、资料室、互联网、生产工具、绿叶蔬菜生产田等		
工作步骤	资讯:教师由绿叶蔬菜生产引入任务内容,进行相关知识点的讲解,并下达工作任务 计划:学生在熟悉相关知识点的基础上,查阅资料收集信息,划分工作小组,进行工作任务构思,设计工作计划方案 决策:各小组汇报工作计划方案,师生进行问题答疑、交流讨论、审查修改、确定方案,并准备完成任务所需的工具与材料 实施:学生在教师辅导下,按照计划分步实施,进行知识学习和技能训练 检查:为保证工作任务保质保量地完成,在任务的实施过程中要进行学生自查、学生互查、教师检查指导 评估:对任务完成情况进行学生自评、小组互评和教师点评		
考核评价	课堂表现、学习态度、任务完成情况、作业报告完成情况		

📚 工作任务单

工作任务单			
课程名称	蔬菜生产技术	学习项目	项目15　绿叶蔬菜生产
工作任务	任务 15.4　其他绿叶蔬菜生产技术	学　时	
班　级		姓　名	工作日期
工作内容 与目标	1.了解茼蒿、蕹菜、芫荽、苋菜、小白菜等绿叶蔬菜的生长特性 2.学会茼蒿、蕹菜、芫荽、苋菜、小白菜等绿叶蔬菜生产中的关键技术		
技能训练	完成茼蒿、蕹菜、芫荽、苋菜、小白菜等绿叶蔬菜生产中的关键技术环节: 1.播种 2.肥水管理 3.收获		
工作成果	完成工作任务、作业、报告		
考核要点(知识、能力、素质)	清楚茼蒿、蕹菜、芫荽、苋菜、小白菜等绿叶蔬菜的生长特性 能正确熟练地完成茼蒿、蕹菜、芫荽、荠菜、小白菜等绿叶蔬菜的播种或其他关键技术环节 独立思考,团结协作,创新吃苦,按时完成作业报告		
工作评价	自我评价	本人签名:	年　　月　　日
	小组评价	组长签名:	年　　月　　日
	教师评价	教师签名:	年　　月　　日

任务相关知识

15.4.1 茼蒿

茼蒿又名蓬蒿、蒿菜、蒿子秆、春菊等,为属科一、二年生蔬菜,原产于我国。

1)生物特性

①形态特征 根系不发达,侧根多,分布较浅。营养生长期茎高 20~30 cm,花茎高 60~90 cm。根出叶,无叶柄,叶缘深裂或波状。头状花序,黄色或白色。果实为瘦果,褐色,扁方块形,有棱,为播种材料,千粒重 1.8~2 g。

②适宜环境 茼蒿适应性广,喜温和冷凉的气候,不耐高温。生长适温 17~20 ℃,在 10~30 ℃均可生长。种子在 10 ℃时即能发芽,以 15~20 ℃最佳。

植株对光照要求不严格,较耐弱光;在较高温度和短日照下抽薹开花。茼蒿不耐涝,应经常保持土壤湿润。对土壤适应性广泛,最适宜微酸性砂质壤土。pH5.5~6.8 为宜。喜氮肥,氮素不足时植株矮小,叶色发黄,品质变劣,产量下降。

2)类型与优良品种

①大叶茼蒿(板叶茼蒿、圆叶茼蒿) 叶片匙形,叶片宽大肥厚,缺刻少而浅,绿色,茎短,节密而粗,质嫩,香味浓,品质好,产量高;较耐热,但耐寒性较差,生长慢,成熟较晚。优良品种有上海圆叶茼蒿、香菊 3 号茼蒿、金赏御多福茼蒿等。

②中叶春菊 引自香港。叶片细长,缺刻多且深,叶片较厚,纤维较少,香味浓。生长速度较快,品质较好,产量较高;较耐热。

③小叶茼蒿(花叶茼蒿、细叶茼蒿) 叶片狭小,缺刻多且深,叶较薄,绿色,香味浓;分枝多,茎枝细,生长快;抗寒但不耐热,成熟早。优良品种有上海细叶茼蒿、北京小叶茼蒿、广西花叶茼蒿等。

3)生产方式与茬口安排

露地栽培或设施栽培均可。露地栽培时,春播宜在 3~4 月进行;夏秋播种在 7~9 月播种,9~10 月收获。设施栽培,10 月至次年 3 月均可播种。

4)生产技术

①地块准备 选择土层深厚、疏松肥沃、排灌方便、保水保肥的中性或偏酸性土壤。结合深翻,每 667 m² 施腐熟有机肥 2 000 kg、复合肥 25 kg,做成宽 1.5 m 的畦。茼蒿植株矮小,生长期短,可与其他蔬菜间、套作。

②播种 北方一般春播或秋播,多采用干籽直播,撒播、条播均可。撒播每 667 m² 用种量 3~4 kg;条播每 667 m² 用种量 1.5~2 kg,行距约 10 cm。也可催芽播种。将种子用 30~35 ℃温水浸泡 24 h,用清水洗净后捞出,放在 15~20 ℃下催芽。催芽期间每天用清水冲洗,经 3~4 d 后,种子露白即可播种。若催芽后的种子,必须进行湿播。

春季播种,要选择晴天,播种后覆盖地膜。夏秋播种,播种后用遮阳网覆盖,保持土壤或基质湿润。

③管理 播种后浇水,出苗后适当控制水分,防止猝倒病和霜霉病发生。2~3叶期进行间苗,苗距5~10 cm,间苗后浇水,整个生长期保持地面湿润。苗高5~6 cm时,可追施尿素或人畜粪水,每667 m² 每次施尿素10~15 kg,腐熟人畜粪水1 000 kg。以后每采收一次追一次肥。注意及时拔除杂草。

④采收 播种后40 d左右,植株高20 cm左右时可以一次性割收,或疏间割收、分批割收。疏间割收在苗高约15 cm时,选大株采收。分批割收在苗高20 cm以上时第一次割收,保留植株基部2~3节,使植株继续萌发侧枝,侧枝长成后再行割收。割收后1~2 d浇水追肥。20~25 d收割一次,可以收割2~3次。

15.4.2　蕹菜

蕹菜又名空心菜、竹叶菜、藤菜、通菜,原产中国。

1)生物特性

①形态特征 茎圆形中空,蔓性,匍匐生长,质嫩,易生侧枝。叶互生,叶柄较长,长卵形,全缘,叶面光滑,有绿、黄绿或微带紫红色。花漏斗状,腋生,白色或淡紫色。果实蒴果,种子大粒,白褐色或黑色,每克20~30粒。

②适宜环境 喜高温、多湿环境,不耐霜冻。生长适应15~40 ℃的温度,蔓、叶生长适温25~30 ℃,10 ℃下停止生长。喜光照充足;为高温感应型短日照植物。喜湿润,土壤水分不足,空气干燥时,纤维素增多,品质下降,产量降低。对土壤适应性强,耐肥,以保水保肥的粘壤土为佳,生长期间需氮素较多。

2)类型与优良品种

北方主要种植旱蕹,又名子蕹,耐旱,在旱地栽培。优良品种有泰国空心菜、旱蕹菜、南昌空心菜、吉安蕹菜、青梗大叶蕹菜等。

3)生产方式与茬口安排

①露地生产 多采用旱地生产。4月下旬至5月中旬直播,6月中旬开始采收;或3月下旬育苗,4月中旬定植,5月上旬开始采收。

②设施生产 大棚春提早生产,一般8月中旬育苗,9月上旬定植,9月下旬开始采收;日光温室秋延迟生产,一般9月上旬育苗,10月上旬定植,10月下旬开始采收。利用温室、大棚、小棚等多种园艺设施,可以实现周年生产,实时供应。

4)蕹菜生产

①选择品种 蕹菜有子蕹和藤蕹两种,北方地区多采用子蕹进行种子繁殖。常用的品种有泰国空心菜、白梗、吉安蕹菜、青梗子蕹菜等。

②播种 播种前深翻土壤,每667 m²施腐熟有机肥2 500~3 000 kg或人粪尿1 500~2 000 kg,草木灰50~100 kg,结合整地,充分混匀,耙平整细。早春温度低,植株生长缓慢,

应尽早播种或栽植,使植株在夏季高温多湿来临前长到一定大小,以增加夏秋采收次数,使蔓叶达到最大生长量。早春播种,常采用密播间拔采收的方法,每 667 m² 播种 15 ~ 20 kg;随播种期延迟,播种量减少 5 ~ 10 kg,间拔次数减少。

播种前对种子进行处理,用 50 ~ 60 ℃ 温水浸泡种子 30 min,再用清水浸种 20 ~ 24 h,捞出洗净后在 25 ℃ 下催芽。催芽期间保持湿润,每天用清水冲洗种子 1 次,种子露白后即可播种。播种一般采用条播密植,行距约 33 cm,播种后覆土。

③管理　蕹菜管理的原则是:多施肥,勤采收。蕹菜喜肥水,除施足基肥外,还要进行追肥。幼苗长到 5 ~ 7 cm 时开始浇水追肥,之后保持根区湿润。每次采收后追 1 ~ 2 次肥,追肥应先淡后浓,以氮肥为主。封行前应及时中耕除草。

④采收　种子繁殖植株高 30 ~ 40 cm,无性繁殖植株新藤长 30 ~ 40 cm 时,可以进行第 1 次采收。采收初期和后期,温度较低,植株生长缓慢,隔 10 d 左右采收 1 次;7 ~ 8 月高温多雨季节,植株生长旺盛,每周可采收 1 次。采收时,藤茎基部要留 2 ~ 3 节,以利新芽萌发,促发侧枝;采收 3 ~ 4 次后,应对植株进行 1 次重采,即藤茎基部仅留 1 ~ 2 节,以免侧枝发生过多,导致植株生长纤弱缓慢,影响品质和产量。如果藤过密或生长衰弱,应疏除部分枝条,使植株更新复壮。

采收初期容易出现"跑藤"现象,即茎蔓徒长纤细、节间长,这是由于肥水管理不当或不及时采收造成的,常发生于主蔓上,因此应在第 1 次采收时,留基部 2 ~ 3 节摘去主蔓。

15.4.3　芫荽

芫荽又名香菜、胡荽、香荽,伞形花科香菜属,一、二年生草本植物,原产于中国。

1)生物特性

①形态特征　主根粗壮,浅根系。营养生长期茎短缩,叶片塌地,浅绿或绿色。伞房花序。果实圆球形,每果有种子 2 粒。种子半球形,外层包被一层果皮,发芽困难。

②适宜环境　芫荽耐寒。发芽适温 20 ~ 25 ℃,生长适温 17 ~ 20 ℃。植株能耐 -8 ~ -10 ℃ 的低温,低温下植株的叶片和叶柄会变紫。温度高于 30 ℃ 时,容易出现抽薹开花现象,产品品质劣变,不堪食用。

芫荽植株生长中,若光照充足,光合作用旺盛,植株生长健壮,叶片色深,香味浓郁,品质优;光照不足时,植株生长衰弱,叶柄、叶片纤弱。芫荽为长日照植物,光照在 14 h 以上时,有利于植株抽薹、开花和结实。短日照下,植株开花延迟,不容易结实。

芫荽对土壤适应广泛,最适宜土质疏松、富含有机质、保水性强的肥沃壤土。生长过程中,喜氮素肥料。施肥应以氮肥为主,配合磷钾肥。芫荽喜湿润,应经常保持土壤湿润,植株生长健壮,积累营养丰富,叶柄肥嫩,品质佳,产量也高。

2)类型与优良品种

①大叶型(大粒香菜)　耐热性强,生长迅速,产量高,抗病性强;但香味略差。

②小叶型(小粒香菜)　耐寒,香味浓郁,生食、调味或腌渍均可;但产量较低。

3）生产方式与茬口

芫荽喜欢凉爽的气候,北方地区主要作春、秋两季生产。南方地区除炎夏外,可以周年生产。目前,结合冬季的增温设施和夏季的遮阴降温设施,芫荽可以全年生产、供应。

4）生产技术

（1）秋芫荽生产

芫荽性喜冷凉气候,耐寒性强,不耐高温,适宜进行秋季生产。

①地块准备　芫荽生长迅速,生育期短,根系较浅,种子发芽顶土能力差,对肥水需求较高。宜选择肥沃、保水保肥、排灌方便、疏松透气的壤土或基质。最好5年以上未种过芫荽的地块,切忌重茬。

清除前茬作物残体,以减少田间病虫害。深翻土壤,每667 m² 施2 000~3 000 kg腐熟的农家肥;做成宽1 m的平畦。

②播种　芫荽的小叶型品种,耐寒性强,香味浓郁,适宜秋季生产。芫荽的种子为双悬果,播种前先将种子搓开,可以促进种子吸水,并避免出双苗,妨碍单株生长。

芫荽适宜在8月中下旬播种。条播行距10~15 cm,开浅沟,沟深约5 cm;撒播开沟深约4 cm。覆土2~3 cm。每667 m² 用种量4~4.3 kg。播种后轻踩一遍,再浇水,保持土壤或基质湿润,促进发芽、出苗。由于芫荽的芽软,顶土能力差,播种后应注意防止土壤板结,以免出现幼苗顶不出土的现象。

③管理

a.间苗、定苗与中耕　秋芫荽生长较快,出苗后应及时间苗和定苗,防止幼苗拥挤,影响正常生长。一般整个生长期松土、除草2~3次。第1次在幼苗顶土时进行,耙破土皮,消除板结层;同时清除杂草。第2次在幼苗长到2~3 cm高时进行,可适当深松土,清除杂草。第3次在苗高5~7 cm时进行,可以促进植株旺盛生长。叶片封严地面后,不再进行中耕,只清除杂草便行。

b.浇水与追肥　定苗前通常不浇水,进行蹲苗,促进根系发育苗壮。定苗后浇一次稳苗水,以不淹没幼苗为宜;之后随着植株的迅速生长,需水量增加,应增加浇水次数,全生育期可浇水5~7次。前3次浇水,间隔10 d左右,第4水开始,间隔6~7 d浇一次。生长期保持土壤湿润,采收前应控制浇水。

结合浇水进行追肥。第1次水,可轻追一次提苗肥,每667 m² 施用尿素约10 kg;之后每浇2~3次水施一次肥,每667 m² 施用尿素10~12.5 kg。

④采收与贮藏　芫荽播种后30~60 d,可陆续采收。收获可间隔采收,也可一次性采收。采收后可以鲜食,也可贮藏至冬春食用。可以采用埋土冻藏法进行贮藏。食用时从土中取出,置于0~10 ℃处,稍微解冻,产品仍可保持鲜嫩,色味不减。

（2）芫荽反季节生产

芫荽性喜冷凉,宜作春秋生产。夏季反季节生产,气温高,产量较低,但市场价格高,生产效益显著。

①选择品种　夏季反季节生产芫荽,宜选择耐热、抗病的品种,如泰国四季大粒香菜。

②种子处理　芫荽为果实类种子,发芽困难。播种前,可以将种子用力慢搓,将种子外

壳搓裂出小口(切忌搓碎),再用温水(30~45℃)浸泡2~3 d。播种后12~13 d便可出苗,比常规播种可以提早7 d左右。

也可以将芫荽的种子浸入1%高锰酸钾或50%多菌灵可湿性粉剂300倍液的溶液中处理30 min,再用清水洗净;在干净的冷水中浸种约20 h后,置于20~25℃条件下催芽,再播种。

③地块准备　选择肥沃、疏松、排灌方便的壤土或基质。前茬作物收获后,及时深翻20~25 cm,晒土15 d左右。做成高20 cm、宽1.2 m、沟宽30 cm的深沟高畦,以方便覆盖遮阳网。结合整地,每667 m²施有机肥100 kg、恩益碧30 g,或腐熟农家肥3 500 kg、饼肥150 kg、磷肥50 kg;表土整平整细。

④适时播种　结合当地气候,在5月中旬至7月上旬播种,能获得较高的产量和市场价格。最好采用撒播、高密度种植,以速生小苗上市。每667 m²用种量8~10 kg。播种后浇透水,并覆盖厚约1 cm的稻草等覆盖物,进行保墒促进出苗。

⑤管理　出苗前保持土壤湿润,绝大部分种子出苗时,应撤去稻草等覆盖物,并及时搭盖遮阳网和防虫网。注意早晨盖、傍晚揭,加强通风,预防病害发生。

芫荽生长期短,生长快,应早除草、早间苗、早追速效氮素肥料。通常在苗出齐后7 d左右间苗,2叶期定苗,苗距3~4 cm。通常8 d左右浇一水,苗高3 cm时开始追肥,每667 m²施尿素8~10 kg、硼肥250 g。之后隔一水,用0.3 kg%的尿素液进行一次叶面追肥,后期可添加适量的磷酸二氢钾进行叶面追肥。

采收前15 d左右,可以喷洒25 mg/kg的赤霉素溶液,促进植株叶柄伸长,叶数增多,产量提高。

15.4.4　苋菜

苋菜又名野苋菜、野刺苋、人旱菜、米苋、赤苋、彩苋、名苋、青香苋、雁来红、长寿菜等,为苋科苋属一年生草本植物。起源于我国,南方生产普遍,夏季主要蔬菜之一。

1)生物特性

①形态特征　苋菜的根为直根系,发达。叶片互生,全缘,叶基延伸入叶柄;叶片卵圆形、圆形或披针形,有紫色、绿色、黄绿色或绿色等颜色,叶面平滑或皱缩。茎粗壮,分枝较少。花枝腋生或顶生,穗状花序。种子黑色,有光泽。

②适宜环境　苋菜喜温暖,耐热但不耐寒。生长适宜温度为23~27℃;20℃以下,植株生长缓慢;10℃以下,种子发芽困难,植株停止生长;30℃以上,产品品质劣变。苋菜为高温短日照植物,高温、短日照下,容易抽薹、开花和结籽。属短日性蔬菜,8~10 h的持续短光照,能促进植株提早开花结实。在气温适宜,较长日照的春季栽培,抽薹迟,品质柔嫩,产量高。苋菜对土壤和基质的适应性很广泛,以肥沃、疏松、保水保肥的土壤或基质最为适宜。土壤水分充足时,可适当追施氮素肥料,使植株生长柔嫩,品质佳,产量高。

2)类型与优良品种

①绿苋　叶绿色,耐热性强,质地较硬。常见品种有白米苋、柳叶苋、木耳苋等。

②红苋　叶紫红色,耐热性中等,质地较软。常见品种有大红袍、红苋、红苋菜等。

③彩苋 叶边缘绿色,近叶脉处紫红色,耐热性较差,质地软。常见品种有尖叶红米苋、尖叶花红等。

3)生产方式与茬口

苋菜在南方地区可以露地周年生产;北方地区一般春秋生产,结合利用各种增温设施可以实现全年生产。

4)生产技术

(1)苋菜春秋季生产

苋菜耐热性强,生长期30~60 d。从4月中下旬至9月上旬均可分期播种,陆续采收。

①整地播种 苋菜整地要求精细,以利于种子发芽出土。苋菜喜肥,整地时每667 m² 施腐熟的优质圈肥3 000 kg,再做成垄或畦。

苋菜种子很细小,播种时应掺入细沙或细土,使播种均匀。每667 m² 用种量0.4~0.5 kg。撒播或条播,条播行株距为35 cm×15 cm。撒播后浅搂即可,条播春季应较深、夏季可较浅,播种后覆土1~1.5 cm,再镇压、浇水。

②管理 春季播种地温较低,可用小拱棚或地膜覆盖法,促进出苗加快且整齐。春播一般7~12 d可出苗;晚春和秋播时,3~5 d便可出苗。幼苗2叶期,可进行第1次追肥;12 d后,进行第2次追肥;第1次采收后,进行第3次追肥;之后每采收1次,追肥1次,每次追肥以氮肥为主,结合浇水每667 m² 追施尿素10 kg。注意春播少浇水,夏秋播应增加浇水。

幼苗生长期间应及时中耕除草。苋菜多次采收时,还应整枝。当主枝采收后,在主枝基部2~3节处剪下嫩枝,促进侧枝萌发,延长生长期,提高产量。

苋菜抗病性较强,主要病害是白锈病,可以采用粉锈宁或代森锰锌防治。苋菜的主要虫害是蚜虫,可以采用吡虫啉或避蚜雾防治。

苋菜是一次播种、分批采收的蔬菜。第1次采收,可以与间苗结合进行。春季一般播种后40~45 d开始采收;夏季30~32 d开始采收。初次采收宜在株高15~20 cm、6叶期前后进行。采收的原则是收大留小,留苗均匀,以增加后期产量和总产量。春季播种可以采收2~3次,秋季播种采收1~2次。每667 m² 产量可高达1 000~1 500 kg,春播比秋播产量高。一次性采收时,应从地表割收,少带泥土。

(2)苋菜冬季生产

利用塑料中棚生产越冬苋菜,春节开始上市,至6月上旬结束生产。每667 m² 产量高达3 000 kg以上,产值可以达到5 000~6 000元。

①选择品种 冬季生产,宜选用抗逆性强、产量高、品质好的红色圆叶类型品种,如全叶红、大红袍等。

②地块准备 11月中下旬播种,始收期可以提早到春节期间。提前半个月翻耕土壤,深度15~17 cm。结合整地,施基肥,每667 m² 施腐熟有机肥1 500~2 000 kg,饼肥20~25 kg,复合肥15~20 kg。做成宽1.2~1.5 m的高畦,畦间挖宽25~30 cm、深18~22 cm的沟,整平畦面。

③播种 播种前,浇足底水。每667 m² 用种3~4 kg,掺入适量细沙或细土,拌匀后撒播;并用地膜覆盖畦面。再在每个畦面上搭建2个小拱棚,棚高70~80 cm。最后在2个小

拱棚上搭建 1 个中棚,棚高 1.2~1.5 m。进行保温覆盖生产。

④管理　2~3 片真叶期,进行第 1 次追肥,隔 12~15 d 进行第 2 次追肥,之后每采收一次追一次肥。每次每 667 m² 施稀薄人粪尿约 1 000 kg。及时清除杂草,来年 3 月中旬拆除小拱棚,温度高时,须打开中棚两端进行通风降温;5 月中旬拆除中棚。

⑤采收　苋菜株高 10~15 cm、具有 4~5 片真叶时,结合田间间苗拔采过密、较大的植株,上市售卖。同时可以再次补种。分批采收,直到 6 月上旬结束生产。

15.4.5　普通白菜

1)生物特性

①形态特征　根系浅,侧根较多,主要分布在 20 cm 以内的土层。营养生长期茎短缩,花茎有 1~3 级分枝。叶片塌地、半直立或直立,圆、卵圆、倒卵圆或椭圆等,全缘、波状或锯齿状,光滑或皱褶;叶柄肥厚,白、浅绿或绿色。总状花序,花黄色。果实长角果,每果有种子 10~20 粒,成熟时易开裂。种子近圆形,红褐色或黄褐色,千粒重 1.5~2.2 g。

②适宜环境　喜冷凉,耐寒而耐热;发芽适温 20~25 ℃,生长适温 18~20 ℃,能耐 -2~-3 ℃ 低温;种子萌动后,在 15 ℃ 下可通过春化。喜中等光照。喜湿润但不耐涝。对土壤适应广泛,喜氮素肥料。

2)类型与优良品种

(1)秋冬小白菜

耐寒性弱,抽薹早;植株直立或束腰,按叶柄颜色分为:

①白梗类　有长梗和短梗种。长梗种多用于腌制,优良品种有花叶高脚白菜、南京高桩、杭州花叶白等;短梗种多用于鲜食,优良品种有上海冬常青、南京矮脚黄、矮抗 1 号、矮杂 2 号、矮杂 3 号、瓢羹菜等。

②青梗类　多矮桩型,品质柔嫩,鲜食。优良品种有矮抗青、苏州青、上海小叶青等。

(2)春小白菜

耐寒,抽薹晚。植株多开展,少数品种直立或束腰。优良品种有蚕白菜、上海三月慢、上海四月慢等。

(3)夏小白菜

又名火白菜。耐热、抗逆性强,生长快。优良品种有上海火青菜、花叶大菜、杭州火白菜、广东黑叶 7 号等。

3)生产方式与茬口

北方地区结合各种设施可以周年生产。适合与粮食作物、豆类、瓜类等蔬菜间作、套作或混作。

4)生产技术

(1)直播生产

①地块准备　小白菜生产适宜地势平坦、避风向阳、排灌方便、富含有机质的沙壤土、

壤土或轻壤土。前茬避免十字花科蔬菜,最好选择前茬为葱蒜类或豆类蔬菜的地块生产。深翻土壤,施足基肥,基肥以充分腐熟的有机肥、人粪尿或有机无机复合肥、有机生物菌肥为主。每 667 m² 施农家肥 1 500 ~ 2 500 kg、专用有机肥 75 ~ 100 kg。

②选择品种　选择符合本地消费习惯、优质、高产、抗病的小白菜品种,如上海青、矮杂 6 号、绿星、热优二号等。

③播种　干籽播种,每 667 m² 用种量 0.75 ~ 1.0 kg。早春小白菜露地播种,做宽 1 ~ 1.2 m 的畦,耙平整细,以早、晚播为宜,播后整平压实。夏秋季做高畦,播种后用遮阳网浮面覆盖,保证种子发芽整齐、迅速。

④管理　播后 2 ~ 3 d 出苗,"拉十字"时第 1 次间苗,4 片真叶期第 2 次间苗,可同时间苗上市。追肥以速效肥为主,用尿素或人粪尿追肥,前淡后浓,隔 5 ~ 7 d 一次,肥水结合,保持地面湿润。

(2)育苗移栽

①育苗　选未种过十字花科、保水保肥、排水良好的地块。施有机肥,每 667 m² 施 2 ~ 3 m³。撒播,用种量 3 ~ 4 g/m²。间苗苗距约 3 cm;2 ~ 3 片真叶、苗龄 25 ~ 30 d 时定植。低温季节育苗时,苗龄 40 ~ 50 d。

②定植　施足有机肥,每 667 m² 施 3 m³ 以上,深翻,做低畦。定植密度以 10 ~ 20 cm 为宜,商品成株较大时宜稀些。早秋或黏质土浅栽,冬季或疏松土深栽。

5)采收

采收期较灵活。结合市场情况,播种或定植后 30 ~ 40 d 可陆续采收,成株采收在定植后 50 ~ 60 d 进行。采收过早,产量低;采收过晚,叶片老化,品质差。采收时间以早晨和傍晚为宜,尽量达到净菜标准。

任务 15.5　绿叶蔬菜主要病虫害识别与防治技术

活动情景　绿叶蔬菜生产中,病虫为害较普遍,直接影响到植株的生长和产品的品质。正确识别绿叶蔬菜病虫害,并通过科学的预防措施,杜绝或减轻病虫为害,是提高这类蔬菜的生产技术水平的重要环节。本任务是结合《植物保护》有关知识,通过资料查询、教师讲解和任务驱动等,认识各种绿叶蔬菜的主要病虫害,并学习其综合防治技术。

任务相关知识

15.5.1　主要病害识别与防治

1)霜霉病

①症状识别　主要侵染叶片,发病初期病斑呈淡黄色水渍状斑点,边界不明显,扩大后

病斑受叶脉限制呈不规则形或多角形,大小不一。湿度大时,叶背病斑上有灰白色霉层,渐变成灰紫色。

②防治方法 实行2年以上轮作;播种前用种子量0.3%的25%甲霜灵可湿性粉剂拌种;初发病时,可以选用杜邦克露、瑞毒霉、乙磷铝喷雾防治。

2)软腐病

①症状识别 危害小白菜,主要侵染茎或叶柄基部。植株白天萎蔫,早晚恢复,几天后,叶柄茎或根茎处溃烂,流出灰褐色黏稠状物,有恶臭味;腐烂病茎叶失水变干后呈薄纸状,仅留表皮。

②防治方法 轮作;避免植株根、茎受伤;及时排水;及时挖除病株,并在穴内撒生石灰消毒;初发病时,可以选用农用硫酸链霉素、新植霉素、安克锰锌、霜脲锰锌、百菌清交替喷雾防治。

3)病毒病

①症状识别 主要侵染叶片,苗期发病时,心叶出现明脉,并沿叶脉失绿,之后叶片产生绿色斑驳或花叶。成株期发病时,叶片严重皱缩,质硬而脆,品质变劣。

②防治方法 合理间套轮作;加强蚜虫防治;初发病时,可以选用病毒A、植病灵、83增抗剂、抑毒星剂喷雾防治。

4)黑腐病

①症状识别 危害小白菜,主要侵染叶片。病情流行时,由叶片较大坏死区或不规则黄褐斑引起全叶枯死或外叶局部腐烂或全部腐烂。

②防治方法 轮作;加强田间管理;播种时,选用代森铵倍液浸种15～20 min,或用琥胶肥酸铜拌种,或用农抗751拌种;初发病时,可以农用硫酸链霉素喷雾防治。

5)根肿病

①症状识别 主要危害小白菜,幼苗和成株均可受害。病株根部肿大,呈瘤状。后期,发病部位易被软腐细菌等侵染,组织腐烂或崩溃,散发臭气,全株死亡。

②防治方法 轮作;中和酸性土壤,加强田间管理;培育无病、健壮植株。

6)黑斑病

①症状识别 叶片出现近圆形褪绿斑,扩大后呈同心轮纹;高温、高湿下病部穿孔;严重时半叶或全叶枯死。

②防治方法 轮作,增施磷钾肥;初发病时,可以选用百菌清、杀毒矾喷雾防治。

7)白锈病

①症状识别 危害蕹菜叶片。叶面出现淡黄绿至黄色斑点,之后变褐;叶背生白色隆起状疮斑。病叶畸形,叶片脱落,茎部肿胀畸形增粗。

②防治方法 轮作;播种前,可以选用0.3%种子量的35%甲霜灵拌种;初发病时,可以选用甲霜灵锰锌、杀毒矾、乙磷铝(霜疫灵)、达克宁、瑞毒霉喷雾防治。

15.5.2　主要虫害识别与防治

1）小菜蛾

①危害症状　幼虫咬食小白菜叶片。一年发生15～16代，一般3～5月或9～11月发生严重。

②防治方法　与非嗜食蔬菜轮作，与茄科蔬菜间作。发生时，可以选用Bt乳剂、绿宝、菜蛾敌、阿虫螨丁、抑太保、阿维菌素、锐劲特喷雾灭杀。

2）菜青虫

①危害症状　幼虫咬食菜叶。一年发生7代，一般4～5月或10～11月发生严重。

②防治方法　及时清除植株残体，减少虫源；可以选用Bt乳剂、杀螟杆菌、青虫菌粉等喷雾防治，菌粉中加0.1%洗衣粉，防治效果更好。幼虫3龄前，可以选用辛硫磷、灭杀毙、敌百虫晶体、敌杀死、灭幼脲喷雾灭杀。

3）夜蛾类

①危害症状　夜蛾类包括斜纹夜蛾、甜菜夜蛾、甘蓝夜蛾等，幼虫咬食叶片，夏季为害严重。斜纹夜蛾一年发生7～9代，甜菜夜蛾一年发生5～7代，甘蓝夜蛾一年发生4～7代，成虫可以迁飞，具有趋光性、趋化性，昼伏夜出；幼虫有假死性，怕光，白天栖息于叶背，通常早晚、夜间或阴天为害。

②防治方法　及时清除田间残株，摘除卵块，捕捉幼虫。发生时，可以选用抑太保、万灵、辛硫磷、灭杀毙、敌百虫、敌杀死、灭幼脲喷雾灭杀。

4）蜗牛

①危害症状　初孵幼螺只取食叶肉，留下叶片表皮，稍大个体可以咬断叶柄，严重时造成缺株。

②防治方法　清洁田园、地头杂草，并撒生石灰粉；早晚人工捕捉或利用杂草、树叶等诱捕；发生时，可以选用灭蝇灵颗粒剂或嘧哒颗粒剂，傍晚撒施在株间。

项目小结 》》》

绿叶蔬菜是主要以鲜嫩的绿叶、叶柄或嫩茎为产品的速生蔬菜，生产普遍，种类繁多。其中，栽培较多的有芹菜、菠菜、芫荽、茼蒿、蕹菜、苋菜、小白菜等十几种。绿叶蔬菜植株矮小，生长迅速，栽培期短，采收期不严格，非常适于蔬菜生产的间作、套种等，能充分利用土地，便于立体栽培。另外，绿叶蔬菜生产方法简单、管理容易，对环境适应性强，病虫害发生较轻，生产成本较低，全年都有适合生产的绿叶蔬菜种类，对调剂蔬菜市场的淡季，增加蔬菜市场的品种起到重要作用。

复习思考题 》》》

1.绿叶蔬菜包括哪些蔬菜？有何共同特点？

2.芹菜如何一播全苗？

3.区分菠菜的株型。

4.越冬菠菜获得优质、丰产的关键技术有哪些?

5.莴苣有哪些品种类型? 各有何特点?

6.分别说明蕹菜、小白菜的栽培技术要点。

7.说明芫荽的播种技术要求。

📚 实训指导

实训 主要绿叶蔬菜形态特征观察

1)实训目的

认识各种绿叶蔬菜;清楚主要绿叶蔬菜的形态特征。

2)实训材料

各种常见绿叶蔬菜的种子与完整植株;刀片、放大镜等。

3)实训内容

(1)种子识别

观察比较各种绿叶蔬菜种子的形态及结构差异。

(2)植株形态识别

①芹菜 观察芹菜的根、茎、叶和叶柄的形态特征,比较空心芹菜与实心芹菜的叶柄结构差异。

②菠菜 观察菠菜的根、茎、叶和叶柄的形态特征,比较圆叶菠菜与尖叶菠菜的叶片形态差异。

③莴苣 观察莴苣的根、茎和叶的形态特征,比较茎用莴苣与叶用莴苣的茎部形态差异。

④其他绿叶蔬菜 观察茼蒿、蕹菜和小白菜等绿叶蔬菜的植株形态特征和产品器官的结构特点。

4)实训考核

①图示或列表说明主要绿叶蔬菜的种子差异。

②列表比较所观察蔬菜的形态特征。

项目 16

多年生蔬菜生产

项目描述 多年生蔬菜是指一次播种或栽植、连续生长和采收在两年以上的蔬菜。主要包括多年生草本蔬菜:金针菜、百合、芦笋等,木本蔬菜:竹笋、香椿、枸杞等。该类蔬菜的食用器官、生物学特性、栽培技术有很大的差异,一般以地下根茎、块茎、鳞茎等无性繁殖,普遍采用分株、扦插等繁殖法。多年生蔬菜除鲜食外,很多种类适于干制、罐藏,可出口创汇。本项目学习的重点是:掌握金针菜、香椿、芦笋的形态特征、生物学特性及其栽培管理技术要点。

学习目标 熟悉金针菜、香椿、芦笋的主要形态特征、生物学特性、栽培方式;掌握金针菜、香椿、芦笋的繁殖方法和常规栽培技术,及主要病虫害的识别与防治技术。

能力目标 学会金针菜、香椿、芦笋繁殖技术,学会其生产与管理技术和产品收获技术等。

项目任务

专业领域:园艺技术 　　　　　　　　　　　　　　　　学习领域:蔬菜生产技术

项目名称	工作任务
项目16　多年生蔬菜生产	任务16.1　金针菜生产技术
	任务16.2　香椿生产技术
	任务16.3　芦笋生产技术
	任务16.4　多年生蔬菜主要病虫害识别与防治技术
项目任务要求	掌握主要多年生蔬菜的高产栽培技术以及主要病虫害的识别与防治

任务 16.1　金针菜生产技术

活动情景 金针菜以含苞欲放的新鲜花蕾或加工后的干品供食用,营养价值和药用价值较高。生产上主要采用分株繁殖方法,根据当地的气候特点适期繁殖和定植,进行科学的水肥管理、温光调控和采收。本任务是通过资料查询教师讲解和任务驱动等,学习金针菜的生产管理技术。

📖 工作过程设计

工作任务	任务 16.1　金针菜生产技术		教学时间	
任务要求	熟悉金针菜的生物学特性、类型和优良品种,掌握金针菜高产栽培技术要点			
工作内容	1. 金针菜生物学特性 2. 类型与优良品种 3. 栽培技术			
学习方法	以课堂讲授和自学完成相关理论知识学习,以田间项目教学法和任务驱动法,使学生掌握金针菜露地栽培技术			
学习条件	多媒体设备、资料室、互联网、生产工具、实训基地等			
工作步骤	资讯:教师由金针菜消费市场需求和营养价值、经济价值引入教学任务内容,进行相关知识点的讲解,并下达工作任务 计划:学生在熟悉相关知识点的基础上,查阅资料收集信息,划分工作小组,进行工作任务构思,设计工作计划方案 决策:各小组汇报工作计划方案,师生进行问题答疑、交流讨论、审查修改、确定方案,并准备完成任务所需的工具与材料 实施:学生在教师辅导下,按照计划分步实施,进行知识学习和技能训练 检查:为保证工作任务保质保量地完成,在任务的实施过程中要进行学生自查、学生互查、教师检查指导 评估:对任务完成情况进行学生自评、小组互评和教师点评			
考核评价	课堂表现、学习态度、任务完成情况、作业报告完成情况			

📖 工作任务单

工作任务单				
课程名称	蔬菜生产技术	学习项目	项目 16　多年生蔬菜生产	
工作任务	任务 16.1　金针菜生产技术	学　时		
班　级		姓　名	工作日期	
工作内容与目标	熟悉金针菜的生物学特性、类型和优良品种,掌握金针菜高产栽培技术			
技能训练	1. 金针菜形态特征 2. 金针菜繁殖技术 3. 金针菜露地栽培管理技术要点			
工作成果	完成工作任务、作业、报告			
考核要点(知识、能力、素质)	熟悉金针菜的特性、类型和优良品种及当地主要栽培方式 能熟练地进行金针菜种植管理的各项农事操作 独立思考,团结协作,创新吃苦,按时完成作业报告			

续表

工作任务单					
工作 评价	自我评价	本人签名：	年	月	日
	小组评价	组长签名：	年	月	日
	教师评价	教师签名：	年	月	日

📚 任务相关知识

金针菜亦称黄花菜、萱草,古称忘忧草,属百合科多年生草本植物,原产于亚洲。

16.1.1　生物学特性

1)形态特征

①根　发达,根群多分布在 30～70 cm 土层内。根从短缩的根状茎的茎节上发生,先形成块状和长条状肉质根,后从条状肉质根上发生纤细根。

②茎叶　植株抽出花薹前只有短缩的根状茎,其上萌芽发叶。叶对生,叶鞘抱合成扁阔的假茎。叶片狭长成丛,叶色深绿。金针菜在我国长江中下游每年发生两次叶,2～3 月长出的称为"春苗",待花蕾采收完毕后枯黄,不久后即发生第二次新叶,称为"冬苗",遇霜冻后枯黄。

③花、果实、种子　花薹从叶丛中抽出,聚伞花序,一个花薹可着生 20～70 个花蕾。花蕾有花被 6 片,分内外两层,外层 3 片较狭而厚,内层 3 片宽而薄,内有雄蕊 6 枚,雌蕊 1 枚,子房 3 室。开花后受精结实,蒴果,种子坚硬呈黑色。

2)生长发育周期

①苗期　从幼叶出土到花薹显露。此期长出 16～20 片叶,约需 120 d。

②抽薹期　从花薹显露到开始采摘花蕾,约需 30 d。

③结蕾期　从开始采收到采收结束,需 40～60 d。

④休眠越冬期　霜降后,地上部受冻枯死,以短缩茎在土壤中越冬。

3)对环境条件的要求

金针菜喜温暖且适应性强。地上部不耐寒,遇霜即枯萎,而地下部能耐 -22 ℃的低温,叶丛生长适宜温度为 15～20 ℃,抽薹开花需要 20～25 ℃的较高温度,且昼夜温差较大时,则植株生长旺盛,抽薹粗壮,花蕾分化多。

金针菜具有含水量较多的肉质根,耐旱力较强。在苗期需水量较少,抽薹后需土壤湿润,盛花期需水量最大。故在花期遇长期高温干旱,会使小花蕾不能正常发育而脱落,采摘期缩短,产量降低。蕾期若遇阴雨,容易落蕾。但土壤中若积水严重,会影响根系生长,并易引起病害。

金针菜喜光,但对光照强度适应范围较广。根系发达,对土壤的适应性强。但土壤疏松,土层深厚且肥力较高,pH 6.5~7.5 时植株生长茂盛,产量高。

16.1.2　类型与优良品种

①早熟型　5 月下旬开始采摘,有四月花、五月花、清早花、早茶山条子花等。

②中熟型　6 月上中旬开始采摘,有陕西沙苑金针菜,四川渠县黄花菜,江苏大鸟嘴,浙江仙居花、蟠龙花、茶子花、猛子花、白花、黑咀花等。

③晚熟型　6 月下旬开始采摘,有荆州花、长嘴子花、茄子花等。

16.1.3　栽培技术

1)繁殖方法

①分株繁殖　选择生长势、花蕾性状、抗病性均较优良的株丛,在花蕾采收后挖取 1/4~1/3 的分蘖为种苗。挖出的分蘖苗应抖去泥土,一株一株地分开或每 2~4 个芽片为一丛,从母株上掰下,将根茎下部 2~3 年前生长的老根、朽根和病根剪除,只保留 1~2 个新根,并把根剪短,约留 10 cm 长即可。分株繁殖法全年都可进行,但以春秋季效果最好。

②种子繁殖　盛花期选择优良株丛,每个花薹上留 5~6 朵粗壮的花蕾,其余采摘。待种子充分成熟采收,晒干待来年春播。

2)整地栽植

①整地　黄花菜栽植后要连续生长 10 年上,栽植前应深耕 50 cm 左右,结合深翻,每亩施腐熟优质农家肥 5 000 kg,过磷酸钙 50 kg。作畦的形式因地而异。从花蕾采收后到翌年春发芽前均可栽植。

②处理种苗　种苗的上下部分都要进行修剪,要求把缩短茎下层的黑蒂去掉。将肉质根上膨大的纺锤根剪短至 5~7 cm,并清除腐朽根。再把短缩茎上部的苗叶剪短 6~7 cm,并去掉残叶。将修剪好的种苗放入 50% 甲基托布津可湿性粉剂 1 000 倍液或 40% 多菌灵悬浮剂 800 倍液中浸苗 10 min,捞出晾干后,立即进行栽植。种苗栽植时,要按品种及种苗的大、中、小分类,分别进行栽植。这样既能提高田间整齐度,又便于田间管理,促进苗势平衡。

③适时定植　金针菜除盛苗期和采摘期外,其他时间均可定植,以春秋栽植为宜。

④合理密植　单行栽植的行距 80~90 cm,穴距 40~50 cm。为充分利用空间,便于采摘和管理,金针菜宜采用宽窄行丛植,宽行 80 cm,窄行 60 cm,丛距 36~45 cm,每丛 3 片。

⑤栽植深度　金针菜的根群发根部位逐年上移,适栽深度为 10~15 cm。

3)田间管理

①中耕培土　金针菜应勤中耕,促根发棵。一般于春苗萌发前先施肥再行中耕,株间宜浅,行间宜深。以后要经常浅耕,除草松土,直到封垄为止。冬季采收后进行深中耕一次。因条状根上移,一般栽后 2~3 年开始,每年应培土护根。

②重视追肥 金针菜要求施足基肥,早施苗肥,重施薹肥,补施蕾肥。苗肥应适当早施,在春苗萌发时,每亩追施腐熟人粪尿3 000~4 000 kg和氯化钾50~60 kg。抽薹期需肥较多,应重施薹肥,可在金针菜抽薹前7~10 d,结合中耕每亩施尿素200~300 kg和氯化钾50 kg。为防止金针菜脱肥早衰,提高成蕾率,延长采摘期,增加产量,在采摘前20 d补施蕾肥,每亩施尿素50~60 kg。采收前10 d停止施用肥料。

③适时灌水 抽薹期和蕾期对水分敏感,应根据土壤墒情及时浇水防旱,保持土壤持水量70%~75%。同时,如遇长期降雨,应做好清理沟渠工作,及时排出明水。

花蕾采收完毕后应及时把残留的花薹、老叶全部割除。留茬不能过低,以免损伤隐芽。

4)采收

一般在6月底至8月底采收。干制黄花菜应在花蕾发育饱满、含苞未放、花蕾中部色泽金黄、两端呈绿色、顶端紫点褪去、花被上纵沟明显时采摘最好。一般在开花前3~4 h采摘完毕。雨天生长快应提前采收。采后及时加工,以防裂嘴开花。

任务16.2 香椿生产技术

活动情景 香椿被称为"树上蔬菜",香椿嫩芽脆嫩多汁,色泽鲜美,具有独特的浓郁香气,可鲜食,也可腌制、罐藏、干制、糖渍等。生产中应根据当地的气候特点适期繁殖和定植,进行科学的水肥管理、温光调控和采收。本任务是通过资料查询、教师讲解和任务驱动等,学习香椿的栽培管理技术。

工作过程设计

工作任务	任务16.2 香椿生产技术	教学时间	
任务要求	熟悉香椿的生物学特性、类型和优良品种,掌握香椿高产栽培技术要点		
工作内容	1. 香椿生物学特性 2. 类型与优良品种 3. 栽培技术		
学习方法	以课堂讲授和自学完成相关理论知识学习,以田间项目教学法和任务驱动法,使学生掌握香椿露地矮化密植栽培技术		
学习条件	多媒体设备、资料室、互联网、生产工具、实训基地等		
工作步骤	资讯:教师由香椿消费市场需求和营养价值、经济价值引入教学任务内容,进行相关知识点的讲解,并下达工作任务 计划:学生在熟悉相关知识点的基础上,查阅资料收集信息,划分工作小组,进行工作任务构思,设计工作计划方案 决策:各小组汇报工作计划方案,师生进行问题答疑、交流讨论、审查修改、确定方案,并准备完成任务所需的工具与材料		

续表

工作任务	任务 16.2　香椿生产技术	教学时间	
工作步骤	实施:学生在教师辅导下,按照计划分步实施,进行知识学习和技能训练 检查:为保证工作任务保质保量地完成,在任务的实施过程中要进行学生自查、学生互查、教师检查指导 评估:对任务完成情况进行学生自评、小组互评和教师点评		
考核评价	课堂表现、学习态度、任务完成情况、作业报告完成情况		

📖 工作任务单

<table>
<tr><td colspan="5" align="center">工作任务单</td></tr>
<tr><td>课程名称</td><td>蔬菜生产技术</td><td>学习项目</td><td colspan="2">项目 16　多年生蔬菜生产</td></tr>
<tr><td>工作任务</td><td>任务 16.2　香椿生产技术</td><td>学　时</td><td colspan="2"></td></tr>
<tr><td>班　级</td><td></td><td>姓　名</td><td>工作日期</td><td></td></tr>
<tr><td>工作内容
与目标</td><td colspan="4">熟悉香椿的生物学特性、类型和优良品种,掌握香椿高产栽培技术</td></tr>
<tr><td>技能训练</td><td colspan="4">1. 香椿形态特征
2. 香椿繁殖技术
3. 香椿矮化密植栽培管理技术要点</td></tr>
<tr><td>工作成果</td><td colspan="4">完成工作任务、作业、报告</td></tr>
<tr><td>考核要点(知识、能力、素质)</td><td colspan="4">熟悉香椿的特性、类型和优良品种及当地主要栽培方式
能熟练地进行香椿种植管理的各项农事操作
独立思考,团结协作,创新吃苦,按时完成作业报告</td></tr>
<tr><td rowspan="3">工作
评价</td><td>自我评价</td><td>本人签名:</td><td>年　　月　　日</td><td></td></tr>
<tr><td>小组评价</td><td>组长签名:</td><td>年　　月　　日</td><td></td></tr>
<tr><td>教师评价</td><td>教师签名:</td><td>年　　月　　日</td><td></td></tr>
</table>

📖 任务相关知识

香椿,楝科,多年生落叶乔木,原产于中国。

16.2.1　生物学特性

1)形态特征

香椿树皮粗糙,深褐色,片状脱落。叶互生,为偶数羽状复叶,小叶 6～10 对,叶痕大,长椭圆形,叶端锐尖,幼叶紫红色,成年叶绿色,叶背红棕色,轻披蜡质,叶柄红色。复总状花序,顶生,下垂,两性花,白色,有香味,花小,钟形。蒴果,狭椭圆形或近卵形,成熟后呈红褐色,果皮革质,开裂成五角状。种子扁平椭圆形,上有膜质长翅,种粒小,种皮硬,透气性差。一般6月开花,10~11月果实成熟。

2)生态习性

香椿适应温和湿润的地区。种子萌芽最适宜温度为20~25 ℃;茎叶生长的适宜温度为25~30 ℃;香椿芽生长的适宜温度为16~28 ℃。抗寒能力随苗树龄的增加而提高。种子直播的一年生幼苗在-10 ℃下可发生冻害,而成株期大树可忍耐-25 ℃的低温。香椿性喜光,较耐湿,适于生长在深厚、肥沃、湿润的砂质土壤中,在中性、酸性及钙质土壤中生长良好,适宜的土壤酸碱度为pH5.5~8.0。

16.2.2　类型与优良品种

根据香椿初出芽苞和子叶的颜色不同,可分为紫香椿和绿香椿。属紫香椿的有黑油椿、红油椿、焦作红香椿、西牟紫椿等品种;属绿香椿的有青油椿、黄罗伞等品种。紫香椿一般树冠都比较开阔,树皮灰褐色,芽孢紫褐色,初出幼芽紫红色,有光泽,香味浓,纤维少,含油脂较多;绿香椿,树冠直立,树皮青色或绿褐色,香味稍淡,含油脂较少。

16.2.3　栽培技术

1)香椿的繁殖方法

①种子繁殖　香椿种子开始发芽的温度是13 ℃左右,在日均温达1~5 ℃时可开始播种。20~25 ℃处避光催芽,2~3 d可播种。

②分株繁殖法　可在早春挖取成株根部幼苗,植在苗地上,当次年苗长至2 m左右,再定植。也可采用断根分蘖方法,于冬末春初,在成树周围挖60 cm深的圆形沟,切断部分侧根,而后将沟填平,由于香椿根部易生不定根,因此断根先端萌发新苗,次年即可移栽。

③扦插法　可插根与插茎,插根可在早春结合大棚起苗,从一、二年生苗木根系剪取0.5~1 cm粗的健根,截成15~20 cm的小段,插栽于造好底墒的苗圃中,埋土5~10 cm。第三年春天可定植。插茎于秋季落叶后选一、二年生枝条剪成20 cm插条,插入土中10 cm保护入冬,翌春萌芽。

2)香椿露地矮化密植栽培技术

①选地和整地　地块要求地势平坦、水源充足、土层深厚、土壤疏松、湿润肥沃、排水良好。栽植前,土地要深翻、整平,修好排灌渠道。每亩施腐熟的有机肥3 000~5 000 kg。黏土或砂地,栽植穴内可填入好土加以改良。

②定植　定植时间分为秋栽和春栽。秋栽从秋季落叶至土壤冻结前均可定植。秋栽后,入冬前有一段缓苗时间,翌春发芽早,生长速度快。春栽应在尚未萌发前的休眠期进行。定植密度应根据当地气候、土质而定。光照好、土质肥,宜密植;反之可稀。一般株行

距为 40 cm×50 cm,每亩 3 000 株为宜。栽植时,使苗木根系自然分开,填入土后踏实,立即浇透水。栽植深度以与原苗木入土深度相平为宜。待水渗下后,在苗木根部覆土成丘形,以利保墒防旱。

③整形 定植前,苗木均需在苗圃矮化整形。未经过矮化整形的苗木,栽后应进行平茬,即从苗干 15~20 cm 处剪去,促使下部萌发 2~3 个侧枝,作为一级侧枝。一级侧枝长到 30 cm 以上时,掐去顶梢,保留 5~10 cm 的枝,促使萌发二级侧枝。

④矮化处理 抑制高向生长,促其矮化,并多发枝,以增加产量,便于采摘。常用的措施有摘心或短截、平茬、化学处理、断根、环剥等。如摘心或短截,是在植株生长期间(6 月至 7 月上旬)对 1 年生枝摘心或短剪,留干 15~25 cm,20 d 左右可发现 2~5 个侧枝,秋季长出 10~15 cm 长充实短枝,翌春可收椿头芽。对于生长过旺的植株或枝条,可于 7 月中旬再次摘心。可应用多效唑对香椿矮处理,方法是:当年生苗从 7 月下旬开始用 15% 多效唑 200~400 倍液,每 10~15 d 喷一次,连续 2~3 次,即可控制徒长,提早封顶促苗矮化。

⑤土壤管理 香椿密植栽培,每年应进行深刨。深刨宜在秋季落叶休眠后进行,深15~20 cm,同时每亩施有机肥 3 000~5 000 kg。及时中耕除草,促进苗木迅速生长。

⑥肥水管理 苗木定植后浇一次透水,20~30 d 后再浇一次,以后半月左右浇水一次,保持土壤见干见湿。每次浇水或雨后需及时中耕除草松土,防止积水。4~5 月及 7 月各追肥一次,每次亩施尿素 10~20 kg,或亩施人粪尿 1 000~1 500 kg。8 月以后再追施氮肥,并控制浇水。9 月可按每亩追施一次过磷酸钙 50~60 kg,促进苗木木质化,增强抗寒力。成龄树每年 2 月下旬在根部周围覆盖地膜提高地温,可提早 10~15 d 发芽。萌发前,浇一次透水,以促早发芽。第一次采收前 3~5 d 追施一次尿素,每亩 25~30 kg,或每亩施人粪尿 5 000~7 000 kg。新梢长到 30 cm 左右时,可根外追肥 2~3 次,喷 0.2%~0.3% 尿素溶液。6~7 月,香椿经大量采摘椿芽,养分消耗很多,应追施 2~3 次化肥,每次施复合肥每亩20~25 kg。落叶后,结合深刨再施腐熟的有机肥作基肥。

⑦椿芽采摘 香椿栽植第二年就可采收。当椿芽长 15~20 cm,着色良好时即可采收。最初 1~3 年内每年只采收一次,采摘顶芽,促发侧枝,培养树冠。三年后,树干已定型,每年可采摘 2~3 次,顶芽、侧芽均可。管理较好的香椿园,每隔 20 d 左右采摘一次,一年可采收 6~10 次。采摘时,可用剪刀、高枝剪等剪截,切忌用手生拉硬掰,以免损坏树枝。

任务 16.3　芦笋生产技术

活动情景　芦笋以嫩茎为食,其营养丰富,在国际市场上享有"蔬菜之王"的美称。可鲜食,也可用于加工。生产中应根据当地的气候特点适期繁殖和定植,科学的水肥管理、温光调控和采收。本任务是通过资料查询、教师讲解和任务驱动等,学习芦笋的高产优质栽培管理技术。

📚 工作过程设计

工作任务	任务16.3 芦笋生产技术	教学时间	
任务要求	熟悉芦笋的生物学特性、类型和优良品种,掌握芦笋高产栽培技术要点		
工作内容	1.芦笋生物学特性 2.类型与优良品种 3.栽培技术		
学习方法	以课堂讲授和自学完成相关理论知识学习,以田间项目教学法和任务驱动法,使学生掌握芦笋露地栽培技术		
学习条件	多媒体设备、资料室、互联网、生产工具、实训基地等		
工作步骤	资讯:教师由芦笋消费市场需求和营养价值、经济价值引入教学任务内容,进行相关知识点的讲解,并下达工作任务 计划:学生在熟悉相关知识点的基础上,查阅资料收集信息,划分工作小组,进行工作任务构思,设计工作计划方案 决策:各小组汇报工作计划方案,师生进行问题答疑、交流讨论、审查修改、确定方案,并准备完成任务所需的工具与材料 实施:学生在教师辅导下,按照计划分步实施,进行知识学习和技能训练 检查:为保证工作任务保质保量地完成,在任务的实施过程中要进行学生自查、学生互查、教师检查指导 评估:对任务完成情况进行学生自评、小组互评和教师点评		
考核评价	课堂表现、学习态度、任务完成情况、作业报告完成情况		

📚 工作任务单

工作任务单			
课程名称	蔬菜生产技术	学习项目	项目16 多年生蔬菜生产
工作任务	任务16.3 芦笋生产技术	学 时	
班 级		姓 名	工作日期
工作内容与目标	熟悉芦笋的生物学特性、类型和优良品种,掌握芦笋高产栽培技术		
技能训练	1.芦笋形态特征 2.芦笋栽培管理技术要点 3.芦笋的采收		
工作成果	完成工作任务、作业、报告		
考核要点(知识、能力、素质)	熟悉芦笋的特性、类型和优良品种及当地主要栽培方式 能熟练地进行芦笋种植管理的各项农事操作 独立思考,团结协作,创新吃苦,按时完成作业报告		

续表

工作任务单				
工作 评价	自我评价	本人签名:	年	月 日
	小组评价	组长签名:	年	月 日
	教师评价	教师签名:	年	月 日

任务相关知识

芦笋又名石刁柏、龙须菜。百合科天门冬属原产于地中海沿岸及小亚细亚地区。

16.3.1　生物学特性

1)形态特征

①根　须根系,由肉质贮藏根和须状吸收根组成。肉质贮藏根由地下根状茎节发生,多数分布在距地表30 cm的土层内,寿命长,只要不损伤生长点,每年可以不断向前延伸,起固定植株和贮藏茎叶同化养分的作用。肉质贮藏根上发生须状吸收根。须状吸收根寿命短,在高温、干旱、土壤返盐或酸碱不适及水分过多、空气不足等不良条件下,随时都会发生萎缩。芦笋根群发达,在土壤中横向伸展可达3 m左右,纵深2 m左右。但大部分根群分布在30 cm以内的耕作层里。

②茎　茎分为地下根状茎和地上茎。地下根状茎是短缩的变态茎,多水平生长。根状茎有许多节,节上的芽被鳞片包着,故称鳞芽。根状茎的先端鳞芽多聚生,形成鳞芽群,鳞芽萌发形成鳞茎产品器官或地上植株。地上茎是肉质茎,有节无叶,每节有鳞片(退化叶,不能进行光合作用)和腋芽,其嫩茎就是产品。

③叶　有分真叶和拟叶两种。真叶是一种退化了的叶片,着生在地上茎的节上,呈三角形薄膜状的鳞片。茎上腋芽萌发形成分枝,分枝的腋芽萌发形成二级分枝,枝上丛生针状的变态枝,称为"拟叶",是芦笋进行光合作用的主要器官。

④花、果实、种子　芦笋为雌雄异株,虫媒花,花小,钟形,萼片及花瓣各6枚。雄花淡黄色,雌花绿白色。果实为浆果,球形,幼果绿色,成熟果赤色,果内有3个心室,每室内有1～2个种子。种子黑色,千粒重20 g左右。

芦笋实生苗雌雄株比例约为1∶1。雌株一般植株高大,但分枝稀,开花迟,发生茎很少,幼茎粗大,总产量略低。雄株植株矮,分枝多,开花早,发生茎多,幼茎单重小,但产量高,采收年限较长;生产上以培养雄株为多。

2)生长发育周期

(1)年周期

①生长期　每年地温回升到10 ℃以上时,芦笋的鳞芽萌发长成嫩茎,进而长成植株,直至秋末冬初地温下降到5 ℃左右时,逐渐干枯死亡。地上茎随气温升高生长速度逐渐加

快,地下的鳞茎也在不断抽生嫩茎,约1个月抽生一批。秋季来临,养分转入肉质根贮藏。当年养分积累多少决定翌年产量高低。

②休眠期 从秋末冬初地上部茎叶枯死直到第二年春季芽萌动。

（2）生命周期

①幼苗期 从种子发芽到定植。

②壮年期 从定植到开始采收嫩茎。植株不断扩展,根深叶茂,肉质根已达到应有的粗度和长度,地下茎不断发生分枝,形成一定大小的鳞芽群。

③成年期 植株继续扩展,地下茎处于重叠状态,形成强大的鳞芽群,并大量萌发抽生嫩茎,嫩茎肥大,粗细均匀,品质好,产量高。

④衰老期 植株扩展速度减慢,出现大量细弱茎,生长势明显下降,嫩茎数量减少,细弱、弯曲、畸形笋增多,产量、品质明显下降,需及时复壮或更新。

3）对环境条件的要求

①温度 芦笋既耐寒又耐热。种子的发芽适温为25～30 ℃。用种子繁殖可连续生长10年以上。冬季寒冷地区地上部枯萎,根状茎和肉质根进入休眠期越冬;春季地温回升到5 ℃以上时,鳞芽开始萌动;15～17 ℃最适于嫩芽形成;25 ℃以上嫩芽细弱,鳞片开散,组织老化;35 ℃以上植株生长受抑制,甚至枯萎进入夏眠。

②光照 芦笋喜光。光照充足,嫩茎产量高,品质好。

③土壤营养 在土壤疏松、土层深厚、保肥保水、透气性良好的肥沃土壤上,生长良好。能耐轻度盐碱,土壤 pH5.5～7.8 的土壤均可栽培;而以 pH6～6.7 最为适宜。需要氮肥较多,磷钾肥次之,缺硼易空心。

④水分 芦笋比较耐旱,积水会导致根腐而死亡。

16.3.2 类型与优良品种

芦笋按嫩茎抽生早晚分早、中、晚三类。早熟类型茎多而细,晚熟类型嫩茎少而粗。芦笋根据其栽培方式和用途可分两类:经培土软化栽培而成的白色茎,叫白芦笋;而接受阳光照射变成绿色的嫩茎,叫绿芦笋。白芦笋一般用于罐藏加工,绿芦笋多用于鲜食和速冻。我国现有的芦笋品种大都自国外引进,优良品种有玛丽华盛顿,玛丽华盛顿500 W、UC711、鲁芦笋1 号、西德全雄、泽西巨人、UC309、UC157、联想、理想、UC800 等。

16.3.3 栽培方式与茬口安排

芦笋为多年生宿根植物,一经种植,可连续采收10～15 年,因此,多作露地栽培。春秋两季均可播种。生产中多采用春播育苗移栽。有条件的最好采用春季设施育苗,可于当地初霜前60～80 d 播种,初霜后定植于露地,当年秋季即可采收少量产品,第二年即可进入旺产期。绿芦笋也可进行大棚早熟栽培,即在已培育两年的根株上扣棚生产,比露地生产提早采收20～30 d。促成栽培则于11月挖掘根株,移栽于日光温室内,采收期自12月至翌年4月。

16.3.4 栽培技术

1）品种选择

芦笋优良品种应具备的特性:植株长势旺,早熟、丰产,成熟集中;抗病性强,嫩茎肥大,外形良好;顶部圆钝,鳞片紧凑,色泽纯正,纤维少,苦味小。

2）播种育苗

芦笋春播、秋播均可。长江流域多春播育苗移栽,一般4月上、中旬播种,夏秋定植于大田;若地膜覆盖,大棚育苗可提早到3月上旬播种,5月底至6月初定植。华北地区一般谷雨至立夏播种,阳畦育苗则提前到2月中、下旬播种。东北较寒冷地区,通常将播种期安排在上一年夏季,7月下旬播种,11月下旬定植。苗床宜选用土壤疏松、有机质丰富、地势平坦、灌溉方便的砂壤土。在地温稳定在10 ℃以上时播种。播种前,用50%多菌灵可湿性粉剂300倍液浸泡12 h,再用30~35 ℃温水浸泡48 h,将种子滤出放入盆中,上盖湿布,置于25~28 ℃的环境中进行催芽。当种子有10%左右的胚根露白时,即可播种。播种时,先将畦面灌足底水,待水渗下后开始单粒点种。每10 cm播1粒,播后覆盖过筛细土约2 cm厚,耢平畦面,再盖1层地膜保温、保墒。育苗地用种量12~15 kg/hm²。拱棚内温度白天控制在25~30 ℃,夜间15~28 ℃。待出齐苗后当棚内温度超过32 ℃时,中午揭开棚两头通风炼苗,以促根壮苗。

3）整地施肥

深翻土壤30~40 cm,可结合施基肥进行。亩施用腐熟农家肥5 000 kg,并撒施磷酸二铵或复合肥50 kg。

4）移栽定植

当苗高15~20 cm、地上茎3根以上时即可移栽定植。白芦笋栽植株距30 cm,行距1.8~2.0 m;绿芦笋株距30 cm,行距1.4~1.5 m。首先沿定植沟划一直线,然后开15 cm深的沟,将笋苗放入定植沟,使地下茎的发展方向与定植沟的沟向一致,多数根的舒展方向与沟向垂直,放好后立即覆土厚3 cm,轻轻压实、整平,并立即浇水,待水渗下后,再覆一层细土。

5）田间管理

①定植后当年的管理 定植后1个月内进行查苗补苗。补苗时浇足底水。及时中耕除草,并结合中耕覆土,每次覆土厚2~3 cm,直至将定植沟填平为止。每次浇水或大雨过后,应及时划锄松土。定植1个月后,追一次复合肥,以后每个月追一次复合肥,每次追肥均亩施25 kg。立秋追一次秋后肥,一般亩施腐熟优质杂肥2 500 kg,复合肥20 kg。施肥应顺垄开沟追肥,距离植株15~20 cm,沟深10 cm左右。一般结合追肥进行浇水。立秋后遇旱及时浇水,立冬后浇一次越冬水。大雨过后及时排涝。

②定植第二年的管理 早春季节,适时浇水,中耕保墒。夏季高温多雨,应及时除草排涝,若第一年生长旺盛,可于第二年早春培土进行短期采收。施肥量比第一年增多。

③常年管理 第三年开始进入采笋期,此后管理为常年管理。培土前清除残留枝叶,

带出田外集中处理。采收白笋的,在春季幼芽抽生前进行培土,一般垄高度25～30 cm,上部宽30～40 cm,下部宽80 cm。培土时要求上面整平并稍压紧,防止漏光和塌陷。采笋期间应经常保持培土高度。嫩茎采收后,应将培土的土垄整平,使畦面回复到培土前的高度,保持地下茎位置在土面下15 cm处。采收绿笋前,在春季幼芽抽生前,不经培土软化,只进行中耕划锄。

6)留养母茎

栽培在中国南部地区,冬季无霜,芦笋可周年生长,没有休眠期。在这些地区如周年采收,势必因地下部积累养分太少,而影响产量。为了使植株多抽生嫩茎,应在采收期间培养一定数量的茎枝和拟叶,进行光合作用,增加抽生嫩茎所需的养分,这种栽培方式叫做留母茎采笋栽培法。

及时摘去母茎生长点,植株高度应控制在150 cm左右,防止倒伏。对过于密集处,应适时疏枝,母枝上结的果也应及时摘除。绿芦笋每年有2个留养母茎的时期,一是早春出笋时陆续选留粗壮新笋作母茎,1～2年生植株每株选留3～5根,3年生植株每株选留5～7根,4年生可留10根,且要均匀分布,不要靠在一起。二是于当地初霜前50～60 d,终止采笋,此时春留母茎开始枯萎,故可将此后生长的所有新笋,全部留作母茎培育。

7)采收

①绿芦笋采收　绿芦笋采收期较长,嫩茎陆续抽生,陆续采收。采收标准为:嫩茎长20～25 cm,粗1.3～1.5 cm,色泽淡绿,有光泽,嫩茎头较粗,鳞叶包裹紧密。采收稍迟,嫩茎顶部伸长变细,鳞叶松散,品质下降。采收时用采笋刀将嫩茎齐地面处割下,用湿布擦净附着在嫩茎上的泥沙。然后以茎长、茎粗进行分级、捆把、装袋。绿芦笋露地栽培自定植后第二年开始采收,第5～13年为盛产期,以后产量渐减,应及时做好植株更新准备。

②白芦笋采收　采收白芦笋要求在早晨和傍晚进行,以免见光变色。看到垄面有裂缝时,在裂缝处用手扒开表土,见到幼茎的头部后,再扒去一点土,直至看到幼茎的生长方向。然后将右手中的采笋刀向着幼茎基部所在的方位扎过去,将刀柄向下一撬,把幼茎撬出土。注意不可损伤地下茎和鳞芽。嫩茎放入筐中,盖潮湿黑布。每天早晚各收1次。收笋的同时,填平收割留下的笋洞。采收结束后选无雨天撤除培土,以防地下茎上移。撤土前开沟施肥,上盖撤下来的覆土。撤土后留高5 cm的低垄,使鳞芽盘上有15 cm高的覆土。撤土时将已出土的嫩茎全部割除,以免倒伏。

任务16.4　多年生蔬菜主要病虫害识别与防治技术

活动情景　多年生蔬菜病虫害往往对生产造成严重影响,科学防治病虫害是多年生蔬菜生产中的一项重要任务。本任务是结合《植物保护》有关知识,通过资料查询、教师讲解等,正确识别多年生蔬菜主要病虫害,并掌握主要病虫害的防治方法。

任务相关知识

16.4.1 主要病害识别与防治

1)金针菜叶枯病

①症状识别 叶片发病,多在叶尖或叶缘产生水渍状褐色小点,后沿叶脉向上下蔓延,形成褐色条斑,边缘赤褐色,中央深褐色,上密生小黑点,严重时全叶枯死。花薹感病,多在距地面35 cm左右处出现病变,初为水渍状小点,后变褐色至深褐色椭圆形或长圆形斑点,病斑边缘深褐色,病部密生小黑点,严重时花薹变黄枯死。田间一般4月下旬开始发病,5~6月发病加快,多雨高湿发病严重。另外,叶螨为害重的地块病害亦重。

②防治方法 合理施肥,雨后及时排水,防止田间积水或地表湿度过大;在发病初期,用75%百菌清可湿性粉剂600倍液或58%甲霜灵锰锌可湿性粉剂500倍液喷雾,每隔7~10 d喷一次,连喷2~3次。叶螨危害重的地块,可选用灭螨的药剂喷杀。

2)金针菜褐斑病

①症状识别 叶斑椭圆形至不定形,长径3~7 mm,宽径1~2 mm或更宽,黄褐色,边缘色深,斑外围常具有黄色晕圈。病斑密布并连合时,往往叶片呈褐色焦枯,相当触目。后期斑面视病原的不同而表现霉状物或小黑粒或小黑点病征。通常温暖多雨的季节易发病。

②防治方法 及时清除烧毁病残物;加强管理,增强抗病力;可用75%百菌清可湿性粉剂600倍液喷雾,或70%代森锰锌可湿性粉剂600倍液喷2次。

3)金针菜锈病

①症状识别 先在叶片上发生小斑点,逐渐扩展到全叶和花苔上布满铁锈状粉末,后期变为红褐色并有黑色斑点。5月下旬开始发病,6~7月危害严重,感病后冬苗仍发生危害。

②防治方法 点片发生时,可用25%粉锈宁可湿性粉剂500倍液或50%代森锌可湿性粉剂500倍液喷雾,防治结合,间隔7~10 d再喷1次,锈病流行时,必须连喷3次以上。

4)金针菜炭疽病

①症状识别 叶片染病多从叶尖或叶缘开始,半圆形或椭圆形,褐色,边缘色深褐,发病与健康部位分界较明晰,有的病斑外围出现黄晕。病斑扩展并连合为条斑,致叶片变灰褐至灰白色干枯。后期病部出现小黑点病征。

②防治方法 加强肥水管理,提高根系活力;发病前最迟于见病后,喷施70%托布津1 000倍液,2~3次或更多,隔10~15 d 1次,交替施用。

5)香椿叶锈病

①症状识别 叶片最初出现黄色小点,后在叶背出现疱状突起(夏孢子堆),破裂后散出金黄色粉状物(夏孢予)。至秋季后渐生黑色疣状突起(冬孢子堆),破裂后产生黑色冬孢子。发病严重的叶片上冬孢子堆很多,冬孢子布满叶背面,使叶变黄、早落。

②防治方法 冬季及时扫除落叶,减少侵染源。当夏孢子初具时,用0.2~0.3波美度石硫合剂,每15 d喷1次。每次每亩用药100 kg左右,连喷2~3次,有良好的效果。

6)香椿腐烂病

①症状识别 发病初期病部呈暗褐色水渍状斑,略为肿胀,病部皮层组织腐烂变软,病斑失水,表皮干缩下陷、龟裂。以后病斑上现出许多针状小突起。当病斑环绕树干一圈时,输导组织被破坏,导致病部以上部位的枝干死亡。

②防治方法 加强管理,提高植株抗病能力;剪除染病枝条,并在伤口处涂以波尔多液或石硫合剂,以防感染;刮除病斑,涂以药剂,10%碱水、10%的蒽油、0.1%的升汞、1%退菌特、5%托布津任选一种均可。

7)芦笋茎枯病

①症状识别 发病期,在距地面30 cm处的主茎上,出现浸润性褐色小斑,而后变成淡青至灰褐色,同时扩大成棱形,也可多数病斑相连成条状。病斑边缘红褐色,中间稍凹陷呈灰褐色,上面密生针尖状黑色小点。在小枝梗和拟叶上发病,则先呈褪色小斑点,而后边缘变成紫红色中间灰白色并着生小黑点。由于迅速扩大包围小枝易折断或倒伏,茎内部灰白色、粗糙,以致枯死。

②防治方法 清洁田园,割除病茎,浇毁或深埋。发病初期用70%甲基托布津800~1 000倍液,1∶1∶240波尔多液;50%代森铵的1 000倍液每7~10 d 1次,连喷2~3次。

8)芦笋根腐病

①症状识别 发病茎基部的皮层腐烂,吸收根受破坏而导致主茎变黄,植株衰变。

②防治方法 幼苗定植时用苯菌灵或苯菌丹按有效成分的400~500倍液,浸根15 min防治。

16.4.2 主要虫害识别与防治

1)香椿斑衣蜡蝉

①为害症状 成虫和若虫吸食叶或嫩枝的汁液,被害部位形成白斑而枯萎,影响树木生长。同时,该虫还能分泌含糖物质,有利于煤污菌的寄生,使叶面蒙黑,妨碍叶片进行光合作用,不利树木生长。

②防治方法 露地栽植香椿不要与臭椿混交;卵块集中,可用人工及时清除、烧毁。可用20%磷胺乳油1 500~2 000倍液,或50%久效磷水溶液2 000~3 000倍,或50%乐果乳油1 000~2 000倍液喷雾防治。

2)云斑天牛

①为害症状 成虫啃食新枝嫩皮,使新枝枯死,昼夜均能飞翔活动,但以晚间活动居多。初孵幼虫在韧皮部蛀食,受害部变黑,树皮膨胀,流出树液,排出木屑和虫粪。20~30 d后,幼虫逐渐蛀入木质部,并不断纵向蛀食,虫道长达25 cm左右。老熟幼虫在虫道顶端蛀

一宽大椭圆形虫室,在其中化蛹。影响树木生长,严重者可致整枝、整树死亡。

②防治方法　成虫集中出现期,人工捕杀;树干上发现有新鲜排粪孔,用80%敌敌畏乳油200倍液,或40%乐果乳油400倍液注入排粪孔,再用黄泥堵孔,毒杀幼虫;磷化铝片是良好的熏蒸杀虫剂,可用该药堵孔,黄土封口,杀死幼虫。每孔放1/20片(3 g/片)。

3)**芦笋虫害**

芦笋虫害主要有蛴螬、蝼蛄、金针虫等地下害虫危害。可在田间撒25%敌百虫粉加5倍细土做成的毒土;或用90%敌百虫的30倍液拌在麦款或豆饼上,撒在田间做毒饵;施肥时喷80%敌敌畏乳剂的800倍液等方法防治。

项目小结)))

多年生蔬菜北方栽培较普遍的主要有金针菜、香椿和芦笋。多年生蔬菜以休眠状态度过不利的气候条件(严寒、酷暑、干旱等),待环境条件转好后,重新发芽、生长、发育,周而复始,一经种植多年采收,采收期长,产量高,营养消耗多,栽培时应选好地块。一般要求土层深厚,土壤肥沃;定植前施足基肥,生长期间还要及时追肥,防止植株早衰。为保持良好的群体结构和株形,应定期进行植株调整;越冬前适时浇封冻水,栽培期间勤浇小水,雨季勤中耕、松土;收货期间应根据植株长势、苗龄大小等适量采收。

复习思考题)))

1. 简述金针菜分株繁殖技术要点。
2. 香椿树体矮化的措施有哪些?
3. 芦笋的生命周期和年周期是如何划分的?
4. 芦笋多年生栽培如何留养母茎?
5. 简述芦笋的培土和施肥要点。

实训指导

实训　多年生蔬菜形态特征的观察

1)实验目的
了解金针菜、香椿、芦笋、辣根的植物学特征。

2)材料与用具
金针菜、香椿、芦笋、辣根的完整植株各15株;解剖针、刀片、镊子及手持放大镜。

3)实验内容与方法
①每组取以上三种植株各一株,观察其形态特征,注意芦笋的叶、根、茎、种子和雌、雄株的特点;香椿芽及叶的特征;金针菜根的生长特性。
②用放大镜观察芦笋鳞芽及肉质根横切面的结构。

4)作业
①绘制金针菜、香椿、芦笋植株的外形图,并指出各部分的名称。
②绘制芦笋鳞芽、肉质根的外形和横切面图。

项目 17

其他蔬菜生产

项目描述 本项目包括水生蔬菜莲藕生产技术和芽苗菜生产技术。主要学习莲藕的生物学特性、品种类型、栽培方式与茬口安排、栽培技术和主要病虫害的识别与防治；学习芽苗菜的类型、生产条件、生产技术及生产中常见问题与防止方法。重点学习莲藕的播种技术、肥水管理技术、采收技术及芽苗菜生产技术。

学习目标 熟悉莲藕的生物学特性、类型与优良品种、栽培方式和茬口安排及芽苗菜的类型与生产条件，掌握莲藕的高产栽培技术和主要病虫害的识别与防治方法，掌握芽苗菜生产技术。

技能目标 学会莲藕的播种技术、藕田管理技术和产品采收技术；学会主要芽苗菜生产管理技术和产品采收技术。

📚 项目任务

专业领域：园艺技术　　　　　　　　　　　　　　　学习领域：蔬菜生产

项目名称	项目 17　其他蔬菜生产
工作任务	任务 17.1　莲藕生产技术
	任务 17.2　芽苗菜生产技术
项目任务要求	掌握莲藕和芽苗菜生产技术

任务 17.1　莲藕生产技术

活动情景 莲藕为多年生宿根性水生草本植物，以地下根状茎为产品，富含营养，供应期长，是冬春及秋季重要蔬菜之一。生产中以营养器官繁殖，播种前应注意种藕的选择和处理、选择适宜的种植时间、科学管理和采收。本任务是通过资料查询、教师讲解和任务驱动等，学习莲藕的高产优质栽培技术及主要病虫害防治技术。

工作过程设计

工作任务	任务 17.1 莲藕生产技术	教学时间	
任务要求	熟悉莲藕的生物学特性、类型和优良品种、栽培季节和茬口安排,掌握莲藕的高产栽培技术		
工作内容	1. 莲藕生物学特性 2. 类型与优良品种 3. 栽培方式与茬口安排 4. 栽培技术		
学习方法	以课堂讲授和自学完成相关理论知识的学习,以田间项目教学法和任务驱动法使学生学会莲藕栽培管理技术		
学习条件	多媒体设备、资料室、互联网、生产田、生产工具等		
工作步骤	资讯:教师由日常生活和当地莲藕生产、消费情况引入任务内容,并进行相关知识点的讲解,下达工作任务 计划:学生在熟悉相关知识点的基础上,查阅资料收集信息,划分工作小组,进行工作任务构思,设计工作计划方案 决策:各小组汇报工作计划方案,师生进行问题答疑、交流讨论、审查修改、确定方案,并准备完成任务所需的工具与材料 实施:学生在教师辅导下,按照计划分步实施,进行知识学习和技能训练 检查:为保证工作任务保质保量地完成,在任务的实施过程中要进行学生自查、学生互查、教师检查指导 评估:对任务完成情况进行学生自评、小组互评和教师点评		
考核评价	课堂表现、学习态度、任务完成情况、作业报告完成情况		

工作任务单

工作任务单			
课程名称	蔬菜生产技术	学习项目	项目 17 其他蔬菜生产
工作任务	任务 17.1 莲藕生产技术	学 时	
班 级		姓 名	工作日期
工作内容与目标	熟悉莲藕的生物学特性、类型和优良品种、栽培季节和茬口安排,掌握莲藕高产栽培技术		
技能训练	莲藕播前处理技术、播种技术、藕田管理技术、产品采收技术		
工作成果	完成工作任务、作业、报告		
考核要点(知识、能力、素质)	熟悉莲藕的特性、类型和优良品种及当地主要栽培方式 能熟练地进行莲藕种植管理的各项农事操作 独立思考,团结协作,创新吃苦,按时完成作业报告		

续表

工作任务单						
工作评价	自我评价	本人签名：		年	月	日
	小组评价	组长签名：		年	月	日
	教师评价	教师签名：		年	月	日

任务相关知识

莲藕,别名莲、藕、荷等,睡莲科多年生宿根水生蔬菜,原产于印度。

17.1.1 生物学特性

1)形态特征

①根 须状不定根,着生在地下茎节上,束状,每节 5 ~ 8 束,每束有不定根 7 ~ 21 条。根系分布较浅,长势弱。根系再生能力弱,易受高浓度肥料和盐分的危害。

②茎 地下茎,又称"莲鞭"。生长后期,莲鞭先端数节的节间明显膨大变粗,成为供食用的藕。首先抽生的较大的藕,称"主藕",主藕节间上分生 2 ~ 4 个"子藕",较大的子藕又可分生"孙藕"。主藕先端一节较短称"藕头",中间 1 ~ 2 节较长称"藕身"或"中截",连接莲鞭的一节较长而细称"后把"。

③叶 藕鞭上每节可向上抽生一张叶片,具长柄,叶片开始纵卷,以后展开,近圆形,全缘,绿色,上被蜡粉,统称"荷叶"。叶脉的中心与叶柄连接,称为"叶鼻",是荷叶的通气孔,与叶柄和地下茎中的气道相通。初生叶 1 ~ 2 张,叶柄细弱不能直立,只能沉于水中或浮与水面,沉于水中的称"钱叶",浮于水面的称"浮叶";随后生出的叶,荷梗粗硬,其上侧生刚刺,挺立水面上,称为"立叶",并越来越高,形成上升阶梯的叶群;当叶群上升至一定高度以后,即停留在一高度上,随后发生的叶片,一片比一片小,荷梗越来越短,便形成下降阶梯的叶群;最后抽生一张最大的立叶,通称"后把叶"或"大架叶";植株出现后把叶意味着地下茎开始膨大而结藕。结藕后,藕节上抽生最后一片叶为卷叶,叶色最深,叶片厚实,有时出水,有时不出水,称"终止叶"。挖藕时,将后把叶与终止叶连成一线,即可判断地下藕的方向与位置,见图 17.1。

④花、果实和种子 花通称"荷花",着生于部分较大立叶的节位上,单生,花冠由多瓣组成,两性花。果实通称"莲蓬",其中分散嵌生的莲子,是真正的果实,属小坚果,内具种子 1 粒,自开花至种子成熟需 30 ~ 40 d。

2)生长发育周期

①萌芽期 从种藕萌发开始到抽生立叶为止,中晚熟品种需 15 ~ 30 d。

②旺盛生长期 从第 1 片立叶展开到出现后把叶为止,中晚熟品种历时 40 ~ 60 d。

③结藕期 从后把叶出现到植株枯萎、新藕充分膨大为止,需 50 ~ 90 d。

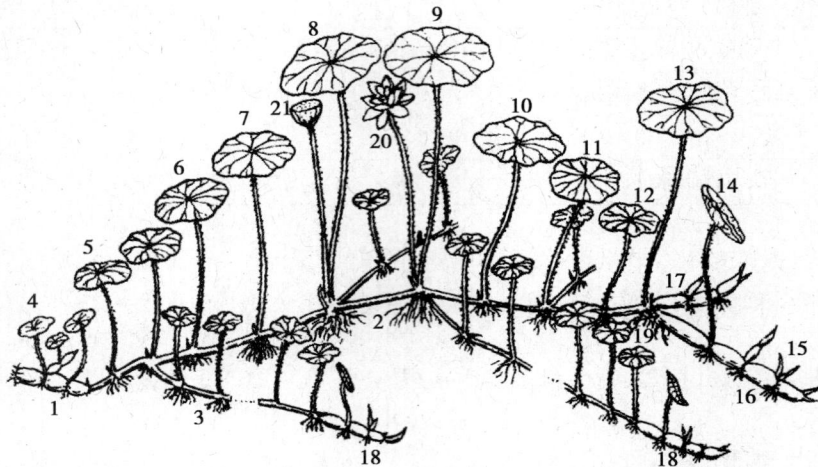

图 17.1　莲藕植株全形

1—种藕;2—主藕鞭;3—侧藕鞭;4—钱叶;5—浮叶;6—立叶;7,8—上升阶梯叶群;

9～12—下降阶梯叶群;13—后把叶;14—终止叶;15—叶芽;16—主鞭新结成的主藕;

17—主鞭新结成的侧藕;18—侧鞭新结成的藕;19—须根;20—荷花;21—莲蓬

3)对环境条件的要求

①温度　藕莲喜温暖。15 ℃以上种藕才可萌芽,生长旺盛期要求温度 20～30 ℃,水温 21～25 ℃。结藕初期要求温度亦较高,以利于藕身的膨大,后期则要求昼夜温差较大,白天 25 ℃左右,夜晚 15 ℃左右,以利于养分的积累和藕身的充实。休眠期要求 5 ℃左右。

②光照　莲藕为喜光植物,不耐阴,要求光照充足,对日照长短的要求不严格。

③水分　莲藕整个生育期不可缺水。萌芽生长阶段要求浅水,随着植株进入旺盛生长阶段,要求水位逐步加深,以后随着植株的开花、结果和结藕,水位又宜逐渐落浅,直至藕莲休眠越冬。水位过深,易引起结藕迟缓和藕身细瘦。水位猛涨,淹没荷叶 1 d 以上,易造成叶片死亡。

④土壤与营养　莲藕生长以富含有机质的壤土和粘壤土为最适,土壤 pH 要求 5.6～7.5。藕莲要求氮、磷、钾三要素并重,品种间也存在一定差异。

⑤风　莲藕的叶柄和花梗都较细脆,而叶片宽大,最易招风折断,叶柄或花梗断后如遇大雨或水位上涨,能使水从气道中灌入地下茎内,引起地下腐烂。生产上常在强风来临前临时灌深水,以稳定植株,减轻强风对莲藕植株的危害。

17.1.2　类型与优良品种

莲藕的栽培种可分为藕莲、子莲和花莲三大类。其中花莲属于水生花卉,子莲食用种子,藕莲属于水生蔬菜。藕莲按栽培水位深浅可分为浅水藕和深水藕。

①浅水藕(田藕)　适于水深 10～30 cm 的浅塘、水田或稻田,最深不超过 80 cm,多为早熟种。优良品种如苏州花藕、慢荷(晚藕)、物植 2 号、鄂莲 1 号、鄂莲 3 号、湖北六月报、扬藕 1 号、科选 1 号、大紫红、玉藕、嘉鱼、杭州白花藕、南京花香藕、雀子秋藕、江西无花藕等。

②深水藕(塘藕) 适于池塘、河湾和湖荡栽培,要求水位30～100 cm,最深不超过1.5 m,一般为中晚熟品种。优良品种如江苏宝应美人红、小暗红、鄂莲2号、鄂莲4号、湖南泡子、武汉大毛节、广州丝藕、丝苗等。

17.1.3 栽培方式与茬口安排

莲藕多在炎热多雨季节生长,南方种植较普遍。长江流域于清明立夏间种藕萌芽时种植,立秋后开始采收,直至第二年清明;华南各省无霜期长,栽植期可适当提早在雨水,延迟到夏至种植,芒种开始采收早藕。华北各省在断霜后栽植,8月中旬开始采收。浅水藕选择早熟品种进行塑料小拱棚覆盖栽培,可比露地提前10～15 d栽植,前期盖膜30～40 d,可提早采收10 d以上;大棚藕可提前一个月栽植,采收期也可提前1个月。

浅水藕主要有藕稻、藕与水生蔬菜轮作形式;深水藕有藕茭间作、藕鱼兼作等形式,以提高经济收益。

17.1.4 栽培技术

1)藕田选择及整地施肥

种植连藕应选择避风向阳、保水性好、富含有机质的肥沃田块;水沟、湖泊、河湾栽植要求水流缓慢、涨落和缓、水深不超过1.2～1.5 m,淤泥层达20 cm的地方。种藕栽植前要选实田埂,以防田水渗漏,每667 m²施绿肥或腐熟粪肥3 000～4 000 kg,施后深耕20～30 cm,耙平,放入3～5 cm水。

2)种藕选择

根据地块、水深、茬口等,选择分枝多,抗逆行强、品质好的品种。要求种藕后把节较粗、顶芽完整、无病虫危害,并且具有本品种特征。浅水藕栽培,要求单支藕具有完整的两节,单支质量在250 kg以上;深水藕栽培,要求母藕、子藕整株种植,因为种藕从萌芽到荷叶出水所需的天数较长,消耗的养分较多,整支藕内贮藏的养分较多,且可在主子藕藕间自行调节,有利于齐苗壮苗。种藕一般随挖、随选、随栽,如当天栽不完,应洒水覆盖保湿,防止顶芽干萎。远途引种,种藕必须带泥,运输过程中应主意保湿,严防碰伤。为避免因栽植过早,水温过低,引起烂株缺株,可在栽植前将种藕催芽:将种藕置于室内,上下垫盖稻草,每天洒水1～2次,保持堆温20～25 ℃,15 d后芽长6～9 cm即可栽植。

3)栽植

一般在当地日均温稳定升至15 ℃以上时种植。田藕栽培:早熟品种每667 m²栽1 000支,行距1.2 m,穴距1 m,每穴栽子藕2支;中晚熟品种每667 m²栽600～700支,行距2～2.5 m,穴距1 m。糖藕栽培:行距2.5 m,穴距1.5～2 m,每穴栽,整藕1支,每667 m²栽150～220穴。

田藕栽植用斜插法,将顶芽梢向下埋入泥中12 cm深,后把节梢翘在水面上,以接受阳光,提高温度,促进发芽;栽后抹平藕身和脚印,保持 3~5 d 浅水。塘湖深水栽藕时,将种藕每 3 支捆成一把,放在小船内,人下水先用脚在水底开沟,深 15~20 cm,然后将藕插入沟中,在用脚将泥盖上,栽后用芦秆插立标记,以便于计数和防止踩坏。

4)藕田管理

①中耕除草　每月进行一次中耕除草,直到基本封行为止。杂草多时可用 50% 威罗生乳油毒土法或用 12.5% 盖草能喷雾法进行化学除草。

②水位调节　浅水栽藕水层管理掌握由浅到深,再由深到浅的原则。栽植前放干水田,栽植后加水深 3~5 cm,以提高水温,促进发芽;随着气温的上升,植株生长旺盛,水深增到 20~25 cm,促进新生立叶逐片高大,抑制地下细小分枝的发生;后期立叶满田,并出现后把叶时,将水位落浅至 10~15 cm,以促进嫩藕成熟。池塘深水藕要随时调节水位,即由浅到深,再由深到浅。栽植前后水位要尽量放浅至 10~30 cm,随着立叶与莲鞭的旺盛生长,逐渐加深水层至 50~60 cm,结藕期间,水位又放落至 10~30 cm,夏至后因暴雨、洪水淹没立叶,要在 8~10 h 内紧急排涝,防止植株死亡而减产。

③追肥　一般追肥 3 次。第一次在栽后 20~25 d,追施发棵肥,每 667 m² 追施人粪尿 1 500~2 000 kg;第二次在栽种后 40~45 d,有 2~3 片立叶时,每 667 m² 追施人粪尿 1 500~2 000 kg;第三次在出现终止叶结藕时施结藕肥,每 667 m² 施人粪尿 2 000~3 000 kg 或尿素 20 kg,加过磷酸钙 15 kg;每次追肥前 1 d 应放干田水,施后 1 d 再灌到原来的深度,追肥后应应清水冲洗叶片,以防烧伤叶片。

④转藕头　当新抽生的卷叶出现在田边缘距田埂仅 1 m 左右时,表明藕鞭的梢头以逼近田埂,为防止地下茎穿越田埂,必须及时将其拨转方向,回向田内,以免田外结藕。生长盛期每 2~3 d 转一次,转藕头一般在下午梢头含水少,不易折断时进行。扒开表土,轻轻将梢头转向田内,用土压稳即可。

5)采收

分采收嫩藕和老藕。嫩藕供鲜食,早熟品种 7 月采收,晚熟品种立秋后采收;老藕适于熟食和加工藕粉,10 月底开始采收至翌年春萌芽前。

采收嫩藕时,可根据后把叶与终止叶的走向,确定地下藕的位置,在采收前一天或数天,除后把叶与终止叶外,摘去其他立叶,可使藕身上的锈斑脱去。采收老藕时,荷叶全部干枯,而终止叶较柔软,据此可判断地下藕的位置。塘藕采收时,每隔 2 m 留 35 cm 左右不挖,留下新藕作种。

17.1.5　莲藕主要病虫害识别与防治

1)主要病害识别与防治

（1）莲藕腐败病

①症状识别　主要侵害地下茎节,造成莲藕变褐腐烂,植株地上部变褐枯死。茎节受害,初期症状不明显,剖视病茎可见部分维管束变褐,以后随病情发展,由种藕向当年新生

地下茎节蔓延,严重时地下茎节都呈褐色至紫黑色腐败,不能食用。严重时藕田一片枯黄,似火烧一般。

②防治方法 重病田实行2年以上轮作;种植前深耕翻耙藕田,适当晾晒土壤,撒施生石灰150 kg/667 m²;选用抗病品种,精选无病种藕,用50%多菌灵可湿性粉剂500倍液,或10%双效灵水剂1 000倍液,或65%防霉宝可湿性粉剂800倍液浸泡种藕4~6 h后晾干栽种;及时拔除病株,清除发病茎节后排水施药防治,可选用45%特克多悬浮剂,或25%敌力脱乳油,或65%多果定可湿性粉剂,或10%双效灵水剂,或50%多菌灵可湿性粉剂1.5~3 kg/667 m²,直接拌细土300~450 kg,或药剂对适量水后让细土吸附再均匀撒入浅水层。

(2)莲藕褐斑病

①症状识别 最初在叶面上发生淡黄色小斑点,扩大后为圆形或不规则形,褐色,有的病斑出现同心轮纹,病斑上密生小黑点,严重时病叶局部干枯。

②防治方法 收获后将藕叶和病残体收集烧毁;暴风雨来临前灌深水减少风害;合理密植,管好水肥,培育壮藕,增强抗病力;发病初期及时防治,可用50%多菌灵可湿性粉剂600倍液或75%百菌清可湿性粉剂600倍液喷雾,每隔10天喷1次,连续喷2~3次。

2)主要虫害识别与防治

(1)莲缢管蚜

①症状识别 成虫、若虫均可危害,常成群密集于叶背和花蕾柄上,刺吸汁液,一年可繁殖25代左右,受害轻者叶片失绿,重者叶片卷曲皱缩,茎叶枯黄。

②防治方法 用40%乐果乳油1 000倍液,或2.5%溴氰菊酯乳油2 000倍,或20%速灭杀丁(氰戊菊酯)乳油3 000~4 000倍液,或50%辛硫磷乳油2 000倍液,或80%敌敌畏2 000倍液,或20%速灭菊酯6 000倍液,或洗尿合剂(洗衣粉1份,尿素4份,水400份)喷洒叶背,隔1周喷1次,连续2~3次。

(2)斜纹夜蛾

①症状识别 斜纹夜蛾是一种食性很杂和暴食性的害虫。主要为害藕叶、花蕾及莲鞭顶端嫩梢等部位,大发生时可将全田植株吃成光杆并转移为害。

②防治方法 诱杀成虫:在成虫发生期,可用糖醋液诱杀成虫,糖、醋、酒、水的比例为3∶4∶1∶2,加少量敌百虫,春季可结合诱杀小地老虎成虫防治。

化学防治:成虫盛期后1周,当1~2龄幼虫群居时为防治适期,一般选用高效低毒农药杀灭,如50%辛硫磷乳油1 000~1 500倍液,或2.5%溴氰菊酯或氰戊菊酯乳油各2 000~4 000倍液,或90%晶体敌百虫1 000倍液喷雾。

任务17.2 芽苗菜生产技术

活动情景 芽苗菜多属于速生蔬菜,其中种芽菜栽培普遍,生产设备简易,不受季节限制,可随时生产,周年供应,平均一年可生产30余茬,且适合立体生产,其产品质地脆嫩、容易消化,是一种优质高效、营养丰富、食用安全的无公害绿色保健蔬菜。本任务是通过资料查询、教师讲解、参观学习和任务驱动等,学习芽苗菜的生产技术。

工作过程设计

工作任务	任务 17.2　芽苗菜生产技术	教学时间	
任务要求	熟悉芽苗菜的类型和生产条件,掌握芽苗菜生产技术		
工作内容	1. 芽苗菜的分类 2. 芽苗菜生产条件 3. 芽苗菜生产技术		
学习方法	以课堂讲授和自学完成相关理论知识的学习,以项目教学法和任务驱动法,使学生学会芽苗菜的生产管理技术		
学习条件	多媒体设备、资料室、互联网、生产设备、生产资料、生产工具等		
工作步骤	资讯:教师由日常生活和当地芽苗菜生产、消费情况引入任务内容,并进行相关知识点的讲解,下达工作任务 计划:学生在熟悉相关知识点的基础上,查阅资料收集信息,划分工作小组,进行工作任务构思,设计工作计划方案 决策:各小组汇报工作计划方案,师生进行问题答疑、交流讨论、审查修改、确定方案,并准备完成任务所需的工具与材料 实施:学生在教师辅导下,按照计划分步实施,进行知识学习和技能训练 检查:为保证工作任务保质保量地完成,在任务的实施过程中要进行学生自查、学生互查、教师检查指导 评估:对任务完成情况进行学生自评、小组互评和教师点评		
考核评价	课堂表现、学习态度、任务完成情况、作业报告完成情况		

工作任务单

工作任务单				
课程名称	蔬菜生产技术	学习项目	项目 17　其他蔬菜生产	
工作任务	任务 17.2　芽苗菜生产技术	学　时		
班　级		姓　名	工作日期	
工作内容与目标	熟悉芽苗菜的类型和生产条件,掌握芽苗菜生产技术			
技能训练	种子精选与处理技术、播种技术、叠盘催芽技术、出盘管理技术、采收技术			
工作成果	完成工作任务、作业、报告			
考核要点(知识、能力、素质)	熟悉芽苗菜的特性、类型及生产条件 能熟练地进行芽苗菜生产的各项管理与操作 独立思考,团结协作,创新吃苦,按时完成作业报告			

续表

工作任务单						
工作 评价	自我评价	本人签名：		年	月	日
	小组评价	组长签名：		年	月	日
	教师评价	教师签名：		年	月	日

📚 **任务相关知识**

17.2.1　芽苗菜的分类

芽苗菜是指利用植物的种子或其他营养贮藏器官,在人工控制条件下直接生长出可供食用的嫩芽、芽苗、芽球、幼梢或幼茎的一类蔬菜。

1)根据芽苗菜产品形成营养来源的不同分类

①种芽苗菜　又称籽芽菜,指利用种子中贮藏的养分,直接培育出的幼芽菜或幼苗菜,如黄豆芽、绿豆芽、蚕豆芽、黑豆芽等,是目前种植较多的一类。

②体芽苗菜　指利用二年生或多年生植物的宿根、肉质直根、根茎或枝条中积累的养分,培育出的芽球、嫩芽、幼茎或幼梢。如由肉质直根在黑暗条件下培育的菊苣芽球,由宿根培育出的苦芽菜、蒲公英芽,由根茎培育出的姜芽、芦笋芽等。

2)根据芽苗菜产品的销售方式分类

①离体芽苗菜　指产品达到采收标准后,将其切割、包装后进行销售的芽苗菜。

②活体芽苗菜　指产品收获时仍处于正常生长状态,以整盘或整盆活体销售的芽苗菜。

17.2.2　芽苗菜生产条件

1)生产场地的选择

为作芽苗菜生产的场地必须具备以下条件:

①场地温度可以调控　一般要求催芽室温度保持 20～25 ℃,栽培室温度白天达到20～30 ℃,夜间温度不低于16 ℃。

②场地光照可以调控　场地一般要求坐北朝南、东西延长、四周采光,强光季节需设置遮阳设施,在生产状态下,室内光照强度:冬季近南窗强光区一般不低于5 klx,近北窗中光区不低于1 klx,中部弱光区不低于200 lx。催芽室应保持弱光或黑暗条件。

③必须具有通风设施　能进行室内自然通风或强制通风,以保持室内空气清新,相对湿度保持在60%～90%。

④具有自来水、贮水罐或备用水箱等水源装置　满足芽苗菜对水分的需求,同时还必

须设置排水系统。

在具体选用生产场地时,应根据上述条件因地制宜地选择,一般北方地区生产重点在严寒冬季,可选择在高效节能型日光温室等耗能较少的保护地设施中,生产绿化型产品(在稍强的光照下,形成茎秆较粗壮,叶片肥大,色泽较深的产品);在温度适宜季节,也可在露地遮阴棚或塑料大棚中进行芽苗菜生产。

2)生产设施的准备

①栽培架与集装架　栽培架主要用于栽培室摆放多层苗盘进行立体栽培,以提高空间利用率。栽培架有活动式和固定式两种,制作材料可采用 30 mm×30 mm×4 m 角铁,也可采用横断面高 55 ~ 60 mm,宽 40 ~ 45 mm 的红松方木或铝合金等。一般要求架高 160 ~ 210 cm,每架 4 ~ 5 层,第一层距地面不少于 10 cm,其余层间距 50 cm,架长 150 cm,宽 60 cm,每层放置 6 个苗盘,每架共计 24 ~ 30 个苗盘。

集装架主要为方便进行整盘活体销售,以提高产品运输效率。集装架大小尺寸需与运输工具相配套,制作方法同栽培架,但层间距离可缩小至 22 ~ 23 cm。

②栽培容器与基质　为了减轻多层栽培架的承重,适应立体无土栽培的要求,一般多选用较轻质的塑料育苗盘,苗盘的规格为:外径上口长 60.5 cm、宽 24 cm,外径下底长 59.5 cm、宽 23.2 cm、外高 3 ~ 5 cm,也可选用其他规格类型的平底、有孔塑料盘。

栽培基质应选用清洁、无毒、质轻、吸水持水能力较强,使用后其残留物容易处理的纸张如新闻纸、包装纸、纸巾纸等,以及白棉布、无纺布和珍珠岩等。

③浸种及苗盘清洗容器　浸种及苗盘清洗容器可依据不同生产规模分别采用盆、缸、桶、浴缸或砖砌水泥池等,采用或设计这些容器时应以作业方便,能减轻换水等劳动强度为原则,忌用铁器,且两者不得混用。

④喷淋器械　采用苗盘纸床栽培生产芽苗菜,必须经常地、均匀地进行喷淋浇水,并针对不同种类品种和不同生长阶段分别进行喷雾或喷淋。喷雾常用的器械有工农—16 型背负式喷雾器和丰收—3 型压力喷雾器等,喷淋常用的器械有市售淋浴喷头或自制浇水壶细孔加密喷头(接在自来水管引出的皮管上)等。

⑤产品运输工具　可因地制宜地采用自行车、三轮车以及箱式汽车等,并配备应的集装架。

17.2.3　种芽苗菜生产技术

1)种类和品种

用来生产种芽苗菜的种类和品种,要求种子纯度、净度好、发芽率高、种子粒大、芽苗品质好、抗病、产量高。一般豌豆苗生产可采用青豌豆、花豌豆、灰豌豆、褐豌豆、麻豌豆等粮用豌豆;萝卜苗可采用石家庄白萝卜、国光萝卜、大红袍萝卜等秋冬萝卜;荞麦苗可采用山西荞麦或内蒙荞麦等;种芽香椿可采用武陵山红香椿等。另外,在购买种子时还要考虑到货源是否充足、稳定、种子是否清洁无污染等情况。

2）种子的清选与浸种

种子的质量与芽苗菜生长的整齐度、商品率以及产量密切相关,因此用于芽苗菜生产的种子除必须选用优质种子外,在播种前还要进行种子清选、剔去虫蛀、破残、畸形、腐霉、瘪粒、特小粒和已发过芽的种子。

为了促进种子发芽,经过清选的种子还需进行浸种。一般先用 20～30 ℃的洁净清水将种子淘洗 2～3 遍,然后浸泡种子。浸种时间荞麦需 36 h,豌豆、香椿为 24 h,萝卜为 6～8 h。浸种结束后要将种子再淘洗 2～3 遍,然后捞出种子,沥去多余水分,便可进行播种。

3）播种

播种多在塑料苗盘中进行,播前先将苗盘洗刷干净,并用石灰水或漂白粉进行消毒,再用清水冲净,然后在盘底铺一层纸张,即可播种豌豆、萝卜和荞麦。但是香椿播种方法与豌豆等不同:

①苗盘铺纸张后要再铺一层 1.5 cm 厚的珍珠岩,注意珍珠岩要提前加清水,搅拌后挤去多余水分。

②播种的种子必须提前进行常规催芽,催芽温度 20～22 ℃,催芽时间约 4～5 d,待 60%种子露芽时再播种。

每苗盘播种量以干种子重量计,豌豆为 500 g 左右,萝卜 75 g、荞麦 150 g、香椿 50～100 g。播种时要求撒种均匀,以使芽苗生长整齐。

4）叠盘催芽

播种完毕后,将苗盘叠摞在一起,放在平整的地面进行叠盘催芽。注意苗盘叠摞和摆放时高度不得超过 100 cm,每摞之间要间隔 2～3 cm,以免过分郁闭、通气不良而造成出苗不齐。此外,为保持适宜的空气湿度,摞盘上面要覆盖湿麻袋片、黑色农膜或双层遮阳网。催芽应在湿度条件比较稳定的地方或专门的催芽室进行,催芽期间室内温度保持在 20～25 ℃。但香椿要求较严格一般须保持在 20～22 ℃,以提高发芽率。叠盘催芽期间每天应喷一次水,水量不要过大,以免发生烂芽,但香椿不需喷水,因为珍珠岩所保持的水分已完全能满足需要,此外,在喷水的同时应进行一次"倒盘",调换苗盘上下前后的位置,使苗盘所处栽培环境尽量均匀。促进芽苗整齐生长,在正常条件下,4 d 左右即可"出盘",结束叠盘催芽,将苗盘散放在栽培架上进行绿化。"出盘"时豌豆芽苗高约 1 cm。萝卜种皮脱落,荞麦苗高 1～3 cm,香椿 0.5～1 cm,子叶和真叶均未展开。

5）"出盘"后的管理

①光照管理　为使芽苗菜从叠盘催芽的黑暗、高湿环境,安全地过渡到栽培环境,在苗盘"出盘"移到栽培室时,应放置在空气相对湿度较稳定的弱光区域过渡 1 d,以避免发生"芽干"等危害。生产"绿化型产品",在芽苗上市前 2～3 d,苗盘应置放在光照较强的区域,以使芽苗更好地绿化,但在进入 6～8 月份以后,尤其是采用日光温室等设施作为生产场地的,为避免过强的光照,必须在温室外覆盖遮阴网,以使光照适度。

②温度与通风管理　芽苗菜出盘后所要求的温度环境,虽没有叠盘催芽期间要求严格,但应根据不同种类、不同生长期分别进行管理。一般来说,如果同一生产场地同时种几种芽苗菜,那么室内温度应掌握夜晚不低于 16 ℃,白天不高于 25 ℃。在上述温度范围内,

豌豆苗、种苗香椿较喜欢低温,而萝卜苗、荞麦苗则较喜欢高温;在具体管理上,高温区域可摆放萝卜苗和荞麦苗,低温区域则可摆放豌豆苗和香椿苗。此外,芽苗菜生长前期要求温度范围较为严格,中后期则可适当放宽一些。

栽培室温度的调整,通风是最重要的调节措施之一,但通风还有另外的重要作用,一般生产场地需经常保持空气的清新,并交替地降低空气相对湿度,以利于减少种芽的霉烂和避免空气中二氧化碳的严重缺失,因此,在室内温度能得到保证的情况下,每天应至少进行通风换气 1~2 次,即使在室内温度较低时,也要进行短时间的通风。

③水分管理 由于种芽菜采用了苗盘纸床栽培,加之芽苗本身鲜嫩多汁,因此必须进行频繁的补水,多采取"小水勤浇",一般冬春季每天喷淋或雾灌 3 次,夏秋季每天 4 次。浇水要均匀,先浇上层,然后依次浇下层。浇水量以掌握喷淋后苗盘内基质湿润、苗盘纸不大量滴水为度,同时还要浇湿场地地面,以保证室内空气相对湿度在85%左右。此外,还应注意生长前期水量宜小,生长中后期稍大,阴雨、低温天气水量宜小,晴朗高温天气宜稍大,室内空气相对湿度较大、蒸发量较小时水量宜小,相反时则可稍大。

6)产品的收获与销售

在正常的栽培管理条件下,一般豌豆苗播种后经 8~9 d 即可收获,收获时苗高约15 cm,顶部小叶已展开,食用时切割梢部 7~9 cm,每盘可产 350~500 g;萝卜苗播种后经5~7 d 即可收获,收获时苗高约 6~10 cm,子叶展开、充分肥大,食用时齐根切割,每盘可产500~600 g;荞麦苗播种后经 9~10 d 即可收获,收获时苗高约 10~12 cm,子叶平展,充分肥大,食用时齐根切割,每盘可产 400~500 g;种苗香椿浸种后,从催芽开始经 18 d 左右即可收获,收获时苗高 7~10 cm,子叶平展、充分肥大,小叶未长出,食用时可齐根切割或带根拔出,每盘可产 400~500 g。

目前我国蔬菜采后技术还较落后,产品采收、预冷、冷藏车运输、冷库贮存、冷柜销售等冷链系统还不完善,因此芽苗菜产品采用小包装上市时,尤其是在炎夏高温季节,较易腐烂、货架期限很短。为了解决这一问题,采用整盘活体销售,将芽苗菜整盘活体运到宾馆、饭店、超市或菜市场"随吃""随卖""随割","吃不了、卖不完、喷喷水、照样长",这样既延长了产品的货架期,又可保证食用时的绝对鲜活,因此,整盘活体销售很受市场欢迎。

常见案例

1)烂种

芽苗菜栽培过程中,尤其是在叠盘催芽时,容易发生烂种现象。

①原因分析 环境条件不适宜,如水分过多、空气湿度过大、温度过高等;病虫危害。

②防止方法 注意选用抗烂、抗病品种,并对种子进行严格清选和消毒;苗盘要彻底清洗并消毒;生产场地要不定期进行全面消毒;采用无污染的基质,重复使用时要进行严格消毒;严格控制浇水量和温度,避免出现高温、高湿的环境;及时剔除霉烂种子或种芽。

2)芽苗不整齐

表现在两个方面:一是同一个苗盘内芽苗生长不一致;二是同一批播种的产品,不同苗盘之间芽苗生长不一致。

①原因分析　前者主要是因为苗盘周围及苗盘内局部小环境不均匀所致;后者主要是由于叠盘催芽期间催芽室的催芽环境不均匀及出盘以后栽培室的环境不均匀所致。

②防止方法　采用纯度高的种子,并均匀地进行播种和浇水;水平摆放苗盘,并经常进行倒盘,以便苗盘有均匀的栽培环境,促进芽苗菜整齐生长。

3)芽苗菜老化

芽苗菜老化则纤维增多,品质下降。

①原因分析　芽苗菜栽培过程中,如遇干旱、强光、高温或低温时,生长期过长等情况,都将导致芽苗菜纤维的迅速形成。

②防止方法　选用品质优良的品种;合理控制环境条件,避免上述原因的出现。

项目小结)))

北方地区栽培的水生蔬菜主要是莲藕,多利用低洼水田和浅水湖荡、沼泽、池塘等淡水水面栽培。莲藕喜温怕寒,喜水怕旱,喜有机质含量高的肥沃土壤,多采用营养繁殖;栽培中注意根据生长发育阶段调节水位,及时耘田、灭荒、摘老叶等,保持田间良好的透气性;应基肥与追肥并重,还要注意病虫害的防治。

芽苗类蔬菜分为种芽苗菜和体芽苗菜,多数属于速生蔬菜。种芽苗菜在适宜的温湿度条件下,最快5～6 d即可完成一个生长周期,最慢的也只需20 d左右,平均一年可生产30余茬,复种指数是一般蔬菜的10～15倍;生产芽苗菜多采用立体生产或密植囤栽技术,可充分利用场地,保证单位面积的产量;芽苗菜类已成为优质高效、营养丰富、食用安全的高档无公害绿色保健蔬菜。

复习思考题)))

1.藕田管理的主要内容有哪些?

2.什么是芽苗菜?芽苗菜生产需要什么条件?

3.简述种芽苗菜的生产技术。

4.芽苗菜生产中常出现哪些问题?如何解决?

实训指导

实训　莲藕的形态结构观察

1)材料用具

莲藕的根茎及幼苗、小刀、镊子等。

2)方法步骤

①将藕的根茎横切及纵切,观察其内部结构情况。

②观察藕身与藕节的气孔及顶芽内幼芽。

③观察藕幼叶的形态。

3)作业要求

图示所观察的各部位形态与结构特征,并注明各部位名称。

参考文献

[1] 曹宗波,等.蔬菜栽培技术(北方本)[M].北京:化学工业出版社,2009.

[2] 韩世栋.蔬菜栽培技术[M].北京:中国农业出版社,2006.

[3] 李新峥,等.蔬菜栽培学[M].北京:中国农业出版社,2006.

[4] 胡繁荣.园艺植物生产技术[M].上海:上海交通大学出版社,2007.

[5] 高俊杰,等.叶菜类蔬菜[M].北京:中国农业大学出版社,2006.

[6] 周守年,等.特种叶菜类蔬菜高效栽培[M].合肥:安徽科学技术出版社,2003.

[7] 陈杏禹.蔬菜栽培[M].北京:高等教育出版社,2010.

[8] 苏小俊.绿叶蔬菜无公害高效栽培重点、难点与实例[M].北京:科学技术文献出版社,2008.

[9] 张振贤.蔬菜栽培学[M].北京:中国农业大学出版社,2006.